건축과 모더니티

Architecture and Modernity

건축과 모더니티

Hilde Heynen 저
이경창 · 김동현 공역

ARCHITECTURE and MODERNITY

Spacetime

목차

for **Robbe**, **An**, and **Anskim**

감사의 글

이 책은 많은 사람들의 도움과 격려 없이는 나올 수 없었을 것이다. 박사학위논문의 단계에 있었을 때 나의 주 대화자 중 한사람은 Geert Bekaert였다. 나의 다른 조언자 André Loeckx에게 그의 제도적인 원조 뿐 아니라 나의 가장 도전적이고 엄격한 지적 논쟁상대자로서 그의 계속된 존재에 특별히 감사드리고 싶다. Hermann Neuckermans는 나에게 Katholieke Universiteit Leuven에서 연구를 할 수 있는 기회를 준 것에 감사드린다.

연구의 초기에 발터 벤야민의 저작을 공부하는데 많은 도움을 주었던 Bremen에 있는 Michael Müller의 환대를 받았다. 나는 친구들과의 토론에서 많이 배웠다. 특히 그중에 Christine Delhaye, Bart Verschaffel, Lieven de Cauter 그리고 Rudi Laermans를 언급하고자 한다. 네델란드 *Benjamin Journaal*의 공동편집자들 Rene Boomkens, Ineke vander Burg, Koen Geldof, Ton Groenweg, Paul Koopman, Michel van Nieuwstadt 그리고 너무 일찍 죽은 고(故) Wil van Gerwen 그들의 주석과 비평을 통해 벤야민과 아도르노에 대한 여러 장에서 많은 공헌을 하였다.

1991년과 1992년에 나는 이 책에서 발전된 사고의 몇몇을 역사, 이론, 비평에 대한 MIT 프로그램에서 학생들에게 나를 드러냄으로써 시험할 기회를 가졌다. Stanford Anderson의 초대에 감사드리고 싶고 여러모로 지도해준 David Friedman과 Sibel Bozdogan의 우정과 도움에 감사드리고 싶다. 더불어 MIT에서 몇 달 동안 매우 의미있는 경험들을 함께 했던 학생들에게도 감사드린다. Getty Grant Program에서 받았던 박사후과정을 통해 박사논문을 책으로 만들 수 있었다. 그 과정동안 많은 것들이 추가되고 변하였다. 특히 뉴 바빌론에 대한 사례연구가 진행되었다. 콘스탄트의 아낌없는 도움에 의해 수월하게 되었다. 나를 북돋아주고 원고를 끝내게끔 후원해준 Mark Wigley, Michael Hays, Beatriz Colomina 그리고 Richard Plunz에게 감사드리고 싶다. Donald Gardner는 번역자로서 더없이 귀중한 사람이었다. 마지막 글에 남아있는 서툰 표현들은 전적으로 나의 책임이다. 나는 이 책을 쓰게끔 나의 능력을 신뢰해준 Roger Conover에게 감사드린다. 전체과정에 지속적인 도움을 준 Julie grimaldi에게, 매우 사려 깊고 일관성있는 편집을 해준 Mitch Evich와 Matthew Abbate에게 디자인 작업을 해준 Jim Mc Wethy에게 감사드린다. 나는 이 책을, 모든 어려움과 실현되는 기쁨을 함께한 나의 아들 Robbe와 An 그리고 Anskim Goris에게 바친다.

Beauty today can

have no other measure

theodor W. Adorno, 1965:

except the depth to

"Schonheit heute hat kein anderes Mass als die

which a work resolves

Tiefe, in der die Gebilde die Widerspruche

contradictions. A work

austragen, die sie durchfuhren und die sie

must cut through the

bewaltigen einzig, indem sie ihnen folgen,

contradictions **and**

nicht indem sie sie verdecken."

overcome them, not

by covering them up,

but by pursuing them.

서문

이 책은 근대 건축에서 구체화된 개념들을 공부하면서 느꼈던 수수께끼에서 비롯되었다. 나는 근대운동modern movement에서 작용한 현대성 개념이 부족하다는 사실에 난감하였다. 발터 벤야민Walter Benjamin과 테오도르 아도르노Theodor Adorno의 이론과 같은 비판이론을 공부한 나는 지그프리트 기디온의 저작이나 정기간행물 『신 프랑크푸르트Das Neue Frankfurt』에 있는 현대성 개념이 오히려 순진하고 균형잡히지 않은 형태라는 것을 발견하였다. 나는 근대운동의 담론과 프랑크푸르트학파의 담론 같은 현대성의 문화이론 사이의 틈새에 혼란스러웠다. 만약 에른스트 마이Ernst May(『신 프랑크푸르트』 배후의 건축가)와 테오도르 아도르노가 같은 도시에서 같은 시기에(1920년대 프랑크푸르트에서) 활동했다는 일례를 안다면 오히려 그들 사이에 어떤 지적 교류의 흔적도 없다는게 이상하게 보일 것이다.

이런 주제를 연구하면서 건축과 철학 사이의 교류가 없었다는 실제 상황에 대한 나의 궁금함은 점점 풀려갔다. 그럼에도, 이 책에서 제시된 소재에서 알 수 있겠지만 나를 사로잡는 관련된 이론적 문제들이 남아 있었다. 여전히 나는 건축을 무엇으로 생각하고, 건축이 어떻게 현대성이 초래한 사회적 조건과 관계되는가라는 점에 대해 얼마나 많은 다양한 입장이 있는가를 보는 것을 상당히 흥미롭게 생각한다. 이런 여러 가지 입장들을 분류하고 서로 다른 점을 조명하는 것이 이 책을 쓴 목적이다. 그래서 이 책은 현대성과 거주 그리고 건축의 관계를 논한다. 현대성이라는 말은 여기에서 현대화의 사회경제적 과정에 의해 개인에게 강요된 삶의 조건을 지칭하는 데 사용된다. 현대성의 경험은 전통과의 단절을 포함하고 삶의 방식과 일상습관에 깊은 영향을 미친다. 이런 단절의 영향은 다양하다. 그 영향은 모더니즘, 즉 현대화 과정과 현대성의 경험을 다루는 예술가와 지식인의 생각과 운동에 반영된다.1)

현대성은 다양한 작가와 비평가들에 따라 서로 다른 방식으로 이해된다. 현대성을 자본주의 문명과 이에 대한 문화적 모더니스트들의 대응 사이에서 결정되는 것으로 볼 수 있다. 하지만, 이런 양 극단의 관계를 서로 다른 방식으로 받아들인다. 어떤 이는 그것들을 전혀 관련없는 것으로 인식하고, 다른 이는 의식적이든 무의식적이든, 직접적이든 간접적이든, 긍정적으로든 또는 부정적으로든 자본주의 발전의 영향을 반영하는 모더니즘에는 위태로운 변증법적 관계가 있다고 본다. 더 세밀하게 구별해 볼 수도 있다. 아방가르드 자세를 예술과 삶을 재통합하려는 시도로 인식하는 사람도 있고 현대성을 진행적 개념과 일시적 개념으로 나누거나 '목가적' 모더니즘과 '반목가적' 모더니즘으로 구별하는 사람도 있다.

사실 철학, 사회학, 문화이론의 영역에서 그런 문제들은 폭넓게 토론되었다. 프랑크푸르트학파의 이론 같은 비판이론은 현대성과 모더니즘에 관련된 복합적이고도 세련된 담론을 낳았다. 다른 한편, 20세기 건축의 역사와 이론은 오히려 이런 풍부한 전통과는 별개로 발전하였다. 심지어 좀 더 최근의 많은 건축의 발전도 프랑크푸르트학파 같은 비판적 입장을 고려하지 않고 따로 진행되었다. 이 책은 이런 균열과 대면하려 하며 두 지적 담론의 끈을 서로 이어보려 한다. 한편으로 비판이론critical theory의 관점에서 건축을 논하고, 다른 한편 건축과 연결시킴으로써 비판이론 내에 입장을 수정한다.2)

이 책은 2가지 수준에서 작용할 것이다. 첫째, 건축과 현대성, 거주 사이의 관계에 대한 이론적 담론을 담고 있다. 책 전반에 걸친 논증의 계통은 변증법의 3단 논법에 따라 기본적으로 구조화된다. 1장, '현대성에 직면한 건축'에서는 건축은 어떻게 현대성과 관련되는가?라는 문제를 명시한다. 2장, '근대운동의 구성'은 명제를 제기한다. 이 질문에 대한 첫번째 답은 근대운동의 주요한 사례를 통해 제시된다. 반명제는 근대운동과 반대되며 그 바깥에서 전개된 입장을 논하는 3장, '거울 속의 상'에서 제시된다. 4장, '현대성에 대한 비판인 건축'은 합명제로 생각할 수 있다. 정명제와 반명제를 다시 고찰함으로써 다른 소재와 합쳐져 처음에 진술한 문제에 대해 좀 더 균형잡힌 대답으로 이끈다. 하지만 이런 합명제가 목표로 하는 것은 건축과 현대성의 관계에 대해 완전히 통합되거나 명확한 전망을 제시하는 것은 결코 아니며 오히려 뒤얽힌 관계에 대한 복합적이고 다층화된 이해를 임시적으로 정식화할 따름이다.

둘째, 이 책은 건축학도들을 위한 비판이론 담론의 개론서로 읽을 수 있게 계획하였다. 벤야민, 블로흐 그리고 아도르노에 관한 절은 다른 부분과 독립적으로 학습할 수 있다. 베니스학파에 관한 절도 동일한 역할을 할 것이고, 이런 난해하기로 유명한 책들을 쉽게 접할 수 있으리라 희망한다.

나는 건축과 현대성 그리고 거주 사이의 관계라는 널리 인식된 주제를 특정한 사례연구라는 세밀한 논의와 짝짓는 접근방법을 택했다. 이런 접근은 이 책의 적용범위가 전형적이라거나 완전할 수는 없다는 뜻이다. 그럼에도 특정한 사례를 깊이있게 다룸으로써 그 문제들에 대해 철저한 이해를 실제로 제공할 수 있다는 점을 중요하게 생각하였다. 그래서 이 책은 관련있는 작가와 건축가들의 담론을 철저히 논하지는 않았다. 르 꼬르뷔제나 미스 반 데어 로에 같은 거장들은 우발적으로 나타날 것이다. 그럼에도 이런 선택에는 타당한 이유들이 있다.

광범위한 작가들을 언급하는 1장은 별개로, 다른 장들은 대부분 몇몇 핵심인물들 위주로 이루어져 있다. 2장은 지그프리트 기디온과 에른스트 마이에게 초점을 맞춘다. 기디온은 누구보다 우선 언급되었는데 『공간, 시간, 건축』(1941)의 작가로서 근대운동의 대필자로 생각할 수 있기 때문이다. 그는 CIAM Congres Internationaux d' Architecture Moderne(국제근대건축가평의회)의 서기로서 개인적으로 근대건축에 참여하였으며 모든 주역들을 알고 정기적으로 그들과 상호작용하였다. 그것은 다양한 경향들을 새로운 공간-시간 개념의 가지아래 통합하여 근대운동을 통일체로 보았던 그의 저서 때문이기도 했다. 에른스트 마이와 『신 프랑크푸르트 Das Neue Frankfurt』를 다루는 것은 보충적인 문제를 논하기 위해서이다. 근대건축의 사회적 목표, 그것이 하우징과 가지는 관계, 그리고 새로운 삶의 양식에 대한 추구라는 딸린 문제를 논한다.3) 프랑크푸르트—그곳에서 마이와 그의 팀은 1925년에서 1930년 사이에 약 15,000세대를 지었다—는 여전히 젊은 근대운동이 자랑스럽게 내세울 수 있었던 아주 성공적인 성과 중 하나인 장소였다. 이것 때문에 두번째 CIAM 총회가 *최저생활 Existenzminimum*이라는 주제에 초점을 맞추면서 1929년 프랑크푸르트에서 개최되었다.

이런 2가지 사례는 초기 근대건축 담론에 전형적인 개념과 접근법을 생생하게 보여준다. 그들은 예술과 문학에서의 아방가르드와 연관을 가짐으로써 현대성의 도전에 직면하고자 했던 반면, 동시에 조화와 연속성 같은 전통적인 건축의 가치를 고집하는 이중적 입장을 보여준다. 그래서 근대운동의 모더니즘은 현대성에 언제나 비판적인 것이 아니라 오히려 차이와 충돌을 해소하고자 했던 '목가적' 자세가 적용되었음이 분명해진다.

3장은 이런 '목가주의pastroralism'와 비판적 거리를 유지하는 사상과 입장을 탐구한다. 즉, 현대화하는 사회의 경계 내에 조화로운 문화를 발전시킬 수 있다는 생각에 동의하지 않는 사람들에 초점을 맞춘다. 3장은 아돌프 로스의 거주와 건축에 대한 견해를 짧게 논하면서 시작한다. 로스는 시기적으로 근대운동보다 앞서지만 그의 사상은 이후에 건축과 현대성에 대한 건축운동 개념의 복합적 비판이 될 씨앗을 담고 있다. 로스는 현대성을 삶의 경험이 붕괴한 결과로 전통과 불가피한 단절을 일으킨다고 보았다. 그가 생각하기로, 이런 전개는 건축에서 여러 경험들-개인 대 공중, 내부 대 외부, 친밀함 대 공공적-의 다양함에 부합하는 많은 언어를 배치하길 강요한다.

이 장의 두번째 핵심인물인 발터 벤야민은 로스의 사상을 어느 정도 지지하되 재가공하여 근대건축을 해석하였다. 이것은 그의 동료들이 쓴 어떤 것도 넘어설 수 없을 만치 심오한 것이다. 그도 현대성을 첫째로 전통과는 근본적으로 다른 상태로 이해했다. 그에 따르면 그 차이는 현대성이 진정한 경험의 빈곤을 낳는다는 사실에 있다. 벤야민의 관점에서 근대건축은 경험의 위기에 주목하였는데, 왜냐면 그것은 빛, 공간, 침투성 permeability이 지배적 요소인 고정되지 않는 성격의 공간을 창조했기 때문이다. 근대건축의 기세는 사람이 더 이상 개발과 배제의 메커니즘에 기초하지 않는 새로운 사회의 요구에 부응하는 절실한 '신야만New Barbarism' 창조의 기초가 되는 것이다.

벤야민처럼, 에른스트 블로흐Ernst Bloch는 양차대전 사이에 프랑크푸르트학파의 활동범위 내에서 활동한 좌파 철학자이며 건축에 대해 많은 관심을 가졌다. 블로흐의 철학은 전체적으로 유토피아적 희망에 바쳐졌다. 그의 관점에서 삶의 붕괴는 핵심적으로 자본주의 사회질서-피상적인 합리화와 능률로의 질주, 판타지와 장식의 경멸, 직접적이고 분명한 것에 자신을 한정하는 경향-와 연결되어 있다. 블로흐는 근대건축의 '빈곤'을 부르주아 자본주의의 확장으로 보았다. 이런 이유로 그는 근대건축이 미래사회의 모습에 대해 어떤 유토피아적 전망도 제공할 수 없다고 주장하였다. 이 점에서 블로흐는 벤야민과 달리 근대건축이 해방과 자유에 대한 희망을 현실화한다는 주장을 부인하는 매우 비판적인 목소리를 낸다.

3장의 결론 부분은 베니스학파의 작가들(타푸리, 카챠리, 달 코)에 몰두한다. 그들은 초기 비판이론의 급진화로 잘 알려져 있는데, 자본주의 문명화와 건축문화의 관계에 대해 광범위한 분석을 집대성하였다. 베니스학파의 학자들은 현대성에 대해 냉소적이기보다 비관적이다. 근대건축에 대한 그들의 분석과 담론은 종합에 대한 모든 시도와 통합된 문화를 창조하려는 모든 시도는 이데올로기적이고 따라서 허위라고 평가하는 고도로 강렬한 비판을 제공한다. 그래서 그들은 건축이 해방의 프로젝트와 사회진보에 공헌한 방법이나 또 다른 방법으로 실제적으로 공헌할 수 있다는 걸 부정한다. 이런 과정에서 그들은 때때로 건축이 사회적 발전에 대해 비판적 자세를 견지할 수 있는 어떤 가능성도 부정하는 것으로 보인다.

4장에서는 현대성과 단순히 연루되거나 어떤 비판의 가능성도 배제할 만큼 냉소적인 덫을 피할 수 있는 입장을 전개하려 한다. 콘스탄트의 뉴 바빌론 프로젝트에 대한 평가로 그런 야망의 어려움을 논하는 것으로 시작한다. 마지막 아방가르드 운동, 즉 국제상황주의자들과의 관계와 앙리 르페브르Henri Lefebvre의 비판이론과의 연결로 이 프로젝트는 비판적 건축에 대한 노력에 의해 환기된 자기모순을 밝힌다. 비록 실현 가능해 보이고 동시대 도시계획 실천에 대한 비판적 대안으로 시작되었지만 곧 도시계획 분야보다 순수예술의 영역에 적합한, 혁명 이후의 사회에 대한 가공의 이미지에 불과하다는 것이 밝혀졌다.

4장의 두번째 단락의 주제로 아도르노를 다루고 있다. 왜냐하면 그의 『미학이론』은 그러한 모순을 논하는데 탁월한 도구를 제공해 주기 때문이다. 아도르노의 저작은 현대성에 대한 독특한 철학적 개념과 모더니즘의 미학적 문제에 대해 명쾌한 감수성에 의지하여 예술과 현대성 사이의 관계에 깊이있는 사고를 담고 있다. 예술의 이원적 본성—사회적 산물인 동시에 사회에 자율적인—에 대한 확신에 기반을 둔 예술의 비판적 잠재력에 대한 그의 평가는 저항과 비판의 능력을 낳는다. 아도르노가 예술의 딜레마와 자기모순을 설명하는 방법을 살펴봄으로써 이와 유사한 건축과 현대성의 비판적 관계를 생각하게 해준다.

미메시스 개념은 아도르노의 사상뿐 아니라 동시대 프랑스 이론, 예를 들면 라쿠-라바르테Lacoue-Labarthe나 데리다Derrida의 저작에서 결정적인 역할을 한다. 미메시스는 비슷함이나 유사함의 어떤 패턴을 의미한다. 이것은 모사copying와 관련있는데 모사의 특정한 형태는 비판적 순간을 내포한다. 이런 개념 내에 포함된 사고의 복합적 형상은 건축작품에 잠재된 비판적 성격을 반영하는 언급의 분명한 틀을 제공한다. 4장의 마지막 부분에서 나는 어떻게 미메시스가 건축의 비판적 잠재력을 이해하게끔 의미있는 열쇠를 제공할 수 있는가를 탐구한다. 나는 이것을 2가지 최근의 프로젝트-다니엘 리베스킨트의 베를린에 있는 유태인 박물관과 렘 콜하스의 제브루게Zeebrugge에 있는 해양 터미널Sea Terminal을 위한 디자인-를 논하면서 이것을 서술한다.

역사적이라기보다 이론적인 이 책의 기본 전제는 건축에 근본적으로 중요한 현대성의 문제이다. 이런 중요성은 근대운동에 대한 평가를 넘어선다. 최근 건축담론에 중시되어온 주제에 대한 고려로 확장된다. 널리 시작된 현대성에 대한 반성은 나의 견해로는 포스트모더니티의 조건-도시와 지역에 대한 건축의 관계, 역사와 전통에 대한 건축의 인식, 매체와 공공영역과 건축의 관련-과 같은 문제들을 해석하는 데 생산적인 열쇠를 제공할 수 있다. 이런 문제들을 이 책에서 다루지는 못하지만, 비판이론을 진지하게 접함으로써 최소한 사회에서 건축의 역할에 대한 이론적 논쟁을 심화시키고 풍부하게 할 가치있는 단서를 제공할 수 있기를 바란다. 만약 건축이 우리의 모든 문제가 해결되는 훌륭한 새로운 세상을 디자인할 수 없다 할지라도 사회 발전에서 유래하는 자극에 굴복하거나 아무런 발언조차 할 수 없는 운명은 아니다. 건축은 매우 독특한 방법으로 우리가 현대의 삶과 직면한 모순과 모호함을 명료하게 할 수 있다는 것이 나의 믿음이다. 이런 명료함에서 현대성과의 공모 뿐만 아니라 비판이라는 의미를 낳을 수 있다.

주

1) 내가 사용하는 *현대성*modernity, *현대화*modernization, *모더니즘*modernism이라는 용어는 Marshall Berman, 『All That is Solid Melts into Air: The Experience of Modernity』(1982; London; Verso, 1985)에 의지한다.(* 역주 — 이 책은 마샬 버만, 『현대성의 경험-견고한 모든 것은 대기 속에 녹아 버린다』, 윤호병 외 옮김, 현대미학사, 1994.2로 번역되었다.)
2) 나는 비판이론이란 용어를 융통성있게 사용한다. 그것은 호르크하이머, 아도르노, 뢰벤탈, 폴락 또는 마르쿠제 같은 프랑크푸르트학파 저자들의 글을 가리키는데 적합하다. 나는 이 용어를 발터 벤야민, 에른스트 블로흐 또는 만프레도 타푸리같은 다른 배경에서 나온 관련된 이론가들을 포괄하여 사용한다.
3) 『신 프랑크푸르트Das Neue Frankfurt』는 마이May가 공공적인 지원을 얻기 위해 출판한 정기간행물 이름에서 유래된 것이다. 그것은 또한 마이가 사무실에 머무는 동안 프랑크푸르트에서 이룬 성과물 전체를 나타내는 데 적용된다.

인간은 자신을 완전히 다시 구축하기 위해서 자신을 지속적으로 파괴해야만 한다.

테오 반 두스버그, 1918

1 현대성에 직면한 건축

현대성의 개념

현대성이란 무엇인가? 이론적 담론에서 결정적 역할을 하는 이 단어의 정확한 의미는 무엇일까? 어원학적으로, 모던modern이라는 단어에 따르는 의미를 3가지 층위로 구별할 수 있다.[1)]첫째, 가장 오래된 의미로 그것은 '이전의', '지난 것'이라는 개념과 반대되는 '현재의' 또는 '지금의'를 의미한다. 이런 의미에서 예를 들면, 그 용어는 성 베드로 성당의 현재 교황의 자리에 있는 사람을 의미하는 *modernus ponfifex*라는 표현에서 사용된다. 이 모던이라는 용어는 중세만큼 오래 전에 이런 의미로 사용되었다. 이 단어의 두번째 의미는 옛 것과 반대되는 새 것이라는 뜻이다. 여기서 모던은 하나의 시기로 경험된 현재 시간을 기술하는 데 사용된다. 이런 의미로는 17세기에 유행되기 시작했다. 19세기에는 세번째 의미가 더 중요해지게 되었다. 모던이라는 개념은 더 이상 명확히 한정된 과거의 것과 반대되는 개념이 아니라 불확실한 영원의 개념에 반대되는 일시적인 것, 덧없는 것이라는 함축을 가지게 되었다.

지금, 새 것 그리고 일시적인 것: 이 3가지 의미의 수준은 현대성의 개념에 있는 현재라는 것에 특별한 중요성이 있음을 나타낸다. 현대성은 과거와 달라지게 하고 미래를 향한 길을 제시하는 특정한 성질을 현재에 부여하는 것이다. 현대성은 또한 전통과 단절된 것으로 그리고 과거의 유산을 거부하는 모든 것을 대표하는 것으로 기술된다.

옥타비오 파츠Octavio Paz는 현대성은 다른 문명에는 없는 배타적인 서양의 개념이라고 말한다.2) 그 이유는 시간을 선적이고, 뒤집을 수 없는, 진보하는 것으로 간주하는 서양의 독특한 시간에 대한 관점에 있다. 다른 문명은 정적인 시간개념—원시 문명의 영구적인 시간, 즉 과거는 현재와 미래의 모델이자 시간의 원형이었다—이나 순환적 시간개념—먼 과거가 미래의 어떤 시간에 돌아올 이상을 재현한다는 고전 고대**역주 1)**의 시간 같은—을 가지고 있다. 중세 인간에게 세속의 시간은 단지 영원의 시간을 위한 준비에 불과하고 역사의 구체적인 과정은 그리 중요하지 않았다. 르네상스에 이르러 역사는 어떤 방향에 영향을 줄 수 있는 발전의 과정을 포함한다는 생각이 퍼지기 시작하였다. 휴머니스트들은 고전 고대의 이상을 부활시키길 원했으며 그것에 가장 가까이 근접하려 했었다. 하지만 이런 시도가 전혀 역설이 없는 것은 아니었다. 유명한 17세기 *고대인과 현대인의 논쟁*Querelle des Anciens et des Modernes3)에서, 최고도의 이상적 예술을 성취하려는 시도에서 '현대인'이 '고대인'에 필적할 수 있거나 또는 능가할 수 있는가 하는 문제가 제기되었다. 이 논쟁의 주요한 결과는 순환적 모델이 모든 시대를 유일하고 비반복적이며 이전 시대의 성취보다 진전된 시대로 보는 진보적 모델로 결정적으로 대체되었다는 것이다.

계몽주의 시대동안 현대성 개념은 비판적 이성이라는 개념과 밀접한 관련을 맺게 된다. 비판적 이성의 전형적 특징은 어떤 절대적인 본질 또는 의문시할 수 없는 토대나 계시를 가지지 않는다는 것이다. 비판적 이성은 모든 원리는 비판적인 연구에 따라야 한다는 원리를 제외한 어떤 원리도 믿지 않는다. 옥타비오 파츠는 말하길,

> 비판적 이성은 그 엄격함에 의해 일시성을 강조한다. 영구적인 것은 존재하지 않는다. 이성은 변화 및 타자와 관계를 맺게 되었다. 우리는 터무니없고 단조로운 동어반복에 불과한 정체성에 지배받지 않고 타자에 의해, 모순에 의해 그리고 아찔한 비판의 표명에 지배당한다. 과거에 비판의 목표는 진리였지만 현대에는 진리가 비판이다. 영원한 진리는 존재하지 않으며 변화의 진리만이 있다.4)

현대성은 뛰어난 의미의 전달자라는 위상에 변화를 일으키기 위한 투쟁을 북돋우며 전통과 지속적인 충돌상태에 있다. 18세기에 이미 현대성은 어떤 고정된 속성에 얽어맬 수 없는 상태가 되었다. 또한 19세기에 현대화는 경제적 · 정치적 영역에서 근거를 얻게 된다. 산업화, 정치적 격변, 증가하는 도시화와 함께 현대성은 지적인 개념을 넘어서게 되었다. 도시환경에서, 변화하는 삶의 조건에서 그리고 일상 현실에서 기존 가치와 전통의 확실성이 깨지는 것을 보고 느낄 수 있었다. 현대는 매우 다양한 수준에서 가시화되었다. 이런 측면에서 현대화modernization와 현대성modernity, 모더니즘modernism을 구별해야 한다.[5] 현대화라는 용어는 사회발전과정, 즉 기술의 진보와 산업화, 도시화, 인구증가, 관료주의의 등장 그리고 강력한 단일 민족국가의 증가, 대중매체시스템의 거대한 확장, 민주화, 자본주의 세계 시장의 확장 같은 주요한 특징들을 기술하는 데 사용된다. *현대성*은 현대의 전형적 양태들을 나타내며 개인이 이런 특징을 경험하는 방식을 나타낸다. 현대성은 발전과 변화의 끊임없는 과정, 즉 과거나 현재와는 달라질 미래를 향한 입장에 관련된 삶의 자세를 나타낸다. 현대성의 경험은 문화적 경향과 예술운동의 형태에서 어떤 반응을 자극한다. 이들 중 몇몇은 스스로 미래를 향한 방향과 일치한다고 선언하고 진보를 향한 욕망을 특별히 *모더니즘*이라 이름 붙였다. 넓은 의미에서 모더니즘은 현대성에 대한 이론적, 예술적 개념을 아울러 일컫는 용어로 이해할 수 있다. 그것은 사람들에게 세상에 일어나는 변화를 조절할 수 있게 하는 것을 목표로 한다.[6]

그래서 현대성은 현대화라고 알려진 사회경제적 발전과정과 모더니스트 담론과 운동의 형태에서 나타나는 현대화에 대한 주관적인 대응 사이를 중재하는 요소들로 구성된다. 다른 말로 하자면, 현대성은 최소한 2가지 측면과 연관된 현상이다. 사회경제적 과정들과 관련된 객관적 측면, 그리고 개인적 경험과 예술가의 활동, 이론적 반영과 관련된 주관적인 측면이 그것이다.

정확히 현대화와 모더니즘 사이의 관계—현대성으로 인한 객관적 사회와 그것을 주관적으로 경험하고 다루는 방법—에는 여전히 해결 안된 문제들이 남아있다. 몇몇 사람들은 객관적 조건과 주관적 경험을 나누면서 두 영역을 완전히 분리하려는 경향이 있다. 예를 들면, 마테이 칼리네스쿠Matei Calinescu는 이를 주저없이 분리하고 현대의 2가지 대조적인 양태로 이야기한다.

> 19세기 전반기 한 시점에서 서구 문명사의 한 단계에 속하는 현대성—과학과 기술의 진보, 산업혁명 그리고 자본주의에 의해 야기된 광범위한 사회경제적 변화의 산물인—과 미적 개념으로서의 현대성 사이에 돌이킬 수 없는 균열이 생겨났다는 사실이다. 물론 상대방을 파괴하려는 격정 속에서 상호간의 다양한 영향 주고받기를 허용하거나 심지어 고무하는 일이 없지는 않았지만 그 이후 이 두 현대성 사이의 관계는 돌이킬 수 없을 정도로 적대적이 되었다.[7)]

현대성에 대한 논쟁은 자본주의 문명화와 모더니스트 문화 사이 관계의 문제와 불가분하게 묶여있다. 이 논쟁에 채택되어온 상이한 입장은 어떻게 이 관계를 이해하는가와 관련 있다. 전체적으로 독립적인 실체entities의 문제인가 또는 그들 사이에 비판적 관계가 존재하는가? 아니면 오히려 문화는 고분고분하게 자본주의 발전의 요구에 부합할 수밖에 없음을 뜻하는 결정론의 관계인가? 건축에 이런 문제는 매우 함축하는 바가 큰 데, 왜냐하면 건축은 두 영역에서 모두 작용하기 때문이다. 건축은 의심할 것 없이 문화적 활동의 하나다. 그러나 권력과 화폐 세상 내에서만 실현가능하다. 건축에 미학적 현대성은 자본주의 문명의 부르주아지 현대성과 관련맺는 걸 피할 수 없다. 이것이 이 책에서 논의할 관계의 본질이다.

정교한 분석을 위해, 나는 현대성의 여러 개념들을 구분할 것이다. 첫째로 현대성의 계획적programmatic 개념과 일시적transitory 개념을 구분할 수 있다. 전자의 옹호론자들은 현대성을 우선적이고 중요한 하나의 기획project 즉, 진보와 해방의 기획으로 해석한다. 그들은 현대성에 고유한 해방의 잠재력을 강조한다. 계획적 관점은 현대성을 이전 시대와 현재 시대를 구별하려는 근본적으로 새 것에 대한 통찰에서 바라본다. 이런 개념에 대한 대표적 옹호론자는 위르겐 하버마스Jürgen Habermas이다. 그는 다음과 같이 현대성의 '미완의 기획incomplete project' 이라고 부른 것을 정식화하였다.

> 계몽주의 철학자들이 18세기에 공식화했던 현대성의 기획은, 각각의 내부적 논리에 따라 객관적 과학, 보편적 도덕과 법률 그리고 자율적 예술을 발전시키려는 그들의 노력에 있었다. 동시에, 이러한 기획은 은밀한 형식에서 이런 각각의 영역들의 객관적 잠재력을 해방시키려 하였다. 계몽주의의 철학자들은 일상생활을 풍부하게 하고자 즉 일상 사회생활을 합리적으로 조직하려고, 이런 전문화된 문화의 축적을 이용하려 했다.[8)]

이런 계획적 접근에서 2가지 요소들이 구별될 수 있다. 한편으로는 하버마스에 따르면-막스 베버Max Weber를 특별히 언급하면서—현대성은 과학과 예술, 도덕의 영역에서 '그들의 내적 논리에 따라' 발전되어야만 하는 자율성의 돌이킬 수 없는 출현을 특징으로 한다. 다른 한편, 현대성은 하나의 프로젝트이다. 이런 다양한 자율적인 영역의 발전의 최종 목적은 실천 즉, "일상 사회생활의 합리적 조직화를 위한 잠재적 사용과의 관련성에 있다." 하버마스의 관점은 미래를 형성하는 현재의 이상을 중시하는 현대성의 계획적 측면에 위치하고 있다.

반대로 일시적 관점은 현대에 함축된 의미의 세번째 측면을 강조한다. 덧없음 또는 일시성이 그것이다. 이런 의미의 첫번째 정식화는 널리 알려진 샤를 보들레르Charles Baudelaire의 정의에서 찾을 수 있다. "현대성은 일시성, 덧없음, 우연함이다. 나머지 절반은 영원함과 불변이다."9) 현대 예술의 발전을 통해서, 일시성의 측면은 강조되어 왔다. 쟝 보드리야르Jean Baudrillard가 명확히 한 것처럼, 이것은 예술의 영역에서 현대성의 보편적 개념으로 변화되었다. 그는 *Encyclopedia Universalis (보편적 백과사전)*을 위한 논설에서 *la modernite (현대성)*을 전통과 반대되는 문명의 특징적 양태로 정의하였다.10) 전통의 압력에 대한 혁신과 반항의 욕구는 점차 현대의 요소로 받아들여졌다. 하지만 보드리야르는 이런 요소들을 급진화하였다. 그는 전통에 대한 혁신과 반항의 욕구가 진보를 향한 일반적 질주를 포함한다고 본 하버마스와는 달리 점차 자율적인 메커니즘이 된다고 보았다. 그의 이런 설명은 일시적 관점이 주된 것이다. 그는 위기가 위기를 계승하는 현대성의 순환이 극단으로 치닫는 것으로 본다.

> 현대성은 모든 수준 즉, 아방가르드의 사회학적 현상에 의해 두드러진 모든 곳에서 균열과 개인적 창조성과 혁신의 미학을 촉발한다. … 그리고 전진적으로 전통적 형태의 거리낌 없는 해체에 의해 … 현대성은 순간적인 변화로, 끊임없는 여행으로 급진화되며 그래서 그 의미는 변화한다. 그것은 점점 최초에 유지되던 각각의 잠재적 가치와 각각의 실재적 가치, 진보의 철학적 이데올로기를 잃어버리고 변화를 목적으로 하는 변화의 미학이 된다. … 결국, 현대성은 순수하고 단순하게 유행과 부합하게 되며 이는 동시에 현대성의 종말을 의미한다.11)

보드리야르에 따르면, 현대성은 변화와 위기를 가치로 확립한다. 그러나 이런 가치들은 점점 그들의 어떤 진보적 전망과의 직접적인 관계를 잃어버린다. 그 결과 현대성은 스스로의 붕괴를 준비한다. 이런 현대성의 일시성 개념을 통한 사고는 결론적으로 현대성의 종말에 대한 선언과 탈현대postmodern의 조건을 가정하게 한다. 그래서 열광을 일으킨 모더니즘과 포스트모더니즘 사이의 논의는 전체적으로 새로운 요소로 간주될 수는 없고 오히려 현대성에 대한 초기의 논쟁을 담당했던 통찰과 이상 사이의 급진적 대립으로 간주되었다.

*탈현대*라는 용어의 등장 이래 모던modern의 첫번째 의미—현재하는 것으로의 모던—는 조건 없이 적용될 수 없다는 사실이 명확해졌다. 탈현대는 현대 뒤를 잇는 것으로 현재보다 더 현재이다. 논리적으로 말하면, 모던은 과거로 분류된다.**역주 2)** 하지만 아주 명쾌하지는 않다. 왜냐하면 사람은 탈현대의 조건이 단순히 현대성을 대체한다고 간주할 수 없기 때문이다. 오히려 현대의 역설적 측면을 비춤으로써 현대의 새롭고 복잡한 의미의 층을 열었다고 보인다.[12)]

현대성 개념의 두번째 구분은 목가적pastoral 관점과 반목가적counterpastoral 관점으로 나뉜다.[13)] 목가적 관점은 현대에 특징적인 모순과 불협화음, 긴장을 거부하고 현대성을 진보와 공통된 목표에 입각하여 조직된 노동자, 산업생산자 그리고 예술가들의 하나 된 투쟁으로 바라본다. 이런 종류의 관점에서는 잠재된 충돌과 모순은 무시되는 반면 자본주의 문명의 부르주아 현대성과 모더니스트 문화의 미학적 현대성은 공통된 특징으로 주어진다. 정치와 경제, 문화는 모두 진보의 기치 아래 통합된다. 마치 모든 이의 이익을 위해 어떤 의미있는 단절도 없는 것처럼 진보는 조화롭고 연속적인 것으로 보인다. 이런 관점의 전형적인 것으로 르 꼬르뷔제Le Corbusier가 있다: "위대한 시대가 막 시작되었다. 거기에는 새로운 정신이 존재한다. 특히 산업생산품에서 새로운 정신으로 충만한 다수의 작품들이 나타나고 있다. … 우리의 시대는 날마다 자신의 양식을 결정짓는다."[14)] 반 목가적 관점은 정확히 그 반대이다. 그것은 경제와 문화적 현대성 사이에 근본적인 모순이 있으며 충돌과 균열의 계기 없이는 어느 것도 이룰 수 없다는 생각이 깔려있다. 반 목가적 관점은 현대성을 화해할 수 없는 균열과 해결할 수 없는 모순, 분절과 파편, 공통된 기초를 회복할 수 없는 다양한 영역에서 돌이킬 수 없는 자율성의 출현을 특징으로 한다. 예를 들면, 예술은 그 정의부터 반체제적이며 기성사회의 이익과 아방가르드 예술가들의 불화는 피할 수 없다는 확신이 지배적이다. '국제 상황주의자 선언International Situationist Manifesto' 에서 이것이 잘 나타난다.

교회는 대중 축제에서 유지되는 원시적 경향들을 억누르기 위해 마녀라 불리는 사람들을 화형에 처하곤 했다. 참여를 배제한 야비한 게임 비슷한 것을 대량생산하는 현재 지배적인 사회에서는 어떤 진실한 예술행위도 필연적으로 범죄가 되어버린다. 그것은 반쯤 비밀스레 이루어지며 결국 추문으로 드러난다.[15]

현대성을 흥미롭게 만드는 것은 이런 다른 측면들—계획적인 것과 일시적인 것, 목가적인 것과 반목가적인 것—사이의 관계이다. 마샬 버만은 개인에게 현대성의 경험은 계획적, 일시적 요소들의 조합으로, 개인적 발전을 위한 투쟁과 돌이킬 수 없는 것에 대한 향수 사이의 동요를 특징으로 한다고 주장한다. "현대화된다는 것은 우리에게 모험, 권력, 쾌락, 발전, 우리 자신의 변화 및 세계의 변화를 보장해 주는 동시에 우리가 가진 모든 것, 우리가 알고 있는 모든 것, 지금 우리 존재의 모든 것을 파괴하려고 위협하는 환경 속에 있는 우리 자신을 발견하는 것이다."[16] 현대화의 도전에 대한 대응을 정식화하면서, 그는 현대의 삶의 모호함과 모순과의 지속적인 투쟁을 시작한 보들레르, 마르크스, 니체 같은 19세기 작가들에게서 날카로운 논조를 지닌 풍부한 통찰력을 인식한다. 이런 작가들에게는 목가적 관점과 반목가적 관점사이의 긴장이 있다. 그들은 현대성의 열렬한 지지자인 동시에 맹렬한 적이었으며 이것이 틀림없이 그들에게 창조력을 부여했다.

나에게는 현대와 의미있는 관계를 맺고자 한다면 비판과 참여 사이의 긴장은 핵심적인 것으로 보인다. 현대성을 간단히 제거할 수는 없다. 동시대 사회에 깊이 뿌리내려 영향이 미치지 않는 곳을 찾을 수 없기 때문이다. 이것은 또한 보수적이고 반동적인 자세로 비난받을만한 단일한 전체로서의 현대성을 거부하는 것이다. 단일한 전체로 현대성을 바라보는 것은 우리가 좋던 싫던 '현대' 인이라는 사실을 간과할 뿐 아니라 현대에 고유한 해방의 약속을 저버리는 것이다. 동시에 이런 약속들이 충족되지 않았다는 현실을 가릴 수 없다. 현대화의 과정은 확실히 행복과 정치적 해방을 모든 곳, 모든 이에게 가져오지는 못했다. 그래서 비판적 자세는 어느 때보다 필수적이게 되었다. 이런 비판이 무엇에 기반을 두고 그 형태가 어떤 것인지 명확하지 않다는 걸 인정해야 할지라도 말이다. 어쨌든, 건축에서 이것은 결코 쉽게 답할 수 없는 문제이다.

거주는 멀리 사라지다

현대성은 '집없음homelessness'의 상태로 기술되곤 한다. 한 예로 페터 베르거Peter Berger와 브리지트 베르거Brigitte Berger, 한스피리트 켈너Hansfied Kellner는 '현대화와 의식'에 대한 책 제목을 『집을 잃어버린 마음The Homeless Mind』17)이라고 붙였다. 그들은 지식사회학의 관점에서 현대의 개인들 의식의 전형적 양태를 기술한다. 현대화 과정의 가장 중요한 2가지 매개자인 생산기술의 발전과 사회생활의 관료적 조직화는 합리성과 자율성, 늘어나는 사회관계의 추상화 현상 같은 원리에 의지한다. 이것은 사회관계의 복수화로 이끈다. 사람들은 그들의 직장과 가정, 그리고 클럽처럼 여러 집단에서 생활하며 심지어 상호 모순적인 상이한 기준과 규칙이 적용되는 다양한 위치에서 각각의 시간을 보낸다.

> 현대사회의 복수구조는 개인의 삶을 점점 더 떠돌고, 항상 변하며, 유동적인 것으로 만들어왔다. 모든 일상생활에서 현대의 개인들은 어긋나고 때론 모순된 사회적 맥락들 사이를 지속적으로 선택한다. 현대 사회에서 점점 더 많은 개인들이 그들의 고유한 사회환경에서 뿌리뽑힌 채 새로운 환경에서도 진실한 '안식처home'를 형성하지 못한다.18)

현대성은 가족이나 씨족 또는 마을 공동체가 가하는 규제에서 사람들을 자유롭게 하며 사람들에게 전례없는 선택권을 제공하고 물질적 풍요를 주지만 여기에는 당연히 치러야 할 대가가 있다. 전통적인 삶의 기준을 포기한다는 것은 확실성과 의미를 잃어버렸다는 것을 의미한다. 많은 사람들에게 이렇게 산다는 것은 결코 쉬운 일이 아니다.

철학적 맥락에서도 현대성은 거주와 정반대로 대립된 상태로 기술되곤 한다. 이런 비판에 대표자라 할만한 마틴 하이데거Martin Heidegger를 살펴볼 가치가 있다.

'짓기, 거주, 사유'는 하이데거가 1951년 *Darmstädter Gespräch*에서 행한 「인간과 공간Mensch und Raum」19)이라는 주제의 강연제목이다. 언뜻 보기에도 매우 이해하기 쉽고 하이데거의 사고에 대한 개론으로 읽을 수 있다. 하이데거는 어원학적인 설명으로 시작한다. 짓기에 해당하는 옛 영어와 옛 독일어 단어 *buan*은 거주를 의미한다고 말한다. 게다가 *buan*은 'I am'과 관련있다. 그 밖에 짓기와 거주뿐 아니라 존재being를 뜻하는 말이다. 하이데거는 이 3가지 뜻 중 거주가 주된 용어라는 생각을 전개한다. 거주는 조심성있고 신중한 자세와 관련된 존재의 한 방식을 말한다. 거주의 주요한 모습은 보호하고 돌보고, 사물을 그것의 본질에 존재케 하는 것이다. 양육되고 보존되어야만 하는 것은 거주자의 *사위일체* das Geviert—하늘, 땅, 천사와 필멸자의 사위일체**역주 3)**—와의 관계이다., 하늘은 우주를 뜻하며 계절의 주기와 낮과 밤의 순환을 나타낸다. 땅은 생명을 부여하는 자로서 돕고 지지하는 것, 천사는 신의 부름을 받는 전령이다. 그리고 사람들은 필멸자라고 불리는데 왜냐하면 그들은 죽을 수밖에 없으며 죽음을 죽음으로 받아들이기 때문이다. 필멸자가 땅을 지키고, 하늘을 하늘로서 받들고, 천사를 천사로서 기다리며, 죽음을 죽음으로 받아들이는 한, 이것은 필멸자를 거주하는 사위일체의 경계로 이끈다. 다른 말로 하자면 '거주하는' 사람은 이런 '존재'의 근본적 차원을 여는 사람이다.

이것은 하이데거의 *Seinsvergessenheit(존재의 망각)*이라는 개념에 좀 더 가까이 다가가는 데 유용할 것이다. 비록 그는 이 용어를 명확하게 사용하지는 않지만, 이 개념은 상당한 역할을 한다. 하이데거에게 진실한 '존재being'는 사위일체를 여는 것, 사위일체를 그것의 본질에서 섬기는 것을 의미한다. 그러나 현재 우리는 이렇지 못하다. 현대성은 존재의 망각을 특징으로 한다. 사람은 더 이상 '존재'를 인식하지 못한다. 그들은 사위일체를 열지 못한다. 조심스러움과 소중함이 제거된 유용성과 효율에 기초한 도구적 자세가 도처에 만연해 있다.

하이데거의 진리개념은 존재에 대한 개념과 분리될 수 없다. 그는 *아데콰씨오 adequatio* **역주 4)**라는 고전이론을 거부한다. 그의 관점에서 진리는 말과 사실이 동일하다는 사실에 있지 않다. 그의 진리개념은 *알레테이아 alētheia***역주 5)**라는 그리스 개념을 가리킨다. 여기서 진리는 사건의 상태가 아니라 발생이다. 즉, 드러냄, 생성이다. 이런 드러냄은 완결되거나 결정된 것이 아니다. 충분히 개방적이고 감수성이 풍부한 사람은 숨겨진 것과 드러난 것 사이의 지속적인 작용을 볼 수 있다.[20]

'짓기, 거주, 사유'에서는, 소중함과 아낌의 입장을 받아들인 사람만이 거주하는 법을 알고 짓는 법을 안다고 한다. 하이데거는 거주는 짓기에서 생기는 것이 아니라 반대로 진실한 짓기는 진실한 거주의 경험에 뿌리를 두고 있다고 한다. 결국 '짓기'는 거주를 둘러싼 4가지 차원을 만드는 장소, 사위일체가 모이는 장소를 실현하는 것을 의미한다. '짓기'는 분화되지 않은 공간을 대지the earth는 대지earth로, 하늘은 하늘로, 천사는 성스러움으로, 인간은 인간으로 나타나는 장소로 만드는 것을 의미한다. 건립의 본성은 거주하게 하는 것이다. 따라서 "우리가 거주할 수 있을 때 비로소 우리는 건립할 수 있다."[21] 하이데거는 블랙 포리스트Black Forest에 있는 200년 된 농가를 예를 들어 언급한다. 그 농가는 바람막이 산 경사면에 남쪽을 향하여 위치한다. 돌출된 지붕은 눈을 견디고 폭풍을 막아낸다. 실내에 제단 구석은 잊히지 않고 아이들 침대를 위한 그리고 주검을 눕힐 적절한 장소가 있다. 농가는 그래서 사위일체를 모으고 태초의 진정한 거주양태를 증언한다.

그러나 이것은 아직 현재 거주의 문제를 해결하지 못한다. 하이데거는 계속해서,

> 불안정한 우리 시대에 거주는 어떤 상태인가? 도처에서 주택부족의 아우성이 들린다. … 모질고 힘들게 주택난이 가중되고 있지만 *실제 거주의 어려움*은 단순히 주택부족에 있지는 않다. … 실제 어려움은 필멸자가 새삼 거주의 본질을 찾아나서야 한다는 데 있다. 즉 *거주하는 법을 배워야만* 하는 데 있다.[22)]

같은 해에 발표된 다른 에세이 '시적으로 거주하기Poetically Man Dwells' 에서 하이데거는 거주라는 주제를 시와 연결시킴으로써 다시 정의하고 있다. 그는 사위일체가 유지되는 진정한 거주와 시가 유사하다고 말한다. 그는 시를 판단기준으로 삼는다. 이런 기준은 과학적 활동과는 상관이 없다. 그것은 매우 특정한 차원과 관계한다. 결국 시인은 하늘과 땅, 신과 인간을 맺어주는 '사이' 를 판단한다. 그것은 엄밀한 의미에서 기준의 문제이다. 기준은 '존재' 의 범위를 판단하는 기준을 가리키며 사위일체의 베일을 벗기는 것으로 확장된다.

그 에세이는 다음과 같이 시작과 동일한 내용으로 끝을 맺는다. "우리는 시적으로 거주하는가? 아마도 시적으로 거주하지 않는다."[23)] 하이데거는 이렇게 시적으로 거주하지 않는 것은 우리가 판단할 능력이 없기 때문에, 우리의 존재가 진정한 판단을 만족시키지 못하는 계산된 기준을 가지고 있기 때문이라고 지적한다. 그럼에도 진정한 거주는 시와 불가분하게 연결되어있다. "시는 인간의 거주를 위한 기본적인 능력이다.… 시가 분명히 드러날 때, 인간은 인간답게 땅 위에 거주한다. 그래야 횔더린Hölderlin이 그의 마지막 시에서 말하듯이 '인간의 삶' 은 '거주하는 삶' 이 된다."[24)] 만약 우리가 하이데거의 글을 신중하게 받아들인다면, 우리는 현대성과 거주 사이에 실질적으로 건널 수 없는 간격이 있다고 결론 내릴 수 있다. 적어도 그것은 마씨모 카챠리Massimo Cacciari가 '유팔리노스 또는 건축Eupalinos or Architecture' 에서 도달한 결론이다.

카챠리는 그 에세이에서 *문제시할 만하다 Fragwürdinges*고 말한 것에 집중하고 있다.

특히 문제가 될 만한 것은 하이데거에서 인식한 집없음homelessness의 상태와 건축에 이런 상태가 어떤 영향을 미치느냐의 문제다. 카차리에 따르면, 하이데거는 우리시대에 시적 거주가 가능한지 묻고 있으며 이런 물음은 어느 것보다 우선 답해야 한다. 카차리의 대답은 부정적이다. 현대 문명의 발전은 세상을 살기에 부적합하게 만들었다. "거주 불가능함은 메트로폴리스 삶의 본질적 특성이다." 현대의 삶은 더 이상 하이데거가 언급한 거주와 관계가 없다. 균형잡힌 *사위일체das Geviert*로서의 거주와 메트로폴리스에는 건널 수 없는 거리가 있다. 그래서 카차리에게 "집the home은 지나간 것이고 더 이상 존재하지 않는다"25)는 건 너무나 명백한 것이다.

이와 같은 생각이 유포된 것은 처음이 아니다. 테오도르 아도르노Theodor Adorno는 다음과 같이 거의 같은 용어로 매우 비슷하게 말한 바 있다. "적절한 의미로 거주는 이제 불가능하다. … 집the house은 지나간 것이다."26) 그러나 아도르노의 담론이 하이데거나 카차리와 완전히 일치하는 것은 아니다. 그에게 거주의 불가능성은 윤리적인 의미에서 맨처음 나타난다. "집에 있는 게 편안하지 않은 것은 사회도덕의 책임이다. … 그릇된 삶으로 올바르게 살 수는 없다."27) 우리가 원하든 원치 않든 우리 모두가 참여할 수밖에 없는 사회 체제가 근본적으로 잘못되었다는 것은 세상에서 편안하게 거주할 수 없는 심각한 불행을 만든다. 아도르노는 이런 근원적인 현실을 거주의 실제 형태로 인식한다. 부르주아의 전통적 가정은 그들의 위선을 더 이상 숨길 수 없다. 그것이 특권층에게 제공하는 안전은 이러한 특권을 유지하는 데 필수적인 억압과 떼어놓고 생각할 수 없다. 기능적인 '현대' 집들, 방갈로, 아파트는 거주자에게 텅 빈 의미없는 껍데기일 뿐이다. 어떤 '디자인' 도 이 사실을 바꿀 수 없다. 게다가 노숙자나 외래인들, 난민들 같이 어떤 선택도 할 수 없는 사람들은 그야말로 최악으로, 거주를 꿈도 꾸지 못한다.

거주는 멀리 사라진다 … 현대성의 경험을 기술하는데 사용되어 온 이런 은유는 거주를 현대성의 '다른 얼굴' 로, 현대성의 조건하에서는 불가능한 것으로 언급하는 데 사용되곤 했다. 다양한 접근들—하이데거의 존재론적, 아도르노의 윤리론적 그리고 베르거와 베르거, 켈너의 사회학적 접근—은 현대성과 거주를 서로 극단적으로 대립되는 것으로 결론내리고 있다. 현대적 조건 하에서 세상은 삶을 불가능하게 만들었다. 현대적 의식은 '집을 잃어버린 마음' 이다. 그리고 외래인과 이민자들은 현대적이고 유동적이며 불안정한 사회에 사는 개개인의 경험을 대변해 준다. 거주는 전통과 안전, 조화와 그리고 연대와 의미를 보증하는 삶의 위상과 결합된 첫번째 예이다. 이런 종류의 고찰에는 아래와 같은 건축이 직면한 딜레마가 있다.

건축의 딜레마

건축은 피할 수 없이 현대성과 거주 사이에 존재하는 긴장을 다루어야 한다. 건축은 거주를 디자인하고 형태를 부여한다. 건축의 임무는 우리가 거주하는 세상을 구현하는 것이다. 이런 원리가 건축 담론의 소실점이 되어야 한다는 것은 두말할 나위도 없다. 만약 현대적 조건이 거주 그 자체가 불가능하게 됨을 의미하는 것이라면 어떻게 될 것인가? 만약 '집없음' 이라는 진단이 옳다면 어떻게 될 것인가? 건축에서 어떤 접근이 가능할 것인가? 이런 의문에 대한 답은 명확하지 않다. 건축의 역할이 무엇이냐는 문제와 현대성에 대해 건축이 어떤 입장을 띨 것인가는 완전히 별개의 문제다.

예를 들어 앞서 논했듯이, 하이데거의 글을 해석하는 데 2가지 다른 사고의 계열이 있어왔다. 크리스티앙 노버그-슐츠Christian Norberg-Schulz의 유토피아적이고 노스탤지어적인 개념과 마씨모 카챠리Massimo Cacciari의 급진적이고 비판적인 접근이 이 논쟁의 두 극단을 나타낸다.

노버그-슐츠는 *사물the thing*을 사위일체가 모인 것으로 보는 하이데거의 개념을 자신의 출발점으로 삼는다. 여기에서 그는 사물은 3가지 특성을 가져야 한다고 추정한다. 즉, 사물은 이미지를 자아내야 하고, 구체적이며, 의미를 가져야 한다. 이런 작용에 따라 그는 하이데거의 은유를 구상적 건축figurative architecture, 즉 앞의 3가지 특성을 인식할 수 있는 건축을 위한 발판으로 번안한다. 하이데거의 관점을 따라 그는 사람이 '거주한다' 는 것은 사람이 그의 존재를 의미있는 것으로 경험하는 것이라고 주장한다. 이런 의미의 경험은 장소를 구축하는 건축architectonic 디자인이 소속감과 정체성의 기회를 제공할 때 가능한 것이다. 이것은 구축된 공간이 특정한 *장소의 혼genius loci*이 깃든 구체적인 장소를 만드는 방식으로 구성돼야 한다는 뜻이다. 건축의 임무는 이런 *장소의 혼*을 가시적으로 만드는 것이다.(그림 1) 노버그-슐츠는 다음과 같이 거주의 4가지 양태를 구별한다: 자연적 거주(자연에 묻힌 거주방식), 집합적 거주(도시 공간에서 나타나는 거주방식), 공적 거주(공공건물과 관청) 그리고 마지막으로 사적 거주(주택 거주방식). 이런 다른 거주방법은 서로 공간적 관계(중심, 경로, 영역)의 작용을 통해 연결된다. 두드러지는 것은 이런 생각의 노선은 거주를 넓어지는 동심원(주택, 가로, 마을, 지역, 국가)으로 둘러싸인 것으로 보는 인문주의 개념에 충실한 대답이라는 것이다. 이런 관념idea은 전통 공동체의 온화한 은둔 속의 삶을 나타낸다. 그러나 현대사회의 삶을 결정하는 기능적 네트워크와 관계에 적용하기엔 곤란하다.

그림 1. 노르웨이 숲의 집. 귀속과 정착rootedness의 상징인 건축(출처 : 크리스티앙 노버그-슐츠, *거주의 개념*)

어쨌든, 노버그-슐츠가 이런 사고의 맥락을 명확하게 하기 위해 사용했던 삽화는 확실히 설득력있다. 그는 지중해와 고전적 전통에서 나온 이미지를 좋아했으며 이런 '구상적figurative' 건축의 이미지와 구체적 장소 대신 추상적 공간개념에 기초한 기능주의의 '비-구상적non-figurative' 특성을 대조한다. 이런 구체적인 장소와 결부된 거주에서 노버그-슐츠는 집으로 돌아가는 인간을 본다. "거주가 완성되었을 때, 우리의 귀속과 관계에 대한 바람이 충족된다."28)

여기서 거주에 의미를 부여하는 범주는 충만함, 귀속, 정착, 장소와 인간, 인간과 인간의 유기적 결속을 가리킨다. 구상적 건축은 이 모든 것을 구현할 수 있다. 노버그-슐츠는 하이데거가 말한 집없음은 단지 일시적인 성질일 뿐이고 기능주의 건축에 그 책임이 있다고 확신한다. 만약 건축가가 이런 파괴적인 추상에 등을 돌린다면 진정한 거주의 가능성은 다시 현실화 될 것이다. "건축작품은 … 사람이 시적으로 거주하게 돕는다. 사람이 사물이 말하는 소리를 '들을' 수 있을 때 그리고 터득한 바를 건축 언어를 통해 작품 속에 정착시킬 수 있을 때 시적으로 거주한다."29) 슐츠에게 '집없음'은 현재 인간의 근본적 조건이 아니라 오히려 건축과 거주 사이의 관계에 대한 더 나은 이해로 바로잡아야 할 우발적인 손실이다.

마씨모 카차리는 이 문제를 완전히 다르게 이해한다. 그는 '짓기, 거주, 사유'를 새로운 건축 언어를 구축하기 위한 도구로 이용하는 것은 받아들일 수 없다. 노버그-슐츠가 하이데거의 "목표는 어떤 설명을 제공하기 위한 것이 아니라 인간이 진정한 거주로 돌아가는 것을 돕기 위한 것이다"[30]라고 생각한 반면, 카차리는 그 에세이가 "거주—짓기—거주라는 순환의 논리가 존재론이 아님을 분명히 하고 목적적이고 지시적인 논리를 취하는 주장의 *선험성a priori*을 폭로한다."[31]고 주장한다. 그래서 이 두 사람은 이 에세이에 대해 완전히 다른 입장을 보인다.

카차리의 주장은 다음과 같이 이어진다. 인간과 세계 사이의 관계가 쇠퇴하고, 존재를 망각한 결과로 시적 거주는 불가능하게 되었다. 그래서 시적 건축 또한 불가능하게 되었다. 진정한 거주는 존재하지 않으며 진정한 집짓기도 사라졌다. 건축에 남겨진 유일한 것은 텅 빈 기호의 건축을 통해 시적 거주의 불가능성을 드러내는 것이다. 거주의 불가능성을 반영하는 건축만이 어떤 진정성의 형태를 주장할 수 있다. 숭고한 무용성sublime uselessness이 이런 환경에서 건축이 얻을 수 있는 최고의 것이다.

카차리는 말없이 거주의 불가능성을 반영하는 건축을 미스의 작품에서 본다: "유리는 거주의 구체적인 부정이다. ... 1920년부터 1921년까지 베를린의 유리 마천루 계획에서 ...(그림 2) 뉴욕의 시그램 빌딩에 이르기까지 미스의 작품 전체에 일관된 것을 추적할 수 있다. 중성적 기호로 표현된 거주에 대한 극도의 무관심이 그것이다. ... 부재의 언어는 여기서 거주의 부재를 시험한다."[32] 카차리의 논점의 결론은 그와 노버그-슐츠를 구분짓게 한다. 두 작가의 차이는 사실 현대성에 대한 진단이 모든 점에서 서로 충돌하고 있다는 점과 관계가 있다. 전자는 현대성의 특성을 우발적이고 돌이킬 수 있는 것으로 보는 반면 후자는 근본적이며 불가피한 것으로 본다.

현대성에 대해 비슷한 논쟁을 다른 곳에서도 발견할 수 있다. 좋은 예는 크리스토퍼 알렉산더Christopher Alexander와 피터 아이젠만Peter Eisenman이 『로투스 인터내셔널Lotus International』이라는 잡지에서 벌인 논쟁이다.[33] 알렉산더는 건축은 우선 인간의 감정에 호소해야만 하고 건축의 핵심 목적은 조화로움을 경험하게 해야 한다는 논제를 옹호했다. 한편, 아이젠만은 이성의 중요성을 강조한다. 그는 현대 세계에는 건축이 직면해야 하는 근본적인 부조화가 존재한다고 생각한다. 건축이 단지 사람의 감정을 좋게 하는 것에만 관여한다면 그것은 현실을 외면하는 것이다. 알렉산더가 보기에, 현대성은 일종의 일시적 탈선이다. 인간성은 경로를 벗어났으며 이런 잘못을 바로잡기 위해 인간성을 설득하여 전체론적holistic 세계관을 회복해야 한다. 그가 주장하길, 약 1600년까지 대부분의 문명에서 인간과 우주는 대체로 밀접하며 불가분의 관계로 보는 관점이 지배적이었다.

그림 2. 루드비히 미스 반 데어 로에, 베를린, 유리 마천루 계획, 1921~1922.(사진 : 바우하우스-아카이브, 베를린)

아마도 어리석게, 현대성은 그러한 개념에서 빗나갔다. 알렉산더는 "우주는 인간과 사물을 만드는 물질—우주의 질료 또는 뭐라 부르든 긴에—로 구성되어 있는데, 이는 우리가 인식하는 것보다 더 끈끈하게 연결되어 있다"고 주장한다.34) 알렉산더의 관점에서 건축의 임무는 인간에게 그가 가정하는 '숨겨진 질서'에 뿌리를 둔 조화의 경험을 제공하는 것이다.

아이젠만은 이런 개념에 대해 거세게 반대한다. 그는 우리의 가장 깊숙한 감정을 자극하는 것은 진정한 완전함이 아니며 완전함은 불완전함을 통해서만 존재할 수 있다고 주장한다. 불완전함—파편, 미완성, 과하거나 모자란 것—은 사실 파편적이고 취약한 우리의 느낌과 쉽게 연관되고 그래서 현대적 조건을 더 효과적으로 표현한다. 현대성은 공동체로에서 자아의 소외와 그에 연유하는 불안감과 밀접한 관련이 있다. 건축은 이런 종류의 경험을 무시할 수 없다. 반대로 건축의 임무는 이런 종류의 경험을 인식하고 이런 경험에서 나온 언어로 그것에 직면하는 것이다.

이런 서로 다른 관점들—노버그-슐츠와 알렉산더의 노스탤지어적이며 유토피아적인 관점과 카챠리와 아이젠만의 급진적이고 비판적인 관점—은 건축이 직면해야 하는 딜레마를 생생히 묘사해준다. 카챠리와 아이젠만은 현대성에 고유한 불안의 경험에 근거하여 건축과 그것의 관계를 일관된 논리로 기술하고 있다. 하지만, 그들 입장에는 어떤 경직성이 있어 결론을 의심없이 받아들이기 힘들다. 그들이 열렬히 요구하는 부정성과 침묵의 건축은 그것을 사용하고 거주해야만 하는 실제 사람들의 구체적인 요구를 불가피하게 추상화한다. 이것이 과연 적절한지 물을만 하다. 카챠리와 아이젠만은 사실 예술과 문학의 영역에서 나온 개념을 건축으로 옮긴 것이다. 하지만, 어떤 수정없이 이렇게 해선 안된다. 아돌프 로스는 집은 예술작품이 아니라고 지적했다. 그림은 박물관에 걸려 있고, 책은 다 읽고는 덮을 수 있는 것이다. 그러나 건물은 우리의 일상생활 어느 곳에나 존재하는 환경이다. 건물이 현대 예술이나 문학 같은 방법으로 비판적이고 부정적인 것이 되는 것은 견딜 수 없다.

알렉산더와 노버그-슐츠의 관점은 더 비판받기 쉽다. 알렉산더의 전체론적 형이상학은 지난 세기의 철학적 발전을 생각한다면 지지할 수 없다. 지난 세기의 철학적 발전이 공통된 하나의 특징이 있다면, 그 특징은 우리가 '탈-형이상학' 시대에 살고 있다는 개념이다. 달리 말하자면 형이상학이 모든 신빙성을 잃어버린 시대에 우리는 살고 있다. 알렉산더의 '이론'은 신비주의를 따르고 명백히 전체론적 경향을 가지고 있다. 그의 세계관에서 이질성이나 차이의 여지는 존재하지 않는다. 그에 따르면 모든 이는 동일한 '보편적' 느낌[35]에 익숙하며 모든 이의 경험은 근본적으로 동일하다. 이런 가정은 이론의 기반이 극히 의심스럽다.

노버그-슐츠의 이론에서도 동일한 결함을 찾을 수 있다. 노버그-슐츠는 하이데거를, 장소의 혼과 인간과 주택 사이의 유기적인 관계는 신화적인 성격을 가진다는 단순하고 도구적인 방법으로 해석한다. 뿌리박음rootedness과 진정성은 유동성과 뿌리뽑힘rootlessness의 경험보다 우월하다는 것이다. 게다가 그는 이 같은 개념이 함축하고 있는 폭력을 완전히 무시하고 있는 것으로 보인다: 이런 말들이 나찌 이데올로기의 근본적 어휘 중 하나라는 것은 우연의 일치가 아니다. 레비나스Levinas는 하이데거의 저작에서 장소와 마을, 경관에 대한 찬미와 그가 표현한 메트로폴리스와 기술에 대한 경멸은 민족차별주의와 반-유태주의를 위한 풍부한 토양을 제공한다고 지적했다.[36] 뿌리박음과 유대감의 이상을 요구하는 모든 건축 이론에서 이런 동일한 경향을 발견할 수 있다.

알렉산더와 노버그-슐츠는 현대성의 바깥에 서있는 것으로 보인다. 이런 측면에서 그들은 현대성에 대한 급진적인 비판을 담고 있지만 그 과정의 바깥에서 그리고 현대에 조금도 참여하지 않는다는 점에서 하이데거를 닮았다. 하이데거는 현대적인 감수성의 견지에서 그리고 현대에 필수적인 존재인 비판의 의미에서 현대성에 대한 비판을 전개하지는 않았다. 그가 현대성을 비난할 때 현대성을 기반으로 한 것이 아니라, 오히려 현대성의 바깥에서 비판을 전개하기 위해 아르키메데스 지렛대의 지지점을 찾으려 한다.[역주 6] 그는 과거에 대한 이런 비판(전-소크라테스학파 철학자들의 존재개념)과 '독창성originality'과 '진리'에 대한 탐구에 기반을 두고 현대적 존재의 비진정성을 완고하게 거부한다. 노버그-슐츠와 알렉산더도 이와 같은 전략을 따른다. 얼핏 보기에 아주 보편적으로 받아들일만한 담론의 사례가 되지만 좀더 세밀히 살펴보면 해방과 자유에 대한 모든 전망과 함께 현대성의 전체 프로젝트를 포기하는 것에 가깝다.

그러나 아마도 카차리와 아이젠만 그리고 알렉산더와 노버그-슐츠에게 반감을 느끼는 가장 중요한 이유는 그들 중 누구도 현대성의 양면성 이론과 닮지 않았다는 점이다. 이것은 알렉산더와 노버그-슐츠의 경우에 분명한데, 그들은 자신을 현대성의 바깥에 위치시키고 있기 때문에 현대성 속에 고유한 약속(해방을 위한 약속)에 공감을 느낄 수 없다. 한편, 카차리와 아이젠만은 그들의 주장을 현대에 대한 경험에 두지만 그들은 부정의 필연성만을 주제로 삼을 뿐이다. 그들은 침묵, 텅 빈 기호, 파편, 필연적인 미완성, 불협화음, 덧없음에 대해 이야기한다. 그들의 담론은 너무나 비관적이다. 그들은 현대성이 상실과 빼앗김의 계기일 뿐 아니라 진보와 발전의 기회를 만들기도 한다는 것을 모르고 있는 것 같다. 이런 이유로 그들은 결국 알렉산더와 노버그-슐츠의 현대성에 대한 부정적 평가를 공유하는 것으로 보인다. 자유와 해방의 약속인 유토피아적 순간이랑 덧없음, 취약함의 연관성은 그들의 저작에서 인식되지 않는다.

건축이 직면하는 딜레마는 현대성과 거주에 대한 입장이라는 근본적 문제와 관련 있다. 만약 건축이 조화와 장소에 대한 유기적인 참여를 선택한다면 순전히 환영에 불과한 '거주' 방법을 창조하는 위험을 범하는 것이다. 현대성은 개인과 공동체의 삶 속으로 깊숙이 침투해 있어 진정한 '거주'—사위일체의 보전을 표현하는 거주의 양태—가 더 이상 존재하는지 조차 의심스럽다. 아마도 우리는 거주에 대한 개념이 전통에 대한 잘못된 경험에 의지하기 때문에 폐기되어버린 것으로 여기고 있다. 전통이 사라진 지금, 거주는 단지 상상의 차원에서만 기능할 수 있다. 그것은 단지 하나의 이미지일 뿐이다. 그래서 건축이론을 만들기 위해 거주의 관념에 호소하는 담론은 현대성에 고유한 균열의 순간을 무시한다. 다른 한편 건축이 공허를 드러낼 것을, 즉 침묵과 파편을 선택한다면, 건축이 거주에 기본적이며 안전과 보호처에 대한 요구와 관련있는, 뿌리 깊은 요구와 갈망을 거부하는 것이 된다.

이런 딜레마는 근본적인 것이고 무시할 수 없다. 이런 딜레마는 현대성에 독특한 긴장을 다루는 사고방식을 채택하게 한다. 이런 딜레마는 건축과 거주에 대한 담론의 필수적인 부분이 된다. 나는 이런 딜레마를 건축과 거주에 대한 담론이 탐구해야 할 핵심적인 것으로 본다. 또한 포스트모더니즘 또는 해체주의 건축과 같은 최근의 논쟁 맥락 내에서도 결정적인 것이다. 내가 염두에 두는 것은 모호한 대답으로 그 함축을 완화하지 않으면서 현대성에 독특한 충돌과 모호함을 분명히 인식하고, 그 딜레마를 거부하지 않으면서 변증법적으로 움직이는 사고방식이다.

주

인용구: 테오 반 두스버그Theo van Doesburg가 1918년 11월에 오우드J. J. P. Oud에게 보낸 편지. Evert van Straaten, ed., (이하 생략)

1) 이런 어원학적 고찰은 H. U. Gumbrecht의 "Modern, Modernität, Moderne" in O. Brunner, W. Conze and R. Kosseleck, eds., 『Geschichtliche Grundbegriffe. Historisches Lexikon zur politisch-sozialen Sprache in Deuschland』, vol. 4(Stuttgart: Klett-Cotta, 1978), pp.93-131. 논설에 의지한다. 비록 검브레히트Gumbrecht는 독일어에 초점을 맞추고 있으나 어떤 사전도 확신할 수 있는 관점으로서 영어에서 의미의 다양성이 오히려 비슷하다고 가정하는 것이 안전하다.

2) Octavio Paz, 『The Children of the Mire: Modern Poetry from Romanticism to the Avant-Garde』(Cambridge:Harvard University Press, 1974), p.23.

3) Gumbrecht, "Modern, Modernität, Moderne": Matei Calinescu, 『Five Faces of Modernity: Modernism, Avant-Garde, Decadence, Kitsch, Postmodernism』(Durham: Duke University Press, 1987), pp.23-25; Willem van Reijen, 'Postscriptum,' in Wayne Hudson and Willem van Reijen, eds., 『Modernen versus postmodernen』(Utrecht: HES, 1986), pp.9-50을 보라

4) Paz, 『Children of the Mire』, p.26.

5) Marshall Berman, 『All That Is Solid Melts into Air: The Experience of Modernity』(1982; London: Verso, 1985), p.16.

6) *모더니즘*이라는 용어는 일반적으로 각 개인의 담론에 더 특별한 의미를 가진다. 이런 의미는 또한 양식의 특징과 기간의 특정화를 포함한다. 매우 넓은 정의는 마샬 버만이 만들어 낸 것이며 여기에서는 특히 흥미롭게 사용되는데 왜냐면 특정 담론에 특수한 "모더니즘들"을 조명할 수 있는 일반적 작업틀을 제공해주기 때문이다.

7) M. Calinescu, 『Five Faces of Modernity』, p.41(* 역주 — 『모더니티의 다섯 얼굴』, 이영욱, 백한울, 오무석, 백지숙 옮김, 시각과 언어, 1998년 6월, p.53)

8) Jürgen Habermas, "Modernity—an Incomplete Project," in Hal Foster, ed., 『The Anti-Aesthetic: Essays on Postmodern Culture』(1983: Seatle: Bay Press, 1991), p.9; translated from "Die Moderne-ein unvollendetes Projekt"(1980), in Habermas, 『Kleine politische Schriften I-IV』(Frankfurt: Suhrkamp, 1981), p.453: "Das Projekt der Moderne, das im 18. Jahrhundert von den Philosophen der Aufklärung formuliert worden ist, besteht nun darin, die objektivierende Wissenschaften, die universalistischen Grundlagen der Moral und Recht und die autonome kunst unbeirrt in ihrem jeweiligen Eigensinn zu entwickeln, aber gleichzeitig auch die kognitiven Potentiale, die sich so ansammeln, aus ihren esoterischen Hochformen zu entbinden und für die Praxis, d.h. für eine vernünftige Gestaltung der Lebensverhältnisse zu nützen."(* 역주 — 이 글은 다음과 같이 국내에 번역되었다. 위르겐 하버마스, 『모더니티: 미완성의 기획』, 할 포스터 편, 『반미학: 포스트모던 문화론』, 윤호병 외 옮김, 현대미학사, 1994년 8월, p.36)

9) 영어 번역은 Calinescu, 『Five Faces of Modernity』, p.48에서 인용하였다. 프랑스 원전은 "La modernité, c' est le transitoire, le fugitif, le contingent, la moitié de l' art, dont l' autre moitié est l' éternel et l' immuable"(Charles Baudelaire, 『Oeuvres complètes』[Paris: Seuil, n.d.], p.553).

10) Jean Baudrillard, "Modernité." in 『La modernité ou l' esprit du temps』, Biennale de Paris, Section Architecture, 1982(Paris: L' Equerre, 1982), p.28: "un mode de civilisation caractéristique qui s' oppose au mode de la tradition."

11) Ibid., p.29: "La modernité va susciter à tous les niveaux une esthétique de rupture, de créativité individuelle, d' innovation partout marqée par le phénomène sociologique de l' avant-garde... et par la destruction toujours plus poussée des formes traditionelles... En se radicalisant ainsi dans un changement à vue, dans un travelling continuel, la modernité change de sens. Elle perd peu à peu toute valeur substantielle, tout idéologie morale et philosophique de progrés que la sous-tendait au départ, pour devenir une esthétique de changement pour le changement... A la limite, elle rejoint ici purement et simplement la mode, qui est en méme temps la fin de la modernité."

12) Bart Verschaffel, "Post-moderniteit." in Verschaffel, 『De glans der dingen』(Mechelen: Vlees en Beton, 1989), pp.43-60; J. F. Lyotard, "Rewriting Modernity." in Lyotard, 『The Inhuman: Reflections on Time』(Cambridge: Polity Press, 1991), pp.24-35("Réécrire la modernité." in Lyotard, 『L' inhumain. Causeries sur le temps』[Paris: Galilée, 1988], pp.33-44); J. F. Lyotard, "Note on the Meaning of 'Post-.' " in Lyotard, 『The Postmodern Explained: Correspondence 1982-1985』(Minneapolis: University of Minesota Press, 1992), pp.75-80("Note sur les sens de 'post-' ." in Lyotard, 『Le postmoderne expliqué aux enfants, Correspondance 1982-1985』[Paris: Galilée, 1986], pp.134-141

13) 나는 이런 구분은 마샬 버만Marshall Berman이 샤를 보들레르Charles Baudelaire의 작품에 대한 논의에서 사용한 것을 받아들였다, 『All That Is Solid Melts into Air』, pp.134-141.(* 역주 — 국내 번역서는 마샬 버만, 『현대성의 경험—견고한 모든 것은 대기 속에 녹아버린다』, 윤호병 외 옮김으로 번역되었다.)

14) Le Corbusier, 『Towards a new Architecture』(London: Architectural Press, 1976), p.82. Translation of *Vers une architecture*, 1923(* 역주 — 국내에는 르 코르뷔지에, 『건축을 향하여』, 이관석 옮김, 동녘, 2002로 번역되었다. 해당내용은 p.103으로 해당 쪽의 번역을 그대로 따왔다.)

15) "Situationists: International Manifesto" (1960), in Ulrich Conrads, ed., 『Programs and Manifestoes on 20th Century Architecture』(Cambridge: MIT Press, 1990), p.172

16) Berman, 『All That Is Solid Melts into Air』, p.15.(* 역주 — 마샬 버만, 『현대성의 경험—견고한 모든 것은 대기 속에 녹아버린다』, 윤호병 외 옮김, p.12)

17) Peter L. Berger, Brigitte Berger and Hansfried Kellner, 『The Homeless Mind: Modernization and Consciousness』(New York: Vintage Books, 1974).

18) Ibid., p.184.

19) Martin Heidegger, "Building, Dwelling, Thinking." in Heidegger, 『Poetry, Language, Thought』(New York: Harper and Row, 1971), pp.143-162; translated from "Bauen Wohnen Denken." in Heideger, 『Vortäge und Aufsätze』(Pfullingen: Neske, 1954), pp.145-162. The account of the colloquium in Darmstadt was recently republished: 「Mensch und Raum. Das Darmstädter Gespräch 1951」, Bauwelt Fundamente 94(Braunschweig: Vieweg, 1991).(* 역주 — 이 글은 「건축, 주거, 사유」, 심희섭 역, 『공간』 1993년 8월호, pp.110-117에 번역되었다.)

20) Heidegger, "The Origin of the Work of Art", in Heidegger, 『Poetry, Language, Thought』, pp.15-88; 독일 원서는 Heidegger, 『Der Ursprung des Kunstwerkes』(1960; Stuttgart: Reclam, 1978)를 이용하였다.(* 역주 — 『예술작품의 근원』은 국내 번역서로 오병남, 민형원 옮김, 『예술작품의 근원』, 예전사, 1996년으로 번역되었다.)

21) Heidegger, "Building, Dwelling, Thinking." p.160

22) Ibid., p.161; 독일어 원문: "wie steht es mit dem Wohnen in unserer bedenklichen Zeit? Man spricht allenthalben und mit Grund von der Wohnungsnot.... So hart und bitter, so hemmend und bedrohlich der Mangel an Wohnungen bleibt, die *eigentliche Not des Wohnens* bestehlt nicht erst im Fehlen von

Wohnungen.... Die eigentliche Not des Wohnens beruht darin, dass die Sterblichen das Wesen des Wohnens immer erst wieder suchen, das sie *das Wohnen noch lernen müssen*."(『Vorträge und Aufsätze』, p.162.)

23) Martin Heidegger, "Poetically Dwells." in Heidegger, 『Poetry, Language, Thought』, p.227; translated from ... "dichterisch wohnet der Mensch...." in 『Vorträge und Aufsätze』, p.202: "Wohnen wir dichterisch? Vermutlich wohnen *wir* durchaus undichterisch."

24) Ibid., pp.228, 229; 독일어 원문: "Das Dichten is das Grundvermögen des menschlichen Wohnens.... Ereignet sich das dichterische, dann wohnet der Mensch menschlichauf dieser Erde, dann ist, wie Hölderlin in seinem letztem Gedicht sagt, 'das Leben des Menchen' ein 'wohnend Leben.'" (『Vorträge und Aufsätze』, pp.203, 204.)

25) Massimo Cacciari, "Eupalinos or Architecture." 『Oppositions』, no. 21(1980), p.112.

26) Theodor Adorno, 『Minima Moralia. Reflections from Damaged Life』(1951; London: Verso, 1991), pp.38-39; translated from 『Minima Moralia. Reflexionen aus dem beschadigten Leben』(1951; Frankfurt: Suhrkamp, 1987), pp.40-41: "Eigentlich Kann man uberhaupt nicht mehr wohnen.... Das Haus ist vergangen."(* 역주 — 이 책은 최문규 옮김, 『한줌의 도덕』, 도서출판 솔, 1995년으로 번역되었다.)

27) Ibid.; 독일어 원문: "es gehört zur Moral, nicht bei sich selber zu Hause zu sein." 독일어 원문의 뜻이 번역된 것보다 더 일반적이다. 왜냐하면, "bei sich selber"는 단순히 'in one' s home' 이 아니라 'with oneself' 로 번역될 수 있기 때문이다.

28) Christian Norberg-Schulz, 『The concept of Dwelling』(New York: Electa / Rizzoli, 1985) p.7.

29) Ibid., p.30.

30) Ibid., p.66.

31) Cacciari, "Eupalinos or Architecture." p.108.

32) Ibid., p.115.

33) '건축에서 조화의 대립되는 개념' 크리스토퍼 알렉산더와 피터 아이젠만의 논쟁, 『Lotus International』, no. 40(1983), pp.60-68에서

34) Ibid., p.65.

35) 크리스토퍼 알렉산더Christopher Alexander, 『The Timeless Way of Building』(New York: Oxford University Press, 1979)을 보라. 또 Georges Teyssot의 『Lotus International』에서의 위에 언급된 논쟁에 대한 소개를 보라

36) Emmanuel Levinas, "Heidegger, Gagarin and Us"(1961), in Levinas, 『Difficult Freedom: essays on Judaism』(London: Athlone, 1990), pp.231-241

역주

1) 고전 고대classical antiquity는 서양의 고전문화를 꽃피운 고대 그리스 로마 시대를 일컫는 말이다.

2) 이런 의미에서 'modern'은 '근대'로 번역해야 한다. 'modern'을 '현대'로 번역할 것인가 '근대'로 번역할 것인가란 문제에서 '하나의 역사적 순간'을 가리킬 때는 '근대'로, '현재의 문제를 얘기하는 것'은 '현대'로 번역하였다. 즉, 'modern architecture'는 지나간 역사적 사실을 의미할 때는 .'근대건축'으로 현재의 건축을 의미할 때는 '현대건축'으로 번역하였으며 'modernity'는 여전히 동시대의 문제를 이야기하기 때문에 근대성으로 번역하기보다 '현대성'으로 번역하였다.)

3) 하이데거는 *das Geviert*를 땅, 하늘, 천사, 필멸자의 '단순한 하나됨'이라고 말한다. 즉, "땅을 보호하고 하늘을 받들며 천사의 도래를 기다리고 죽음을 받아들이는" 것이 이 4가지를 사위일체로 보존하는 것이며 이런 활동이 바로 하이데거 말하는 진정한 거주이다. 하이데거, 「건축, 주거, 사유」, 심희섭 역, 『공간』 1993년 8월호, p.112~113 참조)

4) 지성과 사물간의 일치, 사실과 인식의 일치를 가리키는 고전적 진리개념

5) 알레테이아의 '아'라는 말이 '결성적-박탈적' 성격을 뜻하는 단어이기 때문에 '탈은폐'로 번역된다. 이기상에 따르면 '탈은폐'에는 이중의 의미가 있다. ***탈***-은폐***Ent***-bergung는 드러냄을 의미하지만 탈-***은폐*** Ent-***bergung***는 '간직함, 다시 말해 비은폐성 안에 받아들이고 간직함'을 의미한다. 알레타이아는 숨기는 것에 반대하지만 간직은 찬성한다. 간직함이란 어떤 것을 그 본질에서 보존하며 해를 입지 않도록 보호한다는 말이다. 하이데거의 예술론은 이런 진리개념이 결정적 역할을 한다. 하이데거는 예술의 본질을 "존재자의 진리가 스스로를 작품 안에 정립하는 것"이라 말한바 있다. 즉, 예술작품에는 이런 이중적인 탈-은폐가 작용하고 있다는 것이다. 이기상, 「존재진리의 발생사건에서 본 기술과 예술」, 『하이데거연구』 제2집, 한국하이데거학회, 1997년 2월, pp.131-181; 이수정,「하이데거의 예술론」, 『하이데거연구』 제7집, 한국하이데거학회, 2002년 10월, pp.209-243 참조.

6) 고대 그리스 철학자 아르키메데스는 지렛대의 원리를 발견하고 지구 밖에 자기가 디딜 땅과 지렛대만 주면 지구도 옮기겠노라 호언장담 하였다. 하지만 지구 밖에 그런 땅이 있을 수 없듯이 하이데거의 시도는 아르키메데스의 시도와 같이 부질없는 짓일 뿐이라는 말이다. 현대에 사는 우리가 현대성의 바깥에서 현대성을 비판할 수는 없다.

혼란만 가득해 보여도 우리시대의 문명에는 숨어있는 진실한 조화와 비밀스런 종합이 존재한다는 것을 논증과 객관적인 증거를 통해 확인시키려 해왔다.

지그프리트 기디온, 1941

2 근대운동의 구성

건축적 아방가르드란?

적어도 최근 건축사의 한 때, 현대성의 도전에 대해 포괄적이진 않아도 일관된 응답을 제안한 시도가 있었다. 근대운동modern movement은 자신을 현대성의 경험과 현대화 과정에 나타난 문제점 및 가능성에 대한 적정한 대응으로 구성된 건축개념의 구체화로 보았다. 근대운동은 초기 국면에 미래파와 구성주의 같은 아방가르드운동과 강한 유대를 가졌으며 진통과 19세기 부르주아 문화의 잘못된 요구에 대한 지항을 공유하였다. 하지만, 이런 동맹이 얼마나 오래 지속되었는지, 새로운 건축에 대한 기본개념이 예술과 문학의 아방가르드 입장과 제휴하였는지는 의심하지 않으면 안 된다.

예술적 아방가르드 현상은 역사적으로 키치의 부상과 연결된다.[1] 아방가르드와 키치는 현대성에 전형적인 균열의 경험에 대한 반작용으로 볼 수 있다. 현대성이 초래한 전통적 가치와 삶의 조건의 빠른 변화는 개인들을 자신의 내면세계와 사회가 요구하는 행동패턴 사이의 분열을 경험하게 하였다. 현대의 개인은 그들 자신을 '뿌리없음rootless' 으로 경험한다. 그들은 자신과 조화되지 못하며 전통사회에 개인이 갖고 있었던 규범과 형식에 대한 자명한 참조틀이 없었다. 이것이 최소한 현대성에 대해 글을 쓰는 모든 지식인들이 공유하는 진단이다.

20세기 초에, 누구보다 아돌프 로스가 명확히 언급하였듯이, 문화는 더 이상 전통의 자명한 연속성 위에 세워질 수 없기에 지식인과 예술가의 임무는 이런 균열에 직면하는 것과 문화의 새로운 기반을 찾는 것이었다.[2] 아방가르드는 전통의 쇠퇴로 텅 빈 채 남겨진 공간을 '우리가 현재 가지고 있는 유일하게 살아있는 문화'[3]로 간주하게 된다. 키치의 거짓된 가치pseudo-values에 대항하여 아방가르드는 순수함과 진정성의 이상을 가정했다. 그들이 주장하길, 키치는 즐거움이다. 그것은 편안한 오락에 초점을 맞춘다. 그것은 기계적이고, 격식을 중시하며academic, 상투성에 지배를 받는 것이다. 이 때문에 현대 생활의 분열적 성격의 효과를 그럴듯하게 둘러댄다. 키치는 개인들이 내적 충돌을 고통없이 잊을 수 있게 완전함wholeness에 대한 환영을 유지한다. 아방가르드는 반대로, 존재하는 균열과 단절을 무시한 채 이런 충돌을 부정하는 것을 거부하며, 오히려 이들과 공공연히 싸움을 벌인다. 아방가르드의 전략은 직접적인 공격으로 구성된다. 외적 형태는 내적인 감정과 부합하지 않는다는 걸 인식한 아방가르드는 그 공허함을 드러내기 위해 형식의 파괴를 선택한다. 그래서 지속적으로 우상파괴의 투쟁에 종사한다. "달빛을 죽이자"라는 마리네티Marinetti의 호소는 아방가르드가 옹호하는 부정의 논리를 위한 하나의 모델이 될 수 있다. 모든 기준, 형식 그리고 관습은 깨져야만 한다. 견고한 모든 것은 거부되고, 모든 가치는 부정된다.

아방가르드는 현대성의 근본원리, 즉 계속적인 변화와 발전을 위한 충동, 낡은 것에 대한 거부와 새것에 대한 갈망을 급진화한다. 그것은 역사적 선언을 통해—미래파, 구성주의, 다다이즘, 초현실주의 및 유사한 운동들—미학적 모더니즘의 '선봉'임을 나타내는데, 그 자체 속에 넓은 기초를 가지고 있다고 말할 수 있다(모든 모더니스트 작가나 예술가가 의심없이 아방가르드에 속하는 것은 아니다).[4] 레나토 포지올리는 아방가르드를 행동주의, 적대주의, 허무주의, 논쟁주의라는 4가지 계기로 특징짓는다.[5] 행동주의 계기는 모험과 역동성을 의미하며 반드시 실증적인 목표와 연결되는 행동을 주장하는 것은 아니다. 아방가르드의 적대적인 성격은 호전성과 관련있다. 아방가르드는 전통과 공공에 대한, 그리고 기성체제에 대한 지속적인 투쟁을 호소하고 있다. 이런 적대주의는 모든 법칙과 기준에 대한 무정부주의적 혐오와 모든 제도화된 체계에 대한 저항으로 이어진다. 행동주의와 적대주의를 극히 절대적인 방식으로 추구함으로써 결국 아방가르드 운동은 자신을 추월해 허무주의와 끊임없는 순수성에 대한 추구에 빠져 종말을 맞이한다. 아방가르드는 사실 문화적 진보의 제단에 자신을 희생하려 한다—만약 미래에 대한 정복을 얻는 대가가 자신의 파괴라면 그 대가를 치를 준비가 되어있다. 이런 자기학대masochism 속에는 포지올리가 다음과 같이 논쟁적 국면이라 부른 것이 있다. 궁극의 성취에 도달할 수 있다는 확신 속에서 아방가르드는 자신의 추락을 목격해야 하는 병적인 만족 속에 감상적으로 빠진다. 이렇게 함으로써 아방가르드는 또한 자신의 이름 속에 함축된 호전적인 은유를 따른다. 이것이 다른 이들이 그들 이후를 만들 기회를 위해 도살된 아방가르드의 운명이다.

이런 기술에서 아방가르드는 현대성의 일시성 개념을 탁월하게 구체화한 것으로 나타난다. 그것은 '위기의 문화'라는 가장 급진적인 표현을 포함한다. 칼리네스쿠의 말로 하자면, "미학적으로 아방가르드의 입장은 질서, 명료함, 심지어 계승과 같은 전통적 이상에 대한 가장 솔직한 거부를 나타낸다. … 예술은 신중하게 의도된 파괴와 위기의 경험이 된다. 만약 거기에 위기가 존재하지 않는다면, 그것은 만들어져야 하는 것이다."6) 페터 뷔르거에 따르면, 아방가르드의 강한 열의는 계획적programmatic 의도를 가진다. 다다이즘과 초현실주의에 대한 분석에 주로 의지하고 있는 뷔르거는 아방가르드가 하나의 제도인 예술의 자율성을 폐기하는 데 관심이 있었다고 주장한다.7) 그가 보기에, 아방가르드의 부정적 논리는 사회 체제에 어떤 실질적 영향력도 가지지 않는 자율적인 영역으로서, 일상생활과 분리된 예술을 폐기하기 위함이라는 명확하게 정의된 목표를 가지고 있었다. 아방가르드는 실제 생활에서 예술의 '지양sublation'을 달성하는 것을 목표로 삼고 있었다. "아방가르드는 예술의 지양—헤겔적 의미의 지양—을 주장하였다. 예술은 단순히 파괴될 수 있는 것이 아니라 변화된 형식 속에 삶의 습관으로 변화되는 것이다. … 그들을 구별짓는 것은 … 예술의 기초에서 새로운 삶의 습관을 조직하는 것이다."8) 아방가르드는 *현재의* 삶의 습관—즉 부르주아 사회와 그것의 합리적 계획—과 예술의 통합을 생각하지 않았다. 오히려 새로운 삶의 습관—존재하는 질서에 대한 대안을 구성하는 예술에 기반을 둔 습관—을 목표로 한 것이다.

근대운동을 둘러싼 쟁점과 주제는 해체와 구축의 아방가르드 논리와 관련되어 구체화된다. 여기에서도 역시 무엇보다 거짓된 장식과 키치 그리고 절충주의의 형태를 받드는 부르조아 문화의 속물근성에 대한 거부를 포함하고 있다. 그보다 순수함과 진정성에 대한 갈망이 우선이었다. 모든 장식은 받아들일 수 없는 것으로 간주되었다. 대신 진정성은 재료 사용에서 획득되고 구축논리가 형태언어에서 명확하게 보여야 한다고 생각하였다.[9] 또한 20세기에 이런 논제들은 분명한 정치적 차원을 획득했다. 신건축New Building[10]은 사회적으로 보다 균형 잡히고 평등한 권리와 해방이 실현되는 평등한 사회 형태에 대한 갈망과 결합되었다.

건축적 아방가르드는 그럼에도 예술과 문학의 아방가르드만큼 급진적이고 단호하지는 않았다. 심지어 부르주아적 가치를 나타내더라도 대부분의 건축가들은 합리성의 원리를 포기하지 않았다. 미하엘 뮐러Michael Müller가 지적했듯이 새로운 건축의 주창자들은 사물의 모든 합리적 질서에 반대하는 원리에 있지 않았다. 반대로 그들은 전통의 비합리적 찌꺼기와 싸우는 철저한 합리화를 주장하였다.[11]

그래서 근대운동을 1920년대와 30년대 건축적 아방가르드와 동일시하는 것은 개념을 잘못 이해하는 것이 될 것이다. 비록 근대운동의 가장 영웅적 국면은 구성주의와 다다이즘과 거의 부합하고 예술가와 건축가 사이에 역사적으로 충분히 입증된 연관관계가 존재하지만, 근대건축은 그 대부분의 선언에서 예술적 아방가르드의 급진성과 해체성과는 명확히 구별되는 모습을 보였다. 그런데도 근대운동의 담론을 구성했던 이상들과 아방가르드들의 개념을 맞대어 보는 것은 생산적인 것이다. 근대운동에는 단일한 통일체는 거의 존재하지 않았고 오히려 널리 다른 조류와 경향으로 구성되었다.[12] 이들 중 몇몇은 다른 것보다 진정한 아방가르드의 의미에 가까웠다. 예를 들면, 한네스 마이어의 좌익left-wing 성향의 경우가 대표적이었다.[13] 건축의 '부정'을 목표로 했던 아방가르드의 충격은 근대운동의 초기국면에 결정적 역할을 했다고 말할 수 있다. 이후의 발전에서 이런 '부정'의 순간은 점점 중화되고 무력화되었다. 현대성에 대한 일시성의 관점에서 영향을 받은 초기 아방가르드의 영감은 더 이상 결정적인 역할을 목표로 하지 않는, 영구적인 재정의를 요구하는 완전히 단일한 프로그램 속으로 다시 만들어지게 되었다. 이런 전개를 나타내는 선언을 지그프리트 기디온의 저작에서 발견할 수 있다.

지그프리트 기디온: 현대성의 계획적 관점

지그프리트 기디온Sigfried Giedion(1888-1968)은 예술사로 박사학위를 취득한데 이어 기술자로 초보적인 훈련을 받은 후 35세의 나이에 동시대 건축을 처음으로 접했다.[14] 그는 자신의 감응이 1923년 *Bauhauswoche* 방문과 1925년 르 꼬르뷔제와의 만남으로 자극받은 것이었다고 말하였다.[15] 그 순간부터 그는 이런 새로운 이상에 대한 방어와 선전에 모든 정력을 쏟아 부었다. 그는 논설과 책에 단호하게 현대건축의 주창자로 자신을 기록했다. 그는 종종 역사가로서 그의 능력 내에 이것을 명확하게 하였다: 그의 주장은 자신의 시대를 포함하여 지속적인 발전을 다루는 역사서술의 형태를 띤 것이었다. 기디온의 저술에 대한 비판은 역사가로서 그의 저작이 이런 '조작적operative' 측면을 띠고 있음을 겨냥한다.[16] 기디온의 관점은 단일하며 거대한 전개 양상이 건축사에 깔려 있으며 이런 전개는 그가 '새로운 전통'이라 불렀듯이 20세기 현대건축에서 최고조에 달한, 대체로 직선적인 방식으로 발전한다는 생각에 기반을 두고 있다.

이런 역사의 직선적 전망과 계획적이고 목가적인 현대성 개념은 특히 그의 주요작 『공간, 시간, 건축Space, Time, Architecture』에서 두드러진다. 이보다 먼저 쓴 현대건축에 관한 2권의 책—『프랑스 건축, 철 건축, 철근콘크리트 건축Bauen in Frankreich, Bauen in Eisen, Bauen in Eisenbeton』과 『해방된 주거Befreites Wohnen』—은 그리 단일한 목소리는 아니며 현대성의 일시적 경험으로 명확히 채색된 이상과 개념을 보여준다.

새로운 경험과 새로운 전망

『프랑스 건축Bauen in Frankreich』은 새로운 재료와 구축기술의 영향을 언급하면서 19세기와 20세기 프랑스 건축의 발전을 그리고 있다. 기디온은 19세기의 가장 중요한 공헌으로 철과 유리구조분야 그리고 콘크리트 작업을 꼽는다. 이런 기술들이 말하자면 건축의 '잠재의식'을 형성했고 신건축New Building을 위한 20세기 최초의 선언이 되었다.

> 건설이 출현했을 때 [지난 세기] 건축에 퇴색되지 않은 채 남은 것은 드물다. 전반적으로 일시적인 목적과 서비스와 변화에 기반을 둔 건설은 정확히 일관된 발전을 보여주고 있다. 19세기 건설은 잠재의식의 역할을 한다. 표면상으로는, 건설은 여전히 오래된 애수를 자랑한다; 그 아래에, 파사드 아래 숨어있는 우리 현재 존재의 기초는 형태를 잡아가고 있다.[17]

그림 3. 트랑스보르되르 다리(1905)와 마르세이유 항구(지그프리트 기디온, 『프랑스 건축』, 그림 1에서 인용). 기디온은 "연락선이 항구 양쪽의 수로 교통을 연결하는 케이블에 매달려 있다. 인도교에서 이 구조는 하나의 '기계'로 받아들일 수 없다. 도시 이미지에서 배제될 수 없다. 그것이 나타내는 환상적인 꼭대기 부분을 가진 다. 그러나 도시와의 상호작용은 '공간적'이거나 '유동적'이 아니다. 그것은 *표류하는* 관계와 상호관입을 일으킨다. 건축의 경계가 흐려진다."고 쓰고 있다.

기디온이 새로운 건축의 특징을 기술하는 데 사용한 핵심표현은 *Durchdringung*(*관입*)이다. 이런 표현을 생기게 한, 거의 원형적인 공간경험은 에펠 타워[18]와 양 부두 사이를 연결하는 움직이는 플랫폼이 있는 매우 특별한 다리인 마르세유의 트랑스보르되르 다리Pont Transbordeur 같은 19세기 거더 건설이 일으킨 센세이션의 결과였다.(그림 3, 4)[19] 이런 구조물에 대한 기디온의 감응은 움직임에 대한 놀라움과 공간의 혼합에 대한 경험

그림 4. 트랑스보르되르 다리, 마르세이유(출처 : 지그프리트 기디온, 『프랑스 건축』, 그림 61)

그림 5. 에펠탑(1889), 기둥 내부(출처 : 지그프리트 기디온, 『프랑스 건축』, 그림 2) 기디온은 "육중한 탑 대신 개방된 프레임이 최소 차원으로 압축된다. 경관은 끊임없이 변화하는 단편으로 들어선다."고 쓰고 있다.

에서 나온 것이다. 예를 들면, 에펠 타워에 대한 기술에서 나선형 계단을 오를 때 생기는 '순환하는' 공간의 독특한 효과를 강조하고 있다.(그림 5) 외부와 내부공간은 지속적으로 서로 연결된 결과이다. 그런 범위에서 결국 둘 사이를 명확히 구별할 수가 없다. 이런 새로운 종류의 공간경험은 신건축New Building에 근본적인 것이다.

> 에펠 타워의 공중부양air-flooded 계단에서, *트랑스보르되르 다리pont transbordeur*의 강철 팔에서, 대기의 흐름에 매달린 조밀한 철망, 배, 바다, 집들, 등대, 풍경과 항구를 통해 우리는 오늘날 건물의 기본적인 미적 경험에 직면하게 된다. 그것은 한정된 형태를 자유롭게 한다. 우리가 내려감에 따라 서로 동그라미를 그리며 겹쳐진다.[20)]

기디온의 감응은 새로운 것이 아니며 일상적인 것이다. 19세기의 유리와 철구조물—전시홀, 철도역, 아케이드, 온실—은 출발부터 강력한 반응을 촉발했다. 마네Manet에서 들로네Delaunay**역주 7)**(그림 6)에 이르기까지 모더니스트 미술가들이 가장 좋아하는 주제였으며 런던의 수정궁이 좋은 예가 되듯이 치열한 극단적 논쟁을 일으켰다.**21)** 엔지니어가 디자인한 이런 구축물의 중요성이 건축담론에 알려진 것은 처음이 아니었다. 당시 건축담론은 그것을 미래 건축의 서막으로 보았다. 그렇다 하더라도 셰어바르트**역주 8)**의 작품과 산텔리아Sant' Elia, 마리네티의 미래주의자 선언에서는 이런 전술이 실현되기 어려운 가공의 꿈에 대한 메아리같이 울렸다. 반면 기디온은 매우 실질적이고 실현가능한 건물과 공간에 대한 극히 설득력 있고 냉정한 분석을 그의 확신에 찬 경의로움의 서정적 성격과 결합하는 데 성공했다.

그림 6. 로베르 들로네Robert Delaunay, *에펠탑*, 1909~1910(Emanuel Hoffmann-Stiftung, Basel; photo: Oeffentliche Kunstsammlung Basel, Martin Bühler)

기디온은 이런 매혹적인 공간경험을 아주 독특하게도 새로운 건축에 대한 서술로 변형시키는 동시에 미래의 발전을 위한 지침으로 다루었다. 사실, 그는 이런 새로운 공간경험에 대한 서술을 *Durchringung(관입)*이라는 개념인 새로운 건축의 기초를 구성하기 위해 사용하고 있다.(그림 7) 그 용어는 다른 짜임관계constellations 속에 사용된다. 첫째 그리고 주요하게 다양한 공간 배치에 대해 기술(記述)하는 데 사용된다. 즉, 마르트 슈탐Mart Stam의 1926년 암스테르담 로킨Rokin을 위한 디자인**22)**의 예와 같이 더 작은 비례의 요소에 의한 꽤 잘 정의된 볼륨의 관입; 다수의 르 꼬르뷔제의 주택들(그림 8과 9)**23)** 같이 바닥공간의 부재를 통해 다양한 레벨의 공간이 혼합되는 것이나 투명한 벽을 사용하여 내부와 외부 공간이 혼합되는 것; 그로피우스의 바우하우스같이 하나와 다른 것 사이의 경계가 더 이상 명확하지 않는 방법으로 결합된 다양하게 병치된 볼륨으로 건물을 구성하기 위한 동일한 볼륨의 관입.

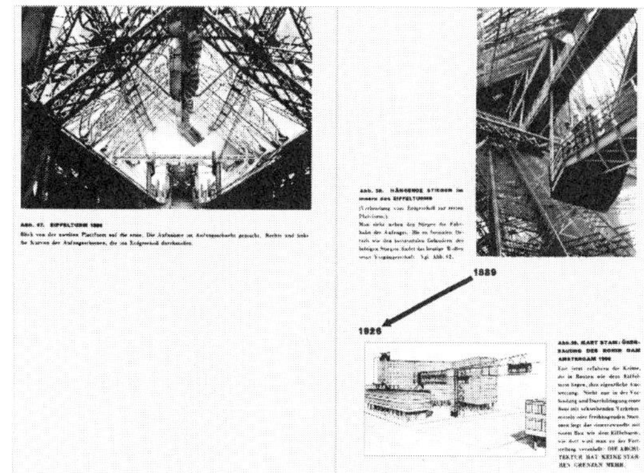

그림 7. 『프랑스 건축』의 두 페이지는 기디온이 새로운 공간 경험을 자신이 고안한 *관입*이라는 용어와 어떻게 연결시키는지를 잘 보여준다. 관입은 신건축의 특징이며 여기서는 마르트 슈탐의 1926년 암스테르담 로킨 프로젝트가 도식화되어 있다.

그림 8. 르 꼬르뷔제, 해안 빌라, 1921(출처 : 지그프리트 기디온, 『프랑스 건축』, 그림 105). 기디온은 "건축 형태를 설정하지 않고 이 디자인은 이미 공간의 수직적 융합, 탁 트인 개방감, 파티션 벽체를 최대한 사용하지 않는 방식을 담고 있는데 이는 철근콘크리트 뼈대가 만들어 낸 것이다."고 쓰고 있다.

그림 9. 르 꼬르뷔제, 쿡 저택, 1926~1927(출처 : 지그프리트 기디온, 『프랑스 건축』, 그림 109). 기디온은 "큰 침실, 계단, 지붕 테라스에 대한 연구를 보라. 외부공간(지붕 테라스)과 내부 공간의 다양한 관입 수준은 서로 혼합된다."고 쓰고 있다.

그래서 기디온에게 *관입*은 서로 간에 공간의 다른 측면을 관계맺게 하는 힘을 지닌 것으로서 새로운 건축의 핵심적 특성을 나타낸다.[24] 기디온만이 *관입*이라는 개념에 중요성을 부여한 것은 아니다. 『프랑스 건축Bauen in Frankreich』의 책 디자이너였던 라즐로 모홀리-나기László Moholy-Nagy 역시 공간침투 개념을 미래건축의 특징으로 들고 있다. 약 200개의 그림의 연속으로 구성된 1929년 『재료에서 건축으로Von Material bis Architektur』라

그림 10. 라즐로 모홀리-나기는 이 사진을 '건축'이라 이름 붙였다.(출처 : 모홀리-나기의 『재료에서 건축으로』에 삽입된 그림, 사진 : Jan Kamman/Schiedam.)

는 그의 책에서 모홀리-나기는 '건축'으로 이름붙인 현저한 이미지를 절정에 달한 것으로 삽입시켰다.(그림 10) 그의 제목은 "2장의 중첩된 사진(음화)에서 공간 침투의 환영이 나타난다. 다음 세대만이 현실로—유리 건축으로—경험할 수 있을 것이다."[25)]

이런 논제에 대한 기디온의 담론에서 가장 놀라운 특징은 이런 공간적 *관입*이 그 말과 연결되는 모든 종류의 은유적인 의미들과의 공존으로 이끈다는 것이다.[26)] 그 결과 새로운 공간개념과 사회적 현실 사이에 만들어진 서로의 관계는 많은 영역의 침투를 특징으로 한다. 기디온의 수사적인 전략 탓에 *관입*은 건축뿐만 아니라 사회적으로도 모든 단계에서의 위계적인 모델의 약화를 대변하는 것이 되었다. *관입*개념의 다층화된 성격을 명확히 인식할 수 있는 핵심적인 구절이 여기 있다.

> '건축'의 한정된 개념이 지속될 수 있는지 의심스러워 보인다.
>
> 우리는 다음의 질문에 거의 답하기 힘들다. 건축에 속하는 것은 무엇인가? 어디서 시작하고 어디서 끝나는가?
>
> *영역은 겹친다* Die Gebiete durchdrinen sich: 벽은 더 이상 엄격하게 가로를 한정하지 않는다. 가로는 이동의 흐름으로 변화해 왔다. 철도와 기차는 기차역과 더불어 단일한 전체를 형성한다.[27)]

여기서 기디온은 건축의 자율성 문제를 가로와 기차역과 같이 더 이상 날카롭게 정의된 실체entities를 재현하지 않는 공간적 실재들realities을 관찰하는 분야와 관련시킨다. 그것에 대한 우리의 경험은 핵심적으로 운동과 확산 요소의 패턴으로 정의된다. 그는 건축은 더 이상 대상물과는 관계가 없음을 암시적으로 제시한다. 만약 건축이라는 개념이 살아

남는다면 그것은 대상물이라기보다 중심적인 중요성이 공간적 관계와 비례인 더 넓은 영역의 부분이 되어야만 할 것이다. 결과적으로 이 구절의 제목은 '건축?' 이었어야 하는데 물음표를 기디온이 귀찮아서 그런 것이 아니라 책 출판자가 빠트렸다.[28]

유사한 생각의 고리가 기디온이 애초부터 그의 책 제목으로 염두에 두고 있던 'Konsruktion wird Gestaltung(구축이 디자인이 된다)' 라는 슬로건에 깔려있다.[29] 이런 표현은 그의 근본 생각을 완벽하게 요약하고 있다; 건축은 더이상 재현적인 파사드와 기념비적인 볼륨과 관련되지 않고, 대신 구조 논리에 기반을 둔 새로운 관계를 디자인하는 것이 목적이다.

『프랑스 건축』에서 볼 수 있는 현대성의 일시적 측면에 대한 감수성은 기디온의 다음 출판물에서 더한층 확고해진 것을 우리는 볼 수 있다. 『해방된 주거Befreites Wohnen』(1929)는 신건축New Building에 대한 목표와 성취의 밑그림을 주석이 딸린 사진들을 곁들여 제시하는 작은 책이다. 첫번째 책이 몇몇 점에서 새로운 공간적 감성을 진심으로 껴안기를 주저한 데 반해,[30] 두번째 책은 이를 좀 더 급진적인 방식으로 받아들인다. 여기서 기디온은 집에 영원한 가치가 있다고 생각하는 전통적 개념을 분명한 태도로 반대하고 있다. 대신 그는 "주택은 사용가치다. 그것은 측정가능한 시간 내에 감가상각되고 양도된다."[31]라고 주장한다. 이것은 기디온에 따르면 건축비용과 임대료를 줄이기 위해 건물생산이 산업기반 위에 조직될 때 가능한 것이다. 주택은 요새같이 보여서는 안된다. 오히려 주택은 많은 빛을 요구하며 모든 것이 풍부하고 융통성을 원하는 삶을 참작해야 한다. 주택은 개방적이어야 한다. 주택은 관입으로서, 삶의 모든 측면을 받아들이는 현재의 심리를 반영해야 한다. "오늘날 우리는 스포츠, 체조 그리고 삶의 감각적인 방법을 통해 영향받고 자유로워지는 우리의 신체적인 느낌에 전체 구조가 부합하는 주택을 요구한다. 결론적으로 이런 열린 주택은 현재의 정신적 상태를 반영한다. 더 이상 분리되지 않고 모든 영역은 관입한다."[32] 기디온은 산텔리아Sant' Elia에 대한 이 글에서 산텔리아는 주택이 지난 세대의 것으로 보았다고 단정 짓는다. 산텔리아는 마리네티와 같이 쓴 1914년의 선언에서 실로 이렇게 언급하고 있다.

> 우리는 기념비적이고 육중하고 정적인 것에 대한 감각을 잃어버렸다. 우리는 우리의 감성을 가벼움, 실용성, 덧없음과 순간적인 것에 대한 취향에 의해 풍부하게 해왔다. .... 건축은 어떤 삼차원적

이거나 직선적인 습관을 낳을 수 없는 것으로 생각되었다. 왜냐하면 미래파 건축의 근본 특성은 퇴화와 일시성이 될 것이기 때문이다. 주택은 우리보다 오래 지속되진 않을 것이다. 각 세대는 자신의 도시를 세워야만 할 것이다.[33)]

기디온의 글 어디에서도 『해방된 주거Befreites Wohnen』에서와 같이 신중한 일시성의 개념을 단호하게 언급한 곳은 없다. 그 책은 또한 수사학적 구조의 측면에서 선언의 성격을 띠고 있다. 열림, 가벼움, 유동성은 신건축의 다른 슬로건 즉, 합리성, 기능성, 산업, 실험, *최저생활 Existenminimum*을 연상시킨다. 기디온이 언급하듯이, 이 모든 것은 전통의 무게뿐만 아니라 과다한 임대료에서 해방되게 한다. 그는 심지어 여성들이 거주에 대한 새로운 관점의 이득을 볼 것이라고 덧붙였다. 왜냐면 여성들의 가사는 최소한으로 줄어들 것이기 때문이다. 그래서 집과 가족에 대한 좁은 초점에서 자유로워질 것이다.

이런 초기 2권의 책은 어느 정도 건축에서 아방가르드의 도전적 입장을 취하는 것이다. 그 책들은 건축에서 전통적 개념과 제도에 대한 반대를 바탕으로 새로운 것을 축복하며 일시성 개념에 매혹된 자세를 나타낸다. 기디온은 여기서 그가 분명히 건축의 본질을 의문시했던 생각과 같은 급진성을 실천하고 있다. 이런 점에서 주요한 관심은 건축이 더 이상 재현적 건물의 디자인에 국한되지 않고 전체 환경에 초점을 맞추는 좀 더 포괄적인 분야로 발전해야 한다는 생각이다. 이것으로 기디온은 전통과 제도의 기능이 부과한 건축의 한계를 깨뜨리는 것을 목표로 정식화한다. 그런 전략의 결과가 어떻게 될 것인지 『프랑스 건축 Bauen in Frankfreich』(그림 11, 12)의 산업경관을 찍은 삽화의 설명문에 암시되어 있다. 그 경관은 몽타주같이 포개진 이질적인 요소(가솔린 탱크, 철교, 굴뚝을 가진 공장, 창고, 전기 케이블)로 구성되어 있다. "다양한 교통 레벨, 오직 필요성만으로 구성된 대상들의 병렬—무의식적으로 그리고 있는 그대로 말하자면—은 우리도시가 이후에 예정된 수준들의 강제

그림 11. 산업경관(출처 : 지그프리트 기디온, 『프랑스 건축』, 그림 4) 기디온에게 다양한 운송 수단과 더불어 이 경관은 다른 영역간의 관입이 분명해질 미래 도시의 발전을 예시하는 것이다.

없이 개방적으로 디자인될 수 있는 가능성을 제공한다."34) 기디온의 주석이 딸린 이 도판은 내가 보기에 그 책의 가장 중요한 지점을 담고 있다. 이것은 건축이 서민의 현실과 잘 융합해야 하고 병렬과 몽타주를 디자인 원리로 받아들여 이런 융합을 고려해야 한다는 명확한 주장이다. 이 구절에서 '몽타주'—뷔르거에 따르면35) 아방가르드에게 핵심 개념—라는 용어를 명확히 쓰진 않았다 해도 그 개념이 사용되고 있음을 분명히 볼 수 있다.

그림 12. 유류 탱크, 콘크리트 다리, 거리, 구각(構脚)(마르세이유), 같은 산업 경관의 디테일(출처 : 지그프리트 기디온, 『프랑스 건축』, 그림 3)

『공간, 시간, 건축』: 현대건축의 규범

『공간, 시간, 건축』(1941)의 첫번째 판의 서두에서 이 책은 "현대문화의 현 상태에 경종을 울리고 그 문화의 모순된 경향을 야기한 혼돈을 치유할 수 있는 방법을 찾으려고 갈망하는 사람들을 위한"**역주 9)** 것이라고 말하고 있다. 이런 모순적인 경향은 또한 19세기의 엄청난 기술적, 산업적 발전의 결과인 사고와 감정 사이 벌어진 틈의 산물이다. 여기서 기디온은 사고의 영역에서 인간성의 진보와 감정의 영역 사이에 모순을 지적하는 유명한 진단을 내리고 있다. 그의 관점에서는 이런 균열은 극복 가능한 것이다. "혼란만 가득해 보여도 우리시대의 문명에 숨어있는 진실한 조화와 비밀스런 종합이 존재한다."36) 기디온은 시간과 공간에 대한 새로운 지각의 발전에서 종합의 가능성을 보고 있다. 그에 따르면, 새로운 공간과 시간의 감각은 과학에서와 같이 당대 건축과 회화에서 유행하는 것이다. 새로운 접근은 더 이상 시간과 공간을 분리된 차원이 아닌 연관된 현상으로 다룬다.37) 기디온은 수학자 헤르만 민코프스키Hermann Minkowski의 책 『공간과 시간Space and Time』의 서문을 인용한다. "이제부터는 단독의 공간과 단독의 시간은 단순히 그림자처럼 사라질 운명에 있으며 오직 둘의 결합이 독립적인 리얼리티를 간직하게 될 것이다." 기디온에 따르면, 이것은 특히 회화의 발전과 필적하는 것이라고 말할 수 있다. 큐비즘과 미래파가 새로운 표현수단을 찾으면서 기디온이 '시-공간space-time의 예술적 평형' 38)이라 부른 것을 창조했던 것도 바로 이 시점이었다.

기디온은 다른 분야의 발전에 필적하는 것을 *시대정신*Zeitgeist**역주 10)**의 호소를 통해 구분할 수 있다는 가설을 세웠다. "수리물리학분야의 이론이 예술분야에서 동등하게 만나는 것은 자연스럽지 않아 보일 것이다. 하지만 이러한 생각은 이 2가지는 동일한 시기에 살고 있으며 동일한 일반적 영향에 노출되어 있고 동일한 자극을 받는 사람들에 의해 정식화된다는 것을 망각한 것이다."39) '예술, 건축 그리고 건설분야에서 공간-시간' 이라는 핵심 장에서 이런 다른 발전들 사이의 추정된 유사성은 도판의 전략적인 사용을 통해 논증된다. 예를 들면, 발터 그로피우스가 설계한 데사우의 바우하우스(그림 14)는 피카소의 *아를르의 여인*L'Arlésienne 옆에 도식되며(그림 13)40), 반면 주석에서 지속적인 언급은 양 작품에 독특한 투명성과 동시성의 특성을 지속적으로 언급하고 있다.(바우하우스의 경우, 내부와 외부 공간사이의 동시성의 창조와 벽의 투명성을 포함한다; 회화 *아를르의 여인*L'Arlesienne과 함께 그것은 오버랩되는 표면의 투명성과 동일한 대상의 다른 면을 동시에 묘사하는 것이 문제이다.)**역주 11)**

새로운 건축에서 공간-시간개념의 중요성에 대한 중심 논제는 현대건축의 다섯 거장—발터 그로피우스, 르 꼬르뷔제, 미스 반 데어 로에, 알바 알토, 요른 웃존—의 작품을 통해 발전되고 시험된다.41) 기디온은 공간의 새로운 개념을 새로운 건축의 가장 전형적인 양태로 간주한다. 그것은 한편으로 재료의 사용 및 건설기술에서의 진보와 다른 한편에서 큐비즘, 미래파, 다른 유사한 운동들의 예술적 발견이 결합한 산물이었다. 이런 예술적 발전은 투시도법에 기반을 두지 않는 공간에 대한 새로운 전망으로 이끌었으며, 동시성(다른 관점에서 동시에 대상을 묘사하는 것)을 강조하였고, 또한 다양성 및 대상의 움직임에 초점을 맞추는 것과 회화에서 그것을 묘사하려는 시도를 강조했다.

이런 요소들—건설과 예술—간의 상호작용은 현대건축에서 공간에 대한 새로운 지각을 열었다. 건물은 더 이상 가시적으로 땅에 뿌리내리지 않았고 그 위에 부유하는 것으로 보이는 반면 각 볼륨들은 단순히 병렬되는 대신 서로 침투한다. 이런 양상은 풍부한 유리—작가에 따르면 첫째로 사용되었던 재료인데 왜냐하면 그 재료의 비물질화 하는 특성과 내부와 외부공간을 침투하게 보이게 하는 효과를 가지고 있었기 때문이다—의 사용과 함께 하는데 이는 비록 순간적이지만 동결되어 보이는 공간에 운동감을 만들어내는 '전례 없는 다면성' 으로 이끈다.42) 기디온은 이런 동결된 움직임을 1914년 쾰른에서 있

그림 13. 피카소, *아를르의 여인*, 1911-1912(출처 : 지그프리트 기디온, 『공간, 시간, 건축』, 그림 298)

그림 14. 발터 그로피우스, 데사우 바우하우스, 1926(출처 : 지그프리트 기디온, 『공간, 시간, 건축』, 그림 299, 사진 : Bauhaus-Archiv, Berlin, by Lucia Moholy)

었던 독일 공작연맹Werkbund 전시회에 그로피우스의 공장 건물의 계단실에서 확인하였다. 하지만 기디온이 새로운 공간개념의 빼어난 예로 논한 것은 1926년에 역시 그로피우스가 설계한 데사우의 바우하우스였다.

그래서, 근대건축에서 새로운 공간개념은 시간을 4번째 차원으로 선언하고 주장하는데 보기에 따라서는 매우 전례가 없는 방법이었다. 이런 건축에 의해 제안된 경험은 공간-시간의 성격을 가지고 있다. 이것은 고정된 공간의 정적인 성격에 의해 결정되는 것이 아니라 다양한 (공간적) 성격의 동시 경험—즉, 전통적으로 말하자면 잇따라 인식되는 경험으로 말할 수 있겠다—의 단절없는 작용에 의해 결정된다. 현대건축의 전형적 양태는 동시성, 다양성, 투명성 그리고 다면성이다. 이것은 상호관입과 암시적인 유연성의 작용이다.

결론부에서 기디온은 건축의 유기적이고 비합리적 성격을 강조한다. 그는 합리성을 지나치게 강조하면 이것을 억압할 위험이 존재한다고 보았다. 건축은 합리성과 기하학 사이의 균형을 달성해야 하지만 유기적인 것과 비합리적인 것 사이—사고의 영역과 감정의 영역—의 균형도 이루어야 한다. "우리 시대에 성취해야 할 중요한 임무는, 즉 정신에 의해 창조된 것을 인간화하는 것이다—여기에서 인간화란 것은 감성적으로 재흡수한다는 것을 의미한다. 만일, 감성과 사고방식에서 분리되지 않은 통합된 개인을 먼저 창조하지 못한다면, 조직화나 계획과 관련된 모든 논의는 쓸 데 없는 일이 될 것이다."43) 그래서 『공간, 시간, 건축』에서 기디온은 과거 건축흐름의 가장 적절한 정교한 상속자인 근대건축이 과학과 예술에서 그러하듯 공간-시간의 개념에 의지하기 때문에 사고와 감정 사이의 틈을 메우는 데 공헌할 수 있다는 논제를 위한 사례를 세웠다. 그래서 『공간, 시간, 건축』의 전체적인 목적은 근대건축을 '새로운 전통' 으로 규범화하는 것이었다.

『공간, 시간, 건축』은 엄격한 의미에서 선구자적인 글은 아니다. 그 책이 새로운 기반을 닦거나 새로운 패러다임을 주창한 것은 아니다. 이런 패러다임의 많은 요소들은 이미 곳곳에 존재해 왔다: 정신적인 호소(모리스, 로스); 공간-시간 개념과 건축에 대한 적용(반 두스버그, 리시츠키); 새로운 재료 및 건설기술과 건축디자인의 결합(르 꼬르뷔제); 건축과 도시디자인은 서로 영향을 주며 의지한다는 사실(CIAM 문서); 유기적인 것과 기능에 대한 관심(모홀리-나기, 바우하우스). 어쨌든, 근대운동의 다양한 요소를 밀접하게 결합된 전체 속으로 변조했으며 근대운동의 뿌리를 바로크 건축의 전통과 19세기 기술발달에서 찾음으로써 역사적인 합법성을 부여했다.

『공간, 시간, 건축』은 이런 본질적인 차원에서 규범화의 모든 조짐을 보여줄 뿐만 아니라 부차적으로도 현대건축의 사회적 수용과정을 지속시키는 동일한 역할을 수행하였다. 1938년에서 1940년 사이 미국에서 쓰여, 셀 수 없는 재판과 개정판이 나왔으며 건축전공학생들에게 필독서로 기능해왔다. 그래서 모색과 회의의 시기 즉, 종종 충돌하는 지도방향에서 논쟁과 실험이 뜨겁던 시기의 종결과 명확히 계획된 지도방향을 따르는 새로운 시기의 시작을 기록했다.

아방가르드에서 규범화로

아방가르드에서 규범으로 확립되기까지의 전개는 기디온의 글쓰기의 내적 전개에서도 발견할 수 있다. 우선 보기에는 용어 사용의 변화(*관입*대신 공간-시간으로)에 지나지 않는다. 하지만 세밀히 분석하면 여기에 문제가 되는 것이 있다. 변화는 두 수준에서 일어난다. 첫째, 건축의 사회적 역할에 대한 기디온의 개념에 변화가 있다. 둘째, 『프랑스 건축』와 『공간, 시간, 건축』 사이에 어투의 차이를 식별할 수 있다. 이 책들은 다른 장르에 속한다.

첫번째 차이는 건축과 사회의 관계를 이해하는 방식에 관련 있다. 1930년 이전에는 새로운 건축은 사회적 발전과 밀접히 관련된 것 또는 그것을 예견하는 것으로 신중하게 제시되었다. 이것은 사회적 유동성, 해방, 자유와 같은 함축을 지닌 관입이라는 용어의 은유적인 사용에서 다른 사물들 사이에 나타난다. 『프랑스 건축Bauen in Frankreich』에서 기디온은 진보적인 건축의 건물을 변호하거나 실현시키려는 것은 상위계급이 아니라 타자, 즉 비특권계층인 민중들임을 분명히 한다.44) 『해방된 주거Befreites Wohnen』는 신건축을 위한 가장 중요한 임무라 불리는 *최저생활 Existenzminimum*을 향한 세밀한 주장을 담고 있다. 그 책에서는 최저생활을 일상생활의 새로운 문화의 발전을 위한 출발점으로 다룬다. 그리고 두 출판물에서의 새로운 건축은 사회적인 해방의 과정과 밀접한 연관이 있다. 『공간, 시간, 건축』에서는 반대로 이런 함축은 더 이상 결정적인 것이 아니다. 그 책에서는 *관입*에 고유한 사회적이고 정치적인 함축은 사회적인 실천과 새로운 건축의 혁명적인 목적에 대한 모든 언급과 더불어 사라져 버렸다. "'건축'이 어떤 미래를 가질 수 있는가?"라는 질문은 더 이상 제시되지 않는다. 현대건축의 해방적인 성격과 사회적인 차원은 어떤 방법으로도 조명되지 않는다. 사회정치적인 목적에 대한 분명한 언급은 존재하지 않는다. 함축을 지닌 표현인 *관입*대신 공간-시간 개념이 나타난다. 이 개념은 어떤 분명한 사회적인 함축도 가지지 않는다. 대신 현실의 '더 깊은' 수준—혼란스런 외양 뒤에 숨겨진 '은밀한 종합'이 있다—에 부합하는 건축 내의 발전을 제시한다. 두 가지 대응하는 용어, 즉 *관입*과 공간-시간의 이면엔 건축의 영역과 그것의 사회적인 역할에 대한 두 가지 다른 개념이 존재한다.

두번째 변화는 글의 전체적인 취지, 글의 어조와 관련이 있다. 의심과 놀라운 눈길로 순수한 연구를 표방했던 초기의 책들과는 달리, 『공간, 시간, 건축』은 그가 알고 있는 진실에 대해 의심하지 않는 예언자의 주문같아 보인다. 이러한 자기 확신 때문에 현대성의 계획적 개념은 책의 전반에 걸쳐 널리 퍼져 있다. 이러한 계획적 개념은 특정한 정치적 이상보다는 근대건축이 새로운 세상을 건설할 잠재력을 지니고 있다는 확신과 관련있다. 새로운 세계는 현재의 부조리는 없어지고 미래의 도전을 받아들일 것이다. 『프랑스 건축』과 『해방된 주거』에서는 새로운 건축을, 도전과 소멸을 표현하는 것을 지속적으로 추구하는 것으로 보았던 일시적인 관점을 정식화했다. 이와 같은 노력이 『공간, 시간, 건축』에서는 그리 중요하지 않다. 기디온은 여기에서 다양성과 운동성의 일시적인 경험을 여전히 언급하고 있기는 하나, 그의 건축관을 이루는 개념으로는 결정적이지 않다. '새로운 전통의 성장' (『공간, 시간, 건축』의 부제이다)으로 새로운 건축의 부상을 쓰는 그의 서술은 계획적인 관점에 초점을 맞추고 있다. 그는 현대건축을 역설적인 '새 것의 전통 tradition of the new' 으로 받아들이기 보다 '새로운 전통new tradition' 의 확실한 개막으로 받아들인다.[45] 이와 같은 '새로운 전통' 은 그가 시대의 혼돈에서 식별한, 근저를 이루는 통합의 가장 진정한 표현을 형성한다. 그리고 그는 피상적인 모든 경향과 현대건축을 한낱 유행으로 환원시키는 모든 시도와도 전투를 벌인다.[46] 그 대신 과거 건축의 뿌리를 강조했으며 자신의 시대 가장 깊은 정수와의 밀접한 연관을 중시했다. 그가 주장하는 핵심을 이루는 이러한 요소들은 공간-시간 건축이 유일하게 존립가능한 동시대의 건축형식이라는 것이다.

이런 이중의 변화는 근대운동의 건축이 점점 부정과 파괴가 모든 것 중에 최우선이었던 아방가르드의 논리와 단절되는 경로를 그리고 있다. 『공간, 시간, 건축』에서 그리고 기디온의 후기 저작에서 우리는 아방가르드 개념의 최소한 흔적을 여전히 볼 수 있다. '사고와 감정 사이의 균열' 에 대한 분석과 '유행하는 취미' 의 키취문화에 대한 거부는 기디온이 아방가르드의 선구자와 공통적으로 가지고 있던 주장들이다.[47] 그러나 그는 예술적 아방가르드의 더 근본적인 개념 중 하나—즉, 일시성—를 포기해 버렸다.[48]

『공간, 시간, 건축』에서 기디온의 주장은 계획적인 의도에 기반을 둘 뿐 아니라 목가적인 경향 또한 보이고 있다. 그는 새로운 건축의 힘은 시대의 가장 나쁜 부조리—사고와 감정 사이에 발생했던 균열—와 싸울 수 있는 잠재력 속에 있다는 개념에 기반을 두고 있다. 새로운 건축은 예술과 과학적 측면 양쪽 모두의 감성을 나열하고 있기 때문에 2가지 영역에서 비슷하게 발달한 공간에 대한 새로운 개념을 형성하는 데 성공하고 있다.[49] 그렇게 함으로써 조화와 통합과정에 공헌하게 된다.

기디온의 초기 저작에서 이미 예술과 삶을 통합하여 새로운 현실을 만들려는 노력을 옹호한 바 있다. 『프랑스 건축』에서 그가 말하길,

> 우리는 불가분한 삶의 과정 속으로 질주하고 있다. 우리는 삶이 점점 더 유동적인, 그러나 아직은 불가분한 전체로 보고 있다. 개인적인 영역의 경계는 점점 흐릿해지고 ... 그것들이 겹쳐질 때 영역은 서로 스며들며 풍부해진다. ... 우리는 이런 영역을 위계적으로 평가하는 것이 아니라 가장 높은 자극의 동등하게 정의된 발산으로 평가한다. 삶! 삶을 통합적으로 파악한다는 것, 어떤 분리도 용인하지 않는다는 것은 시대의 가장 중요한 관심 속에 있다.50)

『공간, 시간, 건축』에서 예술과 삶의 통합에 관한 수사는 덜 분명하다. 그러나 여기서도 그는 "현대에 성취해야 할 중요한 임무는 정신에 의해 창조된 것을 인간화하는 것이다. 여기서 인간화라는 것은 감성적으로 재흡수한다는 것을 의미한다."51) 그 목표는 통합—삶을 다시 한 번 완전하게 만드는 것 그리고 이것을 달성하기 위해 예술과 건축에 의지하는 것—이다. 하지만 입장의 어떤 변화를 다시 한번 발견할 수 있다. 1928년의 인용문에서 기디온은 예술의 기초로 사회적 삶이 조직되어야 한다는 아방가르드의 이상에 가까이 접근하고 있다. 반면 1941년의 인용문에서는 예술과 건축의 역할은 사회의 발전에 의해 상처 입은 개인을 치유하는 것으로 제한된다. 그는 더 이상 건축의 발전이 전체로서의 사회에 어떤 영향을 가진다고 주장하지 않는다. 만약 우리가 '아방가르드'를 부정의 논리와 사회의 상태에 대한 비판적 자세로 생각한다면 기디온이 『공간, 시간 건축』에서 옹호하고 있는 건축은 더 이상 그렇게 이름붙일 수 없다.

『신 프랑크푸르트』: 통합된 문화에 대한 추구

1925년 에른스트 마이Ernst May는 자신의 고향인 프랑크푸르트에서 *도시건축관* Stadtbaurat으로 임명되었다. 실제로, 이것은 그가 프랑크푸르트에 증가하고 있는 주택 수요에 맞서 매우 광범위한 권력을 가진 주택공급과 도시계획 분야의 주재자였음을 의미한다. 마이와 그의 동료들은 단지 몇년 동안에 인상적인 수의 주거단위들을 건설하는 데 성공하였다.52) 프랑크푸르트의 집합도시에 사는 11명 중 1명은 이 프로그램을 통하여 대부분의 경우 마이가 도시 주변에 지었던 큰 현대적 *Siedlungen(주거단지들)* 중 하나에 새로운 거주를 얻었다.(그림 15) 이와 같은 거대한 건설프로그램은 국제적인 독자층을 목표로 했던 『신 프랑크푸르트Das Neue Frankfurt』라고 불리는 월간잡지의 출판을 통하여 진전되었다.

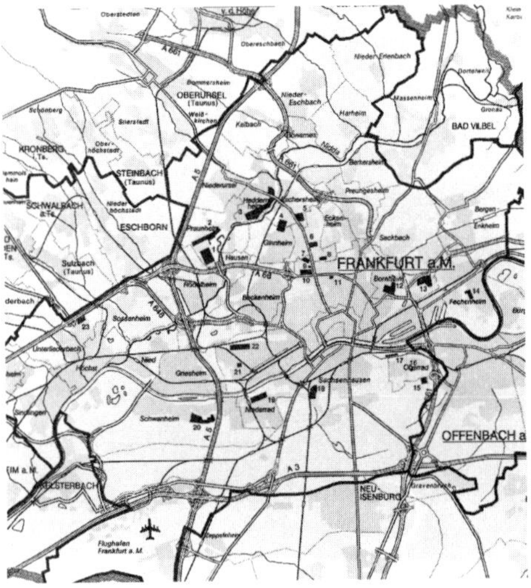

그림 15. 마이와 그 그룹이 지은 *주거단지*를 보여주는 현재 프랑크푸르트 지도. 이것은 각 장 (1)베스트하우젠, (2)프라운하임, (3)뢰머슈타트, (18)리드호프, (22)헬러호프에서 논의되고 언급되었다.(출처 : Volker Fischer and Rosemarie Höpfner, eds., *Ernst May und Das Neue Frankfurt 1925-1930*, p.105.)

그 잡지의 칼럼에서 프랑크푸르트의 건축만 논의하고 기록한 것은 아니었다. 그 잡지는 공통분모였던 '현대디자인' 53)이라는 극히 광범위한 주제를 다루었다. 연극, 사진, 영화, 예술과 산업디자인, 그리고 기타 주제도 모두 논해졌다. 특히, 관심을 기울인 주제는 '교육'이었는데, 이는 열정적으로 발전해온 새로운 문화를 이해하고 감상할 수 있는 능력을 가진 새로운 인간을 만드는데 교육이 핵심적이라고 보았기 때문이었다.

기디온과 같이 에른스트 마이는 CIAM 초기 가장 중요한 인물 중 하나였다. 그는 1928년 라 사라La Sarraz에서 만났던 창립멤버 중 하나였으며 1929년 프랑크푸르트에서 두번째 회의 개최를 제안하였다. 이 행사에 그는 회의 주제, 즉 '최저생활을 위한 주거Die Wohnung Fur das Existenzminimum' 에 대한 보고를 준비했다. 프랑크푸르트에서 이룬 성공은 여전히 젊은 근대운동이 자신에 대한 믿음을 주장할 수 있었던 가장 중요한 것 중에 하나였다. 바이마르 공화국의 사회정책에 의해 만들어진 가능성들을 이용하면서 실현된 주택공급프로그램은 (베를린을 예외로 한다면) 독일의 다른 곳에 비할 데 없는 것이었다. 온전한 수의 주거가 미치는 영향은 매우 중요한 것이었다. 로스가 겨우 몇개의 빌라를 지었고 르 꼬르뷔제가 1920년대에 성취한 훌륭한 성취물이 약 30개의 집으로 이루어진 뻬삭Pessac의 작은 주택단지라는 걸 떠올린다면 마이의 15,000개는 모든 측면에서 인상적인 총계이다.

이상과 의도

마이는 자신이 생각하고 있었던 현대성에 대한 전망과 목표를 『신 프랑크푸르트Das Neue Frankfurt』(그림 16)54) 첫번째 판의 계획적 논설에서 언급하였다. 그 곳에서 그는 몇개의 주요한 과거 메트로폴리스—바빌론, 테베, 비잔티움 등—를 상기시키며 이를 '통합된 문화의 복합체'로 간주했다. 그러나 자신의 시대에 '통합된 문화'라는 개념은 어디에도 발견되지 않았다. 19세기 문화는 혼돈스런 경향으로 빠져든 결과, 인간성이 기술과 산업의 충족물에 노예가 될 위기에 처하였다. 그러나 다소의 희망에 대한 근거가 있었다. 역설적으로 세계대전은 방향의 전환을 가져왔다. 사람들은 '황금송아지에 대한 숭배'라는 피상성을 간파하기 시작하였고 이런 변화는 '삶을 향한 더 깊은 마음가짐'을 가능하게 하였다. 이 길에 새로운 통합된 문화를 위한 기초를 놓았는데 이는 전례없는 것이었다.

그림 16. 1926년 10월에 나온 『Das Neue Frankfurt』 창간호.

> 현재의 모든 디자인 증거들이 얼마나 단일한 결론을 향하는지를 보라 ... 벌써 수백, 수천의 샘과 개울과 시내에서 흐름이 하나로 합쳐져 새로운 문화를 형성해나갈 것이며, 폐쇄적 문화는 믿음직한 강과 같이 넓은 토대로 흘러 갈 것이다. 모든 곳에서 우리는 허약하고 모방적이고 위선적이며 허위적인 모든 것을 근절할 용기와 마주치고 있다. 모든 곳에서 우리는 대담한 새로운 디자인을 위한, 재료의 사용에서 정직함을 위한, 진실을 위한 목적의식적인 투쟁을 인지하고 있다.55)

이런 새로운 문화를 진전시키기 위해 신중한 걸음을 내디뎌야 했다. 그것이 마이가 프랑크푸르트에서 스스로 설정한 임무였다. 이런 맥락에서 『신 프랑크푸르트』 잡지를 보아야 한다.

> 인간의 의지력만으로 새로운 발전을 이룰 수 없다. 하지만 신중히 내린 대책은 장애를 제거하고 속도를 가속시킬 수 있다. 이것이 월간잡지 『신 프랑크푸르트』의 목적이다. 출발점은 메트로폴리스의 경제적 기초에 대한 상세한 언급과 아울러 메트로폴리스라는 유기체를 디자인하는 것이다. 그러나 이 잡지는 새롭게 통합된 메트로폴리스 문화의 디자인과 관련된 모든 영역을 포괄하도록 그 적용범위를 넓혀 나갈 것이다.56)

그래서 마이에게 '현대성' 은 새로운 통합된 메트로폴리스 문화의 창조를 의미한다. 이 같은 개념은 현대성의 계획적 관점이 우세하다는 것을 나타낸다. 합리성과 기능성은 가장 우선적으로 주어진 특징이었다. 이런 맥락에서 '합리성' 은 넓은 의미로 해석돼야 한다. 마이와 그의 동료들이 생각했던 것은 합리적으로 조직되고 충돌 없는, 사람들을 동일한 권리와 공통의 이해관계를 가지게 하는 미래사회를 예견하는 문화였다.57) 이런 꿈같은 이상과 프랑크푸르트의 구체적인 하우징 수요가 결합하여 이 도시의 하우징 정책에 대한 기본적인 견해를 형성한다.

이와 같은 시도에서 『신 프랑크푸르트』의 건축가들은 건설과정의 산업화와 공간사용에서 테일러주의Taylorism**역주 12)**의 원리를 우선시 하였다.58) 그들은 자본주의 맥락에 있어서 이러한 발달된 기술의 '합리적' 성격이 그들이 생각하였던 사회—동일한 권리와 동일성에 기반을 둔 사회—의 '합리성' 과 충돌하지 않는다고 확신하였다. 프랑크푸르트 실험의 목적은 '진보' 를 삶과 사회의 모든 수준에서 증가하는 합리성의 결과로 바라보았던, 계몽의 낙관적이며 목가적인 이데올로기 체계와 완벽히 맞아 떨어졌다. 사물의 이런 체계 내에 사회적인 측면은 중요한 지위를 차지했다. 그것은 마이와 그의 팀이 모든 개인의 점진적 해방의 한 측면으로서 가난한 이와 불우한 이들의 주택수요를 완화하기 위한 사려 깊은 목적이었다. 이런 이유로, 그것은 하버마스가 '현대 프로젝트' 로 기술한 것과 완벽히 맞아 떨어진다.**역주 13)** 어쨌든 그 목적은 수많은 대중들의 일상 삶의 실제적(건축적) 디자인을 위해서 아방가르드 예술가들의 성취와 기술 영역에서의 발전을 이용하는 것이었다.

마이와 그의 동료들이 염두에 두었던 해방은 순수하게 물질적인 것만은 아니었다. 그것은 또한 일상 생활의 문화를 증진시키는 것을 내포한다. 긍정적인 측면에 대한 사람들의 자각과 산업혁명의 결과가 일상 삶의 모든 측면에 영향을 주는 시대의 새로운 가능성을 증가시키는 것이 목적이었다. 새로운 건축은 삶의 새로운 조건과 일치해야만 하는 것이다.

> 우리 일상존재를 둘러싸고 있는 20세기의 성취는 우리 삶에 완전히 새로운 형태를 부여했고 사고하는 방식에 근본적인 영향을 주었다. 왜냐면, 역마차에서 철도로, 차에서 비행선으로, 전보에서 라디오로 또 늙은 장인의 작업실에서 공장으로 이끌었던 것과 유사한 변화를 디자인과 건설, 하우징

> 역시 수행해야만 할 것이라는 게 점점 명확해지고 있기 때문이다. 전반적인 이전시대의 생산과 경제적 삶을 우리시대의 그것으로 점차 변화시켜야 한다.[59]

유동적이고 일시적인 모든 것에 열려있음은 일상생활의 새로운 형식의 또 다른 양태이다.

> 오늘날 바깥세상은 가장 격렬하고 다양한 방법으로 우리에게 영향을 주기 때문에, 우리 삶의 방식은 이전시대보다 더 빠르게 변하고 있다. 우리 환경이 변화에 부합하여 진행될 것이라는 건 말할 나위도 없는 것이다. 이것은 모든 부분을 변경 가능하고, 유동적이며 다른 방식으로 결합할 수 있는 구획, 공간, 건물로 우리를 이끈다.[60]

그래서 새로운 문화는 새로운 시대의 성격에 부합해야 하고 이것은 새로운 가능성의 원천으로 보였다. 1차 세계대전의 경험은 모든 이에게 기술과 과학의 발전을 통제해야 한다는 절박함을 확신시켰다. 전쟁 이후 시기는 현대화의 과정을 긍정적인 방향으로 인도할 문화를 설립할 수 있는 새로운 출발을 위한 기회로 보였다. 게다가, 보수집단에서 부정적으로 보았던 현대성의 이런 측면들—'양식의 결여'와 *편안함 coziness, Gemütlichkeit*의 결여, 사람의 빠른 걸음걸이 그리고 감성과 경험에서 충격의 증가, 전통적 가치의 파괴—은 이런 새로운 문화를 디자인하기 위한 자극으로 보였다. 모든 새로운 것—스피드와 운동(기차와 창, 비행기의 커져가는 영향), 스포츠와 여가활동에서 민주화의 시작, 증가하는 사회적 유동성과 함께 사회적 코드들의 이완—은 열정적으로 받아들여졌다.[61] 이 모든 것은 해방된 남녀가 평등한 권리를 가지고, 나아가 고도의 개인적 자유를 가지게 되는, 진정으로 인간적 사회로 이끌 과정의 시작으로 보였다.

마이는 이 잡지의 첫번째 판에서 표명했던 "대담한 새로운 디자인, 재료의 사용에서 정직함, 진실을 위한 투쟁"에서 금욕주의 경향을 제시하였다. 이런 경향은 모든 과다한 접근을 제거하고 피상적인 모든 것을 거부해야만 사물의 본질essence에 도달할 수 있다는 생각과 관련이 있다. 극도의 단순성이라는 순수하고 소박한 건축은 일상생활의 동시대 문화를 위한 올바른 기초였다. 진실은 재현이라기 보다 기준이 되어야 한다.(그림 17) 마르트 슈탐Mart Stam은 동일하게 이런 확신을 표명한다.

그림 17. 『Das Neue Frankfurt』, 1928년 1월호 표지.

올바른 방법은 우리의 요구에 따르는 것이고 어떤 자만도 없이 이런 요구를 충족시키는 것이며 그것보다 더 많은 것을 요구하지 않는 것이다. 올바른 방법은 허식의 최소화로 귀결되는 것이다. 그 밖의 모든 것은 쓸모없는 짐이다. …

현대건축을 위한 투쟁은 이제 자만과 모든 과도함을 지양하고 인간적 스케일을 지향하는 것이다.62)

이와 같은 접근의 배후엔 모든 대상은 내적 본질의 측면에서 이해해야 한다는 개념이 깔려있다. 본질은 기능 즉, 이용 가능한 바를 따른다. 아름다움은 어떤 '과도함'이나 이질적이고 피상적인 것 없이 가능한 한 정확한 형태로 이런 본질을 부여하는데 성공할 때 존재한다. 이런 확신은 *최저생활* Existenzminimum을 위한 주택건설 계획을 주택문제에 대한 순수하게 도구적인 대응 이상이 되게 하였다.63) 신건축New Building의 건축가는 외적인, 사회적인 이유만으로 서민을 위한 주택건설 프로그램에 관심을 가진 것은 아니었다. 그들은 그것을 금욕적인 이상을 실현할 기회로 보았다. 주택건설Housing은 그 본질, 순수, 미니멀, 진정함으로 환원되었다.

그러나 시간이 지나감에 따라 『신 프랑크푸르트』의 논제에 중요한 가치, 특별한 의미에 미세한 변화가 분명해졌다. 초기에는 프랑크푸르트의 주택공급 정책의 경제적 사회적 측면을 분석하려는 시도는 거의 없었다. 그것들은 분명히 새로운 문화를 창조하기 위한 투쟁의 자명한 측면으로 간주되었다. 그러나 점점 이런 주제들은 문화적 맥락과는 독립적으로 즉, 자율적인 문제로 간주되기 시작했다. 예를 들면, 1928년 하우징에 대한 특별판에서는 거주문화의 일반개념의 기초 위에 하우징 디자인의 합리성과 기능성이 필요하다고 주장하였으나, 프랑크푸르트에서 개최된 CIAM 회의를 맞이하여 1929년에 발행된 *billige Wohnungen(저렴주택)*에 관한 간행물에서는 위생과 사회적, 경제적 주장에 보다 강조점을 두었다.64) 당연히 경제적 위기는 건축이 경제적인 공법에 더 집중하도록 하였고 이것은 건설비용에 대해 더 단호하게 고려하도록 이끌었다.65)

그럼에도 『신 프랑크푸르트』에서 기능주의는 여전히 해방을 위한 프로젝트의 일부분이다. 마이와 그의 동료들의 목적은 주택 공급 목록상의 대중들에게 견딜 수 없는 삶의 조건들에서 그들을 해방시켜줄 숙박설비를 제공하는 것이었다. 이런 새로운 집들은 모두 임대로 그들에게 최소한의 현대적인 편안함과 더불어 자연과의 직접적 접촉을 줄 것이다.(그림 18) 건설과정의 합리화와 *최저생활*을 위한 주택단지 개발은 이용 가능한 (필연적으로 한계가 있는) 수단들로 가능한 한 많은 사람들에게 서비스하려는 목적에 따르는 것이었다. 에른스트 마이는,

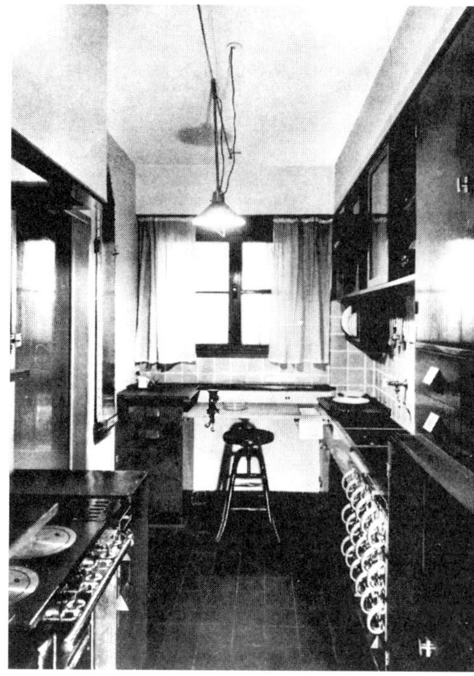

그림 18. 1926년 그레테 쉬테-리호츠키가 설계한 유명한 프랑크푸르트 부엌. 이 부엌은 마이와 그의 그룹이 세운 주거단지 대부분에 지어졌다.(사진 : Institut für Stadtgeschichte der Stadt Frankfurt am Main.)

> 의젓한 잠자리를 갈망하는 가난한 이들에게 이런 질문을 던진다고 가정해보자. 소수만이 적당한 크기의 주거를 누리고 대다수는 오랫동안 박탈감에 고통받아야 하는 현실을 그들은 참아야만 하는가? 현대적 거주를 누릴 권리를 충족시켜 준다면 한정된 공간이래도 작은 집에 만족하지 않을까. 만약 이것이 주택부족이라는 부조리를 짧은 시간 안에 해결할 수 있다면?[66]

마이의 주장은 『신 프랑크푸르트』 정책에 일어났던 변화를 명확하게 해준다. *최저생활*이라는 용어는 하우징을 그 본질로 환원시키는 거주를 이제는 의미하지 않는다. 대신 논의되었던 것은 두 가지 가운데 차악을 선택하는 것이었다. 소수를 위한 '좋은' 집보다 많은 사람들을 위한 아주 작은 집이 더 나았다. 이와 같은 주장은 『신 프랑크푸르트』 프로젝트가 종종 이데올로기적인 입장의 순수성을 어기며 해방을 위한 진정으로 다양한 운동에 전념했다는 또 다른 증거이다.

아방가르드와 도시의 변증법

마이와 그의 동료들은 자신들을 근대운동에 속하는 것으로 보았다. 이것은 그들의 작품에서도 볼 수 있다. 프랑크푸르트에서 전통의 원리는 깨어졌으며, 완전히 새로운 과정이 전체적으로 건축디자인과 조직의 성격, *주거단지*들Siedlungen 및 도시의 형태론 측면에서 이어졌다.

헬러호프Hellerhof *주거단지*의 두 부분을 비교해 보는 것이 세기 초에 유행했던 공공하우징에서의 전통과 마이의 혁신적인 접근 사이의 대조를 조명하는 데 도움을 줄 것이다.(그림 19, 20) 첫번째 부분에서 우리는 부지계획의 중앙에 놓인 크게 분리된 집들을 본다. 겉보기에 경사진 지붕과 단이 진 박공이 있고 대칭적으로 위치한 창문과 문, 조적에 돌림무늬가 새겨진 그 집들은 부유한 시민들의 집 같아 보인다. 각 층에서 매우 작은 중정에서 부분적으로 빛이 들어오는 4개의 플랫이 있다. 이 주택들 중 2개는 북쪽에 면해 있다.

그림 19. 헬러호프 *주거단지*의 항공사진. 왼쪽 주택들은 1901년 경 지어졌다. 긴 흰색 블록은 1929~1932년 사이 마르트 슈탐이 디자인하였다.

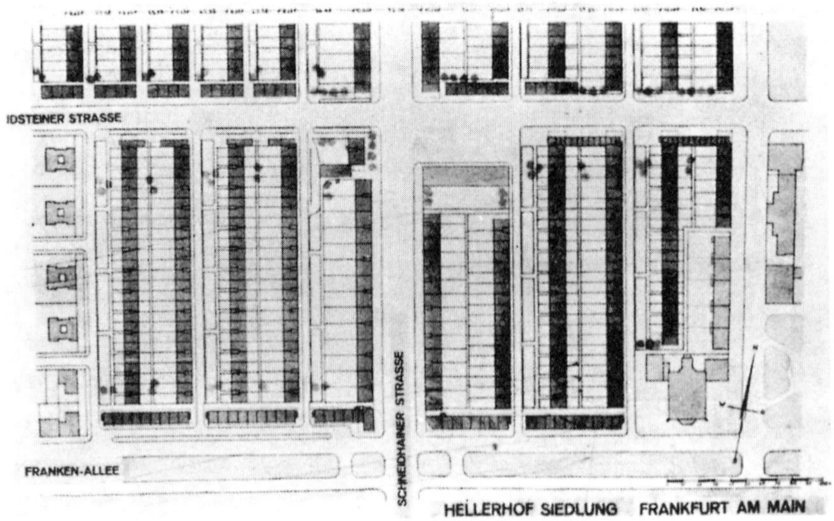

그림 20. 헬러호프 배치도

그 옆에 마르트 슈탐Mart Stam이 거의 한세대 이후에 지은 주거는 이런 건물들과는 근본적으로 다른 것이다. 외부 배치에서 완전히 다를 뿐 아니라—어떤 장식도 없이 길고, 희게 회칠된 블록과 큰 창문개구부와 발코니가 있다—가로와의 관계도 매우 다르게 인식된다. 슈탐의 주택은 정면과 뒷면이 명확히 분리되어 있으며 실제로 모든 주거들은 동서 방향이다. 하지만 가장 놀라운 차이는 평면계획에 있다. 초기 주택들에서 다양한 방들은 거의 동일한 크기와 임의적인 질서로 놓여있다.(그림 21) 한편, 슈탐의 주택은 방 크기에서 두드러진 대비를 볼 수 있고(모든 방은 가능한 한 의도에 맞게 디자인되었다) 공간조직은 기능성과 방향에 대한 고려에 기반을 두고 있다.(그림 22) 게다가 슈탐의 주택에는 쾌적함의 기준—부엌과 욕실, 중앙 난방장치에서—이 더 높고 각 플랫에 작은 정원이나 테라스의 형태로 사적인 옥외공간을 주려는 시도가 이루어졌다.

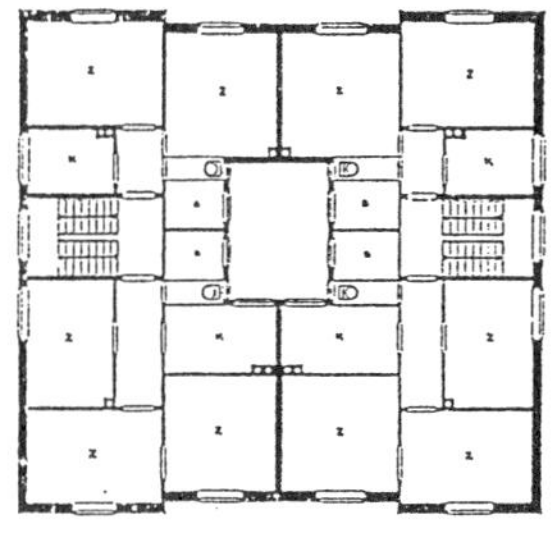

그림 21. 헬러호프, 주택평면도, 1901.

이런 차이는 1925년 마이가 주거단지 개발을 담당한 이후 프랑크푸르트 주거단지 개발부문이 채택한 새로운 방향을 나타낸다. 마이와 그의 동료는 예술과 건축분야에서 아방가르드 실험의 수많은 성취를 광범위하게 사용하는 데 성공하였고 사회적으로 기반을 둔 야심찬 건설프로그램을 수행하는 데 그것을 전략적으로 배치하였다. 이 과정에 한결같은 지도 원리는 프랑크푸르트라는 실제 도시와의 구체적인 연관이었다. 결과적으로 현대 디자인 원리 사이에 발전된 일종의 변증법은 수행된 작업 속에서 지침과 구체적 맥락으로 기능하였다. 이런 변증법은 프랑크푸르트에서 마이의 풍부한 성취를 설명해준다.[67]

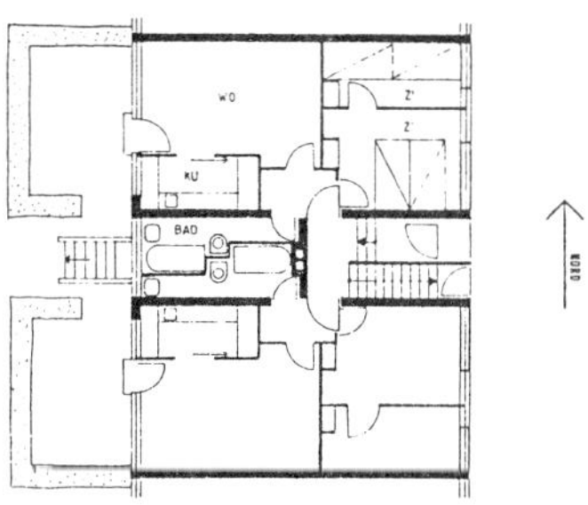

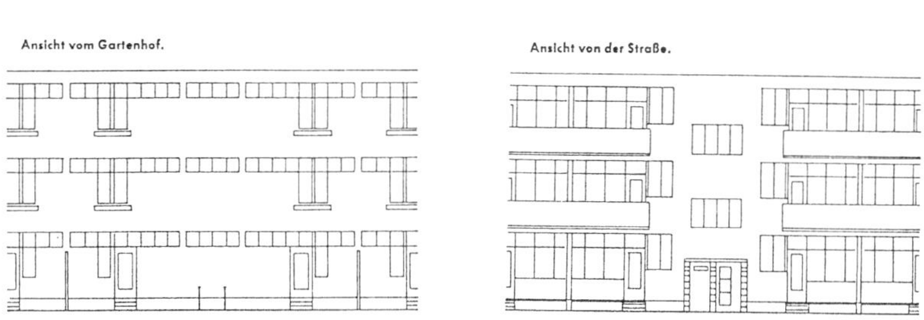

그림 22. 마르트 슈탐이 디자인한 블록의 평면과 입면

마이의 계획은 *위성도시* *Trabantenstadt*[68)] 개념에 기반을 둔다. *위성도시* Trabantenstadt는 중심에서 다소 거리가 있지만 매우 양호한 운송연결을 가지고 있는 많은 *위성도시* *Trabanten*가 둘러싸고 있는 중심도시로 구성된다. 어느 정도 이런 개념은 파편과 분산이라는 특징을 보여주지만, 뚜렷한 조직 패턴에 따라 지어진다. 그 도시는 확실히 부분별로 나누어져 있다. 도시조직은 연속적으로 전개되지 않고 녹지를 통해 분절되며 그 결과 파편화된다.(그림 23) 그러나 도시의 중심과 위성도시 간의 위계는 유지되고 도시의 일반적 구조는 도시의 '중심' 또는 '심장' 으로 기능하면서 도시중심이 또한 중심적 기능을 가진다는 사실이 특징이다. 그곳은 모든 중요한 공공편의시설을 포함하고 있으며 주요한 상업적 활동, 행정활동, 경제활동 모두가 그곳에서 일어난다. 이런 집중화 경향을 띤 위계구조는 두드러진 지역설정과 결합된다. 그 당시의 원리(1933년 아테네헌장)**역주 14)**를 언급하지 않더라도 *주거단지*의 건설은 기능적인 분리를 실현하였다. 무엇보다 *주거단지*는 우선적으로 주택으로 구성되어 있다.[69)] 결론적으로 주택(*주거단지*에서)과 일터(마인 강변 제방 위의 산업지구에서), 상거래, 문화, 교육(도심에서) 그리고 요소들 간의 핵심적인 연결을 형성하는 도로나 철도 같은 하부구조 사이에 지형의 분리를 만들어낸 분명한 경향이 나타났다.[70)]

도시의 지형학적인 면에서 우리는 유기적 디자인 모델과 재정적, 기능적 고려에 기반을 둔 접근의 공생과 마주하게 된다. 후자의 목적은 전통 도시에서 주택, 일, 상거래, 교통이라는 상호 얽힌 4가지 기능의 분리를 보는 것이었다. 다른 활동들은 그들의 원 맥락에서 느슨해지고 서로 다른 관계로 재조합된다. 몽타주와 유기적 디자인은 위계와 중심성이라는 특징을 유지하는 개념 속에 수렴되고 반면 다른 내용물을 집어넣음으로써, 도시의 여타 부분들은 독립적이게 된다.

개발마스터플랜 *Flächenverteilungsplan*(그림 23)은 확실히 프랑크푸르트를 단일한 전체로 계획하려 했음을 입증한다. 그래서 타푸리Tafuri가 이 *주거단지*들을 계획성없는 방식으로 도시를 연결시키며 공간에서 고립되어 부유하는 '반-도시적 유토피아' 속의 '섬' 으로 해석한 것은 지나친 것이다.[71)] 이 계획에 대한 분석은 마이의 프랑크푸르트가 다양한 성격의 도시영역으로 구성된 일관성 있는 공간단위로 계획되었음을 명확히 보여준다.

도시의 중심부는 개발밀도가 가장 높으며 19세기 개발지대로 둘러싸여 있는데, 여기에 필요한 것이 보충되어 새로운 *주거단지*들을 이룬다. 예를 들면, 보른하이머 항

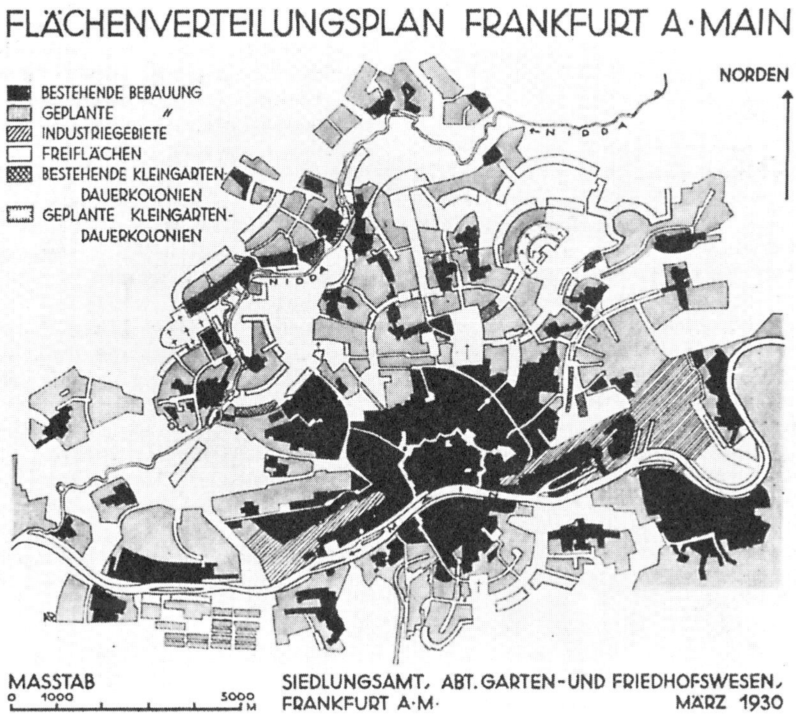

그림 23. 에른스트 마이와 동료들, 도시 개발 마스터플랜, 1930.

Bornheimer Hang *주거단지*는 이 지대의 동쪽 면을 이룬다. 건축적으로 이 *주거단지*의 '변두리들'은 중세 성벽을 암시하는 디테일을 부여하였다. 언덕의 봉우리에 동쪽 면은 개발되어지지 않은 채 남아 있는 반면, 연속되는 개발은 3, 4층 중 하나로 지어졌다. 그러나 이런 첫번째 '변두리들'은 도시의 외부경계를 이루지 않는다. 대신 그것은 도시영역에 없어서는 안되는 부분인 그린벨트의 시작을 표시한다. 방사상의 출입로 주위에 이미 존재하는 초기 개발에 기존 영역과 그린벨트를 강조하는 추가개발이 진행되었다. 『신 프랑크푸르트』의 많은 작은 프로젝트들은—예를 들어 발터 그로피우스가 건축을 담당했던 린덴바움Lindenbaum *주거단지*—이런 방사상의 개발에 확장부분을 형성한다. 결국, 서쪽에 있는 더 큰 베스트하우젠Westhausen, 프라운하임Praunheim, 뢰머슈타트Römerstadt와 동쪽의 리더발트Riederwald *주거단지*들은 이른바 *교외주거 Vorortstrabauten*를 구성하는 도시 외부의 '고리'에 속한다. 이 *교외주거*는 도시와 연결된 교외지만 또한 독자적인 실재들로 존재한다. 이와 같은 점에서 이 고리가 중심에 가까워지는 곳에 우리는 산업지역—동쪽에 페헨

하임Fechenheim 주거단지와 서쪽의 회흐스트Höchst 주거단지—을 발견한다. 중심부 동쪽에는 그 고리가 깨어져 *도심가로*를 위한 길을 만들고 있다.

이 모든 것은 도시를 전체로 읽어야 하고 그린벨트는 도심과 *위성도시* 사이에 위치하는 비도시영역이 아니라 '도심 공원'의 복합체로 간주되어야 한다는 걸 의미한다.[72] 이런 독해는 *주거단지*들을 존재하는 도시와 아무 공통점도 가지지 않는 '섬'으로 해석하는 것과 대조를 이룬다. 모든 수준에서 일어나는 형태론과 건축형태어법의 상호작용에서 그 목적이 도시를 전체로 다루고 새로운 형태어법과 기존도시 전통 사이의 변증법을 발전시킴으로써 새로운 시대의 서막을 여는 것임을 명확히 볼 수 있다.

*주거단지*들의 조직성격과 형태론에 관해 진화가 있었음을 명확히 인식할 수 있다. 1929년 이전에 구성된 부지구획은 전원도시원리에 영향을 받았다는 많은 증거를 보여준다. 하지만 이후의 발전은 좀더 합리적인 개방열하우징이라는 엄격한 패턴에 기반을 둔다.

뢰머슈타트Römerstadt *주거단지*(1927-1929)는 마이의 도시계획의 예를 납득시켜주는 가장 유명한 것이다.(그림 24) 뢰머슈타트 이면의 기본개념은 경관의 질을 잘 이용하는 것이었다. 개발은 테라스의 형태에서 언덕의 등고선을 따르는 한편, *주거단지*와 계곡 사이 옹벽을 강조하는 성채모양 건물bastion에서 시각적으로 니다Nidda 계곡과 연결된다.(그림 25) 주가로(하드리안거리the Hadrianstrasse), 주거가로, 블록내부 연결로에는 건축이 강조하는 분명한 위계가 존재한다. 공적인 정면과 사적인 후면 사이의 차이는 정면 진입구역의 단정한 디자인(정면 문 위에 차양을 달았으며, 통행인이 들여다보지 못하게 한 디자인)에 의해 두드러지게 강조된다. 그러나 그 볼록은 19세기 양식처럼 폐쇄적이지는 않다. 성채모양 건물의 높이에서 긴 직선거리를 엇갈리게 함으로써 긴 단조로운 시선을 피한다.(그림 26) 이 모든 요소들은 언윈Unwin의 디자인 원리의 명확한 흔적이다.[73]

하지만 중요한 새로운 것이 많다: 곡선 형태와 직사각형 형태, 가로의 구획과 관련된 건축요소들의 빼어난 상호작용; 서쪽 부분—직선가로부분—의 성채모양 건물bastion의 절정에서 건물을 위한 둥근 끝단(그림 27); 건물의 오른쪽 모서리는 동쪽 편에 일치한다; 둥근 단, 둥근 창, 그리고 직선가로 출구 반대편에 있는 하드리안거리의 북쪽 블록에서 높이의 차를 극복하기 위한 1/4원의 변화; 오른쪽 모서리와 곡선가로와 하드리안로의 접합부를 내려다보는 남쪽 블록의 사각형 창문; 간결한 건축디자인; 불규칙한 가로의 윤곽(남쪽 주택 열에는 정면 화단이 없고, 반면 북쪽에는 있다.)곡선 안쪽에 불럭의 곡선

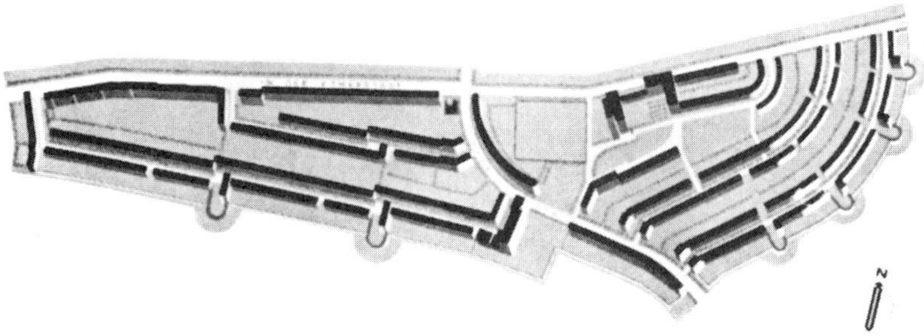

그림 24. 뢰머슈타트 *주거단지*의 액소노메트릭 계획

그림 25. 뢰머슈타트 항공사진(출처 : Christoph Mohr and Michael Müller, 『Funktionalität und Moderne』, p.135)

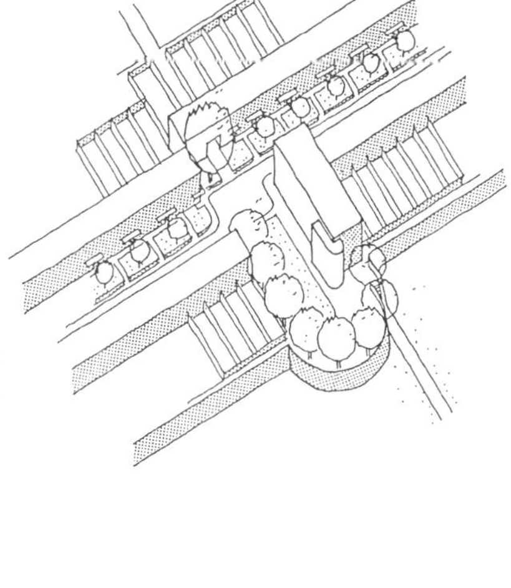

그림 26. 뢰머슈타트의 성채모양 건물 액소노메트릭(출처 : D. W. Dreysse, 『May-Siedlungen』, p.13)

그림 27. 뢰머슈타트 성채모양 건물에 있는 공공 공간. 보도와 연결되는 지하도가 보인다.

형태에 의해 강조되는 하드리안로의 물결치는 길은 동적인 움직임을 제시하는 주 교통로 74)로서의 기능을 잘 나타낸다.

이미 말했듯이, 뢰머슈타트는 동시성의 감각을 지닌 수많은 이전의 유기적 디자인 원리와 새로운 건축언어의 다양성에 의해 창조된 움직임을 성공적으로 결합시킨 것이다.

옛 것과 새로운 형태원리 사이의 상호작용에 성공한 또 다른 예로는 리트호프 Riedhof(1927년과 이듬해)가 있다. *자이렌바우* *Zeilenbau* **역주 15)**의 원리—개방열구획—는 여기서 처음으로 뚜렷이 나타난다.(그림 28) 개방열은 사각형으로 지어진 19세기 건축의 폐쇄된 블록에 방사형의 대안을 제공한다. 폐쇄된 블록은 정면과 후면 사이를 예리하게 구별짓지만, 아방가르드 건축가들의 관점에서는 보잘 것 없는 건물의 향과 빈약한 일조 및 통풍, 어색한 모서리처리 등 이런 불편한 구획은 끔찍한 것이다. *자이렌바우* 아이디어는 블록을 개방함으로써 폐쇄블록의 단점을 극복하였으며 주택을 줄지어 배치하여 정면

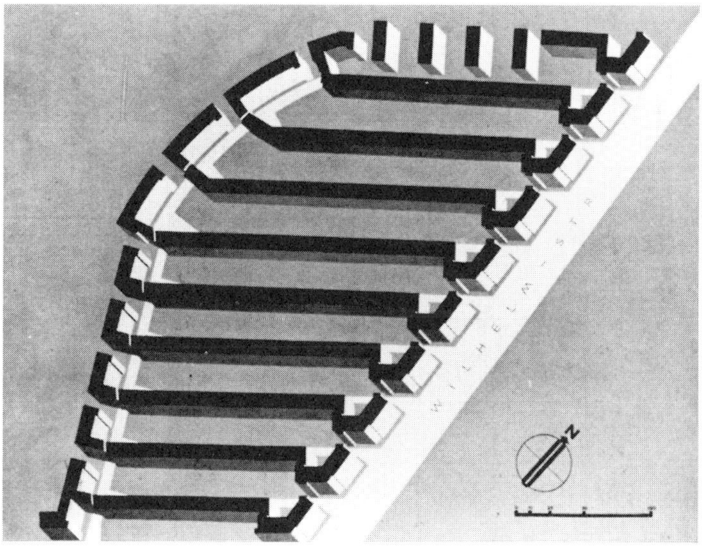

그림 28. 리드호프 *주거단지*의 액소노메트릭 계획.

끼리 서로 마주보지 않고 동일한 방향을 부여하여 정면과 후면을 마주보게 만들었다. 이런 *자이렌바우* 원리는 모든 건물이 좋은 향을 가지고 모든 장소에서 동일한 거주를 만들 수 있는 가능성을 주장한다. 이것은 돈을 절약시키는 것 뿐 아니라 각 개인이 동등하게 대우받음을 나타낸다.

개방열 디자인은 비위계적이다. 중심적이지 않고 공장라인의 하나를 연상시키는 동일한 주거단위의 동일한 열을 가진 연속성에 기반을 둔다. 리트호프Riedhof에서는 이런 원리가 극히 흥미롭게 수정되었다. 이론적으로 무한히 확장되는 *자이렌바우*는 고도로 분절된 경계 속으로 가두어진다. 모든 열의 동쪽 끝에는 고리모양의 울타리가 있는데 처음에는 열 사이의 공간을 증대시키면서 중정을 만드는 반면, 두번째는 갑작스레 공간을 감소시켜 주택단지의 동쪽 경계를 형성하는 슈트레제만날레Stresemannallee(앞의 빌헬름기리 Wilhelmstrasse)와 모든 거주용 가로의 결합점과 일치하는 좁은 장소로 귀결한다. 슈트레제만날레를 따라 고리의 마지막 날개는 길고, 높고, 끊어지지 않고 직선의 도시 입면을 형성하는데 그 도시 입면은 보행가로에 일정한 간격으로 접근하게 한다.

보행가로의 서쪽면에는 하이마트링Heimatring으로 이끈다.(그림 29) 이런 접합은 또한 건축적 악센트—모든 열은 하이마트링 위로 길게 늘어지며 하이마트링의 도시 입면을 형성하는 보행가로에 직각으로 날개를 마감한다. 이런 놀라운 마감은 이 *주거단지*에 명

그림 29. 리트호프, Heimatring

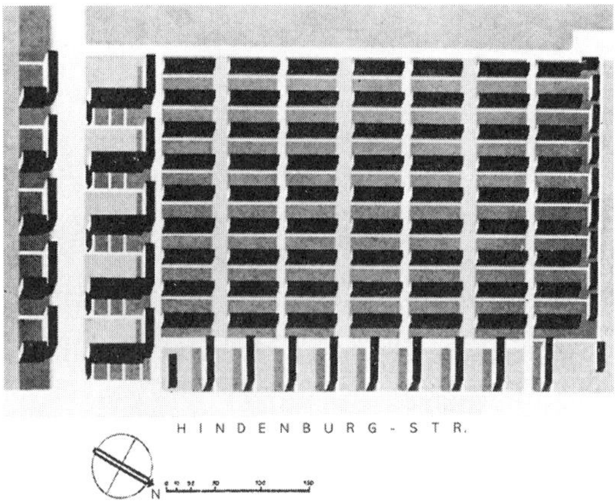

그림 30. 베스트하우젠 *주거단지*의 액소노메트릭 계획.

확히 한정되어 *주거단지* 내부와 외부 사이의 경계가 있음을 의미한다. 하지만, 뢰머슈타트Römerstadt와는 달리 이 *주거단지* 자체 내에는 위계가 없고 한정된 중심도 없다. 이것은 부분적으로는 *자이렌바우* 원리의 비위계적인 성격 때문이고 부분적으로는 뢰머슈타트 내의 하드리안 거리를 집중시키는 공동체 시설(상점, 식당, 학교)같은 것이 없기 때문이다. *자이렌바우* 원리는 이런 매우 분명한 경계뿐 아니라 모든 거리에 자신의 특성을 부여하는 미묘한 방법에 의해 수정된다. 모든 열의 건축이 매우 규칙적이지만 모든 거리에 특정한 종류의 나무를 심음으로써 특별한 성격—또한 거리명의 출처이다. 예를 들면 Unter den Kastanlen(밤나무 길)과 Unter den Akazien(아카시아 나무길)—을 부여한다. 게다가, 그 거리는 길이에서 차이를 둠으로써 개별적인 성격을 더욱 강조한다.

마이가 담당한 마지막 *주거단지*인 베스트하우젠Westhausen(1929-1931)에서 *자이렌바우* 원리는 완전히 전통적인 방식으로 적용된다. 모든 주거열은 완전히 같은 방향을 가진다. 저층열은 북남방향으로 놓이고 파사드는 동쪽과 서쪽에 면하는 반면, 고층은 동서로 놓인다.(그림 30) 저층건물들은 가로 오른편에 지어지고 보행로를 통해 접근한다. 일곱 개 주거군의 열은 한편으로 가로에 의해 경계가 형성되고 다른 한편으로는 가로에 평행한 목초지와 연결되는 보행로에 의해 경계가 형성된다.(그림 31, 32) 보행로의 한쪽은

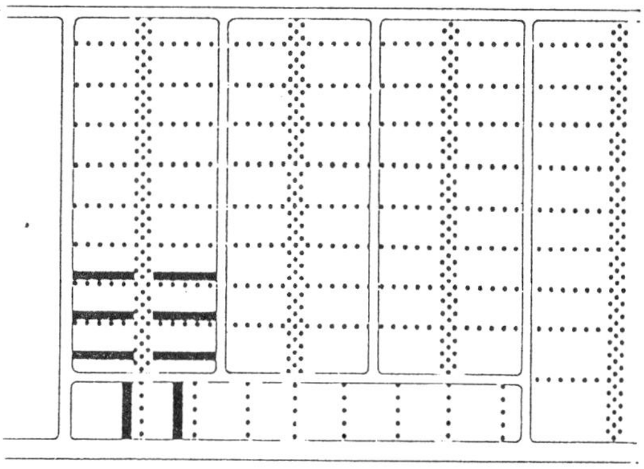

그림 31. 베스트하우젠 옥외공간(가로, 보행로, 잔디밭, 사적 정원)의 구성계획도.(출처 : D. W. Dreysse, 『May-Siedlungen』, p.20)

그림 32. 베스트하우젠, 주택과 정원에 접해있는 보행가로.

그림 33. 페르디난드 크라머Ferdinand Kramer가 디자인한 베스트하우젠의 단지들, 북쪽 입면에서 본 모습.

주거열에 접하고 다른 쪽 면은 위쪽 아파트에 속하는 정원에 접한다. 베스트하우젠에서도 *주거단지*의 몇몇 변두리는, 리트호프보다 화려하지 않지만, 특별한 처리를 하였다. 단지 동쪽 끝의 특별한 모습은 열에서 미묘하게 비틀어져 있고 크라머Kramer가 디자인한 고층 블록이 있는 서쪽 끝은 열의 방향이 1/4회전 되어 있다.(그림 33)

뢰머슈타트와 달리 베스트하우젠의 전체 형태는 경관을 이용하지 않는다. 그 부지 인근의 니다Nidda 계곡과 어떤 시각적 관계도 없다. 크라머의 블록상부 입면에서 니다계곡은 거의 보이지 않는다. 니다탈the Niddatal에는 큰 시민농장이 있고 *주거단지*와 도심 사이에 완충역할을 하는 보도가 있다. 그러나 베스트하우젠에서 그곳으로 가기 위해서는 분주한 루드비히 란트만거리Ludwig Landmannstrasse를 가로질러야만 한다. 베스트하우젠의 구조는 명확히 비위계적이다. 한정된 중심은 없고 두드러진 독특한 디자인을 갖춘 장소—*주거단지*의 남서쪽 구석에 위치한 높은 굴뚝이 있는 공공세탁소—만이 있을 뿐이다.[75]

전원도시개념**역주 16)**에서 개방열 개발로의 전개는 이런 하우징계획의 재정문제가 증가하였기 때문에 널리 일어났다. 이것은 동시에 합리화를 향한 급진적 경향이 늘어난 것과도 부합한다.[76] 뢰머슈타트와 리트호프를 포함하여 초기 *주거단지*는 다양한 주거양식을 사용하고 적절한 장소에 건축적 악센트를 적용시킨 결과, 도시공간에 대한 고도로 차별화된 디자인에 의해 두드러진다. 1929년 이후에는 고도의 단순화 경향이 뚜렷이 존재한다. 베스트하우젠에서는 다른 거주 유형이 거의 몇 안되고(그림 34, 35) 더 제안된 범위의 장치들(특정한 모서리, 관리소, 지하통로 등의 형태에서 이제 건축적 악센트는 존재하지 않는다)로 도시공간의 차별화를 수행한다.

그렇다 하더라도 『신 프랑크푸르트』의 많은 두드러진 성과물들은 계속 제시된다. 공공공간의 깔끔하고 상상력이 풍부한 구획(공공목초지, 보도, 목초지를 통해 형성된 연속

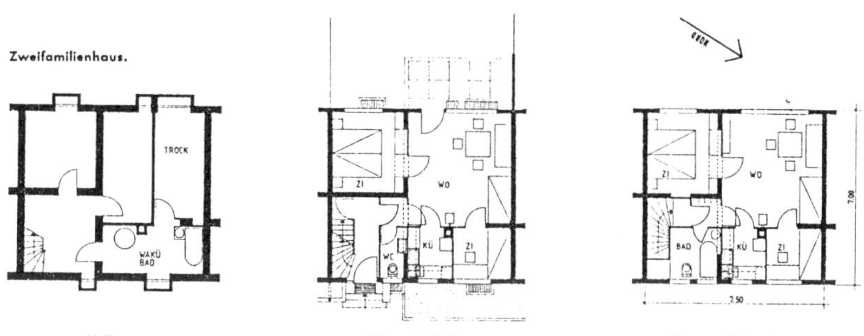

그림 34. 베스트하우젠 저층건물 평면 : 1층하나와 2층 하나.

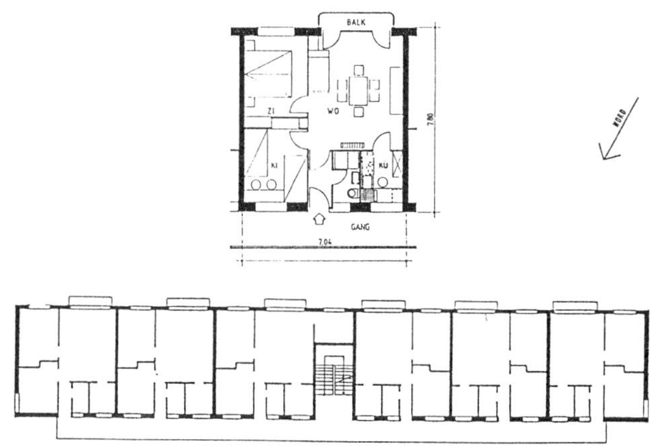

그림 35. 페르디난드 크라머가 디자인한 4층 블록의 전형적 평면.

적 호름sequence 그리고 사적 정원); 건축디테일의 느낌(바닥층을 올려 호기심 많은 통행인으로부터 보호, 작은 정면 화단의 공급, 캐노피를 단 출입구); 높은 쾌적함과—공간 한계를 고려하여—주거 평면계획의 빼어난 조직화.77) 공공공간 성격의 다양함을 통해 강조되는 체계적인 연속성은 거주자의 평등, 자유, 유동성을 위한 기초를 형성하는 중립성과 동질성을 만들어 낸다. 삶은 여기에서 익명의 것이나 공간은 모든 거주자의 개인적 요구에 맞게 제공된다. *주거단지*의 형태론은 *자이렌바우*원리의 극단적 합리주의에 기반을 두고 있으나 개방공간의 디자인에 주어진 세심한 배려와 짝을 이룬다. 간단한 방법으로 공공영역의 다른 부분 사이에 차별화를 이루었음을 의미한다. 거리, 보도, 공공 잔디 같은 도시공간은 리듬과 비례의 상호작용을 통해 특성을 부여하였다; 이런 공간들의 크기(열사이의 거리, 열과 블록의 길이, 보도와 가로, 목초지의 넓이)는 임의적인 것도 최소한의 것도 아니다. 그 효과는 높은 수준의 기능성을 가진 잘 균형잡힌 공간 중 하나다. 사적인 영역, 반사적인 영역, 공적인 영역 사이의 전환은 작은 정면화단과 낮은 울타리, 빨랫줄을 고정시키는 막대기 역할을 하는 경량 철 구조물을 통해 이루어진다. 디테일에 대한 이런 관심은 비용 대비 효율의 기준에 따라 모든 비본질적인 것들을 대수롭지 않게 처리한 것은 아니라는 걸 말해준다.

결과적으로 *주거단지*에는 이후 기능주의 원리의 천박화와 도구화로 이끌 모든 요소들이 있지만 아이디어의 신선함과 디자이너의 열정은 강한 인상을 남긴다. 동일한 단위들의 반복은 단조로우나 쓸쓸하지 않고 결속의 분위기를 만든다.78) 디자인의 극단적인 단순함과 금욕주의는 비용절감 필요성의 산물이라기 보다는 거주민에게 새롭고 현대적인 삶의 양식을 가져다주려는 바램의 산물이었다.

종합하자면, 『신 프랑크푸르트』의 건축은 차분하며 전혀 극단적이지 않다. 전통과의 대비는 놀라운 것이나 전체적으로 만연된 것은 아니다. 모든 형태의 장식에 대한 거부와 평지붕과 큰 발코니의 사용은 산업건설기술의 도입, 기능적인 평면계획, 고품질의 가구, 심지어 색의 선택조차 혁신을 향한 사려 깊은 경향을 나타낸다.

그렇다 하더라도, 전통은 표면 아래에서 계속적으로 느껴진다. 이것은 차분하고 질서있는 도시이미지79)를 만들고자 하는 시도에서, 또 균제symmetry와 조화의 강조에서 그리고 *주거단지*들의 빈번한 유기적인 구획에서 볼 수 있다. 주거의 볼륨은 폐쇄적이고 명확히 분리되어 있으나 창문개구부는 일반적으로 다소 작은 쪽에 있고 파사드를 따라 균형 잡힌 방식으로 배치되어 있다. 도시이미지의 디자인은 연속성과 균제의 교대에 기반을 두고 있다. 하우징 단위는 건설에서 종종 비대칭적이지만 사실은 교대로 서로를 반영한다는 사실은 균제와 축성이 지배적인 일반적인 그림이 만들어진다는 것을 의미한다.

대체로 『신 프랑크푸르트』의 건축은 디자인 측면에서 정말로 급진적인 것은 아니었다. 다른 아방가르드 건축가들의 작품에 근본적인 수많은 두드러진 특징들을 갖추지 못하고 있다. 예를 들면, 기디온의 현대건축 개념에 핵심적인 요소인 유연성, 유동성, 역동성이 거기에는 지배적이지 않다. 르 꼬르뷔제의 5가지 요소(*필로티, 수평으로 긴 띠창, 자유 평면, 자유 입면, 옥상정원*)**80)**의 경우, 마지막 예만이 프랑크푸르트에 널리 실현되었을 뿐이다. *필로티*—건물과 땅의 관계를 최소화시키기 때문에 매우 반유기적인 특징—는 사용되었다 해도 드물었다. *긴 수평띠창*은 리트호프는 상대적으로 예외에 속하지만(뢰머슈타트 내의 학교같은 큰 프로젝트에 종종 나타난다) *주거단지*들의 주거에 거의 나타나지 않았다. 마이의 주택 평면계획도 *자유 평면*에 기반을 두지 않는다. 공간의 분절은 기능적이었고 내력벽이 사용되었다. 그리고 파사드 디자인은 '자유' 롭지 않았고 내적인 요구와 차분함과 대칭의 원리에 기초하여 결정되었다.

기디온의 *관입*Durchdringung개념의 완벽한 사례인 두스버그Doesburg의 공간-시간 구축과 프라운하임Praunheim *주거단지*(그림 37)를 위한 색채계획에 제시된 한스 레이스티코프Hans Leistikow의 채색된 아이소메트릭 프로젝트와의 비교는 유사한 결론으로 이끈다. 채색에서 이미 수많은 놀라운 차이를 식별할 수 있다.**81)** 두스버그의 경우에 색채는 육면체를 해체하기 위해 서로에서 가능한 한 다른 면을 구분하기 위해 적용된다. 그것은 '공간 속에 부유하는 평면' 을 강조하는 것이지, 볼륨을 만들기 위해 결합하는 것은 아니다. 다른 한편, 프라운하임Praunheim을 위한 아이소메트릭 프로젝트에서 색채의 효과는 일반적으로 말하듯이 볼륨을 '해체' 하기 위해 사용되지 않는다. 그 색채는 모서리를 에워싸고 있으며, 그 차이들은 통상 관찰되는 평면의 방향에 기초하여 결정된다. 즉, 흰색은 '바깥에' 접하는 표면을 위해 사용되고 빨간색과 파랑색은 '안쪽' 에 접하는 표면을 위해 사용된다. 그래서 멀리서 보면 이 *주거단지*에 지배적인 것은 흰색이다. 반 두스버그에게 '안쪽' 과 '바깥쪽' 은 상호침투하고 그 경계는 명확히 그려지지 않는다. 반면 프라운하임에서는 '안쪽' 과 '바깥쪽' 은 매우 분명히 정의된다.

그림 36. 테오 반 두스버그, 『공간-시간 구축 Ⅲ』, 1923.

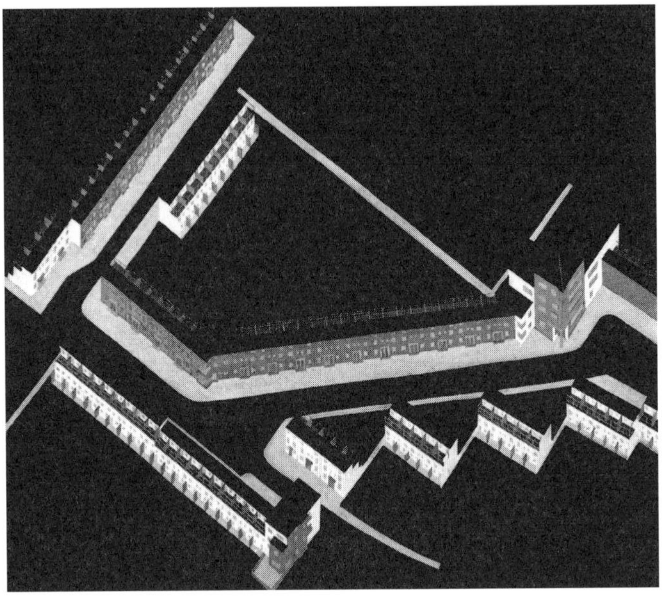

그림 37. 한스 레이스티코프, 프라운하임 색채계획안(사진 : Institut für Stadtgeschichte der Stadt Frankfurt am Main.)

그래서 *신 프랑크푸르트*의 건축 형태언어는 아방가르드 디자인 원리의 가장 급진적인 예 중 하나로 기술될 수 없다.82) 아마도 이것이 또한 기디온이 상대적으로 프랑크푸르트에 관심을 가지지 않았던 이유일 것이다.83) 여기에 지어진 것은 예를 들어 르 꼬르뷔제의 빼삭에서의 작품에서 기디온이 간파하였던 동일한 수준의 혁신에는 미치지 못한다.84) 그렇다 하더라도 전반적으로 *신 프랑크푸르트*는 도시와 도시공간의 처리에 열정적인 참여를 보여준다. 우리가 기억하는 그것은 어떤 유일하고 눈부신 건축의 위업이 아니다. 오히려 그것의 우수성은 도시공간, 공공영역이라는 더 큰 스케일에서 건축을 올바르고 매력적으로 디자인하는 방법의 예가 된다는 사실에 있다. 프랑크푸르트의 *주거단지*들은 중립적으로 결합된 다양성 속에 거주환경을 형성한다. 그곳은 익명성에 머물거나 참여할 수 있는 모든 여지가 있고, 여러 유형의 집들과 공공장소를 찾을 수 있으며 공원과 스포츠 시설을 이용할 수 있는 도심과 양호한 연결을 가지고 있다. 이러한 우수함이 있는 한, *신 프랑크푸르트*의 성과는 여전히 좋은 본보기로서 기술될 수 있다.

아방가르드로서『신 프랑크푸르트』

『신 프랑크푸르트』 잡지는 자신을 국제적 아방가르드로 간주한다. 이 말은 미사여구가 아니라 엘 리시츠키El Lissizky, 빌리 바우마이스터Willi Baumeister, 지그프리트 기디온, 아돌프 베네Adolf Behne, 한스 슈미트Hans Schmidt, 마르셀 브로이어Marcel Breuer, 요하네스 이텐Johannes Itten, 오스카 슐레머Oscar Schlemmer 등 유명인사를 포함한 (일시적인) 참여자 목록에서도 알 수 있는 것이다. 다다이스트 쿠르트 슈비터즈Kurt Schwitters가 1929년 2차 CIAM 총회 기간에 프랑크푸르트에 작업을 위해 초대되었다는 사실은 대표적이다.85)

그 잡지의 국제적인 성격은 출발부터 강조되었다. 마이는 이것을 두고 다음과 같이 말하였다.

> 마인강변의 프랑크푸르트Frankfurt am Main 도시디자인은 우리가 연구할 주 대상이 될 것이다. 그러나 이 도시의 공로자들 모임에 제한한다는 말은 아니다. 반대로, 우리 목적은 우리 잡지가 국내 모든 분야와 그리고 이론과 실천에서 동일한 목적을 가진 외국의 중요인물들이 이용할 수 있게 하는 것이다. 그것은 우리가 여기에 창조하는 것을 보충하는 하나의 자극역할을 할 것이다.86)

이렇게 분명히 표명된 국제 아방가르드와의 유사성은 *신 프랑크푸르트*가 가진 문제가 매우 특수하다는 사실을 바꾸지는 않는다. 시각예술가들이나 연극감독들과는 달리, 이 그룹은 그들 행동의 자유를 제한하는 사회정치적, 물리적 맥락을 다뤄야만 했다. 고객—도시정부—의 요구와 기대 그리고 프랑크푸르트의 기존 도시의 물리적 존재는 무시할 수 없는 요소였다. 그들이 다루어야만 했던 매개변수는 매우 협소했다.

*신 프랑크푸르트*를 해체를 옹호하는 아방가르드 그룹으로 간주할 수 없음은 두 말할 나위도 없다. 전통에 대한 거부와 새 것에 대한 숭배는 프랑크푸르트 경험 속에 명확한 요소들이었으나, 그들의 입장은 진정으로 극단주의자들 운동의 급진주의가 아니었다. 마이는 그 그룹의 전통과의 관계를 이렇게 설명한다.

> 우리는 마인강River Main에 있는 아름다운 우리 도시의 전통을 자랑스러워 한다. 그것은 어려울 때나 번영할 때나 시대를 통해 꽃피워왔다. 하지만 우리는 전통의 성과물을 모방함으로써 그 전통에 경의를 표하는 것을 거부한다. 반대로, 우리는 동시대의 세상에 발 딛고 동시대의 삶의 정확한 조건에 대한 추론에 근거하여 새것에 결정적인 형태를 부여함으로써 전통이 유지되어 온 방법으로 전통을 밝히길 바라는 것이다.[87)]

만약 이 구절을, 예를 들어, 박물관과 도서관, 아카데미의 파괴를 호소했던 1909년 미래파 선언과 나란히 놓는다면, 마이의 입장이 마리네티의 입장보다 좀 더 양면적이라는 것이 분명해진다. 돌이켜 보면, 이런 양면성은 프랑크푸르트의 성과를 매우 예외적인 것으로 만든다. 그것은 빛, 개방, 중립성이라는 건축언어로 변형된 해방과 평등에 대한 약속을 포함한다. 동시에 도시의 기억은 지워지지 않았다. 기존에 존재하는 도시에 있는 역사적인 층들을 거부하거나 침해한 것이 아니라 오히려 새로운 첨가를 위한 기초로 이용하였다. 그 결과 새 것과 옛 것은 서로를 보충하게 된다. 이것은 어떤 대가를 치르더라도 아방가르드 논리가 따르기에는 불가능했던 것이다.

프랑크푸르트에는 없는 또 다른 특징은 '위기의 문화'로 현대성을 급진화하는 것이다. 가능한 한 가장 짧은 시간 내에 건물을 가능한 많이 짓는 것이 중요하였다. 그래서 마이와 그의 동료들에게 작용하는 현대성의 개념은 일시적이라기보다 계획적이다. 『신 프랑크푸르트』에는 칼리네스쿠가 기술한 '결국 그 자신을 파괴시키고야 마는 아방가르드의 고유한 경향' 같은 것은 어떤 흔적도 찾기 힘들다. 물론, 그들이 정치적 상황에 대해 다소 순진하게 평가했다고 비판하지 않는다면 나는 오히려 불공정하다고 생각한다. 프랑크푸르트 아방가르드가 사실은 '삶의 습관 속으로 예술을 지양' 한다는 개념을 포함한다고 말할 수도 있다. 그런 의미에서 예술과 건축에서 그들의 실험이 일상생활의 환경을 디자인하고 대중의 거주문화를 고양하는데 열매를 맺어야 한다는 것이 그들의 사려 깊은 의도였다. 그러나 그들의 눈에는 '삶의 실천 속으로 예술의 변화' 가 사회의 합리적 조직을 허물어뜨리는 것—다다이즘이나 초현실주의가 그러했듯이—을 뜻하지 않았다. *신 프랑크푸르트*에서는 사회적 질서의 도구적 합리성에 대한 어떤 반대도 없었다. 반대로, 산업화와 표준화, 합리화에 대한 그들의 옹호는 도구적 합리성의 기준에 따라 이행된 사회의 현대화를 유지하는 것이었다.

그런데도 마이와 그의 동료들의 노력이 자본주의 정책노선에 따른 발전을 지지한다는 의미는 아니다. 사회적 질서의 합리성과 기능성을 수용하는 그들의 의도가 기존 부르주아 사회질서의 초월이라는 최종 목적으로 나아가기 위함이라는 것은 명확하다.[88] 기디온 같이 그들은 건축이 사회적 재건에 필수적인 역할을 할 수 있다는 확신을 하였다. 왜냐면, 건축은 주관적인 문화와 객관적인 문화 사이에 단절된 관계를 복원할 능력이 있기 때문이다.[89] 그들의 관점에는 능률적이고 기능적인 건축의 일상적인 등장은 개인들에게 객관적인 문화의 특징인 능률성과 기능성에 덜 소외된 방식으로 대응하게끔 자극할 것이었다.[90]

신 프랑크푸르트 그룹은 사회적 삶과 개인적 삶의 모든 측면을 다룰 새로운 문화—그 말의 가장 넓은 의미에서—를 창조하는 것을 자신의 임무로 보고 있다. 그들이 준비했던 결정적인 사회 변화가 일어나지 않았기 때문에 그들은 자신들이 이루고자 한 바를 성취하는 데 성공하지 못했다. 이것은 부분적으로 정치적, 사회적 발전이 역행했기 때문이고 짧은 기간 동안 그 곳에 있었던 기회가 끝나버렸기 때문이다.

이런 기회는 독일 자본주의 발전에 특정한 국면의 결과였다. 1차 세계대전 직후 힘들고 불안한 시기가 지난 후에 1923년 사회민주정책을 추구하는 바이마르 공화국이 안정기를 시작하였다. 경제적 사회적 상황을 안정시키려는 이런 정책의 한 측면은 전쟁전의 실제 부동산 소유주에 부과된 지대인 *Hauszinsteuer(임대세)*의 도입이었다. 인플레이션의 증가로 이 세금은 원금의 몇 배에 달하게 되었다. 이런 세금에서 세입의 중요한 부분이 공공 하우징에 사용되었다. 그런데도, 상승하는 이익률에 결합된 건설비용의 유례없는 상승으로 심지어 1929년 경제위기 이전에 프랑크푸르트의 주택건설 프로그램을 재검토해야만 했다. 건설비용에 근거하여 산출된 새로운 주택의 임대료는 이익률의 수준에서 노동계급의 여유재산 이상으로 올랐다.[91] 1929년 이후 공공 주택건설을 위한 정부의 재정유입은 봉쇄되었다. 놀랄 것도 없이, 1930년 가을 마이가 소비에트 연방으로 떠난 것은 프랑크푸르트에서 큰 규모의 건설작업이 끝난 것과 때를 같이 한다.

이런 환경은 많은 작가들이 *신 프랑크푸르트*를 거주의 자유를 위한 진정한 공헌으로 해석하기보다 사회적 삶에 점점 구속과 기준을 부과하려는 시도로 평가하게 하였다.[92] 후안 로드리게스-로레스Juan Rodriguez-Lores와 G. 울리히G. Uhlig는 이런 의문에 섬세하게 접근한다. 그들은 처음 좌파의 개혁프로그램과 자본주의 논리에서 널리 생겨난, 그리고 이에 대응하는 주장들의 기술적 장치 사이의 역설적 관계에 대해 특별히 언급하고 있다. 그들은 주장하길, 마이와 같은 개혁주의자의 전략은 그 본래의 의도가 이런 사회적 조직화의 형태와 싸우고 그것을 근본적으로 개혁하는 것이었다 해도 결과적으로 노동계급을 부르주아 자본주의 사회에 통합시켜버렸다. 계급없는 사회를 실현하려는 본질적인 목표를 이루지 못했다는 점에서 근대 건축의 암묵적인 약속은 또한 공허한 것으로 판명되어버린 것이다. 고양된 그 기대는 미학의 영역에서만 충족될 수 있었고 실천적인 면에서 헛된 것으로 남겨졌다.[93]

돌이켜 보건대, 이런 비판은 어느 정도 올바른 것이다. *신 프랑크푸르트*의 활동가들은 건축의 영역에서 변화가 사회의 일반적 개혁과정을 자극하기에 충분한 것이라고 다소 순진하게 믿었다. 현재 우리가 알고 있듯이 그런 희망은 헛된 것이었다. 그 프로젝트는 완성되지 못했는데 불운한 정치변화와 경제적 사건 때문이기도 하지만 선도자의 오판과 그릇된 예상 때문이기도 하였다. 예를 들어 근본적으로 자본주의 소유권체계를 건드릴 수 없는 맥락에서 공동체의 요구에 따라 도시를 디자인하고자 하는 급진적인 야망이 어떤 실질적인 의미가 있는지 의심스럽다. 울리히Uhlig와 로드리게스는 *주거단지*의 건설이 도피전술임을 입증하고 있다고 주장하는 타푸리와 의견이 일치한다. 그들은(*신 프랑크푸르트*의 활동가들) 확실히 도심상업화의 증가로 유래된 도시의 실질적인 문제를 해결하지 못했다.

또 다른 모순이 *신 프랑크푸르트*의 담론에 깃들어있다. 예를 들면 균질의 메트로폴리스의 대중과 같은 것(또는 미래에 나타날 것 같은 어떤 존재)이 있다고 가정하였으며 이런 존재는 새로운 건축에 대한 적절한 유행에 대응할 능력이 있다고 가정하였다.(그림 38) 사실 이런 가정은 자유, 유동성, 일시성 같은 특징들에 있는 중요성과 양립할 수 없는 것이다. 모든 개인의 자유를 증진시킬 것과 가능한 변화를 위한 엄청난 잠재력을 만들 것을 목표로 할 때 이 모든 개인이 동일한 선택을 하고 동일한 유행에 따라 변할 것으로 가정하는 것은 논리적으로 어렵다. 그러나 이것이 메트로폴리스 대중의 균질한 성격 이면에 깔린 예상이었다.

마이는 전체문화를, 말하자면 부단히 사회적 현실을 형성하는 하나의 실체entity로 다루었는데 이것은 의심스럽다. 마이의 개념은 현대사회에 돌이킬 수 없는 모순 경향과 이익의 충돌을 설명하지 못한다. 그의 목가적인 이상은 자본주의 발전에 고유한 모순에 대항할 수 없었다. 그래서 그는 경제적 명령들이 그의 문화적 프로그램의 실현에 장애가 되었을 때 적절히 저항할 수 없었다.

그러나 결국 이런 비판적인 논평은 프랑크푸르트에서 성취한 매우 중요한 것들을 없앨 수 없다. 현대성에 대한 목가적이고 계획적인 개념에서 출발하여 수많은 중재를 실질

그림 38. '균일한 대도시 군중' (출처 : Christoph Mohr and Michael Müller, Funktionalität und Moderne, p.189)

적으로 해내어 도시를 영구적으로 풍요롭게 하였다. 이론적 수준에서 작용하는 일차원성과 단순성은 현실화된 건물로 확장되지 않았다. 사실, 새로운 건축과 기존 도시 사이의 대면은 양면가치를 초래한다. 그 양면가치는 비판적인 유토피아적 순간—해방과 자유의 약속—을 포함할 뿐만 아니라 인간의 기억을 위한 침전물로서 그리고 미래를 위한 없어서는 안될 토대로서 기존 도시에 대한 섬세한 배려를 포함한다. 이런 이유로 베스트하우젠Westhausen, 뢰머슈타트Römerstadt, 리트호프Riedhof 같은 주택단지가 프랑크푸르트의 역사 뿐만 아니라 건축과 전체로서의 도시계획urbanism의 역사에 의미있는 공헌을 하였음이 분명하다.

인용구: Sigfried Giedion, Space, 『Time and Architecture: The Growth of a New Tradition』(1941; Cambridge: Harvard University Press, 1980), p.vi.

1) 키치의 의미에 대해선 Matei Calinescu, 『Five Faces of Modernity: Modernism, Avant-Garde, Decadence, Kitch, Postmodernism』(Durham: Duke University Press, 1987), pp.223-262를 보라.(* 역주 — 국내에 번역된 책은 『모더니티의 다섯얼굴』, pp.238-325)

2) Adolf Loos, "Heimatkunst." in Loos, 『Trotzdem. 1900-1930』(1931; Vienna: Prachner, 1981), pp.122-133; 또한 Adolf Behne "Kunst, Handwerk, technik." 『Die neue Rundschu』, no. 33(1922), pp.1021-1037, translated as "Art, Craft, Technology." in Francesco Dal Co, 『Figures of Architecture and Thought: German Architecture Culture 1880-1920』[New York: Rizzoli, 1990], pp.5-22)를 보라

3) Clement Greenberg, "Avant-Garde and Kitsch"(1939), in Greenberg, 『The collected Essays and Criticism』, vol. 1: 『Perceptions and Judgments 1939-1944』(Chicago: University of Chicago Press, 1986), pp.5-22.

4) 아방가르드와 모더니즘 사이의 구별은 꽤 최근의 것이다. 아도르노, 포지올리, 웨이트맨Weightman 같은 작가는 이 용어들을 서로 교체 가능한 것으로 사용했다. 하지만 최근에, 아방가르드라는 용어를 보다 엄밀하게 정의하려는 경향이 발전됨에 따라 집단적으로 작업한 가장 급진적 예술가들을 위해서만 사용하고 있다. Jochen Schultesasse의 "Foreword: Theory of Modernism versus Theory of the Avant-garde." in Peter Bürger, 『Theory of the Avant-garde』(Minneapolis: University of Minnesota Press, 1984); translated from 『Theory of the Avant-garde』(Frankfurt: Suhrkamp, 1974), pp.vii-xlvii.를 보라

5) Renato Poggioli, 『The Theory of the Avant-garde』(Cambridge: Harvard University Press, 1982); translated from 『Teoria dell' arte d' avanguardia』(Bologna: Il Mulino, 1962)(* 역주 — 이 책은 레나토 포지올리, 『아방가르드 예술론』, 박상진 옮김, 문예출판사, 1996년 9월로 번역되었다.)

6) 칼리네스쿠, 『Five Faces of Modernity』, p.124.

7) 페터 뷔르거Peter Bürger는 아방가르드에 대한 해석을 역사적 전개의 맥락에 위치시킨다. 그에 따르면, 서구사회의 예술사는 제도로서 그리고 전체로서 사회의 체계로서 예술의 자율성이 증가한 것으로 특징짓는다. 이런 자율성의 절정은 *예술을 위한 예술l' art pour l' art*의 이상을 찬양하는 경향인 19세기 심미주의로 획득된다. 예술가들은 자신을 더 이상 통치자에게 봉사하는 직공으로 그리고 종교와 같은 어떤 높은 이상의 번역으로 보지 않았다. 예술은 이제 자신의 목적을 추구하게 되었다. 뷔르거에 따르면 아방가르드는 이런 개념에 반발하였다. 예술이 자율적인 제도가 되었다는 사실의 결과는 예술이 사회적으로 고립되었다는 것이었다. 자신의 세상 속으로 칩거함으로써—자신의 가치체계와 분배수단을 갖춘—어떤 더 넓은 관련성을 잃어버렸고 사회적 사건들에 어떤 영향을 더 이상 발휘할 수 없었다. 아방가르드는 이런 감금상태를 깨뜨리길 원했고 역사적으로 갇힌 제도적 틀에서 벗어나길 원했다.

8) Bürger, 『Theory of the Avant-Garde』, p.49; 독일어 원문: Die Avantgardisten intendieren aiso eine Aufhebung der Kunst-Aufhebung im Hegelschen Sinn des Wortes: Die Kunst soll nich einfach zerstört, sondern in Lebenspraxis überführt werden, wo sie, wenngleich in verwandelter Gestalt, aufbewahrt wäre....Was sie....unterscheidet, ist der Versuch von der Kunst aus eine neue Lebenspraxis zu organisieren." (『Theorie of the Avantgarde』, p.67.)(* 역주 — 이 책은 국내 최성만 역, 『전위예술의 새로운 이해』, 심설당, 1986년으로 번역되었다. 해당 내용은 번역책 84쪽에 있다.)

9) Miriam Gusevich, "Purity and Transgression: Reflection on the Architectural Avantgarde' s Rejection of Kitsch." 『Discourse』 10, no. 1(Fall-Winter 1987-1988), pp.90-115

10) 현대건축을 지칭하는 용어는 다른 언어 영역에서 다르게 사용되었다. 이런 차이들은 또한 개념에 함축을 가진다. 네델란드어 *Nieuwe Bouwen*과 독일어 *Neues Bauen*은 분명히 두 언어에 동시에 존재하는 'architecture(건축)' 라는 용어를 피한다. 이것은 건축이 재현적인 건물로 제한되는 것이 아니라 건물과 거주의 전체 영역을 껴안는다는 기대를 제시한다. 이런 함축은 프랑스 표현 *architecture moderne*과 영어 'modern architecture' 에는 없는 것이다. 독일과 네델란드에서 담고 있는 더 넓은 개념을 얻기 위해 나는 'New Building' 이라는 용어를 쓰고자 한다.(* 역주 — 여기에서 New Building은 '신건축' 으로 번역하였다.)

11) Michael Müller, "Architektur als ästhetische form oder ästhetische form als lebensparktische Architektur? in Müller, 『Architektur und Avantgarde. Ein vergessenes Projekt der Moderne?』(Frankfurt: Suhrkamp, 1984), pp.33-92.

12) Charles Jencks, 『Modern Movements in Architecture』(Harmondsworth: Pelican, 1973); Giorgio Ciucci, "The Invention of the Modern Movement." 『Oppositions』, no. 24(1981), pp.69-91.

13) K. Michael Hays, 『Modernism and the posthumanist Subject: The Architecture of Hannes Meyer and Ludwig Hilberseimer』(Cambridge: MIT Press, 1992)

14) 기디온의 삶과 경력에 대한 자세한 설명은 Sokratis Georgiadis의 『Sigfried Giedion: An Intellectual Biography』(Edinburg: Edinburg University Press, 1994), translated from 『Sigfried Giedion, eine intellektuele Biographie』(zurich: Ammann, 1989)를 보라

15) "Sigfried Giedion, eine autobiographische Skizze." in Giedion, 『Wege in die Öffentlichkeit, Aufsätze und unveroffentliche Schriften aus den Jahren 1926-1956』(zurich: Ammann, 1987), p.9.

16) Manfredo Tafuri, 『Theories and History of Architecture』(London: Granada, 1980), pp.141-170.

17) Sigfried Giedion, 『Building in France, Building in iron, Building in Ferroconcrete』, trans. J. Duncan Berry, with an introduction by Socratis Georgiadis(Santa Monica: Getty Center for the History of Art and the Humanities, 1995), p.87; translated from 『Bauen in Frankreich, Bauen in Eisen, Bauen in Eisenbeton』(Leipzig: Klinkhardt & Biermann, 1928), p.3. "Was an der Architektur dieses Zeitraumes unverwelkt bleibt, sind vorab jene seltenen Stellen, an denen die Konstruktion durchbricht.-Die durchaus auf Zeitlichkeit, Dienst Veranderung, gestellte Konstruktion folgt als einziger Teli im Gebiet des Bauens einer unbeirrbaren Entwicklung. Die Konstruktion hat im 19. Jahrhundert die Rolle des Unterbewusstseins. Nach aussen fuhrt es, auftrumpfend, des alte Pathos weiter; unterirdisch, hinter Fassaden verborgen, bildet sich die Basis unseres ganzen heutigen Seins."

18) Giedion, 『Bauen in Frankreich』, pp.39. ff.; Giedion, 『Space, Time and Architecture』, pp.281. ff.

19) Giedion, 『Bauen in Frankreich』, p.6.; Giedion, 『Space, Time and Architecture』, pp.288-289.

20) Giedion, 『Building in France』, p.91.; 독일어 원문: "In den Iuftumspülten Stiegen des Eiffelturms, besser noch in den Stahlschenkeln eines Pont Transbordeur, stösst man auf das ästhetische Grunderlebnis des heutigen Bauens: Durch das dünne Eissennetz, das in dem Luftraum gespannt bleibt, strömen die Dinge, Schiffe, Meer, Häuser, Maste, Landschaft, Hafen. Verlieren ihre abgegrenzte Gestalt: kreisen im Abwärtssschreiten ineinander, vermischen sich simultan." (『Bauen in Frankreich』, pp.7-8.)

21) 『공간, 시간, 건축』에서 그는 상호관입interpenetration의 개념을 더 정교화 한다. 기디온은 수정궁(그림 148)의 이미지와 Delaunay의 에펠탑 여행Tour Eiffel의 이미지를 수록한다. 수정궁에 의해 촉발된 극단적 논쟁에 대해선 Marshall Berman, 『All That Is Solid Melts into Air: The Experience of Modernity』(London: Verso, 1985), pp.235-248.을 보라

22) Giedion, 『Bauen in Frankreich』, p.61.

23) Ibid., pp.94-95.

24) 기디온은 이런 공간적 *Durchdringung*에 Mallet-Stevens의 집 사진에 대한 그의 주석에서 밝혀진 중심적 역할을 실제적으로 부여했다. 여기에서 그는 건축가가 전통의 형식적 그리고 재현적 특성을 초월하는 데 성공하지 못한다고 말한다. "거주의 전통적 육중함은 극복되지 않는다. 다양한 몸체들은 상호관입 없이 다른 것과 충돌한다." 『Building in France』, p.192; 독일어 원문: "Die angestammte Massivität des Hauses ist nicht überwunden. Die verscheidenen Körper...stossen aneinander, ohne sich zu durchdringen." (『Bauen in Frankreich』, p.108.)

25) László Moholy-Nagy, 『Von Material bis Architektur』(1929; Berlin: Kupferberg, 1968), p.236: "aus zwei übereinanderkopierten fotos (negativ) entsteht die illusion räumlicher durchdringung, wie die nächste generation sie erst-als glasarchitektur-in der wirklichkeit vielleicht erleben wird." (* 역주 — 이 책은 『재료에서 건축으로』, 바우하우스 총서 14, 과학기술출판사, 1995년 1월로 번역되었다.)

26) 이 주제에 대한 폭넓은 논의는 Walter Prigge "Durchdringung." in Volker Fischer and Rosemarie Höpfner, eds., 『Ernst May und Das Neue Frankfurt 1925-1930』(Frankfurt: Deutsches Architektur Museum, 1986). pp.65-71.를 보라

27) Giedion, 『Building in France』, p.90.; 독일어 원문: "Es scheint uns fraglich, ob der beschränkte Begriff 'Architektur' überhaupt bestehen bleiben wird. Wir könnten kaum Auskunft über die Frage geben: Was gehört zur Architektur? Wo beginnt sie, wo endet sie? die Gebiete durchdringen sich. Die Wände umstehen nicht mehr starr die Strasse. Die Strasse wird in einem Bewegungsstrom umgewandelt. Gleise und Zug bilden mit dem Bahnhof eine einzige Grösse." (Bauen in Frankreich, p.6.)

28) 이 주제에 부합되는 것은 Sokratis Georgiadis의 『Building in France』 서문에 언급되어 있다.

29) Georgiadis, 『Sigfried Giedion, eine intellektuele Biographie』, p.57. *Gestaltung*이 제일 중요했다는 생각은 결코 새로운 것이 아니다. 1925년에 아돌프 베네Adolf Behne는 『Vom Kunst zur Gestaltung』(Arbeiterjugend Verlag, Berlin)이란 제목을 붙여 현대회화에 대한 소개를 출판하였다. 베네와 같이 광범위한 사회적 목적과의 관련이 중심적 역할을 한다는 것은 그의 책의 맺음말에서도 볼 수 있다. "Die alte Kunst trennte, die neue Gestaltung verbindet. Die Grenze des Rahmens wurde gesprengt, die ästhetische Isolation durchbrochen. Der Wille zur Gestaltung nimmt nun alle Kräfte in sich auf. Er verbindet sich als der Maschine, mit der Technik, nicht um ihnen dienstbar zu werden. Nein, um auch sie als Mittel für sein Ziel zu verwenden: die Ordnung unserer Welt als ein Gemeinschaft aller in Freiheit Arbeitenden." ("오랜 예술은 분리되었고 새로운 디자인이 연결된다. 그 영역의 경계는 허물어졌고 미학적 고립은 붕괴되었다. 디자인 의지는 모든 힘을 담으려 애쓴다. 기계와 기술과 연결된 존재이지만 그들을 보조하기 위함은 아니다. 아니, 그것의 목적은 오히려 자신의 목표—자유롭게 일하는 모든 이들의 공동체로서 우리 세상을 질서 잡는 일—를 이루기 위한 도구로 그것들을 이용하는 것이다.")

30) 기디온은 확실히 하우징에 대한 새로운 생각들의 적용가능성에 관해서 조건을 가지고 있다. 그는 예를 들어 다음과 같이 말한다. "이전 시대에는 알려지지 않은 이런 절대적인 경험을 하우징 속으로 옮기길 원하지 않을 것이다. 그러나 이것은 새로운 건축의 각각의 디자인에서 미숙한 것으로 남아있다. 경계와 영역보다는 관계와 상호관입이 있는 거대하고 나눌 수 없는 공간만이 있을 뿐이다.", 『Building in France』, pp.91-93. 독일어 원문: "Man wird diese absolute Erlebnis, das keine Zeit vorher gekannt hat, nicht auf Häuser übertragen wollen. Keimhaft aber liegt in jeder Gestaltung des neuen Bauens: Es gibt nur einen grossen, unteilbaren Raum, in dem Beziehungen und Durchdringungen herrschen, an Stelle von Abgrenzungen." (『Bauen in Frankreich』, p.8.)

31) Sigfried Giedion, 『Befreites Wohnen』(1929; Frankfurt: Syndikat, 1985), p.8: "Das Haus ist ein Gebrauchswert. Es soll in absehbare Zeit abgeschrieben und amortisiert werden."

32) Giedion, 『Befreites Wohnen』, p.8.: "Wir brauchen heute ein Haus, das sich in seiner ganzen Struktur im Gleichklang mit einem durch Sport, Gymnastik, sinngemässe Lwbensweise befreiten Körpergefühl befindet: leicht, lichtdurchlassend, beweglich. Es ist nur eine selbstverständliche Floge, dass dieses geöffnete Haus auch eine Widerspiegelung des heutigen seelischen Zustandes bedeutet: Es gibt keine isolierten Angelegenheiten mehr. Die Dinge durchdringen sich."

33) Antonio Sant' Elia and Filippo Tommaso Marinetti, "Futurist Architecture"(1914) in Ulrich Conrads, ed., 『Programs and Manifestoes on 20th Century Architecture』(Cambridge: MIT Press, 1990), pp.34-38.

34) Giedion, 『Building in France』, p.92; 독일어 원문: "Die verschiedenen Niveaudifferenzen der Verkehrswege, das nur durch Notwendigkeit bestimmte Nebeneinander der Objeckte, enthält doch-gleichsam unbewusst und im Rohstoff-Möglickeiten, wie wir später unsere Städte often und Zwang starren Niveaubeibehaltung gestalten werden." (『Bauen in Frankreich』, p.8.)

35) 뷔르거Bürger는 아방가르드 예술작품의 성격을 '몽타주' 원리에 의지하는 것으로 윤곽짓는다. 그가 주장하길, 전통미학에서는 예술작품이 전체와 부분이 균형과 조화의 원리에 따라 자명한 관계로 서로 연결되어야 한다는 유기적인 통일을 구성하는 것으로 간주한다. 다른 한편 아방가르드 작품은 비유기적이다. 하나의 통일을 이루지만 이런 통일은 자명한 방법으로 나타나지 않는다. 아방가르드 예술작품은 불일치와 불협화음을 담고 있는데 이는 파편들—맥락적 전체성에서 분리되고 새로운 관계 속에 구성되는—의 몽타주에 기초하여 구성되기 때문이다. 이것의 원형적 예들은 피카소와 브라크Braque의 큐비스트 회화와 허트필드Heartfield의 포토몽타주이다. 문학에서는 루이스 아라곤Louis Aragon의 『Le paysan de Paris(파리의 농부)』와 앙드레 브르통 André Breton의 『Nadja(나쟈)』가 있다.

36) 기디온, 『공간, 시간, 건축』, p.vi. 나는 5번째 판(1967)의 제9쇄를 인용하고 있다. 이 책은 수많은 개정판이 있었다. 각 경우 증보되었고 좀더 최신 내용인 추가되었다. 하지만 그 책의 구조와 논지는 핵심적으로 동일하게 유지된다. 비교를 위해 나는 네덜란드 번역판도 이용하였다: 『Ruimte, tijd en boujunst』(Amsterdam: Wereldbibliotheek, 1954) 이것은 첫번째 판을 이용하였다.

37) 기디온은 이런 종류의 관계에 관심이 있는 첫번째 사람도, 유일한 사람도 아니었다. 이 주제에 대한 세밀한 연구를 위해선, Linda Darlymple-Henderson, 『The Fourth Diemension and Non-Euclidean Geometry in Modern Art』(Princeton University Press, 1983).를 보라

38) Giedion, 『Space, Time and Architecture』, p.14(* 역주 — 번역서는 p.13. 이 책의 번역자 김경준은 『예술적 공간-시간』으로 번역하였다.)

39) Ibid, p.13(* 역주 — 번역서 p.12, 번역수정)

40) Ibid, pp.495-496. 기디온의 이런 가장 유명한 비유는 이후 비평가들에게 혹독하게 비판을 받는다. 예를 들면, 콜린 로우Colin Rowe와 로버트 슬루츠키Robert Slutzky는 바우하우스와 *아를르의 여인L' Arlesienne*에서 위태로운 투명성의 다른 '양태들' 을 분석함으로써 시간-공간개념이 건축과 회화 양쪽에 작용한다는 기디온의 주장에 대해 비판을 전개한다. Colin Rowe and Robert Slutzky, "Transparency: Literal and Phenomenal." in Colin Row, 『The Mathematics of the ideal Villa and Other Essays』(Cambridge: MIT Press, 1976), pp.159-183를 보라.

41) 미스Mies에 대한 글은 1954년 『공간, 시간, 건축』의 3번째 판에 부가되었다. 알토Aalto에 대한 글은 1949년 2번째 판에 부가되었고 웃존Utzon에 대한 글은 1967년에 출판된 5번째 판의 개정의 대부분을 이룬다.

42) Giedion, 『Space, Time and Architecture』, pp.496-497.

43) Ibid., p.880.(* 역주 — 번역책, p.808)

44) 기디온, 『프랑스의 건물』, pp.190-191: "역사에서 처음으로 양식의 창조에서 상위계급이 아닌

하위계급이 하나의 요인이다." 독일어 원문: "Zum erstenmal in der Geschichte wirkt nicht die Schicht mit den grössten Ansprüchen, sondern die Schicht mit den geringsten Ansprüchen als stilbildender Faktor." (『Bauen in Frankreich』, p.107.)

45) '새로움의 전통' 이라는 구절은 하롤드 로젠버그Harold Rosenberg가 현대예술을 기술하기 위해 고안한 말이다. 칼리네스쿠, 『모더니티의 다섯가지 얼굴』, p.225.

46) Giedion, 『Space, Time and Architecture』, p.xxxii~xxxiii을 보라(* 역주 — 이영욱 외 번역, 『모더니티의 다섯가지 얼굴』, p.xiv)

47) 기디온이 종종 그의 후기 저작에서 돌아오곤 했던 이런 주장들을 잘 요약한 것은 Sigfried Giedion, 『Walter Gropius: Work and Teamwork』(New York: Reinhold, 1954), p.13에서 찾을 수 있다. "반복하지만 그 원인은 사회의 모든 수준에 영향을 미치고 결코 과소평가될 수 없는 사고와 감정 사이의 서글픈 균열이다. 하나는 고도로 발달된 사고의 방법(과학)이 모든 영역에서 높이 평가된다. 전혀 다른 자세는 감정의 영역(예술)에 관해서 받아들여진다. 우리가 이름붙인 '지배적인 취향' 의 예술은 이제 대중들의 꿈의 세계와 그들의 재현물의 일부가 되었다. 그것은 시대를 거슬러 도달할 수 있는 뿌리를 가진, 진실로 창조적인 예술의 모든 표현들이 무기력하고 터무니없고 혐오스럽게 반대하는 향수의 이미지를 초래한다."

48) 기디온 자신은 Giedion, 『Wege in die Öfentlichkeit』, pp.118-121에서 재인쇄된 1934년의 논설 「Leben und Bauen」에서 현대건축의 발전에 대해 놀라운 개요를 제시하였다. 여기에서 그는 '아방가르드' 로 생각할 수 있는 선구자들을 근대운동이 초월했던 때까지의 전개에서 단순한 국면으로 서술하고 있다. 이 논설에 따르면 신건축은 하우징의 문제와 시대의 새로운 기술적 가능성에 대한 관심에서 출발하였다.(프랭크 로이드 라이트와 토니 가르니에Tony Garnier) 두번째 국면은 부분적으로 시각예술 내의 발전에 영향 받은 형태언어의 등장에 의해 구별되었다. 르 꼬르뷔제, 그로피우스와 우드Oud는 형태formal shape에 새로운 생각을 부여하는 데 성공하였다. 세번째 국면에서, 건축의 사회적 차원이 관심의 첫번째 대상이었던 때에, '미학적 문제' 는 유보되었다. 마르트 슈탐과 한스 슈미트의 이름들은 이런 국면과 관련된다. CIAM은 두번째와 세번째 국면사이에 대면을 가져오는데 성공하여 결국 성숙의 새로운 과정으로 귀결된다. 이것은 도시계획의 문제가 당시의 명령이었던 때인 1934년에 도달했다고 짐작되는 네번째 국면을 위한 구실이었다. 다른 개념들 사이의 변증법적 연관에 기반하고 근대운동에서 분화된 경향들 사이에 화해의 개념을 강조하는 사물에 대한 이런 관점은 기디온의 목가적이고 계획적인 접근에 전형적이다.

49) Giedion, 『Space, Time and Architecture』, pp.11-17, 875-881. 또, 기디온, "Art Means Reality." in Gyorgy Keeps, 『Language of Vision』(Chicago: Theobald, 1944), pp.6-7을 보라

50) 기디온, 『프랑스의 건물』, p.87: 독일어 원문: "Wir werden in einen Lebensprozess getriben, der nicht teilbar ist. Wir sehen das Leben immer mehr als ein bewegliches, aber unteilbares Ganzes....Die Gebiete durchdringen sich, befruchten sich, indem sie sich durchdringen....Wir werten die Gebiete gar nicht untereinander, sie sind uns gleichberechtigte Ausflüsse eines obersten Impulses: LEBEN! Das Leben als Gesamtkomplex zu erfassen, keine Trennungen zuzulassen, gehört zu den wichtigsten Bemuhüngen der Zeit." (『Bauen in Frankreich』, p.3.)

51) Giedion, 『Space, Time and Architecture』, p.880(* 역주 — 국내 번역책 해당 쪽은 p.808)

52) 마이May 자신이 제시한 정보에 기초하여(『Das Neue Frankfurt』 1/1930) 일반적인 수치는 15,000 이다. 하지만, 이러한 수치는 전체적으로 정확한 것은 아니다. D. W. Dreysse 『May-Siedlungen. Architekturführer durch acht Siedlungen des neuen Frankfurts 1926-1930』(Frankfurt: Fricks, 1987), p.5를 보라

53) 그 잡지의 부제목은 시간에 따라 변했다: 『Monatsschrift für die Fragen der Grosstadtgestaltung』(1926-1927), 『Monatsschrift für die Probleme moderner Gestaltung』(1928-1929), and 『internationale Monatsschrift für die Probleme kultureller Neugestaltung』(1930-1931).

54) Ernst May, "Das Neue Frankfurt"(『Das Neue Frankfurt』 1/1926-27), in Heinz Hirdina, ed., 『Neues Bauen, Neues Gestalten. Das Neue Frankfurt / die neue stadt. Eine Zeitschrift zwischen 1926 und 1933』(Berlin: Elefanten Press, 1984), pp.62-70; see also Christian Mohr and Michael Müller, 『Funktionalität und Moderne. Das neue Frankfurt und seine Bauten 1925-1933』(Cologne: Rudolf Müller Verlag, 1984), pp.14-15

55) Hirdina, ed., 『Neues Bauen, Neues Gestalten』. pp.62-64: "Wie drangen Erkenntnisse heutiger Gestaltung gleichsam nach homogener Zusammenfassung! ... schon stromen aus hunderten und tausenden von Quellen, Bachlein und Bache zusammen, um einst einen neuen, in breitem Bette sicher dahinfliessenden Strom geschlossener Kultur zu bilden. Uberall stossen wir auf das Bestreben zur Ausmerzung des Schwachlichen, Imitatorischen, Scheinhaften, Unwahren, uberall bemerken wir zielbewussten Kampf um Kraftigung, kuhne Neugestaltung, Materialgerechtheit und Wahrheit."

56) Ibid., pp.68-70: Menschlicher Wille allein wird nie eine Entwicklung heraufbeschworen. Zeilbewusste Massnahmen können ihr aber diese Weg ebnen, ihr Tempo beschleunigen. Die...Monatzeitschrift 『Das Neue Frankfurt』 verfolgt dieses Ziel. Ausgehend von der städtebaulichen Gestaltung der Grosstadtorganismus, basierend auf seinen wirtschaftlichen Grundlagen, wird sie ihr Arbeitsgebiet aufdehnen auf alle Gebeite, die für die Formung einer neuen, geschlossenen Grosstadtkultur von Bedeutung sind."

57) See Mohr and Müller, 『Funktionalität und Moderne』, pp.163-204.

58) See Ernst May, "Mechanisierung der Wohnungsbau"(『Das Neue Frankfurt』 2/1926-27), in Hirdina, ed., 『Neues Bauen, Neues Gestalten』. pp.105-112; Grethe Lihotzky, "Rationalisierung in Haushalt"(『Das Neue Frankfurt』 5/1926-27), Ibid., pp.179-183; Mart Stam, "das Mass, das richtige Mass, das Minimmmass"(『Das Neue Frankfurt』 2/1929), in Ibid., pp.215-216; Ernst May, "Die Wohnung für das Existenzminimum"(1929), in Matin Steinmann, ed., 『CIAM. Dokumente 1928-1939』(Basel: Birkhäuser, 1979), pp.6-12; Ferdinand Kramer, "Die Wohnung für das Existenzminimum." 『Die Form』. 24(1929), in F. Schwarz and F. Gloor, 『"Die Form." Stimme des Deutschen Werkbundes 1925-1934』(Gütersloh: Bertelsmann, 1969), pp.148-151.

59) Franz Schuster(『Das Neue Frankfurt』 5/1926-27), in Hirdira, ed., 『Neues Bauen, Neues Gestalten』. p.174: "Angesichts der Errungenschaften des XX. Jahrhunderts, die uns täglich umgeben, die unser Leben ganz neu geformt haben und unser Denken und Tun neu bestimmten, wird es breiten Kreise klar, dass auch das Haus in seinem Aufbau und seiner Konstruktion dieselbe Wandlung durchmachen muss wie etwa die Postkutsche zur Eisenbahn, auto und Luftschiff, der Spiegeltelegraf zur Radio, die alte Handwerkstatt zur Fabrik und das ganze Arbeits- und Wirtschaftsleben vergangener Zeiten zu dem unseres Jahrhunderts."

60) Marcel Breuer, "metallmöbelund moderne räumlichkeit"(『Das Neue Frankfurt』 1/1928), in Hirdira, ed., 『Neues Bauen, Neues Gestalten』. p.210: "da die aussenwelt heute mit den intensivsten und verschiedensten ausdrücken auf uns wirkt, verändern wir unsere lebensformen in rascherer folge, als in fruheren zeiten, es ist nur selbstversändlich dass auch unsere umgebung entsprechende veränderungen unterliegen muss. wir kommen also zu einrichtungen, zu räumen, zu bauten, welche in möglichst allen ihren teilen veränderlich, beweglich und verchieden kombinierbar sind."

61) '새로운 문화'에 대한 이런 인식은 예술과 건축에서 근대운동에 호의적이었던 독일 외교관 카운트 케슬러Count Kessler가 뢰머슈타트Römerstadt의 건축에 대한 논평에 전형적이다. "삶에 대한 이런 새로운 느낌의 또 다른 표현은 새로운 건축과 새로운 가정생활방법이다. … 이 건축은 어린이들이 운동과 노출을 하게끔 하는 동일한 활력의 단순한 표현이다. … 이런 독일 건축은

완전히 새로운 *세계관*의 부분으로 가시화되지 않는다면 이해될 수 없다." In C. Kessler, ed., 『The Diaries of a Cosmopolitan: Count Harry Kessler 1918-37』(London, 1971), p.390, quoted in Nicholas Bullock, "Housing in Frankfurt 1925 to 1931 and the 'neue Wohnkultur.' " 『Architectural Review』 163, no. 976(June 1978), p.335.

62) Stam, "Das mass, das richtige Mass, das Minimum-Mass." in Hirdina, ed., 『Neues Bauen, Neues Gestalten』. pp.215-216: "Die richtigen Masse sind diejenigen, die unseren Ansprüchen genügen, die ohne jede repräsentative Absicht den Bedürfnissen entsprechen, die nicht mehr scheinen wollen als sie sind. Die richtigen Masse sind die Masse, die mit einem Minimum an Aufwand genügen. jedes Mehr ware Ballast...So ist der Kampf der mordenen Architektur ein Kampf gegen die Repräsentation, gegen das Übermass und für das Menschenmass."

63) Giulio Carlo Argan, 『Gropius nd das Bauhaus』(1962; Braunschweig: Vieweg, 1983), pp.54-55를 보라. 하지만 아르간Argan은 발터 그로피우스의 *최저생활* 하우징 개발을 미학적인 측면에서 배타적으로 다룸으로써 이런 주장을 극단까지 밀어붙였다. 다소 왜곡된 그 결과는 『신 프랑크푸르트』 사례에 정확히 부합하지 않는다.

64) 『Das Neue Frankfurt』. 1/1928 and 11/1929.

65) Joseph Gantner, "Die Situation"(『Das Neue Frankfurt』 6/1931), in Hirdina, ed., 『Neues Bauen, Neues Gestalten』. pp.79-81.

66) Ernst May, "Die Wohnung fur das Existenzminimum"(1929), in Steinmann, ed., 『CIAM』, p.6: "Wir befragen im Geiste das Heer des Entrechteten, die sehnsüchtig einer menschenwürdigen Unterkunft harren. Wären sie damit einverstanden, dass eine geringe Zahl von ihnen grosse Wohnungen bekommt, warend die Masse dafür Jahre und Jahrzehnte lang ihre Elend zu tragen verurteit wird, oder nahmen sie lieber mit einer kleinen Wohnung vorlieb, die trotz räumlicher Beschränkung den Anforderungen genügt, die wir an eine neuzeitliche Wohnung zu stellen haben, wenn dafür in kurzer Zeit das Uber der Wohnungsnot ausgerottet werden kann?"

67) Giorgio Grassi, "Das Neue Frankfurt et l' architecture du Nouveau Francfort." in Grassi, 『L' architecture comme métier et autres écrits』(Liège: Mardaga, 1983), pp.89-124를 보라

68) Ernst May, "Stadsuitbreiding met satellieten." in Henk Engel and Endry van Velzen, eds., 『Architectuur van de stadsrand. Frankfurt am Main 1925-1930』(Delft: Technische Universiteit Delft, 1987), pp.23-31을 보라

69) *주거단지들Siedlungen*의 프로그램은 하우징 프로젝트로 결코 제한될 수 없다. 탁아소, 학교, 근린주구 센터, 상점, 세탁소같은 편의시설도 계획되었다. 하지만, 자금부족 때문에 이런 편의시설 건립을 방해받았다.

70) 사무실에서 짧은 동안(1925-1930) 마이는 하우징 문제에 우선적으로 주력하였다. 하지만 최악의 하우징 부족이 경감되있던 때 그의 의도는 하부구조를 프로그램에 따라 다루는 것이있다. *Siedlungen*을 도시외곽에 건설하는 것은 중심과 연결되는 좋은 도로와 철도가 곧 제공될 것이라는 주장으로 부분적으로 옹호되었다.

71) Manfredo Tafuri, "Soziaalpolitik and the City in Weimar Germany." in Tafuri, 『The Sphere and the Labyrinth』(Cambridge: MIT Press, 1987), pp.197-233.

72) See Grassi, "Das Neue Frankfurt et l' architecture du Nouveau Francfort"; and Gerhard Fehl, "the Niddatal Project: The Unfinished Satellite Town on the Outskirts of Frankfurt." 『Built Environment』 9, no. 3/4(1983), pp.185-197을 보라

73) 마이는 Unwin의 사무실에서 얼마간 일했다. 그 곳에서 그의 생각들을 직접 경험하고 구체적으로 생산하게 된다.

74) 원래 의도는 하드리안로와 도심을 연결하는 도로를 건설하는 것이었다.(Dreysse, 『May-Siedlungen』, p.14를 보라) 하지만 이것을 결코 실행되지 않았고 뢰머슈타트 *주거단지*의 현재 성격은 Hadrinstrasse에 직각으로 둘로 나누는 고속도로에 의해 대부분 결정된다.

75) 이 작은 건물은 기능적으로나 부지의 이름에서 비록 이런 목적으로 디자인되지는 않았지만 이 *지들룽*의 거주자들을 위한 만남의 장소가 되었다. Dreysse, 『May-Siedlungen』, p.21을 보라

76) J. Castex, J. C. Depaule, and P. Panerai, 『De rationele stad. Van bouwblok tot wooneenheid』(Nijmegen: SUN, 1984), pp.147-174; G. Uhlig, "Sozialräumliche Konzeption der Frankfurter Siedlungen." in V. Fischer and Rosemarie Höpfner, eds., 『Ernst May und das Neue Frankfurt 1925-1930』(Frankfurt: Deutsches Architektur Museum, 1986)을 보라

77) 미래의 발전을 염두에 두고 낮은 층들의 평면계획은 서로 다른 꼭대기에 2개의 작은 층들의 밖에 1개의 가족층을 만들 가능성을 가지게 디자인되었다. 1980년대 말에 이런 변형이 절정에 있었다.

78) 60년 후 사실 어떤 "단조로움"에 대한 의문은 이제 존재하지 않는다. 거주자들이 도입한 크고 작은 개조들과 정원의 우거짐과 잔디는 수많은 다양한 풍경을 만든다. 베스트하우젠에서 활기찬 공동체활동들의 범위가 생겨났고 매우 소수의 거주자들이 재건축을 하였다. 드라이쎄 Dreysse는 베스트하우젠이 *주거단지* 중에 가장 사회주의적인, 노동계급의 주택단지였다고 말한다. 이후 나찌시대에는 저항의 중심지가 되었다. Dreysse, 『May-Siedlungen』, p.20을 보라

79) Ernst May: "Wir bemühen uns, ruhige, klare Strassenräume zu gestalten, die einzelne Fassade der Gesamtwirkung des Strassenzuges einzuorden." Das Neue Frankfurt, 5/1926-27; rpt. in Hirdina, ed., 『Neues Bauen, Neues Gestalten』, p.123.("We aimed to achieve a calm and clear design of the street areas by subordinating individual facades to the effect of the whole.")

80) W. Boesiger and H. Girsberger, eds., 『Le Corbusier 1910-1956』(Zurich: Editions d' architecture, 1967), pp.44-46.

81) Christian Mohr, "Das Neue Frankfurt und die Farbe." 『Bauwelt』, no. 28(July 25, 1986), pp.1059-1061을 보라

82) Uhlig, "Sozialräumliche Konzeption." See also Ruth Diehl' s conclusion that in terms of art history May' s achievements in Frankfurt schould be judged as "second rank international Style architecture." Diehl, "Die Tätigkeit Ernst Mays in Frankfurt am Main in den Jahren 1925-1930 unter besonderer Berücksichtigung der Siedlungbaus"(dissertarion, Geothe-Universtät, Frankfurt, 1976), p.119를 보라

83) 기디온은 좀처럼 프랑크푸르트에서의 마이의 작업에 대해 자세하게 말하지 않는다. 『Befreites Wohnen』에서는 프랑크푸르트에서 마이의 성과에 대한 많은 사진을 담고 있지만 『공간, 시간, 건축』에서는 그 주제에 대해서 사진 하나만 겨우 제시할 뿐이다.(p.481)

84) Pessac is discussed at length in Giedion, 『Bauen in Frankreich』, pp.86-92.

85) Mentioned in Joseph Gantner, "Bericht über den II. Internatiolen Kongress für Neues Bauen, Frankfurt-M., bis 26. Oktober 1929." in Hirdina, ed., 『Neues Bauen, Neues Gestalten』. pp.90-93.

86) Hirdina, ed., 『Neues Bauen, Neues Gestalten』. p.70: "Wenn auch die Formung der Stadt Frankfurt am Main der Hauptgegenstand unserer Betrachtung sein wird, so soll das nicht gleichbedeutend sind mit der Beschrankung des Mitarbeiterkreises auf unsere Stadt.

87) 『Das Neue Frankfurt』 1/1926-27, in Mohr and Müller, 『Funktionalität und Moderne』, p.15: "Wir wollen stolz sein auf die Traditionen unserer herrlichen Stadt am Main, auf ihr Aufbluhen durch schwere und frohe Tage. Wir lehnen es aber ab, diese Traditionen dadurch zu ehren, dass wir ihre schöpfungen kopieren. Wir wollen im Gegenteil uns dadurch ihrer würdig zeigen, dass wir mit festen Füssen in der heutigen Weit stehen und aus den lebendigen Lebensbedingungen unserer Zeit heraus entschlossen Neues gestalten."

88) Michael Müller의 Bürger's 『Theory of the Avant-garde』: "Architekturmals ästhetische Form oder Form als lebenspraktische Architektur?" in Müller 『Architektur und Avantgarde』, pp.33-92에 대한 주석을 보라

89) 이 용어는 게오르그 짐멜Georg Simmel의 저작에서 빌린 것이다. 그는 현대성의 경험을 '객관적 정신' —객관적 지식과 언어에서 다양한 문화의 영역에 이용 가능한 기법skills과 예술과 과학을 생산하는 기술을 통한 법칙의 종합—과 이런 상승하는 "객관적" 문화가 제공해야만 하는 것에 점점 동화될 수 없게 된 개인의 '주관적인' 개성의 발달 사이에 불일치가 증가하는 것으로 기술한다. Simmel, "The Metropolis and Mental Life"(1903), in Richard Sennett, ed., 『Classic Essays on the Culture of Cities』(Englewood Cliffs: Prentice Hall, 1969), pp.47-60(* 역주 — 이 글은 국내에 짐멜의 글을 모아 번역한 『짐멜의 모더니티 읽기』 중 『대도시와 정신적 삶』으로 번역되었다. 김덕영 윤미애 옮김, 『짐멜의 모더니티 읽기』, 새물결, 2005년, pp.35-53 참조) 이 에세이는 3장 도입부에서 논의한다.

90) 『Das Neue Frankfurt』에 대한 그들의 표준적인 작업에서 Müller와 Mohrms는 이런 기본적인 의도를 이렇게 정식화한다. "새로운 문화를 설립하고자 하는 이런 생각의 핵심은 문화와 이미 성취된 물질적인 실재의 계급없는 수렴이 때가 되어 삶의 주관적 측면과 객관적 측면을 더 가까이 통합하리라는 희망이다. 그것을 수행하기 위해 이것은 짐멜이 '사물들과 권력들의 거대한 조직화' 라고 부른 것을 요구할 뿐만 아니라 또한 그들의 문화적 필요와 요구를 가지고 자신을 대중으로서 경험할 것을 사람들에게 요구할 것이다. 만약 전자의 '메트로폴리스의 개인주의의 전형' 이 어느 곳에서나 이런 명확하게 디자인된 균질성을 껴안는 것을 가능하게 한다면—집에서나 스포츠를 즐길 때나 사무실에서나 현대 도시의 교통수단에 있을 때나—그것은 또한 그 자신을 삶의 객관적인 측면으로 중재할 수 있을 것이다. 『Funktionalität und Moderne』, p.189: "Das Krnstück dieser Kulturgestaltung ist die Hoffnung, dass die von ihr zustande gebrachte klassenlose Gleichzeitigkeit der kulturellen und materiellen Wirklichkeit mit der Zeit die subjektive Seite des Lebens an die objektive Seite des Lebens heranführen könnte. Diese wäre dann nicht mehr nur von den 'ungeheuren Organisationen von Dingen und Mächten' erfüllt, wie Simmel es noch beschrieben hatte, sondern in gleicher Weise von den sich als Masse erfahrenden Menschen und deren kulturellen Bedürfnisse und Forderungen. Gelänge es dem vormaligen 'Typus der grossstädtischen Individualität', in diese überall-ob zuhause, beim Sport, in den Büros, in dem Bewegungsfluss der Stadt und ihren Bildern-sichtbar gestaltete Homogenität einzugehen, so sollte er sich mit der objektiven Seite des Lebens versöhnen können."

91) May, Die Wohnung für das Existenzminimum"(1929), in Mohr and Müller, 『Funktionalität und Moderne』, p.147-148을 보라

92) 예를 들면 Karin Wilhelm, "Von der Phantasie. Ketzerische Gedanken zur 'Funktionalistischen' Architektur." in Jürgen Kleindienst, ed., 『Wem gehört die Welt? Kunst und Gesellschaft in der Weimarer Republik』(Berlin: Neue Gesellschaft für Bildende Kunst, 1997), pp.72-86; L. Murard and P. Zylberman, "Ästhetik des Taylorismus. Die rationelle Wohnung in Deutschland(1924-1933)." in 『Paris-Berlin 1900-1933』(Munich: Prestel, 1979), pp.384-391을 보라

93) J. Rodríguez-Lores and G. Uhlig, "Einleitende Bemerkungen zur Problematik der Zeitschrift Das Neue Frankfurt." in Rodríguez-Lores and Uhlig, eds., 『Reprint aus: Das Neue Frankfurt / die neue stadt(1926-1934)』(Aachen: Lehrstuhl für Planungstheorie der RWTH Aachen, 1977), pp.xi-xliv.

7) 프랑스의 화가(1885-1941). 시인 아폴리네르가 오르피즘이라고 이름 지은 독특한 큐비즘 양식을 발전시켰다.

8) Paul Scheerbar(1863-1915): 독일출생 작가이자 저널리스트. 세기전환기 베를린에서 형식에 구애받지 않은 공상이나 착상, 그로테스크한 해학이 넘치는 소설 및 평론과 군국주의를 비판하는 팸플릿 등을 썼다.

9) 해당구절은 『공간, 시간, 건축』, 김경준 옮김, 시공문화사, 1998년, p.viii에 실려있다.

10) 시대의 문화적 소산에 공통되는 인간의 정신적 태도나 양식(樣式) 또는 이념을 말한다. 시대정신이라는 말은 독일의 J. G. 헤르더가 1769년에 맨 처음 사용했다고 하며, J. W. 괴테도 『파우스트』 속에서 이 말을 썼으며, 시대정신을 역사의 과정과 결부시켜 그것을 개개의 인간정신을 넘어선 보편적 정신세계가 역사 속에서 자기를 전개시켜나가는 각 과정에서 취하는 형태로 본 것이 G. W. F. 헤겔이었다. 헤겔은 그것을 또한 민족정신과 결부시켜 동양 · 그리스 · 로마 · 게르만의 4단계로 구분했다. 유물사관의 입장에서 본다면 시대정신은 이데올로기로서 각 시대의 경제적 구조에 의존하게 된다. 그런데 이와 같은 견해는 역사가 진보하고 발전한다는 견지에서 나온 것이기 때문에 시대정신도 또한 발전하는 것으로 보고 있으나 역사의 진보를 인정하지 않는 입장을 취한다면 시대정신은 각각 그 시대에서 완결된 일회성의 것이 되고, 따라서 인간정신에 관한 일종의 상대주의가 생기게 된다. 19세기 말부터 이런 견해를 가지는 사람이 많다. 이상의 내용은 두산백과사전의 내용을 그대로 따왔다. 기디온의 시대정신에 대한 호소는 역사는 진보한다고 보는 헤겔을 위시한 진보사관을 따르고 있음을 알 수 있다. 3장에서 보게 되겠지만 이런 진보사관은 벤야민을 위시한 철학자들의 강력한 비판을 받게 된다. 아울러 타푸리는 진보사관에 따른 기디온의 글을 '조작비평' 이란 말로 비판하게 되는 근거가 된다.

11) 기디온은 아를르의 여인에 대한 주석에서 "큐비즘의 수법인 동시성을 머리부분에서 볼 수 있다. 즉 얼굴의 윤곽과 얼굴 전체를 겹쳐놓음으로써 한 대상의 2가지 모습이 동시에 그려져 있다. 또 하나 특징적인 것은 서로 겹쳐진 면들의 투명성이다."라고 말하고 있으며 바우하우스에 대한 주석은 "작업장 부분의 코너건물에서 동시성이 표현된 부분은 건물의 내부공간과 외부공간이다. 코너를 비물질화함으로써 넓은 투명유리판이 현대미술에서 나타나는 중첩면들의 부유하는 듯한 관계를 건축에 끌어들이고 있다."고 하고 있다. 김경준 옮김, 『공간, 시간, 건축』, pp.450-451

12) 테일러주의란 1856년 미국 필라델피아 출신의 프레드릭 W. 테일러가 1895년 미국기계엔지니어협회ASME에 처음 발표한 것으로 그 핵심내용은 공장의 재조직화로 원자재와 적절한 공구를 공급하고 작업을 지시하는 일을 중앙계획부서가 하게 되고 개별 직무에 대한 시간 연구로 효율 전문가들이 각각의 직무에 대해 스톱워치로 시간을 측정해서 불필요하거나 반복적인 동작을 제거하고 각각의 과업에 대해 가장 효율적인 시간과 방법을 결정하였으며 시간급 대신 성과급을 제시하였다. 테일러는 노동조건의 표준화와 개별과업에 대한 시간측정을 통해 관리를 '과학' 으로 전환시켰다고 믿었다. 하지만 비판가들은 과업의 계획과 실행을 분리시킴으로써 테일러주의가 노동자들을 사실상의 인간-기계로 만들어버렸다고 비판하였다. 테일러가 살아 있을 때 이미 '과학적 정확성' 에 대한 주장이 근거를 잃었으나 과학적 관리의 확산은 그 후로도 계속되었다.

13) 여기서 하버마스의 '현대 프로젝트' 라는 것은 「모더니티: 미완성의 기획」에서 말한 것으로 18세기 계몽주의 철학자들이 주창한 '모더니티의 기획은 각각의 내부적 논리에 따라 객관적 과학, 보편적 도덕과 법률 그리고 자율적 예술을 발전시키려는 노력' 을 말한다. 계몽주의 철학자

들은 '일상생활의 비옥화 즉 일상적 사회생활의 합리적 조직화를 위하여 특수화된 문화의 축적을 이용하기를 원하였다.' 하버마스가 말하길, 그들은 '예술과 과학이 자연의 통제 뿐만 아니라 세계와 자아에 대한 이해, 도덕적 발전, 사회제도의 합법성 그리고 심지어는 인류의 행복까지도 증진해줄 것' 이라고 믿었으나 '20세기는 이런 낙관주의를 산산이 부수었다.' 하지만 하버마스는 이런 모더니티의 기획은 폐기되어야 하는 것이 아니라 아직 완성되지 않은 것으로 보고 있다. 「모더니티: 미완성의 기획」은 하버마스가 1980년 9월 아도르노상을 수상하였을 때 행한 강연의 제목이다. 이 글은 할 포스터 편, 『반미학』에 실렸고 국내에는 윤호병 외 옮김, 현대미학사에서 번역 출판되었다.

14) CIAM 제4회 회의는 1933년 마르세이유와 아테네간을 왕복하는 선상에서 열려 근대 도시의 문제와 일반적 도시계획의 원칙을 결정했다. 그 성과를 아테네헌장이라 한다. 그 내용을 살펴보면 다음과 같다. "오늘날, 대부분의 도시가 총체적인 혼돈상태에 빠져있다. 주민의 생리적, 심리적 요구를 충족시킨다는 도시의 사명을 달성한 도시는 어디에도 없다. 기계시대와 함께 시작된 이 상황은 개인적인 이해관계와 같은 것들이 격증하고 있다는 것을 대변하고 있다. ... 정신적, 물질적인 면에서 도시는 개인의 자유와 함께 집단적인 활동의 이익을 보장해 주지 않으면 안된다. 도시의 패턴 속에서 구조적인 재편성은 오직 인간적 스케일에 따라 제한되지 않으면 안된다. 도시계획의 열쇠는 다음의 4가지 기능에 있다. 생활, 노동, (자유로운 시간의)휴식 그리고 유통... 도시계획의 기본 핵이 되는 것은 단일주거이며 그것을 집합체로 유도함으로써 적당한 규모의 거주단위를 구성한다. 이 단위를 시발로 하여 생활의 장소, 노동의 장소 그리고 휴식의 장소 사이의 관계가 실현되는 것이다. 이러한 중요한 과제를 풀기 위해서는 근대의 기술적 진보라는 자원을 유용하게 이용하는 것이 필수 불가결한 것이다." William j. r. Curtis, 『Modern architecture since 1900』, Phaidon Press Limited, 1996년, p.255 ; 강병근 옮김, 『1900년 이후의 현대건축』, 화영사, p.264 참조)

15) 개방열구획으로 번역할 수 있는 자이렌바우는 집합주택에서 건물을 동일 향을 바라보고 긴 평행 열로 배치하며 길은 건물에 직각으로 배치하는 방법을 말한다. 건물에 직각으로 도로를 배치하는 자이렌바우 시스템은 도로건설비용을 절감하게 하였다. 그러나 자이렌바우는 단지 싸기만 한 건 아니였다. 당시 건축가들은 이 시스템을 배치에서 가장 바람직한 형태로 보았다. 전원도시에 최소한의 비용으로 옥외공간과 정원을 제공한다고 지적한다. 또한 거주를 소음과 교통의 위험에서 분리시켰던 것이다. 무엇보다 가장 위대한 매력은 향이라는 측면에서다. 모든 거주는 최대 일사를 가능케 하기 때문이다. 당시 CIAM 건축가들은 테일러주의의 합리적 생산계획에 열광하였으며 이들의 눈에 자이렌바우는 합리적 생산의 새로운 시대와 부합하는 대지계획의 형태였다. 이에 대해선 Mark Swenarton, Rationality and Rationalism : The theory and practice of site planning in modern architecture 1905-1930, AA Files no.4, July 1983, pp.49-59를 참조하였다.

16) 전원도시개념이란 하워드가 1898년 「미래, 진정한 개혁을 향한 평화적 방법Tomorrow, a Peaceful Path to Real Reform」을 통해 발표한 개념으로 대도시와 지리적으로 분리되어 있는 지역에 전원과 도시의 성격을 동시에 지니는 자족적인 도시를 건설하는 것이 황폐하고 과밀화한 도시환경을 개선하는 유일한 방법임을 주장하였다. 낭만적으며 반도시적인 생각을 바탕으로 한 이 개념은 20세기 주거환경계획에 가장 강력한 영향을 미친 개념들 중 하나가 되었다.(손세관, 『도시주거 형성의 역사』, 열화당, 1993년, p.279 참조) 이후 하워드는 1902년 『내일의 전원도시』라는 책을 발간한다. (이 책은 현재 국내에 에벤에저 하워드 지음, 『내일의 전원도시』, 조재성, 권원용 옮김, 한울, 2006으로 번역되어 있다.) 영국에서조차 전원도시보다는 언윈Unwin의 교외도시 쪽이 다수 개발·건설되었고 실제로 더 큰 영향을 주게 된다. 영국에서의 전원도시 및 교외도시의 출현은 구시내에 있는 불량주거지구에 대한 반발로 일어난 것이지만, 새로운 개발은 많은

자금을 요하기 때문에 불량주거지구에 거주하는 계층과 노동자층들을 대상으로 할 수는 없었다. 결과적으로 주로 중산계급 이상의 구시내에서 도피에 정당성을 부여하게 되었으며 이는 한편으로 도시확산(스프롤화)에 따른 것이다.

시대에 대한 완전한 각성과 동시에 그럼에도 시대에 대한 충실함의 거리낌 없는 고백

발터 벤야민, 1933

3 거울 속의 상

단절의 경험

1890년에 헤르만 바르Hermann Bahr는 젊은 세대의 자신들을 둘러싼 문화에 대한 좌절을 그린 단편 에세이를 펴냈다. 그는 젊은 세대의 방향감각의 상실, 즉 그들을 둘러싼 세계와 진정한 어떠한 유대관계도 맺지 못하는 그들의 정서를 표현하였다. 고통과 절망감이 지배하고 있다고 그는 진술한다. "극심한 고통이 우리 시대에 만연하고, 고통은 견딜 수 없게 되었다. 구세주를 바라는 열망이 널리 퍼졌다. 우리는 어디에서든 구세주를 찾는다. 재앙이 이 땅에 퍼졌는가?" 그러나, 이같은 재앙에도 불구하고, 누구도 절망해서는 안된다. 진실을 추구하는 사람들의 고통 속에서, 새로운 시대 즉 근대는 태어날 것이니까. "큰 슬픔에서 구원이, 절망에서 은총이 나올 것이다. 그 날은 이 끔찍한 밤을 지나 나타날 것이고, 예술은 사람들 사이에 머물 것이다. 이 거룩하고 황홀한 부활이 현대성의 믿음이다."1)

근대가 이미 나타났다고 그는 주장했다. 바깥세상 어디에서든지 볼 수 있다. 하지만

그것은 아직 정신에 존재하지 않았고, 사람들의 마음을 채우지도 못했다. 삶의 조건들은 근본적으로 변하였고 계속 변할 것이다. 하지만 사람들의 마음은 아직 이를 따르지 못했다. 문화적 삶에 청산해야 할 거짓이 아주 많기 때문이었다. 진실에 대한 욕망은 사람들과 그들이 사는 환경 사이에 새로운 정체성을 창조하면서 결국 사람들의 외적 환경과 내적 갈망을 다시 한번 조화롭게 만들 것이다. 내부와 외부 사이의 장벽은 헐어버려야 한다. 바르는 정화를 요구했다. 낡은 모든 것을 제거하고, 낡은 영혼이 자신의 집에 만들었던 더러운 구석을 깨끗이 청소해야 한다. 과거의 교육, 신념, 지식을 모두 지워버림으로써 오는 텅 빔, 그러한 비움이 요구되었다. 정신의 모든 허위를—증기나 전기와 조화를 이룰 수 없는 모든 것— 몰아내야 했다. 그런 다음에라야 새로운 예술이 탄생할 것이다. "내면의 정신으로 외부의 삶이 진입하는 것. 이것이 바로 새로운 예술이다. … 우리는 모든 사람이 경험하는 진실 외의 어떠한 법칙도 가지지 않는다. … 이것이 우리가 창조하는 새로운 예술이고 새로운 종교일 것이다. 예술에게, 과학과 종교는 하나이며 같은 것이다."[2)]

바르는 낡은 문화가 죽는 고통은 새로운 문화의 산고를 예고할 것이라는 희망을 품었는데, 그 새로운 문화는 외부의 현상과 내면의 정신 사이의 차이를 없애서 진실, 미, 조화에 기반을 두게 될 것이다. 통합된 문화를 향한 이러한 갈망은 요제프 호프만Josef Hoffmann이 그를 위해 지은 집에 대한 바르의 기대에서도 알 수 있다. 바르에 따르면, 건축가는 전체 집과 디테일에서 모두 건축주의 개성을 표현하기 위해 노력해야 한다. 이상적인 집은 거주자의 내적 진실을 드러내는 완전한 *종합예술작품 Gesamtkunstwerk*이 되어야 한다. "문 위에 시구詩句를 새겨야 한다. 내 완전한 존재를 표현하는 시구와 이 시구가 말 속에서 표현하는 것은 모든 빛깔과 선들로 동등하게 말해져야 한다. 그리고 모든 의자, 모든 벽감 디자인과 모든 전등은 다시 이 같은 시구를 반복해야만 한다. 이와 같은 집에서 나는, 거울을 보는 것처럼 모든 곳에서 나의 영혼을 볼 것이다."[3)] 많은 점들에서, 바르의 수사학은 순수성과 진정성을 요청하는 아방가르드의 선구자처럼 보인다. 현대성이 야기한 단절에 대한 진단에서, 그는 낡은 것에 대한 거부를 바탕으로 새로운 시작을 주창한다. 그러나 그를 이후의 아방가르드와 구별짓는 것은 예술, 과학, 종교 사이의 통합을 만들려는 그의 목가적인 개념 때문이다.

1903년의 유명한 에세이 『대도시와 정신적 삶The Metropolis and Mental Life』에서 게오

르그 짐멜Georg Simmel은 삶의 외적 조건과 사람의 내적 감수성 사이의 불일치라는 동일한 현상을 논하면서 더 냉정하게 접근한다. 짐멜의 관점에서 대도시의metropolitan 조건은 모든 개인을 공격하는 끊임없이 변하는 다량의 자극을 특징으로 한다. 이러한 자극의 홍수에 맞서 자신의 삶을 보호하기 위해, 개인은 합리적인 방법으로 대응한다. 마침내 인간은 정서와 감정적 관계의 수준보다 합리적인 수준에서 변화에 더 잘 적응하게 된다. "그러므로 대도시의 인간 유형—물론 수많은 개인적 변형으로 존재하지만—은 자신의 삶을 뿌리 뽑을 외부 환경의 위협적 풍조와 모순에 맞서 방어기관을 발달시킨다. 그는 가슴 대신 머리로 반응한다."[4)]

짐멜은 사회영역에서 합리성의 지배와 화폐경제간의 연결을 인식한다.[5)] 두 체계는 사람과 사물간의 순수하게 기능적인 관계에 의존한다. 화폐경제에서, 교환가치는 사용가치에 우선한다. 이것은 개별적인 대상의 특수성이 순수하게 양적인 어떤 것으로 전환됨을 의미한다. 대상들은 자신의 가치를 자신의 고유한 성질에서가 아니라, 양적인 시장가치에서 얻는다. 짐멜에게, 대인관계에서도 유사성을 끌어낼 수 있음은 자명하다. 여기에서도 역시, 정서적 관계가 친분있는 사람의 개별성에 의존하는 것과는 반대로 대도시의 전형적인 합리적 관계에서 인간은 숫자로 취급된다. 이런 관계에서, 개인들은 서로 교환가능한 존재들이다.

> 화폐는 모든 것에 공통적인 것에만 관련된다. 그것은 교환가치를 요구하는데 교환가치는 모든 특성과 개별성을 수량의 문제로 환원시킨다. 사람들 사이의 모든 친밀한 정서적 관계는 그들의 개별성에 기초한다. 반면에 합리적 관계에서 인간은 그 자체로는 무관한 요소 즉 숫자처럼 계산된다.[6)]

그럼에도 불구하고 짐멜은 대도시의 익명성과 냉담함이 작은 마을이나 촌락의 은둔생활과 안정감과 비교하여 피폐하진 않다고 주장한다. 왜냐하면, 서로를 위해 그리고 환경을 위해 도시 거주자들의 유보된 권리는 다른 곳에 알려진 것보다 더 많은 개인적 자유를 가능케 하기 때문이다.

짐멜에 따르면, 대도시의 삶에는 또 다른 특징이 있다. '객관적인' 정신과 '주관적인' 정신 사이에 틈이 점점 벌어진다. 객관적인 문화—과학, 기술, 학문분야 그리고 예술분야에서 이룬 업적의 총체—는 자신의 주관적 문화와 관련하여 개인이 보조를 맞추는 것이 불가능할 정도의 속도로 축적된다. 노동의 분화는 개인들이 점점 전문화되고 편협해지는 방식으로 발전한다는 것을 의미한다. 이러한 불일치는 대도시에서 특히 명백하다. 대도시에서 객관적인 문화는 공공건물이나 교육기관에서, 기반시설과 행정조직에서 구체화되며, 그곳에서 개인의 개성이 이러한 압도적인 존재에 필적하지 못한다는 것은 명백하다.

짐멜이 그린 그림에는 헤르만 바르의 전망에 대한 근본적인 비판이 내재되어 있다. 바르는 예술, 문화가 새로운 종합체로 과학, 기술과 결합될 것이라고 가정했다. 짐멜의 분석은 이러한 새로운 조화의 희망이 거의 근거가 없다고 말한다. 바르는 근대운동에서 우세했던 현대성의 계획적이고 목가적인 개념을 대표한다고 주장할 수 있다. 반면에 짐멜은 사회적 현실성이 이러한 종합의 이상을 이루는데 상당히 장애가 될 것이라고 주장한다. 이 장에서 논의할 저자들은 후자의 견해를 공유하고 있다.

아돌프 로스: 전통의 단절된 연속

아돌프 로스Adolf Loos(1870-1933)는 건축사에서 아주 예외적인 위치를 차지한다. 세기의 전환기에 비엔나 신문에 기고한 글들로 문화비평가와 평론가로 명성을 얻었다. 그는 신랄한 어조로 그가 낡은 것, 인위적인 것으로 간주한 모든 것을 조롱했다. 그의 주요한 표적은 호프만과 올브리히같은 분리파Sezession group의 건축가들과 응용예술에 종사하는 사람들이었다.[7] 그는 공작연맹Werkbund—산업생산품의 질을 향상시키기 위해 창설된 독일의 산업자본가와 예술가의 연합—을 사나운 말투로 공격했다.[8] 비엔나 부르주아의 퇴행적 습관과 위선 또한 빈번한 표적이었다. 이를테면 그는 화장실의 보편적 사용을 위해 개혁운동을 추진했고("물의 사용을 늘리는 것은 우리의 가장 중요한 임무 중 하나다.")[9] 급히 해결해야 할 것으로 오스트리아에서 앵글로 색슨 문화를 채택할 것을 주장했다.[10]

그의 건축은 자신의 글만큼 즉시 인정받지는 못했다. 이것은 그의 건축이 기본적으로 근대운동의 이상과 일치하지 않고 그래서 기디온과 페브스너의 역사서술historiography과 양립할 수 없었던 것이 주된 이유였다. 그에 대한 태도는 종종 상반되었다. 그의 「장식과 죄악」—그가 썼던 실제로 유명하게 된 유일한 글[11]—에 대한 언급이 거듭되면서 '근대운동의 개척자'[12]로 고려되고 세상에 알려졌다. 그의 다른 글과 그가 실제로 지었던 건물은 오랜 시간동안 잘 알려지지도 논의되지도 않았다. 특히, 그의 라움플란Raumplan의 창안은 그와 동시대의 사람들에서 거의 호응을 얻지 못했다.

거주, 문화 그리고 현대성

로스는 불쌍한 부자에 관한 이야기를 했다. 사회의 밑바닥에서 자수성가하여 마침내 부자가 된 그는 자신의 집을 꾸밀 수 있었고 유명한 디자이너를 찾아 조언을 구하였다. 부자는 그 결과에 흡족했고 더할 나위 없이 행복한 기분으로 새롭게 꾸민 집으로 이사했다. 그러나 건축가가 자신의 창작물을 검사하러 왔을 때 그 건축가는 눈에 거슬리는 것을 발견하자마자 다락방으로 치워버렸다. 안돼, 저 몇 개의 쿠션이 소파의 색과 끔찍하게도 조화되지 않는단 말이야. 그리고 도대체 어떻게 책꽂이 위에 저 소름끼치는 가족 초상화를 걸 수 있단 말인가? 이런 퍼붓는 비판에 직면한 그 불쌍한 부자는 이에 굴복해야만 했다. 건축가가 방문할 때마다 그의 소중한 물건들이 더 많이 사라졌다. 그 사람은 점점 불행해졌다. 사실, 그의 집은 이제 어떤 디테일조차 더 바꾸거나 더할 필요 없이 완벽해졌다. 유일한 문제는 그가 이제 그곳에 살 수 없다는 것이다. "그는 생각하길, 그것은 시체인 채 살아가는 법을 배우는 것이다. 그렇다. 그는 끝났다. 그는 완전하다!"13)

로스는 분리파 건축가들의 문제를 폭로하기 위해 이 이야기를 했다. 그의 눈에 헤르만 바르의 이상적인 집은 그 집에 사는 사람을 수동적이게 하고 어떤 것도 개조할 수 없게 하는 돌로 만든 관棺에 불과하였다. 더는 자신의 어떤 욕망이나 바람을 가지지 못하는 한, 그는 살아있는 시체처럼 될 것이다. 로스는 건축과 거주 사이에 엄밀한 구분을 주장했다. 건축은 거주자 개성의 반영물로 계획된 것이 아니다. 반대로, 그것은 거주에서 분리되어야 한다. 건축의 임무는 거주를 가능하게 하는 것이지, 그것을 한정하는 것이 아니다. 거주는 한 사람의 개인적인 역사와 기억, 가족의 친밀함을 다루어야 한다. 집을 꾸미는 것은 이것을 표현하는 것이며 또한 거주자들에게 그들이 선택할 때마다 바꾸면서 개인적인 흔적을 새길 수 있게 해야 한다.

로스는 그가 어릴 때 살았던 집—'양식적인' 내부 가구의 침해를 받지 않았던 집—을 향수에 젖어 회상하였다.

> 내가 양식적인 집에서 자라지 않은 것을 신께 감사드린다. 그 때에는 아무도 그것이 무엇이었는지 알지 못했다. 불행히도 지금은 우리 집도 모든 것이 달라졌다. 그러나 옛날에는! 여기 탁자가 있었

다. 전체적으로 괴상하고 난잡한 가구인데, 열쇠같은 조잡한 물건이 달린 확장 테이블이었다. 그러나 그것은 우리의 탁자였다. 우리의 것! 그것이 무엇을 의미하는지 당신은 이해할 수 있는가! 우리가 거기서 얼마나 멋진 시간을 보냈는지 당신은 아는가? ... 모든 가구, 모든 사물, 모든 대상에는 이야기 즉 가족의 역사가 있었다. 그 집은 결코 끝나지 않았다. 그 집은 우리와 함께 커 왔고, 우리는 그 집 안에서 성장했다.[14)]

집에 산다는 것은 개인적인 문제이고, 가족생활의 맥락에서 개인들의 발전과 밀접한 관련이 있다. 몇몇 인테리어 디자이너가 그것을 명령할 순 없다.

그렇지만, 누군가 자신의 집에 온당하게 살아가기 위해서는 내부를 외부세계와 구별해야 한다. 공적인 것과 사적인 것의 차이, 즉 내부와 외부의 차이는 엄밀한 형태로 주어져야 한다. 이것이 건축가의 일이다. "집은 외부에서는 침묵해야 한다. 집의 온전한 풍부함은 내부에서 드러나야 한다."[15)] 내부와 외부의 이러한 이중성은 경계—즉, 벽—를 잘 디자인함으로써 이루어진다. 로스에 따르면, 내부와 외부의 구별에 건축의 역량이 발휘된다. 건축가들은 집에 어떤 획일적인 '양식'을 강요해서는 안된다. 건축가들은 볼륨, 파사드, 배치, 정원 디자인에 단일한 형태언어를 강요해서는 안된다. 이를테면, 요제프 호

그림 39. 요제프 호프만, 스토클레 저택, 브뤼셀, 1905~1911.(사진 : *Moderne Bauformen* 13, 1914.)

프만이 스토클레 저택(그림 39)—디자인의 일관된 통합과 세부와 전체 사이의 미묘한 조화를 특징으로 한다—에서 했던 것처럼 해서는 안 된다. 로스의 관점에서, 중요한 것은 집의 다른 영역들을 명확히 구분하고 그들 사이의 뚜렷한 경계를 설립하는 것이었다. 건물의 건축적 질은 이런 구별과 전이의 상호작용을 다루는 방법과 다른 영역을 구조화하고 관계를 정의하는 방법에 있다. 서로 다른 영역들을 채우는 것은 그 집의 거주자가 결정할 문제이지 건축가가 할 일은 아니었다.

로스는 피복cladding을 건축의 기초로 여겼다. 사람의 공간 경험은 주로 천정, 바닥, 벽이 피복되는 방법에 의해—다른 말로, 재료들의 감각적 영향에 의해서— 규정된다. 건축가는 그것을 가시화함으로써 공간을 디자인하기 시작한다. 그 피복을 지지할 틀에 주의를 기울이는 건 두번째 단계일 뿐이다. 전체의 건축적 구축은 그렇기 때문에 부차적이다. 로스에게 진정성이라는 결정적인 요구는 건축디자인에서 구조를 가시화하는 것(근대운동에 주류경향이 주장하는 것처럼)과는 무관하고 오히려 피복으로서 명백하게 가시화되는 피복과 관련이 있다. 재료는 그것의 성격이나 기능에 관해서 어느 하나 의심스럽게 두어서는 안된다.—피복은 그것이 피복하는 재료로 대체되어서는 안된다. 회반죽을 바르는 것이 대리석으로 위장되어서도 안되고, 벽돌작업이 돌인 양 가장되어 다루어져도 안된다. "법칙은 이와 같다. 우리는 피복으로 덮인 재료가 피복과 혼동이 불가능한 방식으로 작업해야만 한다." 16) 이런 관점에서 볼 때, 진정성은 내부와 외부 사이의 엄밀한 일치를 의미하지 않는다. 반대로, 그것은 가면으로 인식할 수 있는 가면의 신중한 구축으로 구성된다.

로스는 계속해서 또 다른 수준에서 피복의 원칙을 적용해나갔다. 그는 근대 인류가 가면을 필요로 한다고 거듭 진술했다. 근대인의 공적 이미지는 그들의 실제 개성과 일치하지 않는다.17) 이러한 생각은 그의 현대성에 대한 평가에 핵심적이었다. 로스는 현대성을 전통의 현재 모습과 동의어로 보았다. 하지만, 이러한 현재 모습은 매우 특수하다. 왜냐하면 더는 누구도 전통에 단절없는 연속을 말할 수 없기 때문이다. 경제적 발전과 진보는 개인과 문화 사이에 존재하는 유기적 관계를 단절로 이끌었다. 그래서 전통의 자연적 발전은 이젠 온전히 원활하게 지속될 수 없다.

로스에게 문화는 '합리적인 사고와 행위를 계속 보증하는 인간 내적 · 외적 존재의 균형' 18)을 의미했다. 근대적 인간, 더 정확히 말하면 도시 거주자는 근거를 잃어 버린다rootless—그들은 이젠 어떤 문화도 가질 수 없다. 전통을 이젠 당연한 걸로 받아들일 수 없다. 내적 경험과 외부 형태 사이의 균형은 상실되었다. 이것이 분리파와 공작연맹의 예술가들이 그랬던 것처럼 동시대의 '양식'을 창조하려는 시도가 이치에 맞지 않는 이유나. 이런 종류의 의도적인 창조물은 어떤 기존 문화에서 나온 것이 아니기 때문에 피상적이고 인위적인 것으로 남을 운명이다. 설사 근대 양식과 같은 것이 있다 하더라도, 그것은 의도적으로 창조된 것이 아닐 것이다.[19] 시대의 진정한 양식, 즉 시대의 문화가 가진 실제 성격과 조화를 이루는 양식은 존재하지만, 그것을 찾기를 기대하는 곳에서는 존재하지 않는다. "우리는 우리 시대의 양식을 가지고 있다. 저 협의체〔공작연맹〕의 구성원과 같은 예술가가 아직 참견하지 않은 곳에 있다."[20]

이런 양식의 두드러진 특징은 장식의 결핍이다. 일상가정용품에 장식을 없애는 쪽으로 발전하는 문화의 경향이 있다. 로스는 "문화의 발전은 일상 생활용품에서 장식을 제거하는 것과 동의어다."[21]라고 주장한다. 자명한 일로서 현대의 가정용품에서 특성과 좋은 취향은 장식의 부재를 의미한다. 현대문화를 진실로 받아들인 사람은 어떤 장식도 더 이상 받아들일 수 없다고 생각할 것이다.[22] 분리파와 공작연맹에서 그렇듯이 장식적인 디자인의 계속적인 생산은 타락과 거짓을 나타내는 징후이다.

로스에 따르면, 이전 문화의 특징이었던 유기적 통일이 현대성에 의해 가로막힌 이래로, 근대 문화가 진보할 수 있는 유일한 길은 이러한 상태를 인정하고 내적 경험과 외부 형태 사이의 관계가 완전할 수 없고, 그것들 사이에 갈라진 틈이 있다는 것을 받아들이는 데 있다. 가장 교양있는 사람은 어떤 상황에도 적응할 수 있고 어떤 때에도 어떤 단체 속에서도 적합한 방식으로 대응할 수 있는 사람이다.[23] 이런 특성은 내부와 외부 사이에 사려 깊은 분할이나 가면을 부과함으로써 성취된다. 그 가면은 아마도 관습을 고려한 방식으로 디자인 될 것이다. 로스는 이런 요구를 *Anstand*(적절함propriety 또는 품격)**역주 17)**라는 단어로 요약하여 다음과 같이 말했다. "나는 건축가에게 한가지만을 요구한다. 자신이 지은 모든 것에 품격을 드러낼 것."[24]

집은 그 외관이 겸손하다면 품격을 드러내는 것이다.[25] 이론적으로, 이것은 집이 주위환경에 어울려야 하고 도시의 전통을 계승해야 함을 의미한다. 진지하게 작업하는 건축가들은 동시대의 요구에 그들의 건축 방식을 적용시키면서도 옛 거장들이 마련한 역사적 배경에 민감할 것이다. 변화를 위한 충분한 토양이 있다—옛 장인들은 사라졌고, 기술의 진보는 그들의 수요와 기능적 요구들을 시대 전반에 걸쳐 발전시킨다. 전통은 비판할 수 없는 신성한 것이 아니라 산업시대의 요구에 자연스레 적용할 수 있는 발전의 극히 중요한 원리다.

로스는 전통이 건축의 본질이지만 형태의 피상적인 측면과 혼동해서는 안된다고 주장한다. 전통은 오래된 것이라 해도 옛 것에 대한 집착을 의미하지는 않는다. 그것은 민속에서 주제를 모사하거나 도시에 전원양식을 차용하는 것을 의미하는 것 이상이다. 로스는 *향토예술 Heimatkunst*에 종사하는 사람을 비난하는 데에 주저하지 않았다.26) 그에게 전통은 문화가 점점 우수해지고 완성으로 가는 길로 나아간다는 것을 보증하는 것과 밀접한 관련이 있다. 이것은 건축가에게 전통의 적절한 개념이었다.

하지만 이것 중 어떤 것도 예술의 영역에 적용되어서는 안된다. 예술은 사물들의 또 다른 질서를 따른다. 예술은 문화보다 우월하다. 더 정확히 말하면 예술가는 자신들의 시대보다 앞서 있다. 그렇기 때문에, 건축은 예술이 아니다. 왜냐하면 건축은 무엇보다도 품격decorum과 가정적인 것 그리고 거주에 관련되기 때문이다.

> 집은 예술작품과는 반대로 모든 사람을 만족시켜야 한다. 예술작품은 예술가의 사적인 문제다. 집은 그렇지 않다. 예술작품은 필요가 없어도 만들어진다. 집은 요구를 만족시킨다. 예술작품은 아무도 책임지지 않지만 집은 모두를 책임진다. 예술작품은 사람들을 편안한 상태에서 벗어나게 한다. 집은 편안함을 제공해야 한다. 예술작품은 혁명적이지만 집은 보수적이다. 예술작품은 사람들에게 미래의 경향과 사고를 보여준다. 집은 현재를 생각한다. 사람은 자신의 편안함을 충족시키는 모든 것들을 사랑한다. 그는 자신이 획득하고 지켜낸 위치를 박탈하고 자신을 방해하는 모든 것을 싫어한다. 이리하여 그는 집을 사랑하고 예술을 싫어한다. *집은 예술과는 아무런 공통점이 없고 집은 예술에 속하지 않는 건축인가? 그렇다.* 단지 건축의 작은 부분만이 예술에 속한다: 무덤과 기념비. 기능을 충족시키는 그 밖의 모든 것은 예술의 영역에서 세외될 것이다.27)

건축은 문화의 영역에 속하지만 예술은 그것을 초월한다. '응용 예술'의 모든 형태는 이런 비평기준에 따라 판단해야 한다. 예술을 실제 일상생활의 영역에 응용하는 것은 예술을 악용하는 것이자 실질적인 것을 올바르게 인식하는 데 실패한 것을 의미한다. 문화에 그것이 필요로 하는 공간을 주기 위해서는 칼 크라우스가 주장했던 것처럼28) 우선 항아리와 요강을 구별할 수 있어야 한다.

차이의 건축

아돌프 로스의 건축 작품은 그가 차이를 만들려고 했다는 그 이상의 증거다.29) 삶의 여러 다른 측면을 구분하는 것, 대조와 경계를 디자인하는 것—이것이 그의 건축 목표다. 공적인 것과 사적인 것 사이의 변화, 내부와 외부간의 변화에 형태를 부여하려고 한다. 그것은 남성과 여성, 주인과 손님, 가족 구성원과 하인 사이의 관계를 규정한다. 그것은 표현의 매우 넓은 범위를 전략적으로 배치하는 건축이다. 그것은 외부 처리에 엄밀하게 기하학적이고, 재료(대리석, 목재, 융단)의 사용에 감각적이며 방의 배치에 연극적이다. 디테일과 참조사항에서 어느 정도 고전적이다. 그것은 단일한 표제로 묶일 수 없고 항상 다수의 주제를 동시에 묘사하는 건축이다.

달 코Dal Co는 로스의 작품이 "분리된 부분들과 상황들의 차이를 중재하려 하지 않는다. 그것의 복합성을 숨기지 않고 최대한 완전하게 드러내려는 임무를 수행할 것이다. 로스의 건축은 구획과 경계를 따라간다. 왜냐하면, 구획과 경계를 건축실무의 주된 특성으로 보기 때문이다."30)라고 진술한다. 이러한 범위의 형태언어는 사실 로스 건축의 전형적인 특징이다. 환경 또는 맥락, 기능 혹은 재료가 무엇이든지간에, 그는 다른 형태의 레퍼토리를 묘사하고 같은 디자인에 다른 형태언어를 병치하는데 결코 주저하지 않는다. 그가 행한 이런 꼼꼼함은 그의 모든 건물에서 사람들에게 강한 인상을 준다. 그의 집들은 서로 다른 환경들의 교차로, 빛과 어둠, 높고 낮음, 크고 작음, 내밀함과 형식적인 것의 대조 때문에 매우 특별한 성격을 갖는다.

그리고 이런 공간 경험의 복합성이 어떤 감각으로 통합되는데 그것은 *라움플란* *Raumplan*—로스가 건축에 대해 가장 중요한 기여로서 주목했던 삼차원에서 디자인하는 기법31)—이 그 경험들을 한데 묶기 때문이다. 그것은 처음에는 한정되고 나중에는 단일한 볼륨에 적합해야 하는 다른 높이의 공간적 단위로 된 조각맞춤과 비슷하다. 아놀드 쇤베르그Arnold Schoenberg가 이를 가장 잘 기술하고 있다.

> 나는 로스의 건물을 대할 때마다 ... 나는 ... 곧 삼차원적인 개념—아마 동일한 기질을 지닌 어떤 사람만 인식할 수 있었던 어떤 것—을 본다. 여기 있는 모든 것은 공간으로 계획되고, 상상되고, 정돈되고, 디자인된다. ... 마치 그 형상들 모두가 투명한 것 같다. 마치 마음의 눈이 모든 디테일에서의 공간과 전체로서의 공간을 동시에 마주 대하는 것 같다.32)

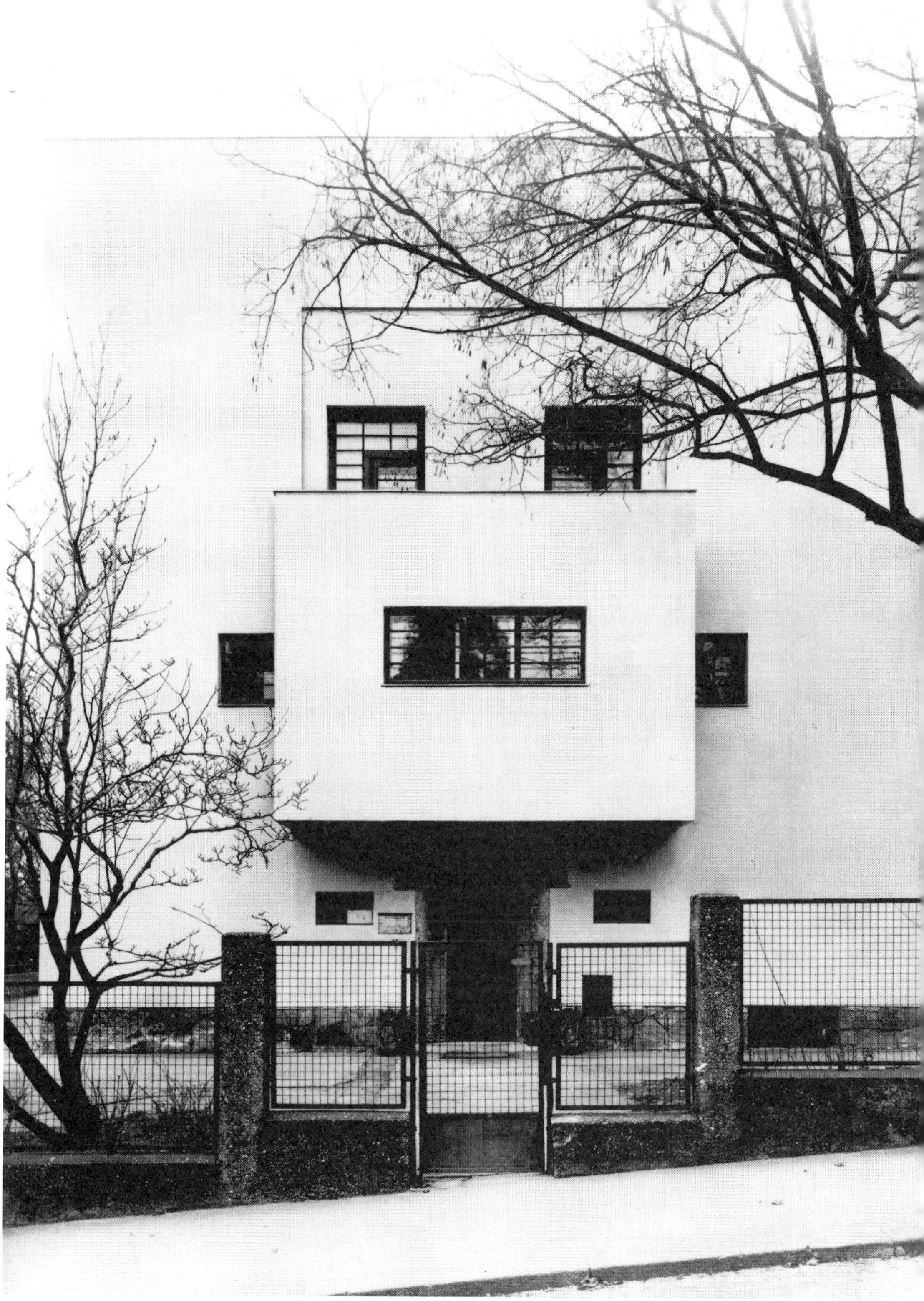

그림 40. 아돌프 로스, 몰러 저택, 비엔나, 1928, 정면.(사진 : Albertina, ALA 2445.)

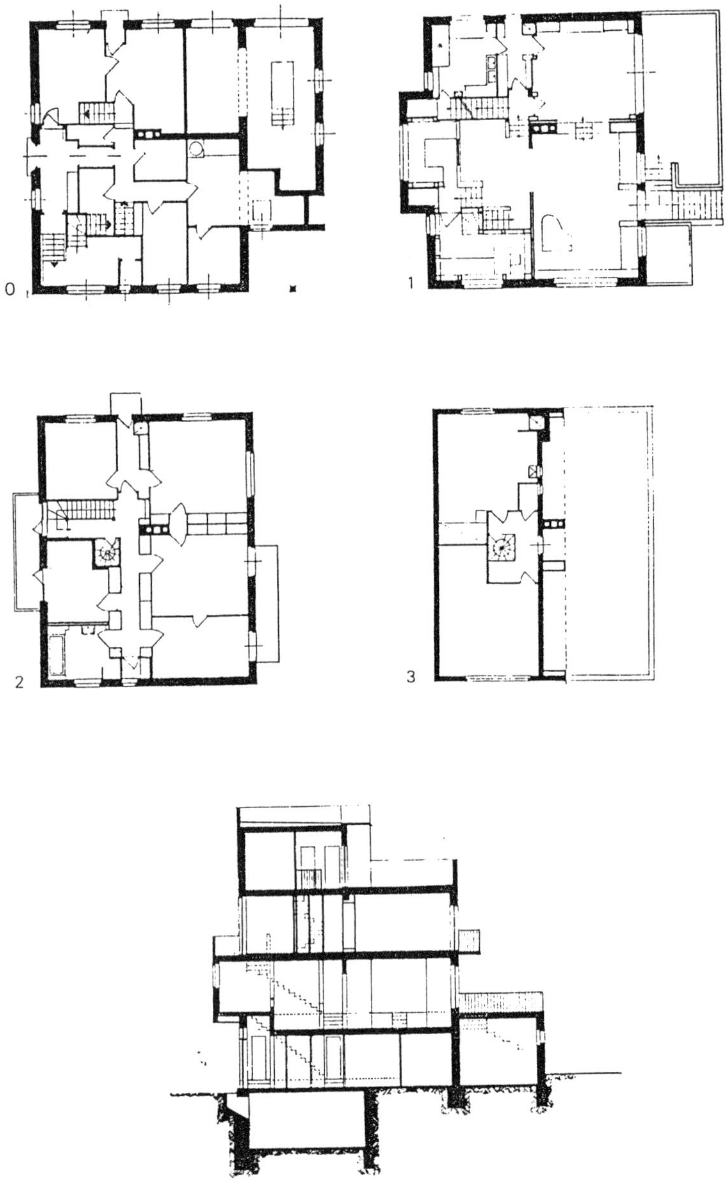

그림 41. 아돌프 로스, 몰러 저택, 평면과 단면.

여기에서 *라움플란*은 베아트리츠 꼴로미나Beatriz Colomina가 주장한 것처럼 로스의 주거 건축에 전형적인 연극성theatricality을 형성한다. "그 집은 사람들이 태어나 살고 죽는 장소인 가족연극을 위한 무대이다." 33) 이러한 연극성은 로스가 도착과 출발이라는 구성을 창안한 방식에서 볼 수 있다. 사람을 잠시 멈추게 하는 빈번한 방향 전환을 통해서 그리고 어두운 입구와 밝은 거실영역 사이의 변화를 통해 사람은 무대세트—일상생활의 무대—로 유유히 오르는 느낌을 받는다. 예를 들면, 몰러 주택Moller House(비엔나, 1928)에서 연속된 생활영역은 중앙홀을 둘러싸고 지어진다.(그림 40과 41) 작은 입구를 지난 후에, 방문자는 왼쪽으로

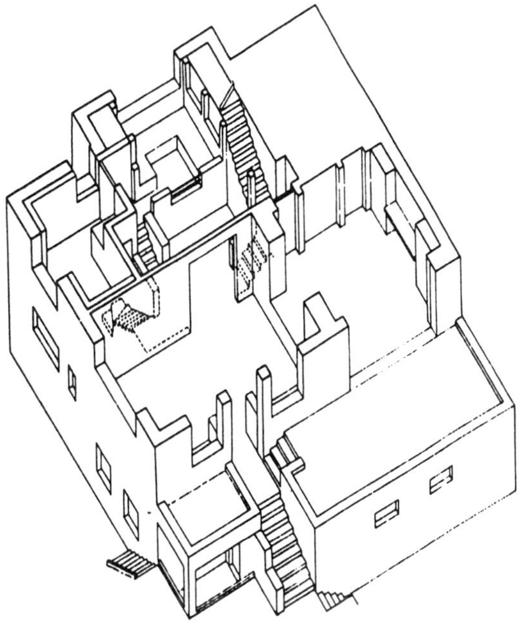

그림 42. 아돌프 로스, 몰러 저택, 내부 배치 액소노메트릭

돌아서 외투보관실clockroom까지 6계단을 올라야 한다. 다소 숨막히는 느낌의 입구를 지나 이곳은 처음으로 숨통이 틔는 공간같다. 길은 계속된다. 다시 한번 사람은 계단을 오른다. 이번에는 계단이 구부러졌다. 그러고 나서야 사람은 그 집의 심장에 해당하는 큰 홀에 도달한다. 특별한 기능을 가진 방들은 천정이 높은 응접실 주위를 둘러싸고 무리지어 있다. 정면 파사드에 인접해 있는 *숙녀의 방 Damenzimmer*은 홀의 바닥보다 몇 계단 높게 지어졌다. 음악실은 홀과 같은 레벨에 있고 후면 파사드에 인접해 있다. 그것에 바로 붙어서 4계단 높이의 식당이 후면 파사드에 붙어 있다.(그림 42)

각각의 방은 상이한 재료와 비례를 특징으로 한다. 정문 위의 내민 창문bay window에 위치하는 숙녀의 방은 밝은 나무 판벽으로 되어 있으며 그 곳에 있는 고정된 긴 의자는 체크무늬의 재료로 덮여 있다.(그림 43) 그곳은 감실alcove 같고 홀 쪽으로 난 넓은 개구부를 가지고 있다. 음악실은 더 어두운 색감이 우세하고 가구설비들은 매우 주변적이다. 오쿠메okumé 판벽널, 광택있는 흑단 마루 그리고 정원 파사드의 안쪽에 있는 고정된 긴 의자를 위한 파란 재료(그림 44). 식당과 홀 사이의 시각적 연결과 정원에서 들어올 수 있음에도 불구하고, 그 지배적인 어두운 색감은 이 방에 내성적인 성격을 준다. 이러한

그림 43. 아돌프 로스, 몰러 저택, 숙녀방.(사진 : Albertina, ALA 2445.)

그림 44. 아돌프 로스, 몰러 저택, 식당에서 본 음악실.(사진 : Albertina, ALA 2457.)

그림 45. 아돌프 로스, 몰러 저택, 음악실에서 본 식당.(사진 : Albertina, ALA 2454.)

인상은 오쿠메 나무로 주위가 피복된 얇게 튀어나온 천정 가장자리 테로 강화되며, 간접 조명이 설치되어 있다. 식당은 직접 테라스로 통하는 밝고 개방된 방이다.(그림 45) 식당의 천정은 회반죽 마감을 한 가장자리 테두리에 의해 한정된다. 식당은 4개의 돌출한 구석 기둥으로 지지되는데 걸레받이처럼 트라버틴 대리석으로 피복되어 있다. 찬장과 나머지 벽들도 음악실과 동일한 오쿠메 합판으로 되어 있다. 찬장 위에는 거울이 있다. 식당은 중앙에 식탁과 토넷 의자가 배치되어 있다. 식당과 음악실은 둘 다 정원에 연결된다. 주층에서 유일하게 폐쇄적인 방들은 *서재* Herrenzimmer와 부엌이다. 개방적인 계단실을 통

그림 46. 아돌프 로스, 몰러 저택, 로비에서 중앙홀로 연결되는 계단.(사진 : Albertina, ALA 2456.)

해 홀에서 침실이 있는 층으로 연결된다.

그 공간배치는 확실히 연극적 효과를 일으킨다. 집 안으로 들어오는 길은 공간과 방향의 연속으로 구성되는데 말하자면 물리적으로 홀에 도달할 준비를 시키는 것이다.(그림 46) 2가지 경우에서 방문자는 숙녀의 방에서 통제하는 시선에 노출된다. 첫째 방문자가 현관에 접근할 때, 두번째로 계단을 오를 때이다. 숙녀의 방은 또한 홀과 음악실을 통해 정원을 내려다본다. 이 모두는 숙녀의 방에 특권적인 지위를 준다—정면 파사드에서 넓은 수평창과 내민창과 같은 돌출부에 의해 강조된다.

이러한 가로쪽 정면은 엄격한 대칭구조로 되어 있고, 폐쇄적 성격으로 그 집은 고립된 오브제 모습을 띤다.(그림 40) 라운지를 포함하는 그 돌출부는 정문 위 낮게 돌출되어 정면 파사드에 다소 불균형적이고 거의 위협적인 외관을 띤다. 하지만 주택의 후면은 테라스와 계단 그리고 큰 창을 갖춰 정원과 밀접한 관련을 가진다. 여기서 지배적인 느낌은 개방감이다.(그림 47)

베아트리츠 꼴로미나는 로스의 창문들이 통상적으로 내다보기 위해 계획된 것이 아니라는 점에 주목한다.[34] 그것들은 첫째로 빛의 원천으로서 기능한다. 게다가, 종종 불

그림 47. 아돌프 로스, 몰러 저택, 정원 입면.(사진 : Albertina, ALA 2447.)

투명하거나 또는 눈높이보다 위에 위치한다. 더군다나, 로스는 창문 밑에 긴 의자나 소파를 놓길 좋아하는데 앉거나 독서하기에 이상적인 곳으로 만들지만 거기서 밖을 내다보기 위해서는 실제로 고개를 돌려야만 한다. 이 모든 것은 내부가 격리되고 내밀한 영역으로 경험된다는 뜻이다. 어디에도 외부공간이 집에 침투하는 곳은 없다. 내부에는 칸막이벽이 종종 사라지고 두 공간 사이의 큰 개구부로 대체되어 있는 반면, 외부로의 모든 전이는 벽에 있는 개구부로써가 아니라 문으로써 매우 분명하게 통제된다. 내부와 외부 사이의 전이는 계단의 발판, 테라스, 베란다를 통해 조절된다.

이 집의 특징을 이루는 대조는 이 집의 공간 경험에 근본적이다. 내부에서는 작고 숨막힐 것 같은 입구와 주층 전체를 조망할 수 있는 높은 천정의 경쾌한 홀 사이에 대조가 있다. 또한 집 전체를 조망할 수 있는 작고 비공식적인 숙녀의 방과 안을 바라보는 공식적인 음악실, 정원과 뚜렷이 연결된 밝고 개방된 식당 사이에 날카로운 대조가 있다. 외관은 방문자의 접근을 거부하는 것 같은 거의 위협적인 정면과 아주 친숙하게 사람의 진입을 맞이하는 정원 파사드 사이의 뚜렷한 대조로 두드러진다. 그 디자인은 거리에 의해 재현되는 '외부' 세계의 공적 영역과 정원의 사적인 '야외' 영역 사이에 균열을 강조하는 데 이바지한다.

로스의 주택에서 가장 충격적인 것은 가정생활의 경험과 부르주아의 편안함이 분열된 효과로 결합되는 독특한 방식이다. *라움플란*의 순수한 힘에 의해 각각이 매우 예리하게 대조를 이루는 상이한 방들은 서로 연결되고 균형을 이룬다. 하지만 사람은 분열을 일으키는 영향을 지속적으로 만난다. 예를 들면, 로스는 거울을 잘 다루는데, 거울은 특히 일반적으로 공간감을 증대시켜 주기 때문이다. 예측 못한 장소에서 거울에 맺힌 상은 뒤흔들리고 교란된다. 때때로 거울 또는 반사면은 창문과 결합하여 벽의 역할을 훼손시키는데 왜냐하면 내부와 외부의 구획으로서의 명백한 벽의 기능이 위협받기 때문이다.[35] 모든 방을 통합하는 라움플란의 개방성과, 사용된 재료와 천정 테두리, 바닥 패턴, 벽감과 같은 디테일 때문에 각 방을 따로따로 구별짓는 완전히 개별적인 공간적 한정 사이에는 뚜렷한 상호작용이 있다.[36] 이것은 또한 양면적 공간경험을 일으킨다. 한편으로 사람은 명확히 보호된 경계를 가진 잘 한정된 공간이 있다고 느낀다. 그러나 다른 한편으로 사람은 그 집 어디에서나 보이지 않는 사람의 응시 아래 있을 수 있음을 알고 있다. 편안함은 절대적인 것이 아니라, 분열적인 효과에 의해 규칙적인 간격으로 전복된다.

그림 48. 아돌프 로스, 미하엘 광장에 있는 주택, 비엔나, 1909~1911.(사진 : Albertina, ALA 2408.)

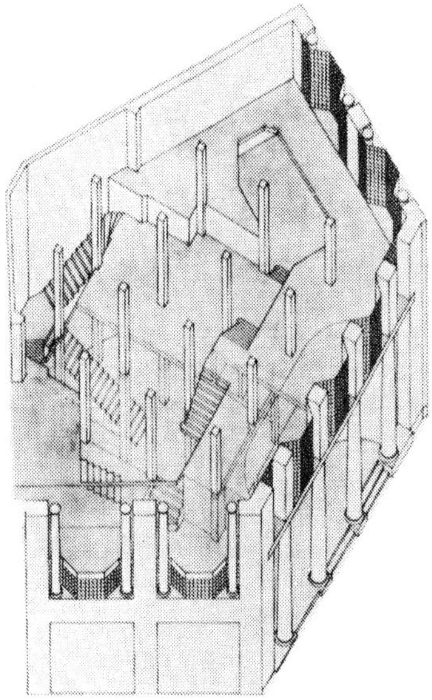

그림 49. 아돌프 로스, 미하엘 광장에 있는 주택, 양복점 내부 *라움플란*을 보여주는 액소노메트릭.(출처 : Hermann Czech and Wolfgang Mistelbauer, *Das Looshaus*[Vienna: Löcker & Wögenstein, 1976], p.107)

직접적인 측면들과 모순적인 다른 것들을 결합시킨 동일한 양면성이 미하엘 광장Michaelerplatz에 있는 로스의 집(비엔나, 1909-1911)(그림 48)을 둘러싼 논쟁의 원인이 되었다. 이 건물의 하층 부분은 그 프로젝트를 계약한 재단사인 골드만과 살라츠키Goldman & Salatsch의 가게를 위해 마련되었다. 이 부분의 복합적인 공간구조는 다른 방식으로 서로 연결되는 다양한 천정 높이를 가진 방들로 되어 있다.(그림 49) 4m 높이의 주실은 거리에서 곧바로 들어가게 되어있다. 계단참에서 둘로 갈라진 계단은 회계사무소로 쓰이는 중이층으로 이끈다. 그곳에서 몇 계단 아래로 가면 창고가 있고 반면에 몇 계단 위로 오르면 영국 스타일의 내민창 뒤쪽 정면 파사드 바로 내부에 있는 응접실과 가봉실에 이른다. 이 '중이층 갤러리'에서 천정 높이는 2.6m였다. 또한 다림질방(4.8m 높이)과 재봉실이 있었는데, 재봉실은 재봉사가 앉아서 작업하기 때문에 천정고가 2m였다.

*라움플란*은 파사드의 하부처리에서 본래의 특성을 발휘한다. 미하엘 광장 거리에 면한 주 파사드에는 입구 정면에 4개의 비구조적인 터스칸기둥이 있다. 고전적 기준에 비해 너무 작은 금속 프로필profile이 대리석기둥들 위에 놓여있다. 대리석기둥들은 적당하게 주조된 코니스를 차례로 연결하는 직사각형의 대리석블록을 위로 확장한다. 터스칸기둥들 사이의 공간들은 텅 비어 있는 반면, 직사각형 기둥 블록들 사이의 동등한 공간들은 중이층 갤러리의 내민창들로 채워진다. 전체 기둥길이와 직사각형 기둥길이의 비는 대략 3대 1이다. 반대로, 측면 파사드에서는 파사드의 하부를 2:2의 비율로 나눈다. 그러나 주 파사드에서 금속 프로필과 같은 높이에서, 내민창을 둘로 나누는 동일한 폭의 수평 띠가 있다. 이것은 서로 다른 파사드들 사이의 어떤 연속성을 확보하는 효과를 지닌다. 주 파사드의 큰 기둥들은 측면에 있는 내민창들의 양쪽에서 작은 스케일로 반복된다.

이 복합건물의 상업적인 부분 위에는 왼쪽편 측면 파사드의 출입구를 통해 도달되는 사무실과 생활편의시설이 있다. 그 거주영역은 어떤 정교한 표현도 요구하지 않고 그저 흰 도료를 칠한 벽—로스의 동시대인들이 '허무주의적'으로 주목했던 것—에 꾸미지 않은 창문을 한 하나의 지각 모델이다. 반면에, 그 건물의 상업적인 기능은 많은 주의를 끌려고 의도되었다. 여기에 로스가 근대건축의 진정한 레퍼토리로서 주목했던 온갖 수단들이 전개되었다. 사치스레 보이는 재료, 큰 유리창, 고전적 인용, 그리고 예기치 않은 불협화음에 의해 강조된 뚜렷한 리듬이 그것이다. 대리석 기둥들은 아무 것도 지지하지 않지만, 공적 영역을 풍부하게 하면서, 차례로 그 건물과 광장을 연결시키는 입구에 형태를 부여하는 것을 돕는다. 터스칸기둥은 고전적 레퍼토리에서 가장 단순한 주식柱式, order이다. 새로운 형태를 창안하는 것보다 로스는 이미 존재하는 요소를 새로운 방식으로 이용한다. 중이층의 높이에서 내부는 입구 위의 빈 공간을 채운다. 원기둥의 꼭대기는 단순한 금속 보와 그 위 직사각형의 기둥 블록들 사이에 있는 중이층의 내민창들과 함께 지시된다. 이러한 방식으로, 기둥 사이 공간을 가진 기둥들에서 완전히 채워진 위의 벽까지 변화가 이루어진다. 코니스는 파사드의 하부와 상부를 나누는 경계를 표시한다. 터스칸 기둥들은 측면 파사드에서 더 작은 스케일로 반복되는데, 강철 보가 측면 파사드에 있는 내민창의 넓은 수평 띠에서 되풀이 되는 것과 같다.

파사드의 리듬을 규정하는 그 대강의 비율은 부분적으로 미하엘 광장에 있는 다른 가옥들의 비율을 따른다.(그림 50, 51, 52) 정면 파사드의 하부 비율(3:1)과 측면 파사드의 비율(2:2) 사이의 대조는 그들 간의 차이를 중요하게 강조한다. 이 상업적인 부분에서 재료의 사용은 매우 풍부하다. 기둥들은 녹색 결이 있는 치폴리노Cipollino 대리석으로 만들어진 통기둥이고 상점 정면의 나머지 부분은 같은 재료로 피복되어 있다.

이 디자인에 대한 로스 자신의 논평은 그의 의도를 잘 드러낸다.

> 미하엘 광장에 있는 주택의 상업영역과 주거영역을 분리하기 위해서, 파사드 디자인이 달라졌다. 나는 리듬을 강조하기 위해 2개의 주 기둥과 더 작은 지지대들을 이용하였는데, 이런 리듬이 없다면 건축이 될 수 없다. 축이 일치하지 않는다는 사실은 이런 분리를 강조한다. 그 건물이 과도하게 기념비적으로 되는 것을 피하고 거주자의 직업이 재봉사라는 것을 강조하기 위해서, 나는 창문을 '영국식' 내민창으로 디자인했다. 그 창문을 작은 요소들로 분할한 것은 내부의 내밀함을 보장하기 위해서였다.37)

그림 50. 아돌프 로스, 미하엘 광장에 있는 주택, 로스 주택과 이웃한 허버슈타인 궁전이 같이 보인다.

그림 51. 아돌프 로스, 미하엘 광장에 있는 주택, 로스 주택과 미하엘 광장 반대편 호프부르그를 같이 본 디테일.

그림 52. 아돌프 로스, 미하엘 광장에 있는 주택, 로스 주택과 성 미하엘 교회를 같이 본 디테일.

중요한 것은 건축이 대조를 디자인하는 방법인데, 그 방법은 상이한 삶의 영역을 구분하는 것이다. 표현의 진정성은, 표현이 이런 구분하기를 작동하도록 하는 데 성공하는 정도와 관련이 있다. 이것은 부조화와 허무주의적 측면을 동반하지만, 바로 이 건축이 삶에 대해 진실하다는 것은 여기에 있다. 가공의 조화로 사람들을 기만하기보다 오히려 로스는 어떤 불연속과 틈새의 순간을 숨기지 않고 그것들을 조명하는 무정한 디자인을 선택했다.

단절된 연속

전통과의 관련은 로스의 글과 건축작업에서 중심 주제다. 그는 현대성을 새로운 시작으로, 의도적으로 전통과 단절한 완전히 독자적인 시대로 다루지 않았다. 반대로, 그는 현대성을 전통의 매우 특별한 계승으로 본다. 그의 개념들은 성격상 아방가르드는 아니다. 그의 작업에서 기존 질서에 대한 어떤 거부도 찾을 수 없고, 우리의 문화적 유산에 대한 거부나 백지화를 요청한 바도 찾을 수 없다. 그가 위선자들, 공상의 건설가들이라고 보았던 동시대인들의 주류에 대항하여 현대성의 올바른 개념을 옹호한 사람이 되기를 주장했다는 점에서 그의 태도는 계획적programmatic이다.

하지만, 그가 옹호했던 연속성은 문화의 진화가 일어나고 있다는 증거인 균열과 불연속의 자취를 지닌다. 그의 관점에서 현대 문화는 내부와 외부 사이의 조화를 보증하는 것이 이젠 선험적으로 불가능하다는 사실에 기반을 두어야 한다. 삶의 다른 계기들 사이에는 손상되지 않은 조화와 자동적으로 관련되거나 매끄럽게 연결될 순 없다. 농부들이 산에 있는 자신들의 땅을 경작하곤 했던 자명성은 근대도시의 거주자에게 더 이상 유효하지 않다. 왜냐하면 근대도시의 거주자들은 삶이 뿌리째 뽑히게 되어 이젠 의심없이 자신의 문화를 요구할 수 없기 때문이다. 이것이 자명성의 상실에 대해 적절한 방식으로 반응할 수 있는 프로그램 작성이 필요한 이유다. 로스의 프로그램은 가면이 필요하다는 사실을 기반으로 한다. 근대 인류는 다양한 사회적 환경과 가능성을 가진 복잡한 사회에서 일을 한다. 그래서 어쩔 수 없이 자신의 개성을 그것이 채택하는 외부 형태에서 분리시킬 수 있는 덮개에 의지하게 된다. 이런 방식에서만 사람들은 자신의 총체적인 개성을 지속적으로 드러내지 않고도 다른 요구들 모두에 대응할 수 있다. 개성을 가리는 '덮개'는 첫째는 사람이 입는 옷으로, 둘째는 사람이 거주하는 건축으로 구성된다.

집은 외부세계에서 보호받아야 한다. 사회적 지위, 속도, 효율이라는 점에서 그것을 요구하는 대도시의 환경은 친숙함, 내밀함 그리고 개인사를 기반으로 하는 거주개념에 위배된다. 외부 세계—화폐와 그와 동등한 모든 것의 공적 세계—와 내부 세계—양도할 수 없고 동등하지 않은 모든 것의 사적 세계—사이를 구별해야 한다.[38] 거주는 대도시와 관련되지 않고 대도시에서 분리되어야만 일어날 수 있다. 거주가 근대 세계에 생존하려면 익명성과 은폐는 본질적인 조건이다. 이것이 로스의 주택에 대한 분석에 내포된 의미이다.

로스가 현대성과 거주 사이에 어떤 양립불가능성을 알고 있다는 것은 명백하다. 현대성은 삶의 총체성과 부합하는 거주를 허락하지 않는다. 거주는 더 이상 삶의 모든 순간에 널리 퍼져 있지 않다. 거주는 어쩔 수 없이 공적 영역의 요구와 뿌리없음과 인위성의 파괴적 힘의 요구에서 보호할 자신의 영역으로 물러서게 된다. 거주는 내부에 맡겨져야 한다. 오직 거기에서만 의심없이 기억들을 모을 수 있는 조건들이 존재한다. 오직 거기에서만 한 사람 개인의 역사가 형성될 수 있다. 오직 이런 은둔의 움직임을 통해서만 거주는 자신을 실현할 수 있고 진정성을 성취할 수 있다.

이 전략은 예를 들면, 전문가들이 꾸민 양식화한 인테리어를 선택할 때 볼 수 있는 자명성self-evidence 상실이라는 유해한 결과를 효과적으로 중화시켜 준다. 그런 인테리어에서 거주는 개인의 기억과 살아온 경험에 기반을 두어 경험되지 않는다. 대신에 거주자의 개별성과는 아무 관계가 없는 인위적인 외관의 과시에 얼어붙어 버린다. 로스는 이 양식적인 동결을 비난하기 위해 '불경스러운' 이라는 용어를 사용한다. 어린 소녀가 막 자살해서 바닥에 쓰러져 있는 가정의 장면을 상상하라고 로스는 말한다. 이 바닥이 반 데 벨데Van de Velde가 계획한 인테리어의 한 부분일 지라도 우리는 단지 우아하게 꾸며진 방을 다루는 게 아니라 '그 죽음의 불경' 을 다룰 것이다.[39] 거주가 '양식' 과 '예술' 에 압도될 때 불경이 일어난다. 양식은 거주에서 그것의 개별성을 강탈하면서 거주를 훼손시킨다. 더군다나 예술은 주택과 같은 자명해야 하는 것의 디자인에 속하기에는 너무나 고상한 소명calling이다.

로스가 장식을 급진적으로 거부한 것은 이런 비평의 당연한 결과이다. 그의 견해 속에 장식의 부재—새로운 '양식' 의 의도적인 창조에 대한 거부—는 뿌리 뽑히고 파편화된 삶의 진단에 따른 올바른 대응이었다. 장식은 사람들이 삶의 서로 다른 측면을 연결시키고 내부와 외부의 세계를 일관성 있는 전체 속에 결합하기 위해 사용하는 것이다. 장식을 제거함으로써 이러한 종류의 조화로운 통합이 여전히 가능하다는 환영이 파괴된다. 전통의 연속성이 손상되었다는 것을 인식해야만 전통에 대해 진실할 수 있다. 거주는 삶의 다른 측면에서 분리되어야 구원될 수 있다.

로스의 현대성 개념은 그렇기 때문에 급진적으로 반목가적이다. 그는 미래에 삶의 다른 영역 모두가 조화된 통합체로 융합할 것이라고 생각하지 않는다. 산업가들과 예술가들, 장인들을 이상적으로 통합할 수 있으리라는 믿음은 그와는 맞지 않는 것이다. 그가 보기에는 이 서로 다른 범주들의 대표자들은 세계사의 무대에서 완수해야 할 서로 다른 역할을 가지고 있다. 그는 예술과 문화 사이에, 공적인 것과 사적인 것 사이에, 거주와 건축 사이에 분명한 경계선을 긋는다. 그는 이 경계선이 근대적 조건에 근본적이라고 주장한다.

발터 벤야민: 계급없는 사회의 꿈

자신이 죽은 해인 1969년에, 아도르노는 그의 친구 발터 벤야민Water Benjamin의 삶과 저작에 관한 마지막 논평을 썼다.40) 이 텍스트의 제목「모든 상식에서 일탈A lécart de tous les courants」은 벤야민 사고의 중요한 측면—어떤 특별한 철학적이거나 문학적인 경향에 맞출 수 없다는 사실—을 지적한다. 이를테면, 신칸트주의, 유태신비주의Jewish Kabbala, 변증법적 유물론처럼 서로 다른 사고의 흐름에 영향을 받은 벤야민의 철학은 다른 사고방식이 스며들어 묘한 독자성을 지닌다.

1892년 베를린에서 유대인 사업가의 아들로 태어난 발터 벤야민은 여러 대학에서 철학, 심리학, 독일 문학을 공부했다. 1925년 그의 *교수자격논문 Habilitationsschrift*이 프랑크푸르트 대학에서 거부되었고41) 그는 자유기고가로 생활고를 해결하였다. 나치가 권력을 장악한 이후 그는 망명길에 올랐고 그 때부터 그의 처지는 극히 불안해졌다. 사회조사연구소Institut für Sozialforschung42) 에서 나오는 최소한의 기금으로 전쟁으로 떠나기 전까지 파리에서 살면서 일할 수 있었다. 1940년 9월 26일 밤에 스페인으로 가는 중에—그는 스페인을 경유하여 뉴욕에 가서 거기 있는 그 연구소에 나갈 계획이었다—그는 자살하고 말았다.

그가 남긴 저작은 3권의 책과 방대한 양의 장 · 단편 에세이들이다. 그의 역작이며 삶의 마지막 13년 동안 작업했던 『파사겐베르크Passagen werk』는 미완성인 채로 남아 있다. 오늘날 벤야민은 비록 다소 늦게 알려졌지만, 현대성의 가장 중요한 철학자들 가운데 한사람으로 인정된다. 테오도르 아도르노와 그레텔 아도르노가 편집한 벤야민의 『선집Schriften』의 첫 출판은 1955년이 되어서야 나왔고, 1960년대가 되어서야 마침내 그의 저작은 널리 알려졌다. 벤야민은 1968년 학생운동**역주 18)**시기 한동안 진정한 열광의 대상이었다. 그는 지적작업과 정치적 참여 사이의 관계에 대한 유물론적 이론을 발전시키기 위해 참조할 수 있었던 급진적 이론가로 보였다. 당시 유행했던 그의 작업에 대한 해석은 그의 가장 계획적인programmatic 몇몇 저작에 주로 근거를 두고 있다. 이것들은 마르크스주의의 특정한 장르에 속한다. 간혹 그들은 벤야민의 철학의 전형적 측면이었던 사고의 신학적-형이상학적 사고 양태를 어렴풋이 알고 있었을 뿐이었다.[43)]

그의 저작이 점점 더 많이 출판되면서—그 과정이 1989년이 되어서야 겨우 끝났다—그의 저작에 대한 편식이 시정되었다. 광범위한 2차 문헌 속에서[44)] 그의 저작의 특징으로 보이는 양면성은 되풀이되는 주제가 되었다. 그의 글은 한편으로는 상실된 것들에 대한 극복할 수 없는 우울함melancholy과 슬픔을, 다른 한편으로는 진정으로 인간적인 사회의 실현을 가능하게 하는 아방가르드의 힘에 대한 급진적이고 유토피아적인 믿음을 증언하는 것으로 말해진다. 그러나 다수의 최근 논평들은 벤야민의 전체 저작에 나타나는 다양성과 내적 모순들, 파편화된 성격 이면의 어떤 일관성을 확인하고, 근원적인 일관성 혹은 하나의 체계라는 측면에서 그의 양면성을 정의하려 한다.[45)] 이것은 비록 그 철학적 직관들이 명백히 체계적으로 진술되지 않았을지라도, 그의 작업에 스며든 수많은 철학적 직관과 관련 있다. 서양철학의 표준 범주에 속하지 않는 언어, 세계, 역사에 대한 몇몇 매우 특별한—공통적이지 않은 것은 말할 것도 없고— 개념들이 논쟁 중에 있다. 그것은 유태교Jewish 개념과 유물론적 개념의 묘한 혼합에 의존하면서 경험에 관한 이론과 대중문화에서의 혁명적인 충격에 대한 개방성을 결합하고 있다. 이런 모순적인 원리들이 결합하면서 단일하고도 다면적인 전체 저작이 된다.

다소 무겁지만, 건축이론에서 벤야민의 개념을 매우 강렬히 받아들였다.[46)] 특히 그의 근대건축에 대한 해석에 관심이 쏟아졌다. 벤야민은 철과 유리로 된 건축이 근대문명에 고유한 약속을 충족시킨다고 확신하였다. 왜냐하면 그것이 근대문명의 전형인 '빈곤'

의 진정한 표현이고 그래서 투명하고 계급없는 사회의 실현을 예시한다고 보았기 때문이다. 우리는 현대성을 향한 그의 양면적 태도의 정수를 건축에 대한 전망에서 찾는다. 이 주제에 관한 그의 생각을 제대로 이해하기 위해서는 우선 그의 경험이론과 역사 이론에 대한 관점의 기초가 되는 언어철학을 살펴봐야 한다.

미메시스와 경험

언어에 대한 벤야민의 개념은 기호학에서 일반적으로 통용되는 개념과는 다르다.47) 그의 견해로 언어는 기표signifier와 기의signified 사이의 통상적인 관계에만 기초하지 않는다. 그는 스스로 '기호semiotic' 라고 부르는 언어의 의사소통적인 차원에다가 언어의 기원으로 보는 '미메시스적mimetic' 차원을 구별한다. 언어의 이런 미메시스적 수준은 기호학적인 차원보다 위치시키기가 더 어렵다. 가장 좋은 방법은 언어의 의성어적인 성격을 추정하여 기술하는 것이다. 예를 들면, '삐꾹' 이나 '똑딱' 과 같은 말이 그것이 의미하는 사물을 닮은 것처럼 더 넓은 견지에서 전체로서의 언어는 세계의 미메시스역주 19)로 볼 수 있다.

벤야민에 따르면, 우리가 알고 사용하는 언어는 유사성에 기초하여 사물에 이름을 붙였던 원초적인 언어의 희미한 반영이다. 이 원초적인 언어의—따라서 모든 언어의—본질은 이름이다. 이것은 미메시스의 대상이며 그러하기 때문에 이 이름을 지닌 사물이나 사람에 대한 유사성의 관계로 연결된다.역주 20) 하지만, 이 미메시스적 구조는 더이상 현재의 언어 속에 즉각 인식할 수 있거나 현존하지 않는다. 이젠 모든 개별적인 말 속에 표현되지 않는다. 그럼에도 불구하고, 벤야민은 아무리 희석되고 손상되었다 해도 그 모방적인 구조는 계속 언어의 존재를 결정한다고 말한다. 그것은 말해진 단어와 그 의미 사이에서 발견될 뿐만 아니라 쓰인 단어와 그 의미 사이에서 그리고 쓰인 단어와 말해진 것 사이에서도 나다닌다. 우리는 읽기라는 행위에서 이것을 알게 된다. 읽기는 단지 단순한 말의 의미들을 묶는 것 이상이다. 읽는 행위에서 일종의 추상적인 상응—벤야민은 '비감각적 유사성unsinnliche Ähnlichkeit' 48)이라는 용어를 사용한다—이 사람이 그것을 이해한 순간에 '조명되는' 현실성과 텍스트 사이의 유사성에서 관찰될 수 있다. 이 비감각적인 유사성은 말이 서로 결합하여 형성하는 별자리constellations역주 21)에서 구체화된다. 점성술가가 예언하기 위하여 우주에서 별자리를 해석하는 것처럼 상호 관계와 상호 작용을 가진 언어는 현실과의 상응을 창조한다. 또는 큐릴 오퍼만스Curille Offermans가 말하는 것처럼:

> 아도르노와 마찬가지로 벤야민에게 텍스트는 일종의 힘의 장force-field이다. 의미론적 에너지의 교환이 단어들에서 일어난다. 언어의 의식적 사용은... 그러한 힘의 장을 창조하는 것과 같다. ... 텍스트가 더욱 의식적으로 구축될 수록 그리고 단어들을 자극할 수록 단어들이 덜 자의적이 되고, 사물에 대한 추상적이고 우연한 관계가 쇠퇴한다. 비록 독립된 낱말이 이런 현존을 홀로 담당할 수는 없지만 사물의 경험은 말하자면 텍스트에서 분명해진다.49)

벤야민이 이해하듯이 사람의 모방mimesis 능력에는 두 측면이 있다. 미메시스의 원 의미에서, 그것은 어린이가 놀이에서 빵 굽는 사람이 되거나 축구 선수가 되는 것처럼, 또는 기차나 당나귀가 되는 것처럼 자신을 어떤 것에 비유하거나 동일화하는 능력과 관계된다. 더 희미한 파생된 형태에서는 명백히 차이가 있는 사물들 사이의 상응과 유사성을 발견하는 능력에서 볼 수 있다. 벤야민이 뜻하는 진정한 '경험'은 미메시스적 몸짓으로 보아야 한다. 왜냐하면 '유사성은 경험의 원칙' 50)이기 때문이다.

이 개념은 벤야민의 경험이론에 결정적인데, 그는 그 이론에서 경험을 지칭하는 두 독일어 단어인 *체험* Erlebnis과 *경험* Erfahrung을 구분한다. *경험* Erfahrung은 삶의 경험을 의미한다. 그것은 개인이 감정, 정보, 사건들을 받아들이는 경험의 통합된 축적에 관련된다. 그런 경험을 축적시키는 능력은 전통의 존재에 많이 빚지고 있다. 이런 의미에서, 경험은 집단적이고 무의식적인 것이라고 말할 수 있다. *경험* Erfahrung은 상응과 유사성을 인지하고 그것들을 실행하는 능력에 관련된다. 이에 반해서, *체험* Erlebnis은 어떤 방식으로든지 서로 연관되지 않고 삶의 경험에 통합되지 않는 원자화되고 불연속적인 일련의 순간들로 환원되는 감정에 관련된다.51)

이 개념들은 벤야민의 저술 전반에 걸쳐 중요한 역할을 하는데, 그는 이 개념들을 『파사겐베르크Passagenwerk』 연구의 부산물인 보들레르Baudelaire에 관한 연구에서 상세하게 탐구한다. 벤야민은 '경험의 구조'가 변화를 겪는다고 진술함으로써 논의를 시작한다. "거대한 스케일의 산업주의의 황폐한 암흑시대에 있는 문명화된 대중들의 규범화되고 변질되어 버린 삶에서 진실한 경험은 드문 일이 되었다. 왜냐하면 *경험* Erfahrung은 개인적인 생활뿐만 아니라 집단적인 생활에서 전통의 문제이며, 기억에 굳게 닻을 내린 사실들의 산물이라기보다, 축적되고 종종 무의식적인 기억에서 한 점으로 수렴된 것의 산물이기 때문이다."52)

*경험*Erfahrung이 전통으로의 점진적인 진입과 관련되는 반면에, *체험*Erlebnis은 피상적인 감정에 관련된다. 이것은 재빠른 의식에 의해 가로채이고 즉시 반응한다. 즉각적인 반응이 있고 그 인상은 대개 의식적인 *기억*Erinnerung에 저장된다. 그러나 그것은 (무의식적인) *기억*Gedächtnis에는 어떤 자취도 남기지 않는다. 이에 반하여 회상remembrance의 부분을 형성하는 인상은 *경험*Erfahrung을 만드는 재료이다. 그 인상들은 성격상 반복적이고, 종종 감각적 내용을 가진 인상들로 구성된다.[53)] 결국 그것은 *체험*Erlebnis이 초래하는 순간적이고 피상적인 인상들보다 개인의 경험에 더 강한 영향을 준다.

현대성의 특징은 주체의 모방mimetic 능력의 쇠퇴이고, 모방적 능력과 함께 전통의 영향과 경험의 의미가 쇠퇴한 것이다. 일상생활의 조건은 삶의 경험을 획득하는 데 점점 알맞지 않게 된다. 예를 들면, 신문은 독자들이 정보를 자신의 경험 속에 명백히 통합하지 못하게 하는 방식으로 정보를 제시한다. 벤야민에 따르면, 실상은 우리가 알고 있는 것과 정반대이다. '뉴스'의 완전한 목적은 독자의 경험에 영향을 미칠지도 모르는 영역에서 현재의 사건들을 차단시키는 데 있다. 그렇기 때문에 정보의 처리는 경험의 획득과는 정반대다. 저널리즘의 취재범위는 전통을 창조하는 것과 아무 관련이 없다. 빠른 템포와 풍부한 자극이 있는 도시생활은 이런 발전의 산물이다. 덧없는 것, 감각적인 것, 계속 변화하는 모든 것들은 *체험*Erlebnis이라는 질서의 일부이다. 반면 *경험*Erfarung은 반복과 연속성에 기반을 둔다.[54)]

벤야민은 그의 유명한 예술작품에 관한 에세이에서 예술작품의 '아우라Aura'의 쇠퇴라는 용어로 이 경험의 위축과정을 기술한다. 새로운 시청각 기술들(사진, 영화, 녹음기)에 의한 복제기술이 가능해진 결과로, 예술작품의 지위는 근본적인 변화를 겪는다. 복제로 잃어버리게 된 것은, 예술작품의 유일성과 진정성—지금 그리고 여기에 있는 예술작품이 유일한 실존, 예술사 속에 실행된 물질적 토대—이다. 벤야민은 이 유일성과 진정성을 *아우라*라는 용어로 요약하여 말한다.

> 기계복제시대에 위축되는 것은 예술작품의 아우라이다. 이것은 징후적인 과정인데, 이 과정의 의미는 예술의 영역을 훨씬 넘어서고 있다. 우리는 다음과 같이 일반적으로 표현할 수 있다. 복제기술은 복제된 대상을 전통의 영역에서 떼어놓는다. 복제기술은 복제물을 대량 생산함으로써 그것은 일회적 경험을 대량 제조된 산물로 대치시킨다.[55)]

벤야민의 관점에서 아우라의 쇠퇴는 사회적으로 규정된 사건이다. 그것은 '사물들에 더 가까워지기' 위한 대중들의 요구와 관련 있다. 그런데, 그 아우라는 '아무리 가까이 있더라도 어떤 먼 것의 일회적 나타남'[56]으로 이루어져 있다. 복제 기술에 의해 파괴된 것은 이러한 거리distance이다.[역주 22]

여기서 서술된 과정—복제된 예술작품이 상품이 되는 과정—은 벤야민이 다른 곳에서 '경험의 위축'이라 부르는 것과 비슷하다. 이 에세이에서 그는 이런 현상에 대해 아주 낙관적인 태도를 견지한다. 그는 복제기술의 보편적인 이용가능성이 낳은 새로운 지각방식이 해방을 위한 중요한 잠재력을 가지고 있다고 주장하며, 예술에 대한 대중들의 태도를 퇴행적인 것에서 진보적으로 변화시킨다고 보았다. 영화처럼 복제된 예술작품을 경험하는 것은 이젠 집중과 고립이 아니라 집단성과 산만함을 특징으로 한다. 결과적으로 동반되는 것은, 예를 들면 사람이 그림을 볼 때처럼, 개인이 예술작품에 몰입하는 것이 아니라 오히려 예술작품이 대중에게 몰입되는 것이다.

벤야민의 관점에서 현대성은 경험구조의 격렬한 변화를 특징으로 한다. 슬픔과 지독한 우울함melancholy이 지배적인 그의 몇몇 저작에서, 그는 이런 변화를 유감으로 생각하는 것 같다.[57] 그러나, 다른 저작들에서 그의 어조는 훨씬 덜 비관적이다. 이들 저작에서, 경험의 쇠퇴는 부르주아 문화의 잘못된 유산의 해체 이후에 도처에서 새롭게 시작하는 인간성을 위한 유일한 기회로 더욱 많이 다루어진다. 벤야민의 태도는 찬성하는 어조와 애도하는 어조 사이에서 끊임없이 흔들리는 것 같다. 경험의 쇠퇴에 대한 그의 주제는 현대성에 대해 오로지 부정적인 진단만을 나타내지 않는다.

1933년에 쓰인 그의 에세이 『경험과 빈곤Erfahrung und Armut』은 이러한 점에서 특별히 관련이 있다. 이 에세이는 아마 벤야민의 청산가적 자세의 가장 급진적이고 흥미로운 정식화를 포함한다. 그 글에서 그는 자신의 주위에서 본 경험의 빈곤을 인간성을 완전히 새로 시작하기 위한 기회로 포착해야 한다고 주장한다. 그것은 더는 인간적이라 부를 수 없는 문화에 대한 극복을 수반하는 새로운 야만성new barbarism을 출현시킨다. 이는 브레히트, 로스, 클레, 셰어바르트와 같은 가장 명석한 아방가르드 예술가들이 이해하는 바이다. 그들은 과거의 요소로 치장함으로써 인간성을 천박하게 장식하는 전통적인 휴머니스트의 개념에 대항하여 투쟁하였다. 대신에 시대의 더러운 기저귀에 벌거벗은 채로 누워 아기처럼 울고 있는 그들 자신의 벌거벗은 동시대인에 관심을 집중하였다. 그들의 작업은 '그 시대에 대한 총체적인 각성과 그럼에도 불구하고 그 시대에 대한 충성의 스스럼없는 선언' 58)을 특징으로 한다.

결에 거슬러서 역사를 솔질하는 것

벤야민이 1940년 자살하기 전에 완성했던 마지막 글은 '역사철학테제über den Begriff der Geschichte' 로 이름 붙였다. 18개의 주제로 이루어진 형식으로 이 글은 역사에 대한 벤야민의 비정통적인 개념들을 응축된 형태로 담고 있다. 이 에세이에서 그는 역사를 공허하고 균질한 시간을 배경으로 하는 인간성의 진보에 대한 이야기로 해석해야 한다는 개념을 거부한다. 유명한 구절에서, 그는 진보라는 개념을 허황된 것이라고 폭로한다.

> '새로운 천사' 라고 부르는 클레의 그림(그림 53)이 있다. 이 그림은 천사의 모습을 그리고 있는데 이 천사는 뚫어지게 쳐다보고 있던 그 무엇을 막 떠나려는 것처럼 보인다. 그의 눈은 크게 부릅뜬 상태이고 입은 벌어져 있으며 날개는 펼쳐져 있다. 역사의 천사 역시 이런 모습을 하고 있음에 틀림없다. 그의 얼굴은 과거로 향하고 있다. 우리의 눈앞에 나타나는 사건들에서 그가 유일하게 보는 것은 끊임없이 파편들을 만들어 그의 발치에 내던지는 하나의 파국이다. 그는 그 자리에 머물러 죽은 자들을 깨우고 깨어진 조각을 맞추고 싶어 한다. 그러나 폭풍이 낙원에서 불어오고 천사의 날개 틈으로 불어오는 이 폭풍은 너무도 거세어서 천사는 이젠 날개를 접을 수 없다. 이 폭풍은 천사를 그가 등을 돌리고 있는 미래로 부단히 몰아가고 있는 반면, 천사의 눈앞에서 파편더미는 하늘에 닿을 듯 높이 쌓여간다. 우리가 진보라고 부르는 것은 바로 이러한 폭풍이다.59)

역사는 인간성의 진보에 대한 이야기가 아니라 잔해와 파편 더미에 관한 이야기이다. 역사는 피와 고통으로 이루어지며 야만의 기록이 아닌 문화의 기록 같은 것은 어디에도 없다. 우리의 문화적 전통은 착취와 억압에 뿌리박고 있는 사회조직에서 생산된다. 과거를 분석할 때 이것을 결코 잊어서는 안된다. 그렇기 때문에 역사적 유물론자의 임무는 통상적으로 사용되는) 승자의 관점에서가 아니라 피해자의 관점에서 역사를 쓰는 것이다. "결에 거슬러 역사를 솔질하는 것"60)이 그의 임무이다.

과거와 과거의 고통은 구원을 요청한다. 현재는 과거에 대한 의무가 있다. 이것은 다

그림 53. 파울 클레, *새로운 천사*, 1920.(이스라엘 박물관, 예루살렘)

른 시대가 서로 순수하게 연대기 순으로 연결되어 있지 않기 때문이다. 말하사면 어떤 시내들을 서로 연결하는 숨은 고리가 있다. 예를 들면, 프랑스 혁명은 고대 로마의 부활로 그 자체를 경험했다. 다른 역사적 순간들 사이에는 상응과 의무의 관계가 있다. 그런데, 이것은 사실 간략히 얘기한 것이다—벤야민에 따르면, 각각의 특별한 역사적 순간은 *모든 것*, 즉 완전한 과거와 역사의 유토피아적 최종 목적의 실질적인 현실화 모두를 포함한다. 역사적 유물론자의 임무는 그것을 명백히 하는 것이다. 건설적인 몸짓으로 시간을 동결시키는 것이 역사가의 임무다. 역사가의 연구 주제는 그 역사적 연속체를 '폭파' 시킬 잠재력을 이미 포함하고 있는 단자monad로서 조명하는 것이다.

> 긴장으로 가득한 성좌에서 사고가 갑자기 정지하는 순간에 이 성좌에 충격을 가하게 되고 또한 이를 통해 사고는 하나의 단자로 결정화된다. 역사적 유물론자는 단자로서 마주대하는 역사적 주제에만 접근한다. 이런 구조 안에서 그는 사건의 메시아적 정지의 신호, 달리 말해 억압된 과거를 위한 투쟁에서 혁명적 기회의 신호를 인식한다. 그는 동질적이고 공허한 역사의 진행과정을 폭파시켜 그에서 하나의 특정한 시기를 끄집어내기 위해서 과거를 인지한다.61)

그래서 이론적으로, 유토피아적 최종 목적을 실현할 가능성은 모든 개개의 역사적 순간에 내재되어 있다. 혁명적 계급은 이것을 알고 있다. 역사적 연속체를 폭파시키고 새로운 시대로 도약하게 하는 기회를 포착하는 것은 그들의 임무이다. 이러한 의미에서 그들은 '시간의 매 초가 메시아가 들어오는 좁은 문' 62)이었던 유대인들과 같다.

역사철학테제는 30년대 벤야민의 저작을 물들인 역사적 유물론자로서의 면모와 함께 그의 초기 저작에서 강력하게 나타났던 신학적-형이상학적 사고 양태가 신중히 뒤섞인 벤야민의 몇 안되는 글 중 하나다. 이 에세이는 완전히 다른 이 두 접근들이 벤야민의 작업에서 연속적인 국면을 형성하지 않고, 서로 동시에 중첩되고 영향을 주는 지층이라는 명백한 증거다. 벤야민은 전통적인 사고에 따라 역사적 유물론과 세계의 신학적-형이상학적 개념 사이에 존재하는 모순에 굴복하려 하지 않았다. 그에 따르면, 역사적 유물론은 만약 그것이 과거와 미래에 대한 진정한 이해를 성취하려 한다면 신학적 사고를 개척하지 않을 수 없다. 그의 메시아주의messianism가 유대 신학자에게 정통이 아니었던 것처럼 역사적 유물론에 관한 벤야민의 관점이 '진짜' 마르크스주의자들에게 정통이 아니라는 것은 놀라운 것이 아니다.

그럼에도 여전히 메시아니즘은 그의 사고구조에 중요한 요소로 남는다. 레벤 디 코터Lieven de Cauter는 일단 우리가 메시아적 질서의 개념이 그가 썼던 모든 글의 기초를 이루고 있다는 사실을 인식한다면 벤야민의 전 작품이 일관되고 이해하기 쉽게 보일 거라고 설득력 있게 주장한다.[63] 이 개념에는, 역사는 공허하고 균질적인 시간에서 존재하는 연속적인 시대들의 연대기가 아니라, 원초적 천국의 상태, 지배적인 상황으로서 퇴보(타락)의 시대 그리고 궁극의 정점으로서 유토피아적 목적(구원)으로 이루어진 삼중의 과정으로 보아야 한다는 것이 함축되어 있다. 중요한 것은 이 3가지 순간들이 발전상의 단계들이라기보다는 오히려 신학에 고무된 역사적 유물론자가 드러내는 의미의 층들이라는 것이다. 모든 역사적 순간은 본질적으로 3가지 순간을 다 포함한다. 구원이 일종의 메시아적 파편으로 가시적으로 나타나는 것처럼, 원초적 상태들은—비록 어렴풋할지라도—타락의 모든 증거를 통해서 여전히 볼 수 있다.

우리가 천국, 타락, 구원이라는 이 삼중의 형상이 벤야민 저작에서 근본적인 구조를 이루고 있다는 것을 이해한다면, 그의 경험이론과 현대성에 대한 진단을 특징짓는 모호성이 더 잘 이해된다. 그는 경험에 일어난 바를 쇠퇴—인간의 언어가 아담의 이름붙이기와 같았고, 세계에 대한 모방적 태도가 손상되지 않았던 천국의 상태에서 타락—의 과정으로 기술한다. 하지만 이 쇠퇴의 과정에는 반전을 가능하게 하는 싹이 있다. 어떤 이는 단지 종교적인 마음의 침잠을 통해서 유지할 수 있다 해도, 잃어버린 것과 가능한 한 구원에 대한 관심으로 슬픔과 우울함melancholy의 관점에서 이것을 기술할 수 있다. 또한 어떤 이는—그리고 이것은 그가 더욱 급진적인 글에서 따르는 길이다—*반전*Umschlag을 위한 고유한 잠재력—바꾸어 말하면, 인식되고 드러나야만 하는 혁명적 잠재력—이라는 측면에서 그 타락한 상태를 기술할 수도 있다.

건축 또는 시대의 인상학

한 시대의 진정한 현실은 건축에서 가장 분명히 표현된다. 『파사겐베르크Passagenwerk』에 따르면, 건축은 한 사회의 잠재된 "신화"에 대한 가장 중요한 증거이다.64) 벤야민의 목적은 19세기 건축의 인상에서 19세기의 성격을 읽는 것이다. 이 문화의 "표면"—패션과 건물—을 분석함으로써 그는 더 깊고, 더 근본적인 성격을 확인하길 기대했다.

그림 54. 갈레리 베로-도다, 파리, 1823~1826.(사진 : Annemie Philippe.)

그림 55. 갈레리 베로-도다.(사진 : Annemie Philippe.)

이와 같은 노력은 그의 저서에 결정적이다. 벤야민은 파리의 쇼핑 아케이드를 19세기의 주요한 건축적인 성취로 본다. 전형적인 파리식 이름을 가진 지붕덮인 거리—파사주 두 퐁네프Passage du Pont-Neuf, 파사주 델 오페라Passage de l' Opéra, 파사주 비비엔Passage Vivienne, 갈레리 베로-도다Galerie Véro-Dodat(그림 54와 55), 파사주 데 파노라마Passage des Panoramas(그림 56과 57), 파사주 슈아죌Passage Choiseul—에서 은유, 유추, 꿈 형상들의 무진장한 원천을 발견될 수 있으며 동시에 도시형태, 대도시형태의 구체적인 실재에 접목된다. 『파사겐베르크』는 *파사주 Passage* 혹은 아케이드라는 단어 속에 잠자는 역사적 잠재력을 백과사전식으로 나열한 것으로 읽을 수 있다. 벤야민은 자신의 연구대상에 의미와 연상,

함축의 끝없는 가지를 내뿜는다.65) 그는 아케이드를 변증법적 이미지로 본다. 여기서 변증법적 이미지란 역사, 과거 · 현재 · 미래의 수많은 근본적 측면들이 극히 농축된 상태로 결합된 찰나의 섬광이다. 단자monad와 유사하게, 그것은 19세기 전체 현실을 반영한다.

아케이드는 소매업, 특히 사치품 항목의 매매업, 새로운 건설기술(무엇보다도 철과 유리 건축기술) 덕분에 생겨났다. 이런 발전의 결합으로 새롭고, 전형적인 19세기의 도시형태가 생겨났다. 아케이드는 거리라는 '외부 세계'와 집이라는 내부공간 사이의 전이지대를 형성한다. 아케이드는 실제로 '외부outside'가 없는 '내부inside'를 만든다. 아케이드의 형태는 내부만 드러난다. '외관'은 아예 없거나, 최소한 우리가 쉽게 볼 수 없는 것이다. 벤야민에 따르면, 이런 의미에서 아케이드는 우리의 꿈이랑 비슷하다.66) 아케이드는 내부에서 알 수 있으나 외형은 알 수 없고 심지어 외형은 내부와 무관하다.

유리지붕의 투명성은 아케이드의 특징이다. 그것은 집과 거리 사이의 전이지대라는 성격을 아케이드에 부여하면서, 내부와 외부의 상호 *관입*을 가능하게 한다. 그 유리지붕은 아케이드를 *산보객 flâneur*, 즉 목적 없는 도시 *산보객*을 위한 최상의 공간으

그림 56. 파사주 데 파노라마, 파리, 1800.(사진 : Annemie Philippe.)

그림 57. 파사주 데 파노라마.(사진 : Annemie Philippe.)

로 만든다. 만약 그 거리가 군중들과 그 한 복판에 거주하는 *산보객*을 위한 일종의 '생활 공간'을 이룬다면 이런 은유적인 투영은 아케이드에서 공간적으로 성취된다.

> 거리는 군중의 집이다. 군중은 항상 두리번거리는 유동적인 존재인데 개인이 네 벽으로 둘러싼 은신처 안에서 행하는 만큼 열지은 집들 사이에서 경험하고 배우고 창조한다. 이 군중은 중산층 사교실salons의 벽을 장식하는 유화보다 오히려 광택나는 에나멜을 입힌 회사 간판을 더 좋아한다. '광고 부착금지défense d' afficher' 라고 쓰여 있는 벽들은 숙박시설이고 카페 앞 보도는 가족을 관찰하는 창문이다. 홀은 거리 노동자들이 외투를 담 위에 거는 곳이고 어두운 후원으로 이끄는 출구는 도시의 방으로 들어가는 복도이자 입구다. 그리고 그 도시의 사교실salon은 ... 아케이드다. 거리는 여기서 대중들에게 다른 어떤 장소보다 가구설비가 잘 갖춰지고 황량한 실내로 보인다.[67)]

대규모 전시회가 열렸던 거대한 홀이 있는 19세기 철과 유리의 건축**역주 23)**은 아케이드보다 훨씬 더 시사적이다. 두 경우에서 벤야민은 상품의 만화경phantasmagoria에 대한 찬양을 본다. 도시의 대중들이 '새 것'을 구경하길 즐기는 곳이 이곳이며 상품 예찬이 시작된 곳도 이곳이다. 이 거대한 전시장소들은 "상품 물신에 이르는 순례지"[68)]이다. "기이한 식물마냥 상품이 무성히 자라고 있다."[69)] 그 상품은 낮에는 찬란한 빛에 의해, 밤에는 깜박이는 가스불빛에 의해 생산되는 마치 요정나라같은 후광에 감싸여 있다. 그것들은 실제로 환영, 즉 "자본주의 문화의 만화경phantasmagoria"을 창조하는데, "1876년의 만국박람회에서 가장 눈부신 전시를 하기에 이른다."[70)]

그러나 이것이 전부는 아니다. 벤야민은 철과 유리건축을 모순적인 측면들이 작용하는 꿈의 이미지로 다룬다. 이 꿈의 이미지는 메시아적 형상의 3중 구조를 보여준다. 그것에는 부정적 측면(상품 물신의 찬양)이 있다. 동시에 계급없는 사회의 이미지를 보여주는 유토피아적인 측면이 있다. "각 시대에 앞서 다음에 올 것이 이미지들로 나타나는 그 꿈에서, 후자는 선사시대, 즉 계급없는 사회의 요소들과 결합되어 나타난다."[71)] 벤야민의 관점에서, 아케이드와 전시홀 건축에 전형적인 꿈같은 성격은 20세기에 더 엄연한 현실로 나아간다.[72)] 새로운 건축은 20세기에 꽃을 피운다. 투명성과 공간의 상호 관입이라는 특징으로 새로운 (계급없는) 사회—이전 시대보다 투명함과 개방성이 더 퍼져 있는 모습—를 예기한다.

롤프 티데만Rolf Tiedemann은 『파사겐베르크Passagenwerk』의 애초 목적에서 중요한 점으로 이런 각성의 움직임을 본다. 벤야민의 목적은 19세기의 문화적 현상을 '꿈의 형상'으로 규정함으로써 자본주의의 집단적인 '잠'[73]에서 깨우려는 것이다. 그의 관점에서 이 깨어남의 과정은 그 시대의 건축에 이미 부분적으로 일어났다. 신건축New Building[역주 24]에서, 그리고 로스, 멘델존, 르 꼬르뷔제의 건축에서 그는 계급없는 사회의 투명성에 부합하는 특징을 가진 공간의 새로운 개념을 발견한다. 근대건축에 대한 이런 평가는 새로운 야만성new barbarism를 위한, 즉 현대성의 폭풍으로 인해 아주 심하게 고통을 겪었던 인간성의 새로운 출발에 대한 요청에 밀접하게 관련된다.

예술 에세이에서 벤야민은 건축을 새로운 작품 수용 방법을 위한 원형으로 볼 수 있다고 쓰고 있다. 건축물은 집단적이고 산만한 주의의 대상이다. 건축의 수용은 시각적이라기보다는 오히려 촉각적(건물들의 사용을 통해서)이다. 이 수용방법은 산업화한 문명에 의해 부과된 새로운 삶의 조건과 일치한다. 개인은 주의깊은 관찰이나 세밀한 연구를 통하기보다 오히려 멍한 상태의 주목을 통해 이것들에 적응하는 것을 배운다. "(아마도 부서진 차를 가지고) 어디엔가 있는 자동차 운전자는, 양식적으로 분석하려고 고심하는 예술 역사가보다 훨씬 더 빨리 차고의 근대적 형태에 적응할 것이다."[74]

벤야민은 이런 수용방식을 '규범적 가치'에 속하는 것으로 생각한다. "왜냐하면 역사의 전환기에서 인간의 지각장치가 직면한 임무는 시각적 수단들, 즉 관조만으로는 해결될 수 없기 때문이다. 그것들은 촉각의 전유專有에 따라 습관에 의해 점진적으로 수용된다."[75] 건축은 그에게 촉각적 인식의 원형으로 기능했는데, 왜냐하면 그것은 거주와 관계가 있고 또한 그러기에 습관과 익숙함과도 관련되기 때문이다.

벤야민은 거주를 개인과 그의 주변 환경이 서로 순응하는, 우리를 둘러싼 현실로 다루는 활동적인 형태로 이해한다. 그는 독일어에서 *Wohnen(거주)*과 *gewohnt(관습적, 습관적)* 사이의 문법적인 관계—영어에서 'habit'와 'inhabit' 사이에서 발견되는 관계—를 언급한다. 이 관계가 덮개를 끊임없이 모양짓고 다시 모양짓는 것을 내포하는 일종의 급변하는 동시대성hurried contemporaneity으로 거주를 이해하게끔 하는 실마리를 준다고 그는 말한다. 이 구절은 원 독일어 문장으로 적어야 한다. "Wohnen als Transitivum—im Begriff des 'gewohnten Lebens' z.B.—gibt eine Vorstellung von der hastigen Aktualität, die in diesem Verhalten verborgen ist. Es besteht darin, ein Gehäuse uns zu prägen."[76][역주 25]

건축이 이런 '급격한 동시대성'에 상응하기 때문에 '예술의 정치화'—벤야민이 그의 예술 에세이에서 주장하듯이, 예술의 정치화는 파시즘에 의해 실행된 '정치의 미학화'에 대한 유일하게 가능한 응답이다—의 모델로 봉사할 수 있다.

거주, 투명성, 외관

「경험과 빈곤Erfahrung und Armut」에서 새로운 야만성에 대한 벤야민의 요청은 피상적인 휴머니스트 접근—그는 오랫동안 그것에 대항해서 싸울 탄약을 비축하고 있었다—에 대한 거부라는 점에서 보아야한다. 이런 지적 전략의 시작 움직임들은 이미 1925년에 쓴, *대학교수자격 취득논문*으로 거부되었던 『독일 비극의 원천Ursprung des deutschen Trauerspiels』77)에서 볼 수 있다. 그의 목적은 17세기 독일의 *비극*에 대한 이 연구로, 단순히 문학사에 기여하기 위함만은 아니었다. 그의 근본적인 목적은 동시대 표현주의의 접근과 전략을 해명하기 위해 알레고리 개념을 탐구하는 것이었다. 벤야민은 알레고리가 부당하게 부차적인 예술 조항으로 분류되어왔고 이런 특별한 표현수단에 대한 연구가 근대의 미적 형태들에 적절하다고 확신했다.78)

그는 낭만주의 견해를 비판함으로써 상징과 알레고리의 차이를 다룬다. 관념론 개념에 기반하고 있는 이런 견해는 상징이 질적으로 우월하다는 위계적 질서의 측면에서 두 문학적 장치를 구별한다. 그 가정은 상징으로 이해되는 예술작품이 외부 형태와 의미 사이의 내적일치라는 통일성에 기반하고 있다는 것이다. 말하자면, 미는 훼손되지 않은 총체 속의 신성한 것과 혼합되어서 미학과 윤리학의 근본적인 통일을 말하는 것이 가능하다. 이에 반하여, 알레고리적 방법에서는, 기의signifier와 기표signified 사이에 어떤 본질적인 관계도 없다. 알레고리에서, 다른 기원을 가진 분화된 요소들은 서로 연관되어 있고, 그 구성요소에 대해 외부에 있는 알레고리 작가들allegorist에 의해 의미있는 관계가 된다. 상징은 낭만주의의 관념론 전통 안에서 꽤 높은 위치에 속하는데, 예를 들면 교양Bildung이라는 관념에서 작동한다. 이 관념은 개성의 핵심을 형성하는 지식, 미적 감각, 도덕적 자각이 융합된 완전한 인간으로 교육되어야 한다고 규정한다.79) 벤야민의 관점에서 상징적 총체성을 성취하기 위한 노력은 낭만주의-관념론적 전통에서 유래한 휴머니즘의 근본적 성격이다.80)

그러나 벤야민은 이 위계를 받아들이지 않는다. 그에게, 세계를 다루는 진정한 방법을 구성하는 것은 알레고리이다. 왜냐하면 알레고리는 통합이라는 전제에 기반을 두지 않고, 세계를 파편화되고 실패한 것으로 받아들이기 때문이다. 알레고리는 싹 안에서 시들어 버린 것, 고통의 원천이며 황폐한 모든 것에 관련된다. 그것은 타락한 상태에 관련된다. 알레고리는 포괄하거나 전체화되는 것을 끊임없이 멈춰왔던 경험을 적절히 표현하기 때문에 중요하다. 알레고리는 외부적으로 작동하는 반면 상징은 통합이라는 전제—내부와 외부 사이에 조화를 가정함—에 기초를 둔다. 그 차이는 상징이 의미를 그것의 내적 존재에서 끌어오는 데 반해, 알레고리는 단호하게 그 자신을 외부에 한정한다는 사실에서 나온다. 상징은 총체성과 통합을 얼핏 보게 만들지만, 알레고리는 세계를 여기저기 잔해가 흩어져 있는 황량한 풍경으로, 재앙의 소리없는 증언으로 드러낸다.81)

벤야민의 *비극*에 대한 연구를 동시대 미학적 문제를 해명하고 있는 것으로 본 아샤 라시스Asja Lacis—존 맥콜John McCole처럼—를 믿는다면 우리는 벤야민이 모더니스트 미학에 대한 질문을 함축적으로 제기하고 있다고 결론지을 수 있다. 확실히 벤야민의 알레고리에 대한 재평가와 이후 모더니스트 문화에 대한 견해 사이에 의미있는 유사성이 있음을 알 수 있다. 라이너 뇌겔Rainer Nägele도 이런 관점인데, 그는 벤야민이 알레고리와 상징을 대립으로 다루는 점은 부르주아지의 내면성과 아방가르드의 파괴적 경향 사이를 대립시키는 것과 주목할 만큼 유사하다고 본다.

> 문제가 되는 것은 세계의 물질적 실체뿐만 아니라 의미를 생산하는 빛의 위치다. 상징에서 그것은 '반투명' 하고 내부에서 발산된다. 반면 알레고리에서는 외부에서 온다. 이것은 상징-알레고리의 대립의 수사뿐만 아니라 부르주아 주체성과 내면성의 수사를 구축하는 본질적인 위상학topology이다. 부르주아 주체성과 내면성에 대항해서, 외부의 파토스, 또는 표면의 파토스가 모더니즘에 등장한다. 모더니즘은 자신의 모든 연극성에 알레고리를 회복한다.82)

알레고리—"절단된 신체와 폐허에서 볼 수 있는, 주체와 객체의 이론적인 종합의 해체"83)—는 몽타주와 구성construction을 선취하고 있는 아방가르드에서 자신의 짝을 발견한다. 유기적 형상을 모방하는 대신에, 아방가르드는 디자인의 기계적인 원리를 선택한다. 이 근대주의자의 원리는 급진적인 공공성을 지지하여 정신수양이라는 허위관념이 청산되는 세계를 생각한다. 이런 공공성의 목표는 조건없는 혁명적 의무로서의 투명성이다.

개개인 대신에 집단이 통치하는 진정으로 계급없는 사회에서 프라이버시는 어떤 방식으로든 혁명에서 산존할 수 없는 낡은 덕목이 된다.

상징과 알레고리 사이의 관계에 대한 낭만주의적-관념론적 개념에 대한 비판과 모더니스트 미학에 대한 해석 사이에 뚜렷한 유사성이 벤야민의 저서에 있다는 사실은 결국 이상하지 않다. 19세기 전통에 대한 거부는 모더니즘 문화에서 한결같이 중요한 요소다. 그래서 벤야민이 특별히 전통에 대한 거부를 강조한 것은 우리에게 놀라운 것이 아니다. 아방가르드 운동의 요소들 중에서 그의 흥미를 끄는 것은 그들의 '해체적인 성격' 이다. 그는 이 사람들이 특히 시대의 표정을 만드는 사람들이며 미래로 가는 길을 내는 사람들이라고 확신했다. "어떤 이들은 후세에게 무엇을 건드릴 수 없게끔 전달하여 보존하게 하고 다른 이들은 청산을 실천하게 함으로써 후세에게 상황을 전해준다. 후자를 해체적이라 부른다."84) 인간성에 제공할 최대의 것을 가진 사람이 이런 해체자들이다. 진정으로 가치있는 것은 그들의 작업이다. 벤야민은 다음과 같이 아돌프 로스를 인용한다. "만약 인간의 작업이 해체를 이룬다면, 그것은 진실로 인간적이고, 자연적이며, 숭고한 작업이다."85)

벤야민의 관점에서 해체적 작업은 인간성이 기술과 근대문명에 역사적으로 직면해서 거쳐야 하는 과정에 핵심적이다. 낡은 것을 해체함으로써 불가피한 고통이 따르는 오직 정화의 과정만이 새로운 인간성의 조건을 만들어내는데 그 인간성이란 본질적으로 해체의 몸짓에 따르게 될 것이다.

> 보통의 유럽인은 자신의 삶과 기술을 통합하는 데 성공하지 못했다. 왜냐하면 그는 창조적인 존재라는 물신에 얽매여 왔기 때문이다. 사람들은 '장식' 이라는 용과 싸우고 있는 로스를 따라야만 했고, 셰어바르트가 만든 별과 같은 에스페란토Esperanto를 들었거나 클레의 새로운 천사를 보았음에 틀림없다. 새로운 천사는 해체로 입증된 인간성을 이해하기 위해 그들에게 물신을 줌으로써 행복하게 하기보다 물신을 제거함으로써 사람들을 자유롭게 하는 것을 택했다.86)

정화가 살아 있는 모든 것에 핵심적이기 때문에 해체는 중요하다. 어떤 것을 만드는 것, 창조하는 것은 독창력과 재능에 관련되는 것이 아니라 정화의 과정에 밀접히 관련된다. 창조력은 거짓된 관념이고 우상이다. 진심으로 '진정한 인간성' 에 관심을 가지는 사람들의 진짜 목적은 허위와 환영을 폭로하는 해체의 행위에서 발견할 수 있다. 벤야민은, 해체적인 방식으로 인용구를 사용해서 역사의 폐허에서 어떤 자취를 구출하는 것에 성공한 칼 크라우스를 언급한다. "〔크라우스는〕 보전하는 힘이 아니라 정화하고, 텍스트를 찢고, 해체하는 힘을 인용구에서 발견했다. 그 힘은 이 시대에 희망이 살아남을 수 있게 하는 유일한 것이다—왜냐하면, 그것은 그것에서 왜곡되기 때문이다."87) 벤야민은 로스, 셰어바르트, 클레와 같은 사람들에게서 해체와 부정에 대한 동일한 의지를 인식한다. 이 사람들에게, 그들의 해체적인 작업에 문화가 살아남을 희망이 숨어있다. 왜냐하면 그들은 '창조적 존재의 물신' 에 대한 믿음이 사람들이 산업화 시대의 요구에 적응하는 것을 막는다는 걸 이해했기 때문이다.

벤야민에게, 많은 사람들이 동조한 거짓 휴머니즘의 이데올로기가—그가 기술에 깃들어 있다고 봤던 계급없는 사회에 대한 정치적 전망을 이용하는 것은 말할 것도 없이—새로운 존재조건의 도전과 동일한 어떤 삶의 양태에 대한 전망도 제공하지 않는다는 것은 명확하다. 존 맥콜John McCole이 설명하는 것처럼, 벤야민은 "휴머니즘의 관념론적 전통과 휴머니티 자체의 고전적 이상이 철저히 타협하였다는 것을 확신하였다. 이 전통의 보존이 아니라 오직 정화하는 청산만이 한때 그들을 고무시켰던 것을 구원하도록 희망할 수 있었다."88)

벤야민에게 혁명이 성공하려면 해체적인 성격의 활동은 본질적이었다. 그 해체적인 성격은 사람의 친근한 환경을 뒤엎고, 유리와 철과 같은 냉철한 정신에 자신을 내맡기면서 편안함에 반대한다. "그 해체적인 성격은 방물상자-인간etui-man의 적이다. 방물상자-인간은 편안함을 찾는데, 상자가 그 본질이다. 상자의 내부는 그가 세계에 새긴 벨벳 선의 자취이다. 해체적 성격은 해체의 자취조차 지운다."89)

거주의 상이한 두 개념들이 여기에서 대조된다. 벤야민의 관점에서, 거주는 기본적으로 어머니의 자궁과 같은 먼 기억으로 이해된다. 보호받는 존재의 느낌, 보호덮개를 갈망하는 느낌은 거주에 근본적이다. 그러나, 그 느낌은 19세기에 극단으로 떠밀려졌던 개념이었다.

> 모든 거주의 최초의 형태는 집이 아니라 상자다. 이것은 거주자의 자취를 지닌다. 극단에 놓인 거주는 상자가 된다. 어떤 다른 시대보다 더, 19세기는 거주를 향한 갈망을 느꼈다. 그것은 거주를 방물

> 상자로 생각했고 개인과 그의 소유물(가족) 전부를 거기에 쑤셔 넣었는데 종종 보랏빛의 벨벳구멍들 안에 장신구 전부와 함께 종이로 싸인 활모양의 콤파스 내부를 상기시키는 것이다.[90]

낭만적-관념론의 거주개념은 '개인의 방물상자'[91]가 되라고 주장하는 19세기 인테리어로 귀결되었다. 이 인테리어들은 아주 개인적이고 재산과 소유권에 초점을 두어서, 모든 방문자에 대해 그들의 메시지는 명백하다—당신을 위한 것은 여기에 아무 것도 없다. 당신은 이 집에서 이방인이다. 아르누보는 집을 거주자와 거의 동일시하면서 또는 오히려 거주자를 그의 집과 동일시하면서, 거주의 개념을 극단으로 밀어 붙였다—앙리 반 데 벨데Henry van de Velde가 자신이 지은 집을 위해 그 집에 맞춘 숙녀용 드레스에 이르기까지 모든 것을 디자인했던 방식에서 보게 되는 것처럼.(그림 58, 59) 아르누보에서 이런 거주의 개념은 절정에 달했고, 결국 종말을 맺게 되었다.

> 세기의 전환기, 인테리어는 아르누보에 의해 동요되었다. 확실히 후자는 그 이데올로기를 통해서 인테리어의 완성을 가져오는 것으로 보였다—고독한 영혼의 변형이 그것의 목표로 나타난다. 개인주의는 그것의 이론이다. 반 데 벨데에게 집은 개성의 표현으로 보인다. 그의 집에서 장식은 회화에서 서명과 같다.(그림 60)[92]

아르누보는 기술의 위협을 피하기 위해 개인의 개성이라는 내적 세계를 변화시키려는 유럽 문화의 마지막 시도를 대표한다. 그것은 19세기 철과 유리의 건축에서, 아케이드와 그 내부에서 이미 뚜렷했던 경향들의 정점이다. 이 건축적 형상들은 집단 대중을 무아지경으로 사로잡는 꿈의 전형이다. 부르주아는 인테리어에 그의 꿈과 욕망을 기록한다. 부르주아는 타자—이국적이고 역사적인 과거—에 대한 매혹에 형태를 부여한다. 아케이드에서, 기술은 개인에게 불가피한 새로운 조건을 직면하는 데 적용되는 것이 아니라 자본주의의 물질적 현실성, 즉 상업적 현실성을 표명하는 데에—그것을 만화경phantasmagoria으로 표현하면서—적용된다. 이 경향들은 아르누보에서 절정에 달한다. 아르누보에서 부르주아는 그가 깨어났다는 꿈을 꾼다.[93] 그는 새로운 출발을 이루었다는 환영을 가지지만, 실제로 일어난 것은 역사에서 자연사에 이르기까지 심상의 변화이다.[94]

그림 58. 앙리 반 데 벨데, 브루멘베르프, 우클, 1895~1896.(출처 : Henry van de Velde, 『Geschichte meines Lebens』[Munich: Piper, 1962], 그림 33.)

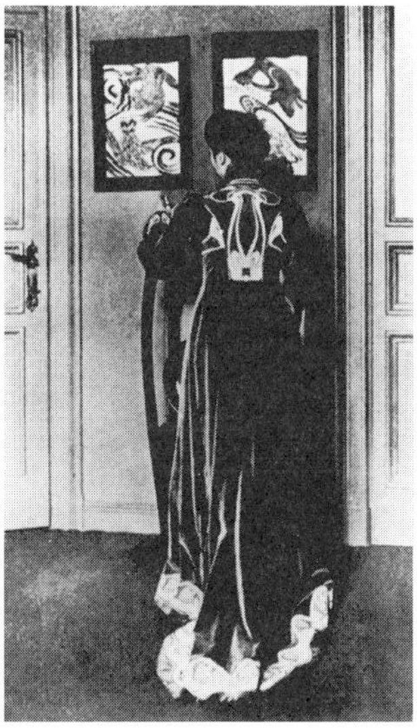

그림 59. 앙리 반 데 벨데가 1898년경 디자인한 안주인을 위한 드레스.(출처 : Henry van de Velde, 『Geschichte meines Lebens』, 그림 50.)

그림 60. 앙리 반 데 벨데, 하바나-꽁빠니 상점 인테리어 디자인, 베를린, 1899. "반 데 벨데에게 집은 개성의 표현으로 보인다. 그의 집에서 장식은 회화에서 서명과 같다."(출처 : Henry van de Velde, 『Geschichte meines Lebens』, 그림 57.)

역사적인 디테일이나 재료를 사용하는 19세기 인테리어의 허구적 외관은—체자레 보르자Cesare Borgia역주 26)의 연회실 같은 가구가 갖춰진 식당, 고딕 예배당과 같은 부인의 내실boudoirs 그리고 '페르시아' 양식의 서재를 갖춘95)—꽃과 식물, 즉 수중 세계의 부드러운 파동을 참조하는 심상imagery으로 대체된다.96) 여기에서 기술은 그 꿈의 끝을 촉진하는 데 적용된다. 아르누보는 '예술'은 원초적이라는 개념 내에서 콘크리트와 가공한 철의 기술적 가능성을 탐험한다. 이런 전략은 애초에 실패할 운명이다. "내적 본성에 기초해서 기술과 싸우려는 개인의 시도는 몰락으로 끝난다."97)

내적 개성을 표현하려는 시도는 진정한 경험의 빈곤을 특징으로 하는 산업문명의 현실에 부합하지 않는다. 이런 경험의 빈곤은 개인이 스스로 개성을 구축할 수 없다는 것을 의미한다.98) 이런 이유로, 개성을 표현하려는 아르누보의 노력은 그 시대의 기초가 되는 실질적인 힘과 충돌한다. 새로운 야만성new barbarism만이 그것을 형태 지을 수 있는 위치에 있다. 새로운 야만성만이 한때 진정한 휴머니즘에 생명을 불어넣었던 것을 구원할 수 있다. 그래서 새로운 야만성은 기술의 도전에 대해 유일하게 적절한 응답이다.

아케이드와 인테리어라는 19세기 형상들이 쇠퇴하는 거주의 형태를 구성하는 반면에, 새로운 야만성은 또 다른 거주개념—더 이상 안전과 은둔에 기반을 두지 않고 개방과 투명성에 기반을 두는 것—을 가져오면서 급진적인 변화를 재현한다. "투과성과 투명성, 빛과 공기를 향한 갈망을 가지고 20세기는 낡은 의미의 거주를 끝냈다. ... 아르누보는 방물상자의 삶을 그 기반까지 흔들었다. 지금까지의 거주는 사라지고, 거주는 환원된다: 호텔 방에 의한 생활로, 화장장에 의한 죽음으로."99) 은둔과 안전으로서의 거주는 전성기가 지났다. 호텔방과 화장장은 개인에게 영속성과 정착생활보다 일시성과 불안정성에 더 관련된 삶의 새로운 조건에 적응할 것을 가르친다.(그림 61) 사물들은 더 이상 스스로 적절하게 되는 것을 허용하지 않는다. 사람에게 자취를 남기는 거주개념은 시들어버린다. 거주는 더 이상 고정된 자취로 기록되지 않고 그 자체를 단단하고 부드러운 표면을 가진, 가변적인 구축과 일시적인 인테리어를 통해 표현되는 '급변하는 동시대성hurried contemporaneity'을 띤다.(그림 62) 이것은 부정적인 발전만은 아니다. 반대로, 벤야민은 그것을 중요한 약속의 이행으로 이해한다. 그는 주거의 새로운 차가움을 새로운 사회형태의 특징인 개방성과 투명성으로 연결시킨다.(그림 63)

그림 61. 한네스 마이어, Co-op Zimmer, 1926—영속성과 뿌리내림보다 일시성과 불안정성에 기초를 둔, 새로운 유목적 삶의 방식을 시각화하였다.

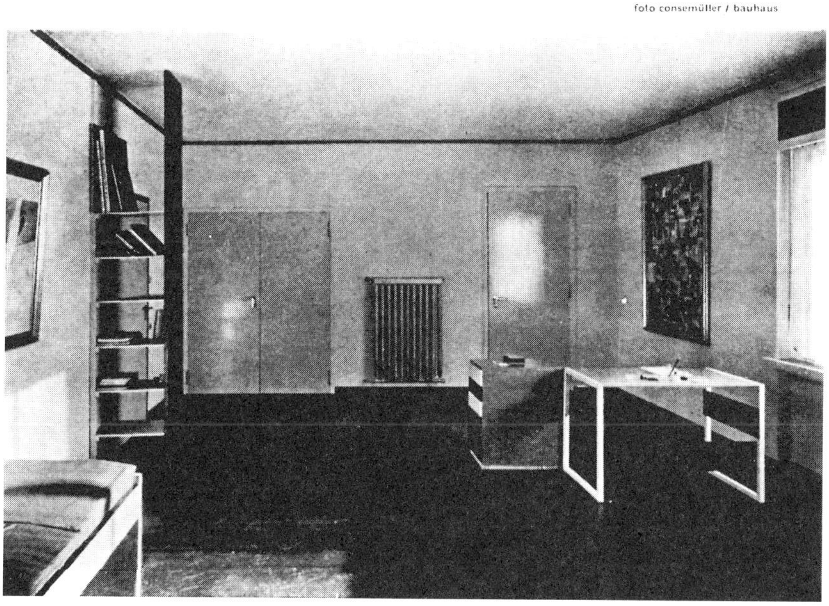

그림 62. 1926년 발터 그로피우스가 데사우에 지은 바우하우스 교수들을 위한 주택 내부.(출처 : Walter Gropius, 『Bauhausbauten Dessau』, 1930, 그림 132, photo by Consemüller.)

그림 63. 르 꼬르뷔제, 카르타고에 있는 빌라 프로젝트, "꼬르뷔제는 사람이 머무르는 장소를 모든 착상가능한 일종의 에너지를 위한 그리고 빛과 공기의 파장을 위한 전이 영역으로 변화시켰다."

왜냐하면 안전이 우선인 낡은 의미의 거주라는 단어는 전성기가 지났다는 것이 이 시대의 특징이기 때문이다. 기디온, 멘델존, 꼬르뷔제는 인간이 머무는 장소를 모든 상상할 수 있는 종류의 에너지와 빛과 공기의 파동을 위해 변화하는 영역으로 바꾸었다. 다가오는 시대는 투명성이 지배할 것이다. 만약 우리가 일요일을 없애고 휴일을 유동적인 날로 대체하기를 원하는 러시아인들을 믿는다면, 단지 주거뿐만 아니라 요일체계조차 투명성이 지배할 것이다.[100)]

투명성의 모티브는 벤야민에게 단순한 문자의 함축 이상이다. 이 인용에서 벤야민은 공간적 투명성을 기디온이 사용하는 의미에서 개인이 거주하는 장소와 변화하는 영역에서 유동성과 적용가능성 뿐만 아니라 시간 구조에서의 유연성에 연결시킨다. 시간이 투명하게 되는 것은 벤야민에게 벽 위에 글을 쓰는 것과 같다. 그것은 시간의 직선적 과정이 중단되고 새로운 달력이 시작되거나 혹은 시계가 멈추는 혁명적 순간의 특징이다. 그렇다면 그가 이 인용구에서 러시아를 언급하는 것은 우연이 아니다. 벤야민이 1926-1927년 겨울에 방문했던 러시아는 마침내 공산주의가 점점 현실이 되어가고 있었고(이 인용은 1929년으로 거슬러 올라간다) 벤야민을 포함한 많은 좌파 지식인들의 희망을 이루었던 나라였다.

러시아에 대한 언급은 그의 저작 다른 곳에서도 나타난다. 예를 들면, 그의 에세이 「초현실주의Surrealism」에서, 그는 러시아의 호텔에 있었던 경험을 상기하는데, 그 호텔의 많은 손님들이 침실 문을 열어놓고 지낸다는 것에 놀라게 되었다. 그것은 그가 "유리집에 사는 것이야말로 확실히 혁명적인 미덕이다. 또한 이것은 하나의 도취이며 우리가 몹시 원하는 도덕적 과시다. 한 사람 자신의 생활에 관계하는 자유, 즉 한때 귀족의 덕목이었던 것이 점점 더 소자본가 계급 상승자의 것이 되었다."[101]라고 깨닫게 만들었다.

유리집에 대한 언급은 이것만이 아니다. 그 주제는 칼 크라우스에 관한 에세이 「경험과 빈곤Erfahrung und Armut」에서도 반복된다. 거기에서 그는 '로스와 꼬르뷔제가 그동안 실현시켜온 조절 가능한 유동적인 유리집'의 사례들을 말한다. "유리는 너무 단단하고 매끄러워서 어떤 것도 단단히 붙을 수 없는 재료라는 것은 타당하지 않다. 또한 차갑고 냉정하다. 유리로 만들어진 사물들은 어떤 '아우라'도 없다. 유리는 탁월한 비밀의 적이다. 그것은 또한 소유의 적이다."[102] 벤야민은 여기서 비밀과 소유에 반하기 때문에, 유리는 혁명선상에 근본적인 새로운 사회의 투명성을 말 그대로 표현하는 재료로 간주되어야 한다고 암시하고 있다. 이런 종류의 사회는 존재의 경제적·물질적 조건뿐 아니라 성애sexulity와 가족에 대한 정치적 '투시' 조차 사회 프로그램의 일부로 가진다. 그렇기 때문에 그 사회는 집에서의 프라이버시 보호에 완전히 무관심하다.[103]

건축, 현대성, 거주

근대건축에 대한 벤야민의 높은 평가는 무엇보다 그가 인식하는 형이상학적 특질과 관련이 있다. 기디온의 『프랑스의 건축Bauen in Frankreich』은 그에게 깊은 인상을 주었다.[104] 신건축New Building을 기술하기 위해 *관입*과 투명성이라는 기디온의 용어 사용은 그에게 깊게 호소했는데, 구조가 무의식의 한 부분으로 작용한다는 생각이 그러하였다. 게다가, 『파사겐베르크Passagenwerk』의 각주에서 알 수 있는 것처럼, 그는 아돌프 베네Adolf Behne의 『새로운 삶, 새로운 거주Neues Wohnen, Neues Bauen』와 르 꼬르뷔제의 『도시계획Urbanisme』도 잘 알고 있었다.[105] 위에서 본 것처럼 그는 종종 아돌프 로스를 언급하기도 한다. 이 모두에서 보듯이, 그는 1920년대 후반 독일에서 있었던 공공 영역 하우징에서 중요한 활동들을 논하지 않았다는 것은 다소 놀랍다. 내가 아는 한, 그의 저작에는 『신 프랑크푸르트』나 베를린에서의 마틴 바그너Martin Bagner와 브루노 타우트Bruno Taut의 활동들에 대해서 한마디도 언급이 없다. 또한 벤야민은 한네스 마이어Hannes Meyer의 작품도 논하지 않았는데, 마이어야 말로 그가 「경험과 빈곤」에서 강조했던 그 길을 따라 가장 멀리 갔던 건축가이다.106) 건축의 역할을 새로운 종류의 예술 수용의 원형으로 보았던 그의 생각들은 그래서 동시대인들의 실천에 비해 검증되지 않았다.

더욱이 그가 「생산자로서의 작가」에서 문학을 참조하여 주장했던 그 급진적인 논제를 건축과 관련하여 탐구하지는 않았다. 이 논제는 진보적인 작가의 특징을 작가가 다루는 주제라기 보다는 오히려 생산관계에서 영향을 끼치는 방식이라고 말한다. 진보적인 작가는 독자층, 출판가들, 작가들 사이의 위계적 관계를 변화시키고 대중을 성숙하게 교육시켜 마침내 작가와 독자의 역할을 상호 교환 가능하게 만드는 사람이다. 건축에 관해 이 주제는 후에 만프레도 타푸리와 베니스 대학 동료들에 의해 다루어지지만, 벤야민 자신은 그의 저작 어디에서도 이 주장을 세세하게 뒷받침하지 않았다.

새로운 건축을 향한 벤야민의 태도는 결국 양면적—여기서도 역시 그의 양면성은 그의 사고가 지닌 3중구조의 산물이다—으로 가장 적절하게 평가할 수 있다. 그의 저작에서 몇몇 구절들은 스스로를 새로운 야만성에 적합한, 그러기에 편재하는 경험의 빈곤에 대한 적절한 응답을 재현하고 있는 차갑고 금욕적인 건축에 대한 솔직한 주장이라는 해석을 가능케 한다. 다른 저작에서 그의 어조는 더욱 애절하다. 에세이 「파리, 19세기의 수도」에서 장식이 과다한 골동품과 가구를 가진 부르주아 인테리어—유년기에 익숙했던 인테리어107)—를 기술할 때, 그는 분명히 19세기 거주형태의 향수를 무심코 드러낸다. 여기서 지배적인 어조는 원초적 낙원의 거주, 즉 어머니의 자궁을 상기시키는 요소들을 가능한 한 많이 보호하기 위해 거주의 쇠퇴를 서글프게 기술하는 비극적 어조다. 다른 저작에서는 거주의 '쇠퇴된' 형태에 숨겨진 혁명적 잠재력에 주목하여 초점을 맞춘 또 다른 관점이 지배적이다. 그것은 벤야민이 공적 개방, 투명성, 투수성에 의해 개인과 집단의 삶을 일상생활의 조건들로 변형시키는 혁명적 '*반전Umschlag*'을 희망했다는 의심할 수 없는 사례다. 그러나 동시에 개인적 주체로서 그는 여전히 또 다른 종류의 시간에 또 다른 종류의 거주—개인을 껍질처럼 감싸고 있는 방에서 안전과 양육을 가능케 하는 거주—의 여러 기억에 여전히 집착하고 있었다.

이 모두에서 가장 놀라운 특징은 현대성과 거주를 서로 반대되지 않는 것으로 이해하는 벤야민의 전략적 시도이다. 그는 복합적 관점의 현대성을 개발했는데 이는 계획적이거나 일시적으로 한정하여 볼 수는 없고, 근대에 깃든 계획적 가능성(새로운 야만성)을 투명성과 불안정성을 가진 가장 일시적 측면(패션, 대중문화, 근대건축) 속에 발화시키는 것을 목적으로 한다. 유사한 전략이 거주의 개념과 관련해서도 보인다. 벤야민은 거주를 전통 속에 끼워두는 것을 명확하게 거부했다. 비록 그는 거주가 자취를 남기는 것을 의미한다는 걸 알고 있었음에도 어느 정도 *기능전환* Umfunktionierung역주 27)이 이 영역에서 가능하다는 것이 벤야민의 관점이다. 말하자면, 거주는 '익숙함'의 문제처럼, 타동사로 이해될 수 있다. '급변하는 동시대성'에 묶인 채로 이 익숙함은 자취를 남기는 것으로서의 거주개념보다 변화가능성과 투명성의 근대적 조건에 더욱 강력하게 관련된다. 그러기에 '유리 집에 사는 것'은 또한 탁월한 혁명적 의무다. 그것은 현대성을 위한 투쟁—착취와 억압의 천여 년 동안 쌓여 있는 약속들을 이행하기 위해 현대성의 혁명적 잠재력을 개발하길 원하는 사람들의 투쟁—의 도구로 볼 수 있다.

허공 위의 건물: 에른스트 블로흐의 근대건축 비판

에른스트 블로흐(1895-1977)의 전 작품—첫 출판물 『유토피아의 정신Geist der Utopie』(1918)에서 고령에 썼던 저작에 이르기까지—은 유토피아와 희망 주위를 순환한다. 그는 이 주제를 다각도로 접근한다—무엇보다도 철학적인 측면. 매우 넓은 영역을 다룸으로써 그의 예외적인 박식함에 사람들은 깊은 인상을 받는다. 그의 저서는 비유적 표현이 풍부한 언어로 사람이 백일몽, 동화, 공상, 예술작품, 철학적 주제들에서 찾는 유토피아적 순간들의 중요성을 해명한다. 인간은 아직 이루어지지 않은 것을 현실화함으로써 삶을 충만하게 하려고 애쓰기 때문에 블로흐는 희망을 모든 이의 삶에서 본질적인 힘이 되는 것으로 생각하였다.

블로흐는 젊은 시절 마르크스주의 사상을 받아들였고 그의 파란만장한 생애 동안 결코 그 사상을 버리지 않았다. 나치 독일에서 도피하여 그는 몇년의 여행 후에 미국에 도착했다. 언어도 모른 채, 그는 자신의 아내인 건축가 카를롤라 피오트로브스칸Karlola Piotrovskan의 수입에 의존했다. 2차 세계대전 후에 그는 독일로 돌아왔다. 프랑크푸르트의 교수직 대신 그는 동독에 있는 라이프지히 대학에서 철학 강의를 맡았다. 그에게 호의적인 정권도 있었지만 얼마 후 형세가 일변하였고, 블로흐는 강의와 출판이 금지당했다. 1961년 베를린 장벽이 건설되자 그는 서독에 정치적 망명을 신청하기로 결심하였다. 그곳에서 다시 한번 튀빙엔 대학에서 교수가 되었고 1977년 삶을 마감할 때까지 그곳에서 활동하였다.

유토피아적 범주인 *고향*Heimat

블로흐의 걸작은 『희망의 원리』역주 28)인데, 그는 미국에 있을 때 이 책을 썼고, 1959년에 출판되었다. 이 인상적인 책은 개인적인 영역과 사회적이고 미학적인 영역 모두에서 유토피아적 영감에 대한 사실상 백과사전적인 개관이다. 블로흐는 가장 이질적인 현상들을 유토피아적 순간의 표명으로 기술한다. 책 전체적으로 존재를 본질적으로 불완전한 것으로 이해하는 철학적 존재론에 기초하고 있다. 블로흐에 따르면, 존재는 필수적으로 아직 존재가 아닌not-yet-being 순간을 포함한다. 따라서 존재에 관한 모든 표명에서, 사람은 미래의 유토피아적 이상의 자기충족을 향한 경향을 볼 수 있다.

블로흐에 따르면, 존재의 기본적인 유토피아적 성격은 대개 철학자들에게 부인되어 왔다. 라틴 문법을 고안한 첫번째 인물인, 테렌티우스 바로Terentius Varro역주 29)가 동사형태의 개관에서 미래시제를 실수로 잊어버리고 포함하지 않았다고 말하는 것은 옳지 않다. 바로가 생략한 것은 철학적 사고에 전형적인 미래에 대한 소홀함을 나타낸다. 블로흐가 정한 목적은 이 공백을 메우는 것이었다. "이 책에서 우리는 철학을 희망에 관련시키려고 한다. 희망이라는 영역은 마치 사람이 살고 있는 가장 훌륭한 문화의 국가 내지는 남극과 같은 미개척 지역이 아니겠는가."108)

그의 철학의 기본 주제는 그래서 "아직 이루어지지 않은, 아직 성공을 거두지 않은 *고향* Heimat에 관한 문제이다. 다시 말하면 이는 새로운 무엇이 낡은 무엇과 유물변증법적으로 투쟁하면서 형성되고 싹튼 주제인 것이다."109) *고향*은 유토피아가 성취되지 않은 장소, 즉 인간과 세계가 화해되고 더 나은 삶의 꿈이 마침내 실현되는 곳으로 보인다. 이런 *고향*은 아직 존재하지 않지만—아무도 거기에 거주하지 않는다—어린이였을 때 우리 모두는 얼핏 보았다. 박탈이 없고, 소외가 없으며 약탈도 없는 삶.110) 이런 *고향*을 만드는 것이 모든 인간 행위의 목표다.

그것은 또한 예술의 근본적인 관심사이다. 블로흐는 예술을 *Vorschein*(출현), 즉 유토피아의 현실화를 예기하는 서막 또는 전-현상으로 이해한다. 가장 좋은 예술작품은 직설적으로가 아니라—미래의 *고향*은 모든 구체적 상세로 묘사될 수 없기 때문에—약속의 윤곽으로서 유토피아적 순간의 예시를 보여준다. 예술작품은 사람의 시선을 더 좋은 세상을 만드는 시도와 완전을 위한 욕망, 희망을 존속시키는 것으로 향하게 한다. 예술은 사건, 형상, 인물이 유토피아적 잠재력을 위해 시험되는 실험실과 같다.

그러기에 유토피아에 관해 말하는 것이 단순히 구체적인 상황을 언급하는 것으로 이해해서는 안된다. "유토피아를 토마스 모어식으로 한계 짓거나 그 방향으로 단순히 위치짓는 것은 전기를 호박琥珀, amber(그리스인들은 호박에서 전기를 발견하고 전기라고 이름붙였다)으로 되돌리려는 것과 같다."111) 그것은 오히려 미래, 소망의 성취, 희망의 이미지 등 모든 종류의 전망을 포함하는 구성의 문제이다. 예술에서 나타나는 유토피아의 형태는 다층적이고 매우 다양하다. 때때로 유토피아적 순간은 더 좋은 미래에 대한 직접적인 언급의 부재에서만 인식할 수 있다. 부재와 공허와의 매개는 무엇보다 모든 것을 향한 욕망과 희망을 내포할 수 있다. 하지만 무엇보다도 유토피아적 사고는 존재하는 모든 것의 비판으로 구성된다. 즉, 유토피아의 비판적 기능은 유토피아에 근본적이고 예술도 그러하다.112)

블로흐에게 마르크스주의가 희망의 철학을 구체적으로 표현한 것이라는 점은 명백하다. 그는 사회주의를 유토피아의 실천을 재현한 것으로 보고 오랫동안 동부 유럽국가들의 정치적 실천이 그것의 구체적 표명이라고 믿었다. 하지만 그는 모든 점에서 정통 마르크스주의자는 아니었다.113) 상부구조와 하부구조의 관계에 대한 그의 생각은 그 점에서 매우 미묘하다. 예를 들면, 『시대의 유산Erbschaft dieser Zeit』(1935)에서 그는 사회주의 문화프로그램을 작성할 때, 부르주아 문화유산을 무비판적으로 거부해서는 안된다는 논제를 주장한다. 반대로 부르주아 문화유산이 실제로 갖고 있는 유토피아적 잠재력을 연구하는 것이 필수적이다. 현재와 이전 시대의 실천에 있는 유토피아적 성분은 사회주의 문화의 발전을 위해 가치있는 자극을 포함하는 것으로 이해해야 한다.114)

건축에 대한 블로흐의 전망 또한 이 기본적인 전제들에 기초하고 있다. 그는 건축을 '인간의 고향을 만드는 시도' 115)로 기술한다. 위대한 건축의 목적은 아르카디아(그리스의 이상향)의 이미지를 만드는 것이다. 그것은 인간 주체의 영감과 조회되는 환경을 창조하기 위해 대지의 자연환경에 있는 잠재력을 개척하는 것이다. 심지어—예를 들면, 고딕 예술에서—미와 즐거움이 우울melancoly과 비극적 의미와 혼동될 때에도, 더 나은 세상을 위한 약속은 그 복잡한 조화 속에서 식별될 수 있다.

> 둘러싸고 있는 요소는 고향을 제시하거나 그것에 가깝다. 모든 위대한 건물들은 독특하게 인간에게 적절한 공간을 예기하는 유토피아로 지어졌다 ... 웅장한 건축적 양식이 예기적으로 표현하고 묘사하는 더 나은 세상은, 그러기에 매우 비신화적으로, 삶의 돌vivis ex lapidibus로 구성된다.[116]

더 좋은 세상의 예기—그것은 과거의 위대한 건축가들의 성취이다. 블로흐는 유토피아 원리를 표현하는 원형의 양식을 대조적 방식에 따라 2가지로 구별한다. 이집트의 건축은 수정의 완전함에 대한 갈망을 구체화한다. 그것은 결정화된 건축인데, 피라미드의 수정같은 기하학에서 죽음을 상징하는 방법으로 완전을 향한 그 갈망을 표현한다. 이에 반하여, 고딕 양식은 인간의 몸과 삶의 나무라는 상징을 사용한다. 즉, 현란함과 역동성을 지닌 고딕건축은 위를 향해 서로 얽힌 유기적 형상을 띠고 있는데 이는 형태 언어의 주요한 모티프인 삶의 더 높은 형태로의 부활과 변화를 위한 갈망이다. 대조적인 방식으로 두 양식은 유토피아, 즉 더 나은 세상을 위한 약속을 언급한다—이집트 양식은 우주의 질서에 따르게 하는 완전한 기하학을 갈구하는 반면에 고딕 양식은 유기적이고 전체적인 디자인 속에 있는 삶 그 자체의 형태를 찬양한다.[117] 블로흐가 보기에, 대부분의 다른 건축들은 한쪽에 치우치지 않고 두 측면 모두 관련이 있다—기하학과 생기生氣, the vitalist는 유토피아의 *형상들Leitbilder*로 그 속에 제시된다. 그가 *신즉물성Neue Sachlichkeit*의 건축이라 말하는 근대건축은 도무지 좋게 말할만한 것이 없다. 블로흐에 따르면, 이것은 완전히 부르주아 문화의 표명이며 철저히 잘못된 유토피아의 이미지를 이용하는 것이다. 즉 그것이 절제와 장식의 결핍으로 행하는 모든 것은 자본주의의 찬양일 뿐이다.

씻을 수 있는 벽과 배같은 집들

블로흐는 첫 저작인『유토피아의 정신Geist der Utopie』(1918, 1923)에서 시작부터 바로 근대건축의 여러 원칙들을 공격했다. 그는 사물의 온기를 빼앗고 사람들을 차가운 기구로 에워싸는 것으로 보았던 기술문화의 증가하는 지배에 대항하여 무기를 들었다. 모든 것이 차갑고 공허해져 버렸다. 모든 것은 "씻을 수 있어야" 한다. "기계는 모든 것을 아주 생기없고 비인간적으로 만드는 법, 즉 우리의 새로운 주거 지구가 통상적으로 존재하는 바로 그 방법을 알았다. 그것의 실질적인 목표는 이 시대의 의심할 나위 없이 가장 독창적인 업적인 목욕실과 화장실이다. ... 그런데 지금은 세탁이 통치한다. 어찌된 일인지 물이 모든 벽에서 흘러나온다."118) 이런 환경은 사람들이 진정한 거주의 의미를 잊어버린 것처럼 보이는 시대에 전형적이다. 사람들은 더 이상 집을 따뜻하고 견고하게 느끼게 만드는 방법을 이해하지 못한다. "그런데, 첫째로 거의 모든 것이 우리에게 공허하게 보인다. 영속적으로 사는 법을 모르고 집을 따뜻하고 견고하게 하는 방법을 잊어버렸을 때 어떻게 달라질 수 있고, 생기있고 아름다운 가정용품은 어디서 나와야 하는가?119)

「경험과 빈곤」에서 벤야민처럼, 블로흐는 인간성을 완전히 다시 시작해야 한다고 진술한다. 우리는 불행하게도 노는 방법을 잊어버렸다. 그러나 블로흐가 이런 인식에서 얻은 결론은 벤야민과 아주 다르다. 그는 기계시대에 전형적인 차가운 디자인이 새로운 야만성을 향한 길을 명확히 하는 기준으로 등용되어야 한다고 주장하지 않는다. 반대로 차가운 디자인은 그 본질상 기능적으로 의도된 사물들에 한정되어야 한다는 것이 그의 관점이다. "아이들을 분만하는 외과의사의 집게는 부드러워야 하지만, 설탕집게는 확실히 그래서는 안된다."120) 블로흐는, 엄밀하게 기술적인 것(산부인과의 집게, 의자)과 예술적인 것(조각상) 사이에 중간 위치를 차지하는 인간적인 디자인의 온전한 영역이 있다고 주장한다. 응용예술은 여기에서 결정적인 역할을 하는데 심지어 사회주의 사회로 가는 과도기에도 그렇다. 역사적으로 말하자면, 응용예술, 즉 왕실이나 교회에 쓰인 생산물은 대상의 구축과 그것의 표현성 사이에 연관관계가 있었다. 풍부한 디자인 때문에 이 생산품들—왕좌, 제단, 연단—은 직접적인 유용성을 초월했다. 그 생산품들은 현세의 모습이 또 다른 세상, 즉 천국의 상징에 불과하다는 건물 이면의 정신적인 가정을 강조한다. 이러한 인식방법은 20세기에도 적절하다. "그렇기 때문에, 이 세번째 측면은 의자와 조각상 사이에, 아마도 조각상 이상으로 더 높은 등급의 '응용예술'에 여전히 존재한다. 그 속에는 편안하고 생기가 없으며 사치스러울 뿐인 휴식장소에 까는 일상 용도의 카펫 대신에 순수하게 추상적인 형태의, 진정하고 초월적인 카펫을 깐다."121) 여기에 장식의 지위가 있다. 선적인 아라베스크 디자인을 가진 새로운 장식은 역사적 장식품의 초월적 형태에 대안을 제시하는 서막으로 나타난다. 여기에서 천국생활에 대한 언급은 더 나은 미래의 약속으로서 세속적인 형태로 계속된다. 블로흐에게 장식은 언제나 다른 무엇의 징후다. 다른 삶의 형태에 대한 언급은 항상 장식적인 작업에 각인된다—유토피아의 순간은 그것과 밀접한 연관이 있다. 그리고 장식이 의미를 가질 수 있는 곳이 바로 여기다.[122)]

이 텍스트에서 블로흐는 분명히 아돌프 로스와 은연중에 논쟁을 벌이고 있다. 로스의 이름이 언급되진 않지만 그는 명백히 로스가 주창한 장식과 응용예술에 대한 논제들을 비판하였는데, 여기에 로스가 블로흐의 직접적인 과녁이었다고 가정하는 모든 이유가 있다. 로스가 근대에 장식은 자명하게 잘못이고 심지어 죄악이라고 진술한 반면에, 블로흐는 더 나은 미래에 대한 약속을 존속시키는 것은 장식이라는 관점을 옹호한다. 로스는 예술 · 수공예 학교의 교수들을 순전히 피상적인 존재일 뿐이라고 힐난하며 폄하하는 반면, 블로흐는 응용예술이 삶을 좋게 만든다고 본다. 왜냐하면 엄밀하게 응용예술은 기술적 대상과 기구가 내뿜는 차가움을 상쇄시키기 때문이다.

새로운 건축에 대한 블로흐의 견해는 『시대의 유산Erbschaft dieser Zeit』을 출간한 1935년까지 결코 누그러지지 않았다. 그는 그것에 특히 비판적이었는데 왜냐하면 사회 그 자체가 낡은 모델을 따라 발전하기를 계속하는 동안 그것은 합리주의의 거짓된 가면을 야기하기 때문이다. 신즉물성의 합리성은 어떤 구체적인 혁명적 잠재력도 갖고 있지 않다. 이 때문에 그것은 자본주의 사고방식에 완전히 부합한다. 기능주의의 옹호자들은 미닫이창마다 미래 사회의 형태를 볼 수 있다고 상상하는데, 이것은 매우 잘못된 것이다. 그들은 새로운 건물의 순수성과 기능성의 충격을 지나치게 강조하고, 위생적인 주거가 계급없는 사회를 성취하기 위한 어떤 욕망과 관계있다기보다 유행에 민감한 젊은 부르주아 대중의 취향에 밀접한 관계가 있다는 걸 알지 못한다. 확실히 그들은 장식의 부재가 그것 자체로 장식적인 양식이라는 것을 알지 못한다. 아직 그들은 기능주의 디자인 원리에 따라 지어진 새로운 주택단지가 때때로 흰개미처럼 살게끔 거주자를 운명 짓는다는 것을 알지 못한다.

이러한 이유로, 블로흐는 신즉물성이 미래의 사회주의 사회를 제안하는 어떤 잠재적 유산도 가지고 있지 않다고 느꼈다. 신즉물성은 실제로 부르주아 자본주의 생활양식과 밀접하게 결합되어 있어서 새로운 사회를 디자인하기에 적합하지 않았다.

공산주의communist역주 30) 기능주의가 착취요소를 뺀 후기 자본주의 기능주의의 번안과 다르다는 명백하다. 이에 반하여, 착취가 존재하지 않을 때 ... 짐 나르는 짐승같은 삶을 사는 우리 동시대하층 계급 사람들의 임대 아파트 하얀 벽돌은 다채롭게 될 것이고, 진정한 공동체에 부합할 완전히 다른 외형을 가질 것이다.123)

블로흐는 『희망의 원리Das Prinzip Hoffnung』에서 근대건축에 바쳤던 에세이, 『허공 위의 건물Building on Hollow Space』124)에서 다시 한번 이 논제들의 몇몇을 다룬다. '*허공Hohlraum*' 은 자본주의 공간을 일컫는 말로, 번질거리는 표면이 텅 빈 껍데기에 불과한, 겉으로 드러나는 허황된 거짓 가면에 부합하여 어떤 내부의 진실함도 없는 것을 말한다. 자본주의는 희망에 의해 생산된 에너지를 공허한 가치의 의미없는 추구로 왜곡하면서 삶을 도려낸다. 이것은 건축에서도 보이는데, 건축은 불모의 이미지이다. "도처에 있는 요즘 집들은 막 떠나려는 것처럼 보인다. 비록 꾸밈없지만 혹은 바로 이 이유 때문에, 그것들은 떠남을 표현한다. 내부는 병실처럼 밝고 꾸미지 않으며 외부는 움직이는 막대들 위의 상자들처럼 아니, 배처럼 보인다."125)

블로흐의 관점에서, 근대건축은 애초 개방성을 창조하고 방에 빛과 태양을 공급하려고 의도되었다. 어두운 지하실은 개방되고 조망이 열려야 했다. 그 목적은 내부와 외부 사이의 상호 관입을 만드는 것이었다. 사적 공간은 공적 영역과 관계를 맺어야 한다. 그러나 개방성을 향한 이런 경향은 시기상조였다. 파시스트 시기 세상에 있는 어떤 것도 내부를 풍부하게 하고 개성있게 할 수 없었다. "바깥세상으로 가득 찬 넓은 창문은 눈길을 끄는 방문자들로 가득하길 바라는 것이지 나치당원을 원한 건 아니다. 아래층 유리문은 내다보고 숨쉴 수 있는 햇살이 비치길 원하는 것이지 게슈타포를 원한 건 아니다."126) 그 시대의 사회적 조건 아래, 은밀함과 안전에 대한 사람들의 갈망은 당연한 것 이상이었고, 근대건축의 개방성은 광대극이 될 우려가 있었다. 천박함이 그 결과였다. "*탈내부화Entinnerlichung*는 공허함으로 바뀌었다. 자본주의 외부 세계의 현재 시점에서 볼 때, 외부 세계에서 남향의 즐거움은 행복으로 바뀌지 않았다."127) 왜냐하면 신즉물성의 합리주의에 부합하는 진정으로 합리적인 사회 관계들이 존재하지 않기 때문에, 르 꼬르뷔제의 '주거 기계' 는 십중팔구 역사없는 사물이 될 것이다. 물론 그것은 존재하고 환경에 자신들의 성격을 부여하지만 너무 추상적이고 도식적이어서 그곳에 사는 사람들은 실제로 그것과 어떤 관계도 맺을 수 없다. "심지어 이 건장한 기능주의자들의 도시계획은 개인적이고 추상적이다. 이 집들과 마을에 사는 실제 사람들être humaine은 표준화된 흰개미가 되거나

'주거 기계' 안에서 낯선 신체, 즉 너무나 조직화되기 때문에 실제 사람들, 집, 만족, 고향과는 모든 것이 멀어진다.128)

건축이 사회적 조건들을 고려하지 않고 발전할 때, 그것이 목적으로 하는 '순수성'이 환영에 불과하다는 것은 피할 수 없다. 결론적으로, 이 '순수성'은 상상의 결핍에 대한 구실에 지나지 않는다. 그런데 이중성Dualism은 또한 이런 전개에 전형적이어서, 순수하게 기능적인 건축은 여전히 한쪽의 대척점—브루노 타우트와 그 밖의 다른 사람들의 풍부한 표현주의—을 가진다. 블로흐는 건축의 3가지 원칙(*유용함 utilitas*, *견고함 firmitas*, *아름다움 Venustas*)이 디자인에서 종합되어야 한다고 가르쳤던 비트루비우스를 언급한다. 그런데, 이 3가지 원칙은 여기에서 더 이상 결합되지 않는다. *유용함*과 *견고함*은 기능주의의 측면인 반면에 *아름다움*은 표현주의에 할당되며 그 결과 건축의 본질이 그럴듯한 말로 얼버무려지는 결과가 된다. 하지만 주어진 상황 속에 이런 결과는 피할 수 없다. "[건축은] 엄밀하게 회화와 같은 다른 예술보다 훨씬 더 사회적 창조물이자 사회적 창조물로 남기 때문에, 후기 자본주의의 공허한 공간 속에서 결코 번영할 수 없다. 다른 사회를 시작해야만 진정한 건축, 즉 건축 자신의 예술적 포부에 기초하여 구축적이고 장식적으로 충만한 건축을 다시 가능하게 할 것이다."129)

아도르노와 함께 '디자인 교육Bildung durch Gestalt'에 관한 세미나에 독일 공작연맹Deutsche Werkbund의 초대를 받았을 때인 1965년, 블로흐는 이런 주장으로 다시 되돌아왔다. 그 참여자들—확신있는 기능주의자들로 추정할 수 있다—에 대한 그의 분명한 이의제기는 기능주의 건축의 목적이었던 '정직함'이 결코 정직하지 않은 사회적 상황에서 어떤 의미가 있느냐는 것이었다. "사실 *제국시대 Gründerzeit*의 잘못된 매혹에 맥락을 제공했던 사회의 형태가 더 정직해졌는지, 순수 기능적 형태의 장식없는 정직함이 기존 관계 속에 숨어있는 정직함의 결핍 이면의 치부를 가리는 가리개로 판명나는 건 아닌지 여전히 대답할 수 없는 의문이 있다."130)

사회적 상황이 반대방향으로 전개되어 왔기 때문에 건축이 진정한 인간적 환경을 창조하는 데 성공할 수 없다는 것은 그럴듯 하다. 블로흐는 기능주의 창설자들의 결백함이나 실제로 장식과 키치를 지닌 19세기 건축에 대한 그들의 저항이 정당했음을 의심하지 않았다. 그러나 그는 지배계급이 그들 자신의 목적을 위하여 이런 비판을 계속 이용한 반면에 사회의 발전이 지금까지 이 비판을 쓸모없는 것이 되게 만들어 왔다고 생각한다.

『마리아 스튜아르트Maria Stuart』역주 31)에서 우리는 '모티머 백작의 죽음은 적시에 일어났다.' 라는 말을 읽는다. 이 말과 비슷하게, *약간 변형해서* *mutatis mutandis*, 장식의 죽음은 여전히 찬양되며 환상의 결여는 여전히 인위적으로 생산된다고 말할 수 있을 것이다." 131) 이러한 이유로, 블로흐는 건축에서 환상의 부활을 위한 사례를 만든다. 그는 '날개를 요구하는' 건축의 상황과 '선도할 신발을 가져야만 하는' 회화와 조각에서의 상황을 비교하여 묘사한다.132) 블로흐에 따르면, 이런 이중성을 극복해야 한다. 19세기의 유산을 벗어난 기능주의 건축은 이제, 모든 예술을 위한 *도시의 왕관* *Stadtkrone*으로서 봉사할 수 있는 건축을 위한 도약판으로 역할해야 한다.

자본주의 체제 내 파열점으로서의 모더니즘

도시의 왕관 *Stadtkrone*역주 32)의 이미지를 사용하면서, 블로흐는 분명히 1920년 경 많은 갈채를 받았던 브루노 타우트와 그 밖의 여러 사람들의 표현주의 건축을 암시하고 있다.(그림 64)133) 회화와 문학에서 필적하는 경향처럼, 표현주의 건축은 심상의 힘에 집중함으로써 전통에 대한 대안을 고안하려고 노력했다. 그것은 유토피아의 갈망과 가상의 이미지를 표현하는 조형언어를 개발했다. 이런 심상은 사회의 개혁이라는 급진적인 개념들과 거리낌 없이 결합되었다.

블로흐에게 건축의 이런 표현주의 경향이 1925년 이후에 지배적인 경향이었던 신즉물성보다 훨씬 더 호소력이 있었다는 것은 명백하다. 이것은 우연이 아니다. 전쟁기간 뮌헨에 있으면서 *청기사파* *Blaue Reiter*의 예술가들—프란츠 마르크Franz Marc, 바실리 칸딘스

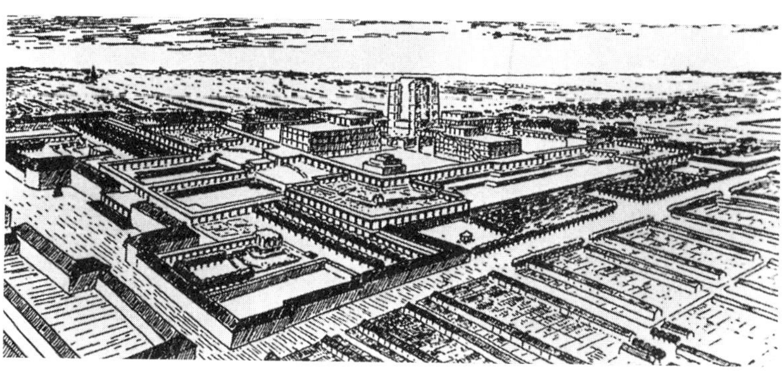

그림 64. 브루노 타우트, *도시의 왕관*, 1919.(출처 : Bruno Taut, 『Die Stadtkrone』 [Jena: Eugen Diederick, 1919].)

키Wassily Kandinsky—뿐만 아니라 신음악New Music의 대표자들과 아는 사이가 되었다. 그에게 실험정신, 미지의 탐험, 부르주아 규범인 나태와 자기만족을 거부하게끔 가르친 사람이 바로 그들이었다.[134] 열정적이고 심상이 풍부하며, 비체계적이고, 날카로운 어조의 블로흐의 글들은 표현주의자 문학 양식을 가지고 있다. 그는 심지어 루카치와 다른 마르크스주의 지식인들이 표현주의자를 퇴폐주의로 비난한 후에도[135] 계속해서 표현주의의 주창자로 거침없이 말하였다.

블로흐가 보기에, 표현주의는 근대의 조건으로 야기된 불연속과 파편화의 경험에 대한 진정한 응답이었다. 파편화된 자본주의 세계, 그것의 오점이 없는 질서는 단순한 허위에 불과하다. 자본주의 세계의 화려한 표면 뒤에는 단지 공허함만 있을 뿐이다. 표현주의가 하는 것은 그 공허함을 폭로하기 위해 그저 이 표면에 있는 균열을 지적하는 것이다. 표현주의가 퇴폐적이라는 루카치의 비난은 어떤 점에서는 옳다. 그러나 표현주의를 거부되어야 한다고 말하는 건 잘못된 생각이다. "그래서 표현주의자들은 데카당스의 전위였다. 그들이 파괴의 노력을 계속하는 대신, 신고전주의자나 *신즉물성*의 대표자들의 정신에서 현실의 표면에 덧칠해야 한단 말인가?"[136]

블로흐는 표현주의를 자본주의에 대한 저항의 형태, 즉 그에 따르면 신즉물성에는 나타나지 않는 비판의 형태로 인식한다. 그와 같은 것이 몽타주 기법인데, 그 기법도 찢겨지고 파편화된 자본주의의 현실을 폭로한다.

> 기술적이고 문화적인 몽타주에서 낡은 표면의 일관성은 파괴되고 새로운 것이 구축된다. 새로운 일관성이 그때 나타날 수 있는데 왜냐하면 낡은 질서가 사실상 찢겨진 표면 중 하나인 공허한 허위로서 점점 더 그 정체를 드러내기 때문이다. 기능주의가 화려한 외관으로 우리를 현혹시키는 반면, 몽타주는 종종 이 표면 아래의 혼돈을 매혹적이거나 대담하게 뒤섞인 조직으로서 드러낸다. ... 이러한 의미에서 몽타주는 기능주의보다 시대의 겉모습은 덜 드러내고 시대의 이면을 더 드러낸다.[137]

그는 몽타주가 표현주의자들 또한 사용했던 기법이라고 말한다. 블로흐에 따르면, 그들은 최고의 작품에서 자신의 의도를 설명하기 위해 현실에서 끌어낸 파편들과 고대의 유토피아적인 이미지들로 몽타주에 응용한다. 몽타주는 기존 질서에서 최상의 파편들을 분리시키고 새로운 패턴 속에 그것들을 배치하여 낡은 체계의 문화적 유산을 이용한다. 여기서 그것은 삶의 새로운 양태를 설립하기 위한 풍부한 요소들로 *변환*된다. 몽타주는 새로운 무언가를 생산하기 위해 낡은 것을 강제하는 방법이다.

> 이 방법은 공허함의 모든 부정적 특징을 다 가지지만, 긍정적인 것도 잠재적으로 가지고 있다. 그 파편들은 보통의 질서에 반하여 작용하는 것을 창조하기 위해서 또 다른 맥락에서 사용될 수 있다. 후기 부르주아지의 맥락에서, 몽타주는 이 세계의 공허한 공간을 드러내는 것을 의미한다. 동시에 몽타주는 이 공간이 '외관의 역사'—즉, 온당한 형태가 아니라 혼성의 형태—의 번쩍임과 단면들로 충만함을 보여준다. 그것은 또한 더 이상 '*교양* *Bildung*' 이라는 개념에서가 아니라 여행하기와 놀라움의 관점에서 옛 문화를 평가하는 방법이다.[138]

그 때에 블로흐는 근대주의의 전형적인 두 측면—표현주의와 몽타주—의 주창자였다. 그가 신즉물성과 매우 분명히 거리를 두었다는 것은 더욱 주목할 만한 것이다. 그가 표명한 이유는 자본주의에 대한 반대는 고사하고 자본주의를 비판할 어떤 것도 기능주의에서는 볼 수 없다는 것이었다. 신즉물성은 자본주의 논리와 완전히 일치했고, 다른 대안 문화에 대한 암시도 주지 못했다.

그렇지만 블로흐의 판단은 편파적이라 말할 순 없지만 매우 고지식했다. 그는 표현주의에서 그랬던 것처럼 신즉물성에서도 유토피아의 목표와 급진적인 정치적 개념들이 작용했다는 것을 전혀 보지 못했다. 물론, 사실상의 건설 실천에서 교의상의 순수성이 항상 손상되지 않은 채 잔존했던 것은 아니지만 신즉물성이 단순히 자본주의의 도구였다고 말하는 것은 적지않은 과장이었다. 이 점에 대해 알렉산더 슈밥Alexander Schwab과 같은 다른 마르크스주의자들은 좀 더 균형잡힌 견해를 가지고 있다.[139] 슈밥은 두 얼굴을 한 근대건축의 성격을 말했는데, 그는 그것을 고도로 부르주아적이자 프롤레타리아적이며, 자본주의적이자 사회주의적인 것으로 기술하였다. 백화점, 사무소 군, 별장과 같은 자본주의의 상징인 건물뿐만 아니라 *주거단지*, 공장건물, 학교, 클럽하우스와 같이 사회주의 사회를 예시하는 건물들도 있기 때문이다. 블로흐에게는 확실히 후자의 범주는 의미가 없었다. 무엇보다도 그의 비평은 신즉물성의 미학적 언어가 자본주의 질서의 차가운 합리주의에 완전히 적합하다는 사실과 관련있다. 그는 신즉물성에서 파편화되고 갈라진 모든 것뿐만 아니라 표현주의에 나타나는 따뜻함과 환상도 놓쳐버렸다.

결국, 모더니즘에 대한 블로흐의 평가는 비록 몽타주에 관한 논평에서 벤야민에게 매우 접근했을 지라도, 벤야민과 철저하게 달랐다. 그 차이는 벤야민이 절제, 투명성, 기능주의 같은 특징들을 더 많이 믿고 있었다는 것이다. 벤야민은 *기능전환* *Umfunktionierung* 의 개념을 블로흐보다 더 엄밀히 사용했다. 그는 그것을 양식적인 차가움과 합리성이 혁명적 변화를 이끌고 그것이 진정으로 인간적인 사회를 건설하는 데 기여할 수 있는 확실한 가능성으로 보았다. 벤야민과 같은 급진적 사상가에게, 몽타주라는 모더니스트 미학은 외형과 표면에 관련되는데, 그것은 옛 질서의 요소를 '되찾기' 보다 급진적으로 새로운 삶의 형태를 위한 여지를 만들기 위해 의도되었다. 벤야민은 내부와 외부의 친밀한 관계라는 가정에 기초한 방법인 상징을 거부했다. 대신 그는 알레고리, 몽타주, 파괴를 중시하였다. 게다가 창조성에 대한 모든 호소뿐만 아니라 따뜻함과 안전에 관한 모든 언급을 거부했다. 왜냐하면, 그는 이런 특징들이 잘못된 휴머니즘을 재현하는 것으로 이해했기 때문이다.

벤야민의 급진적인 부정성과 그의 탈휴머니스트적 자세는 블로흐의 저작에서는 찾을 수 없다. 블로흐는 환상과 창조성을 극히 중요한 것으로 본다. 따뜻함과 은둔은 그에게 명확히 긍정적인 가치들이다. 벤야민이 초월하기를 원하는 가득 찬 것과 비어있는 것 사이의 은유적인 대립은 블로흐의 담론에서 본질적인 요소로 남아있다.**역주 33)** 그는 자본주의 공간을 '공허한' 것이라 말하는데 그 표면이 내부의 공허를 감추고 있을 뿐이라는 것이다. 그에게 차가운 광휘와 장식의 결핍을 가진 일부분의 기술적 장치들은 또한 '공허한' 느낌을 줄 뿐이고 신즉물성의 합리성에 대한 주장도 혁명의 열기를 이루는 데 실패했기 때문에 역시 '공허한' 것으로 본다. 삶의 충만함은 블로흐의 유토피아적 전망의 목표였다. 모든 존재 형태가 근본적으로 불완전하기 때문에 충만함이라는 이 개념은 항상 미래와 관련있다.

자본주의의 '공허한 공간' 을 구성하는 현실의 균열과 틈을 알고 있다는 점에서 블로흐의 현대성 개념은 분명히 반목가적이다. 그는 현실성의 이런 이미지를 도래할 고향 homeland-to-come이라는 목가적인 개념과 대조시킨다. 그가 *고향*, 즉 집에 있는 *존재* *Zu-Hause-sein*의 형상에 부여하는 이미지는 매우 감동적이다. 예를 들면, 『흔적Spuren』(1930)에서, 그는 친구의 집에서 보냈던 저녁을 회상한다.

내 · 외부 사이에서, 현상과 심연 사이에서 그리고 에너지와 표면 사이에서 유쾌한 순환운동을 느낄 수 있다. 나의 친구는 "집이 활동하는 것을 느끼는 것이 얼마나 좋은지 들어봐"라고 말한다. 그리고 당신은 평화와 모든 것이 얼마나 조화로운지 들을 수 있을 것이다. 모든 건강한 인간이 익숙한 사물들, 당신 주변의 삶의 기쁨 그리고 도道가 충만한 세상과의 진실한 우정에서 자기확신을 느낄 수 있을 것이다.140)

비록 여기서 얘기하는 것이 순간적인 경험에 지나지 않는다고 강조했지만, 블로흐에게 조화와 결속의 이 이미지가 바로 *고향Heimat*의 본질(사물들이 낯설지 않고 주체와 객체 사이에 화해와 정체성이 지배적인 상태)을 표현하고 있다는 것은 명백하다. 이것은 시골이라는 맥락과 관계가 있다기보다—블로흐는 그의 *고향Heimat* 개념과 나치의 '*혈통과 토지 Blut und Boden*' **역주 34)** 이데올로기를 대조하는 데에 주의를 기울였다—141) 당시 시간과 분위기가 야기하는 결속의 느낌에 더 관련이 있다. 어떤 식으로 존재할지라도, *고향*은 블로흐에게 유토피아의 범주로 남는다. 자신을 집에 있는 느낌을 갖게 하는 진정한 거주는 미래를 위해 남겨진 채로 있다. 거주는 과거에 뿌리를 내리고 있지 않다. 그것은 미래를 향해 발돋움한다. 거주를 향한 유토피아적 욕망이 구체적 형태를 취하는 과거 속의 요소들을 식별할 수 있다는 것은 진실이다. 이 요소들은 보존되어야 한다. 그것들의 유토피아에 대한 잠재적 기억은 잊혀서는 안되고, 미래사회를 디자인하기 위해 생산되어야 한다. 이것이 그의 철학에 나타나는 계획적인 성향인데, 그 성향은 유토피아에 대한 강조로 철저히 연결되어 있다.

베니스학파 또는 부정적 사고의 진단

'베니스학파' 라는 용어를 사용할 때, 나는 베니스에서 만프레도 타푸리(1935-1994)라는 인물 주위로 모인 역사가와 이론가들 모임을 말한다. 타푸리는 1968년에 출판된 자신의 첫 번째 주저, 『건축의 이론과 역사Teorie e storia dell' architettura』로 국제적인 명성을 얻었다. 그 책에서 기디온이나 제비Zevi같은 저자들이 행했던 '조작비평operative criticism' 에 대한 비판을 전개했다. 1973년에는 근대건축에 대한 그의 관점을 가장 도발적이고 농축하여 서술한 『건축과 유토피아progetto e utopia』를 출판하였다. 몇년 후에 이런 관점은 타푸리와 프란체스코 달 코Francesco Dal Co가 함께 쓴 『근대건축의 역사』에서 더욱 엄밀하게 정식화되었다.

1980년 『구와 미로La sfera e il labirinto』의 출판 이후 타푸리는 근대건축에서 등을 돌려 그의 첫사랑 르네상스로 되돌아갔다. 그렇지만 그는 베니스에서 이루어진 19세기와 20세기 건축과 도시계획의 역사에 대한 세밀한 연구에 계속 촉매제로 이바지하였다.142)

베니스의 미학 교수인 철학자 마씨모 카챠리Massimo Cacciari는 이런 활동 전반에 특별한 역할을 했다. 카챠리는 정치와 노동조합운동에서도 활동하는 생산적인 작가다. 초기, 20세기 초의 독일 도시사회학에 초점을 두었던 그의 철학연구는, 하이데거와 벤야민의 작업에 매료되었음을 보여준다.143) 그의 분석들은 특히 그의 '부정적 사고' 개념을 통하여, 건축역사를 다루는 동료들의 저술에 결정적인 의미가 있었다. 카챠리처럼, 프란체스코 달 코도 그 세기의 전환기에 있던 독일 건축문화에 대한 세밀한 연구를 수행하였다. 그 시기는 '이론적으로 가장 치밀하고 중요한 개념을 정교하게 만들었고 아마도 현대성의 경험을 잘 나타내는 시기' 144)였다. 나는 이 두 저자가 기여한 것에 특별히 주목할 것이다. 왜냐하면, 내가 보기에 그들은 거주와 현대성을 둘러싼 전반적인 논쟁에 특별히 중요한 인식과 가설을 제시하기 때문이다.

건축과 유토피아

1969년에 초판이 발행된 타푸리의 『건축과 유토피아Progetto e utopia』역주 35)는 '이데올로기 비평-이 용어는 가장 엄밀히 마르크스주의식으로 쓰였다-이 제안한 방법에 비추어 근대건축사 다시 읽기'를 제공하려 한다.145) 이런 관점에서 타푸리는 계몽주의 이래로 자본주의 근대화와 관련된 건축의 발전을 추적한다. 그의 중심 주제는 근대건축의 과정이 자본주의의 경제적 토대와 독립하여 이해될 수 없고, 근대건축의 전체 발전은 이러한 매개 변수들 내에서 일어난다는 것이다. 게다가, 그 책의 전체 목적은 이러한 (이데올로기적인) 종속이 심지어 표면적으로는 부르주아와 자본주의 문명에 대한 엄밀한 거부로 보이는 상황에서조차 현존한다는 것을 논증하는 것이다. 그 책은 로지에Laugier로 시작하여 구조주의와 기호학의 역할로 끝나는 2세기에 걸친 건축역사의 몇몇 중대사들을 논한다. 나는 여기에서 아방가르드에 관한 장들을 주요하게 다룰 것이다. 왜냐하면, 이 책 다른 곳에서 논하는 소재에 가장 가깝게 관련되기 때문이다.

타푸리는 근대화과정을 끊임없이 확장하는 합리화와 점점 광범위해지는 계획planning 활동을 특징으로 하는 사회발전으로 본다. 이런 과정 안에서, 그는 아방가르드

운동이 실제로 이런 근대화를 조장하는 많은 임무를 수행했다고 주장한다. 예를 들면, 아방가르드의 '프로그램'은 새로운 것과 도시생활의 빠른 속도에 전형적인 충격 경험을 완화시키는 목적을 포함한다. 이것을 위해 채택된 방법이 몽타주 기법이다. 몽타주 원리는 다른 맥락들에서 추출되고 비위계적 방식으로 서로 연결된—이론적으로 동등한 가치를 지닌—요소들의 결합을 수반한다. 타푸리에 따르면, 이 과정은 화폐경제에서 작용하는 원칙과 구조적으로 유사하다. 그는 게오르그 짐멜의 인상적인 인용문을 기초로 화폐경제를 묘사한다. "모든 사물들은 끊임없이 이동하는 화폐의 기류 속에서 동등한 일정무게로 떠다닌다. 모든 사물들은 같은 수준에 놓이고, 단지 그것들이 다루는 영역의 크기에서만 서로 구별된다." 타푸리는 다음과 같이 계속해서 묻고 있다. "우리가 여기에서 슈비터즈Schwitters의 'Merzbild'(그림 65)에 대한 문학적 논평을 읽는 것 같지 않은가?('Merz'라는 그 단어가 단지 'Commerz'라는 단어의 일부분이라는 것을 잊어서는 안된다.역주 36)"146)그가 여기에서 의미하는 바는 아방가르드 예술작품에서 사용된 몽타주 기법이 화폐경제에서 작동하는 사물들 사이의 관계에서 끌어내었다는 점이다. 그렇기 때문에 이런 예술적 원리의 발전은 모든 개인이 종속되는 동화의 과정—메트로폴리스의 삶에서 자극받고, 가치의 파괴에 따른 불안을 새로운 역동적인 전개 원리로 변형—을 암시한다. 이런 과정은 아방가르드 예술의 부상에서 일어났다. 뭉크의 "'절규Scream'에서 엘 리시츠키El Lissitzky의 '2개의 정방형 이야기Story of Two Squares'(그림 66과 67)까지 경과를 살펴보아야 한다. 그것은 가치파괴의 고뇌에 찬 발견에서 화폐경제의 특성없는 세계에 완전히 흡수된 대중이 인지할 수 있는 순수한 기호의 언어를 사용하는 것까지의 과정이다."147)

그림 65. 쿠르트 슈비터즈, 메르츠 기둥, 1930년대.

그림 66. 에드바드 뭉크, *절규*, 1893.

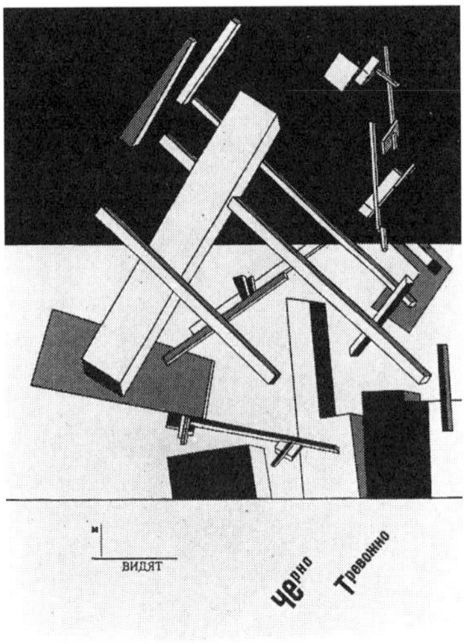

그림 67. 엘 리시츠키, *2개의 정방형 이야기*, 1922.

또한, 타푸리는 한편으로는 생산을 조절하고 끊임없는 자본주의 체제를 통치하는 화폐경제의 법칙들과 다른 한편으로 아방가르드의 전형적 형상들 사이에는 구조적인 유사성이 있다고 믿는다. 후자는 몽타주 기법으로 화폐경제의 '가치에 대한 무관심'을 재생산하고, 그것이 연속되는 사상들의 뜨고 짐에서 사회의 근대화 과정에 전형적인 영구적인 혁신의 정신을 되풀이한다고 주장한다.148) 이런 유사성은 타푸리 논제의 핵심을 형성한다. 아방가르드 변증법의 본질을 그의 관점에서 위치시킨 후에, 그는 나아가 "그들이 과거와 단절하는 것이 행위모델로서 그들의 가치를 위한 근본적인 조건이었다는 사실에서 잘 알 수 있듯이, 단지 필수적이고 보편적인 것을 해석하기만 하면서, 아방가르드는 일시적인 비대중성을 받아들일 수 있었다."149)고 진술한다.

과거와의 단절은 더 나은 발전을 위한 전제조건이 되는 '가치의 파괴'로 나타난다. 아방가르드는 가치의 파괴를 유일한 새로운 가치로 격상시킨다. 이런 파문은 자본주의 체계의 더 나은 발전에 본질적이다. "서구 부르주아지의 모든 역사적 유산을 파괴하고 조롱하는 것은 부르주아 계급 그 자체의 잠재적이지만 억제된 에너지를 해방시키기 위한 조건이었다."150) 아방가르드는 '파괴'와 '부정성'을 자본주의 전개에서 극히 중요한 계기로 본다. 그들이 이런 요소들로—그것을 개인의 경험에 그럴듯하게 묘사하면서— 실험한 사실은, 말하자면 사회 현대화 과정의 보급을 내포한다.

아방가르드는 부정적인 것에 형태를 부여한다. "아방가르드 운동에게 가치의 파괴는 부정적인 것 자체를 발전을 위한 무한한 잠재력의 방출밸브로 만들기 위해 부정적인 것과 계속 접촉할 수 있었던 새로운 유형의 합리성을 제공하였다."[151] 하지만, 부정성이 작용한 특정 부분이 아방가르드 자체 내에서 결코 명쾌한 토론 주제가 되지는 않았다. 그 운동이 토론한 것은 예술적-지적 노동이 정치적인 성격을 가지는지 아닌지에 관한 문제였다. 타푸리는, 아방가르드 운동 내에, 그들 자신이 계속 반향을 느꼈던, 2가지 다르지만 보완적인 관점들이 있다고 말한다. 한편으로는 지적 작업을 자율적인 것, 즉 예술 언어상에서의 작업—빅토르 슈클로프스키Victor Shklovsky가 주장한 것으로 형식주의를 옹호한 주제—으로 이해하는 사람들이 있었고, 다른 한편으로 예술작품을 오직 정치적 중재로만 가정하는 '참여committed' 예술의 옹호자들이 있었다. 타푸리는 브르통Breton과 초현실주의자 운동을 이런 입장의 첫째가는 사례로 든다.

타푸리에 따르면, 가장 긴급한 문제는 이들 두 태도의 화해였다. 그것은 구성주의와 바이마르 공화국의 사회 민주주의 시 당국의 도시개발계획에 극히 중대한 문제였을 뿐만 아니라 1930년대 발터 벤야민의 저서에서 중추적인 것으로 본다. 타푸리는 벤야민의 예술 에세이에 있는 '아우라의 쇠퇴' 라는 논제가 새로운 생산양식의 보편적 채용에 관한 논평일 뿐만 아니라 사려깊은 선택에 대한 언급—예술작품의 신성한 성격을 거부하고 그것의 파괴를 받아들이는 것—으로 해석해야 한다고 주장한다.

그러나 지적 작업의 자율성을 보존하려는 시도와 반대되는 선택도 자본주의 발전 안에서 매우 특별한 요구에 대한 응답이다.—그것은 (노동의) 분업에 의해 소외된 '주체성Subjectivity' (대문자 S는 타푸리가 사용한 것이다)이라는 개념을 회복하려는 요구이다. 하지만 이것은 단순히 지연작전일 뿐이다. '주체의 소멸' 은 자본주의 합리화의 진전 때문에 역사적으로 피할 수 없다. 타푸리에 따르면, 이 발전을 멈추려는 모든 시도들은 실패할 운명임은 자명한 일이다. 게다가 이런 '주체론자' 의 시도는 일종의 위안을 제공하려는, 자본주의 전개에서 특별한 목적을 가지고 있다. 이런 의미에서, 타푸리는 이런 종류의 자세도 그 체제를 떠받치는 데 이바지한다고 주장한다.

타푸리는 전체 아방가르드 운동 내에서의 건설적인 운동과 파괴적인 운동들이 단지 표면상으로만 대립된다고 생각한다. 그들은 둘 다 자본주의 생활방식의 경험적인 일상의 현실에 대한 응답이다. 전자는 새로운 질서를 창조한다는 관점으로 그것을 거부하고, 후자는 현실의 혼돈적인 성격을 찬양함으로써 응답한다. 건설적인 경향들은 '혼돈과 경험,

진부함을 형태의 원리로 반대한다.' 152) 이런 '형태'는 산업 생산의 내적 법칙에서 유래하였으며 그 구조에 분명한 혼돈을 부여한 근원적인 논리와 양립할 수 있었다. 여기에서 더 스타일De Stijl과 같은 운동의 의미를 찾을 수 있다. "복합체를 요소적인 형태로 분해하는 '더 스타일'의 기법은 정신의 '새로운 풍부함'은 기계 문명에 의해 가정된 '새로운 빈곤'의 바깥에서 볼 수 없다는 발견과 일치한다." 153) 다른 활동들, 즉 파괴적인 경향들은 반대의 목적—혼돈의 찬양—을 가지고 있었다. 하지만, 타푸리는 여기에서 이 운동의 한 측면이었던 역설을 향한 경향도 질서에 대한 필요를 느꼈음을 의미한다고 주장한다. "다다는 대신 혼돈으로 뛰어들었다. 혼돈을 재현함으로써, 자신의 현실을 확인했다. 현실을 역설적으로 다룸으로써, 결핍된 필요성을 드러내었다." 154) 그렇기 때문에, 타푸리는 아방가르드 내에서의 건설적인 순간과 파괴적인 순간 사이의 내적 관계를 지적한다. 이런 이유로 그는 다다이즘과 구성주의가 1922년 이후에 합병했던 것이 전혀 놀랍지 않다고 주장한다. 155)

게다가 타푸리에 따르면, 아방가르드 운동들의 전반적인 관심은 근대 기계문명에 근본적인 혼돈과 질서의 변증법을 인지하고 자기 것으로 흡수하는 것이었다. 여기서 그 변증법이란 한편으로 끊임없이 변화하는 도시의 역동적인 이미지라는 외관상의 혼돈과 다른 한편으로 사실상 생산 체제의 합리성—모든 경우에서 결정적인 인자인 것으로 생각되었던 합리성—이라는 근본적인 질서 사이의 변증법을 말한다. 아방가르드 운동의 예술적 노동은 근대도시에서 지배적인 새로운 삶의 조건에 대한 동화를 포함했다. 이런 동화의 과정은 그것에 종속되었던 사람들의 더욱 철저한 내면화interiorization를 위한 필수적인 전제조건이었다. 타푸리의 도식에서, 아방가르드 운동은 기계문명의 더 한층 확산과 전개를 가능하게 하는 임무를 할당받았다. 하지만 이런 '전위의vanguard' 임무를 넘어설 수는 없었다. "아방가르드 운동은 기술에 의해 생겨난 새로운 힘을 계획성 있게 조절해야 한다고 매우 분명하게 지적하였지만, 이런 이성의 탄원을 실현할 수 없음을 즉시 깨달았다." 156)

아방가르드 운동들은 진정으로 자본주의의 전개과정에 영향을 미치거나 그것의 고유한 합리화에 구체적 형태를 부여할 수 없었다. 타푸리는 이런 임무가 건축의 몫이었다고 주장한다. "아방가르드의 여과실로서 바우하우스는 생산적 현실의 요구라는 측면에서 아방가르드의 모든 공헌을 시험함으로써 이를 선별하는 역사적 임무를 완수했다." 157) 건축은 아방가르드 운동의 '진보적인' 요구들(생산수단의 계획된 조절에 대한 요구를 포함하여)과 이런 생산의 구체적 현실 사이의 중재자가 되어야 했다. 하지만, 타푸리의 진단에 따르면, 건축이 그 논리적 함축을 받아들일 준비가 되어있지 않았기 때문에 건축은 모순에 빠지게 되었다. 그 모순은 '일반적으로 생산과 소비의 재구축, 다른 말로 생산의 계획된 조정' 158)을 포함하는 건축 바깥의 제도화된 계획형태에 의해서만 해결될 수 있다.

생산의 완전히 계획된 통제는 건축에 한정되지 않고, 오직 사회적 삶의 모든 영역을 껴안는 계획의 일반적인 사회경제적 형태가 존재할 때 이행 가능한 것이다. 건축가들이 이런 결론을 받아들이는 것은 스스로를 무능자로 만들어버린다는 뜻이다. 건축은 더 이상 계획의 주체가 아니라 객체가 될 것이다—그리고 그것은 건축가들이 받아들일 수 없는 것이다. "1920년에서 1930년까지의 건축은 그런 결론을 받아들일 수 없었다. 분명한 것은 그것의 '정치적' 역할이었다. 혁명보다는 건축(즉, 건물 생산과 생산조절로서 도시의 프로그래밍과 계획된 재조직). 르 꼬르뷔제는 분명히 이 대안을 선언했다." 159)

타푸리에 따르면, 이제 건축은 생산과 소비의 재구축이라는 기술적 조직화를 책임지는 불가능한 임무를 수행하려한다. 전체 계획에 참여자의 역할 대신, 이 계획의 입안자로 등장한다. 최소한 이것이 타푸리가 신즉물성의 프로그램을 이해하는 방법인데, 신즉물성은 명쾌한 객관성으로 '아우라의 죽음' 에 대한 결론을 완전히 받아들이지만 동시에 이 가정의 모순적인 성격을 인식하지 못했다.

'아우라의 죽음' 을 받아들였던 신즉물성 건축가들의 태도에는 미적 경험에 대한 새로운 태도가 내재되어 있다. 건축은 더 이상 정적인 방식으로 보고 감상하는 대상을 생산하지 않는다. 오히려 과정에 형태를 부여해야 한다—다른 말로, 그것은 역동적인 경험을 제안해야만 한다. 타푸리는 이런 점에서 힐베르자이머Hilberseimer의 『대도시건축Grosstadtarchitektur』을 논하는 데, 그 책은 근대도시의 전체 구조를 거대한 '사회적 기계' 로 취급한다. 힐베르자이머는 도시 그 자체로 끝나는 생산의 연쇄고리에 있는 첫번째 요소인 개별건물에서 시작한다. 도시는 더 이상 독립적이고 개별적인 '대상들' 의 형태를 취하지 않고, 추상적이고 요소적인 몽타주로 끊임없이 재생산되는 요소들의 연속으로 이루어진다. 타푸리는 "새로운 생산기술과 시장의 확장 및 합리화에 직면해서, 대상의 생산자로서 건축가는 실로 부적당한 인물이 되었음" 160)을 설명하기 위해 이러한 접근을 강조한다.

반면 신즉물성의 반대자들 즉, '대상의 위기' 속에 빠져버린 건축가들이 있었다. 타푸리는 타우트Taut와 로스Loos뿐만 아니라 포엘지히Poelzig와 멘델존Mendelsohn을 언급한다. 신즉물성 운동의 건축가들이 대상을 파괴하고 객체를 과정으로의 대체하려 했던 반면에, 그들의 반대자들은 대상을 과장함으로써 이런 발전에 대항하려 하였다. 그러나 그 점에 있어, 그들이 했던 모든 것은 지연작전을 수행하는 것이었다. 그들은 자신들이 신즉물성의 제안에 대한 어떤 이해할 수 있는 대안도 제시할 수 없다는 것을 알았던 한편 유럽 부르주아지의 부차적인 요구에 부응하고 있었다.

타푸리에 따르면, 신즉물성이라는 신조에 찬성했던 건축가들은 구체적인 건축의 '정치화'에 참여했다. 예를 들면, 마이May와 바그너Wagner는 그들의 기술적 지식을 명확히 정치적이고 사회-민주적인 선택의 맥락 내에서 전개했다. 하지만 실행과정에서 건축의 정치화는 결국 성공에 한계가 있는 것으로 드러났다. 그들은 도시 전반의 발전을 통제하지 못했고, 또한 생산체제를 재구축할 수도 없었다. 더구나, 타푸리가 지적했듯이, *지들룽 Siedlungen*의 중재모델은 거대 도시에 대한 반대에 뿌리를 둔 넓은 반-도시 이데올로기의 일부를 형성했다. "그러나 *지들룽*은 대도시라는 모델에 반대하는 '마을town' 이라는 모형을 취한다. 짐멜과 베버에 대항한 퇴니스가 그러했다."161)

타푸리는 이 건축가들이 이런 접근을 선택하면서 도시의 파편화되고 정적인 조직화를 채택하고 있었다고 주장한다. 이것이 이 전략이 제한적으로 성공한 직접적인 이유다. 자본주의의 산물인 근대도시는 어떤 영구적인 균형도 허락하지 않는다. 도시의 내적 역동성은 이런 종류의 균형을 부과하려는 모든 시도를 손상시킨다. 퇴니스가 정식화했던 *공동체사회 Gemeinschaft*에 대한 갈망은 *이익사회 Gesellschaft*라는 끊임없이 잠식하는 현실로 나아갈 것을 강요당했다. 그래서 합리적인 조직화를 창조하기 위한 신즉물성의 시도들은 실패할 운명이었다. "개량가능성, 다기능성, 다양성, 유기적인 구조의 결여—요컨대, 근대 메트로폴리스가 야기한 모순적인 측면들 전부—는 이렇게 중부 유럽 건축가들이 추구한 합리화 바깥에 머물러 있었던 것으로 보인다."162)

타푸리의 가설은 틀림없이 발터 벤야민—최소한, 예술 에세이와 「생산자로서의 작가」를 썼던 벤야민—의 자취를 드러낸다. 벤야민이 보들레르의 작품을 현대성에 전형적인 충격 경험을 내면화한 산물로 분석하는 반면, 타푸리는 동일한 개념을 전체 아방가르드 그리고 다른 근대건축의 흐름들에 적용한다. 그 중심개념은 아방가르드 운동의 지배적인 원칙들—가치의 파괴, 새로움의 추구, 형태를 위한 탐험, 혼돈의 찬양—이 자본주의 문명의 기초가 되는 원칙과 동일하다는 생각이다. 타푸리는 벤야민, 블로흐, 아도르노와 같이 마르크스주의에 영향을 받았던 다른 작가들과 이 개념을 공유한다. 문제는 그들 모두 이 기본적인 개념에서 서로 다른 결론을 낸다는 것이다. 예를 들면, 벤야민은 자본주의 합리화를 급진화하는 행위가 어떤 점에서 새로운 사회형태를 여는 변화를 일으킬지도 모른다는 희망을 소중히 했다. 이에 반하여, 블로흐에게는 신즉물성과 자본주의 사이의 내적 관계는 근대건축이 새로운 사회를 디자인할 수 없다는 증명이었다.(하지만, 그는 전체 아방가르드 운동을 이렇게 진단하지는 않았다.) 아도르노는—나중에 설명하겠지만—이 관계를 사회체제에 대한 진정한 비판을 포함하는 미적 실천을 전개하기 위해서 없어서는 안될 것으로 본다. 그와 동시에 바로 이 비판을 한계 짓고 무효화시키는 효과도 가지고 있다. 이들 저자들과는 달리, 타푸리 분석의 두드러진 특징은 비판적 가능성 또는 대안의 희망을 위한 어떤 여지도 허락하지 않는다는 것이다. 타푸리의 이데올로기 비판은 모든 예술적 · 이론적 발전을—명백하게 예외없이—자본주의 체제의 논리 안에서 작동하는 것으로, 그것에 대해 '역사적으로 필연적인' 것으로 드러낸다. 타푸리는 이 체제에 불가피해 보이는 획일적인 성격이 있다고 생각한다.

이 진단의 철학적 토대에 관해 타푸리는 마씨모 카챠리Massimo Cacciari163)의 저작을 인용하는데, '부정적 사고' 와 관련있는 카챠리의 입장은 타푸리의 가설에 극히 중대한 구조적 의미를 지닌다.

메트로폴리스와 부정적 사고

부정적 사고에 관한 카챠리의 담론은 두 텍스트—짐멜이 1903년에 쓴 「대도시와 정신적 삶Metropolis and Mental life」 그리고 1930년대 벤야민의 「보들레르 연구」164)—에 대한 그의 분석을 살펴봄으로써 가장 잘 이해할 수 있다. 카챠리의 관점에서 부정적 사고negative thought는 모순의 돌이킬 수 없는 본성과 위기현상이 자본주의 발전에서 차지하는 중심위치를 강조하는 철학적 접근을 나타낸다. 따라서 그는 부정적 사고를 변증법과 대조한다. 후자는 모순되는 입장들의 궁극적인 종합을 계속해서 성취하려 하지만 "부정적 사고는 역사 속에서 일어나는 도약, 단절, 혁신을 기록하지 결코 전이, 흐름, 역사적 연속을 기록하지 않는다."165) 부정적 사고는 자본주의 발전과정 내에서 작동한다—사실, 그것은 자본주의 이데올로기의 가장 진보된 순간을 구성한다. 카챠리에 따르면, 부정적 사고는 자본주의 내에 있는 위기의 순간을 재현한다. 동시에 이 위기의 순간이 그 체제에 대한 어떤 실제적 위협도 되지 못하며, 사실상 계속되는 확장에 호의적이라고 주장한다.166) 무엇보다도, 자본주의의 발전원리는 자명하게 존재하는 가치들의 하락을 동반한다. 자본주의는 사실상 위기가 위기를 잇는 상황과 동의어다.

카차리에 따르면, 짐멜이 이룬 성과는 합리화—인간관계라는 측면과 화폐경제라는 측면 모두에서—가 대도시의 기본 구조를 형성하는 것으로 폭로한 것이다.(그림 68) 카

그림 68. 파울 시트로엥, *메트로폴리스*, 1923(Rijksuniversiteit Leiden.)

챠리는 메트로폴리스Metropolis를 알레고리적 의미로 이해한다. 그것은 근대적 조건과 자본주의 문명을 재현한다—그러므로, 대문자 *M*을 쓴다. 짐멜을 따라, 카챠리는 메트로폴리스는 *the Geist(정신)*의 영역이라고 말한다. 그리고 그것의 특징은 인격the personal과 정서the emotional—주체성subjectivity을 구성하는 존재—가 계산의 이점을 위해 그리고 계산가능한 기능적 합리성을 위해 추상화되는 과정으로 이해되는 *Vergeistigung(정신화)* 과정 **역주 37)**이다.

카챠리는 이 *Vergeistigung(정신화)* 과정과 점점 증가하는 상품체계의 보급 사이의 함축적인 관계를 지적함으로써 짐멜의 담론을 보충한다.[167] 작은 마을에서는 사용가치와 교환가치에는 변증법적인 상호 관계가 필수적으로 존재하지 않아도 이 둘은 서로 공존하고 있다고 말할 수 있다. 하나의 대상이 판매를 목적으로 하지 않아도 단순히 '사용'을 위해 생산될 수 있을 것이라고 온전히 상상할 수 있다. 이에 반해, 메트로폴리스는 사용가치와 교환가치가 생산의 연속성을 확보하기 위해서 부단히 서로 변환되는 확고부동한 주기를 특징으로 한다. 메트로폴리스에서, 사람의 행동 양상은 이런 연속적인 변화와 일치하고 그러기에 결국 생산법칙에 종속된다.

우리에게 메트로폴리스를 이해하는 도구를 제공함으로써, 짐멜은 메트로폴리스를 자본주의 발전에서 지배의 (필수적) 도구로 분석할 수 있게 한다. 이런 발전은 오직 사회영역이 상품논리 속에 통합될 때에만 일어날 수 있다. 카챠리의 관점에서, 이와 같은 분석은 부정적 사고에 속한다. 그렇다 하더라도, 카챠리에 따르면, 짐멜은 이런 결론을 통해 부정적 사고의 논리를 따르는 데에는 성공하지 못한다. 짐멜은 대도시가 화폐경제 즉, 모든 것이 계산가능하고 수량화되는 원리에 지배됨에도, 개인적 자유의 발전을 위한 빼어난 장소라고 주장한다. 대도시는 이동의 자유, 행동의 자유, 편견과 전통의 족쇄에서 자유롭게 한다. 이 모든 것은 모든 개인에게 독특한 개성을 발전시킬 동일한 기회를 준다. 카챠리에 따르면, 이러한 논제로 짐멜은 '대도시와 정신적 삶' 사이의 종합을 가정하고, 자기 분석의 완전한 결론을 받아들이기를 거부한다. "그것은 *'이익사회 Gesellschaft'*에서 *'공동체사회 Gemeinschaft'*의 가치를 회복하고 재확인하려는 종합이다. *공동체사회*의 개인적 자유와 평등을 회복하려는 것은 *이익사회*의 이데올로기를 떠받치는 주된 버팀목이 된다. 그러나 이런 종합은 엄밀하게 부정성the negative의 이론이 거부하는 것이다."[168]

카차리가 보기에, 이런 요소들을 고려하면 논리적으로 어떤 종합의 가능성조차 없음에도, 짐멜은 이를 사회역사적인 상황으로 환원하는 일을 수행한다. 카차리에 따르면, 짐멜은 이런 위기의 진정한 근본 성격을 인식할 수 없고 어떤 종합도 본질적으로 불가능하다는 것을 실감할 수 없다. 그는 오직 종합과 통제의 모든 가능성과 결정적으로 관계를 끊는 지점까지만 부정성의 논리를 추구한다. 여기에서 짐멜은 탐험을 그만두고 대신에 개성과 개인의 자유와 같은 노스탤지어적이고 대체된 부르주아의 가치를 구제하려는 시도에 착수한다. 짐멜은 이런 전략을 사고체계 내에서 부정성과 통합시키는데 이는 자기 담론의 이데올로기적 목적을 어떤 식으로든 인식하지 못하고 결국 도시에서 메트로폴리스로의 변화를 수행하는 (이데올로기적) 기능에 봉사하는 것이다. 카차리는 짐멜의 '종합' 은 자본주의 발전이 합리성, 추상, 옛 가치의 거부를 기본 특징으로 하는 자신의 성격을 이해하기는 역사적으로 불가능함을 나타내는 징후라고 생각한다.

카차리에 따르면, 벤야민은 보들레르에 관한 연구에서 짐멜보다 더 멀리 나아간다. 벤야민의 중심 주제는 보들레르의 서정시가 충격 경험의 기록이라는 것이다. 그 시인은 충격이 어디에서 오든 상관없이 그의 육체적 · 정신적 개성으로 그 충격을 피하는 것이 자신의 목적이었다. 더군다나, 보들레르에게서 대도시 대중들의 숨겨진 현존presence은 그의 시의 리듬과 이미지에서 표현되는 충격을 지속적으로 느끼게 만든다. 대도시는 그들의 가장 깊은 중심에서 개인들에게 영향을 끼친다. 보들레르의 시에서 다루어지는 충격 경험과 표면의 충돌은 변화하는 경험의 구조에 전형적이다. 그의 작품이 취하는 형식에는 그러기에 또한 합리화 과정에, 이 과정을 동반하는 희망과 공포의 감정에 스며들게 된다. 벤야민은 보들레르의 시를 메트로폴리스의 기본적 특징인 내면화**역주 38)**의 본보기로 분석한다.

이런 방향으로 보들레르를 해석하기 위해, 벤야민은 부정성을 메트로폴리스의 현실을 적절히 이해하기 위한 이론적 도구로 사용한다. 벤야민이 보들레르에게서 강조하는 것은 새로운 경험구조를 다루는 방식이다. 이 새로운 구조는 메트로폴리스에서 일어나는 전체적인 가치 *저하*와 완전히 결합된다. 이런 가치 파괴의 과정은 종합이나 휴머니즘적 가치를 위한 어떤 여지도 남기지 않는다.

부정적 사고는 근대 자본주의 사회의 초기 형태를 절망적으로 이해한다는 점에서 바로 이러한 가치

부정을 전제로 삼는다. 이 부정은 합리화이고 '*내면화*' 이다. 그리고 그것은 그런 사회의 운명을 직접적이고도 빈틈없이 함께 나누면서 사회와 같은 방향으로 움직인다. 그러나 동시에 그것은 '초월'의 가능성을 부정하는 사회의 논리를 발가벗겨 놓고 사회의 목적과 요구를 급진화한다. 다른 말로 하자면, 부정적인 것the Negative은 사회의 내적 충돌과 모순들, 즉 사회의 근본적인 문제들 또는 부정성negativity을 드러내는 지점에 도달한다.[169)]

이런 해석은 카프카의 작품에서 벤야민이 인식했던 것으로 숄렘에게 쓴 편지에서 논했던 것이다.[170)] 카챠리에 따르면, 이 편지에서 벤야민이 만든 가장 중요한 점은 대도시의 조건에 대한 경험이 카프카의 작품에서 갖는 형태와 동시대 물리학의 발견들이 서로 관련 있다는 것이다. 벤야민은 방에 들어가는 어떤 사람의 단순한 행동에 포함되는 힘과 반력 전부를 기술하고 있는 어느 물리학자의 책에서 한 구절을 인용한다. 그는 대기의 압력을 극복해야 할 뿐만 아니라, 또한 그의 발을 태양 둘레를 초당 30킬로미터의 속도로 움직이고 있는 한 지점에 내려놓는 데에 성공해야 한다—사람이 이 단편의 극단적 합리성에서 얻는 소외의 느낌은 명백하게 카프카가 법률과 같이 근본적으로 이해할 수 없는 체계의 논리적 귀결을 추적하는 하나의 방식을 상기시킨다. 두 사례에서, 극단적 합리성은 소외로 이끈다. 분석은 동어 반복으로 바뀌고, 의미로 가는 미로의 출구는 더 이상 없다. 동시에, 의미가 있는지 조차 의심하지 않을 수 없다. 사람은 그것을 어렴풋이 볼 수 있다. 그런데, 이 의미는 결코 완전히 명료하게 되지 않는다. 이것이 카프카의 작품에 나타나는 것이다—기호sign의 논리나 최후의 의미만큼이 아니라, 차이, 즉 기호와 사물 사이의, 언어와 현실성 사이의 차이가 존재한다는 사실이다. 카프카 작품의 의미가 발견되는 것은 그가 이 차이를 강조한 점에 있다. "그 강조는 더 이상 기호논리의 표현에 위치하지 않고, 차이의 표현에 있다. 논리적 극단으로 옮겨진 기호의 합리성은 기표 없는 기의, 대상없는 사실, 모순과 차이로서 그 자체 안에 기호를 가둔다.[171)]

카챠리가 보기에, 벤야민은 카프카의 작품이 가치의 저하라는 부정적 논리에 얼마나 충만한가를 보여주기 위해서 이런 과학적 합리성과 비교한 것이다. 그러나 벤야민조차도 그의 번쩍이는 인지에서 논리적으로 따라오는 결론을 묘사하는 데까지 최후의 걸음을 내딛지 못한다. 그가 메트로폴리스의 본질을, 문화의 영역을 포함하는 완전한 체계를 규정하는 기능들, 해석들, 책략들의 복잡한 성좌로 드러내는 것은 옳다. 그러나 그는 부정적인 것의 기능을 포착하는 데에는 실패한다. 그는 메트로폴리스가 부정에 기초하고 있다는 것을 이해하지 못한다.

카챠리가 부정적 사고라는 가정으로 어떤 묘한 작용을 실행하고 있다는 느낌을 피하기 어렵다. 토마스 로렌스Tomás Llorens는 어떤 *선결문제 요구의 오류* *petitio principii*역주 39), 즉 자기 충족적 전제가 여기서 작용하고 있다고 지적한다.

> 카챠리는 대도시의 개념을 이데올로기로서—즉, '허위의식으로'—분석해온 것 같다. 그리고는, 그것의 핵심에서 '부정적 사고'의 도식을 찾으면서, 그는 어떤 참된 대안도 없다고 결론짓는다. 그렇기 때문에 그는 자신의 진실을 위한 탐구를 같은 도식의 방패 아래에 놓는다. 여기에 분석에 따른 결론에 영향을 주지 않을 수 없는 자기 부정의 요소가 있다.172)

실제로 카챠리는 현대성의 단일한 전망을 주장하기 위해 부정적 사고에 대한 분석을 사용하고 있는 것 같다. 현대성—자본주의 문명과 분리할 수 없이 연결되어 있는—은 그의 저작에서 개개인의 공헌이 이론적 형태나 예술적 흐름에서 어떤 방식으로든 의미있는 영향을 미친 하나의 현상으로 기술되지 않는다. 카챠리는 모든 지적 해석을, 얼마나 진보적인가에 상관없이, 애초 그것이 비판에 착수했던 그리 만족스럽지 못한 측면들을 지닌 사회의 전개에 결국 봉사하는 것으로 다루는 것 같다. 덜 진보적인 이론들은 그에 의해 '노스탤지어적'이거나 '요점에서 벗어난' 것으로 퇴출되었다. 그는 체제를 확실히 비난하는 것 외에 다른 어떤 비판적 사고의 형태가 나타날 수 있는 가능성을 명백히 차단한다.

그럼에도, 이것은 카챠리 작업의 적절한 그림이 아니다. 구체적인 분석에서, 그는 이와 같은 단일한 도식에 완전히 들어맞지 않는 입장들과 전략들을 탐지한다. 예를 들면, 『건축과 허무주의Architecture and Nihilism』의 에필로그에서 그는 자신의 현대성에 관한 정의인 '충만한 허무주의'의 조건을 다루는 3가지 방법을 구별한다. 첫째로, 여전히 이 허무주의에서 문화를 걸러내려는 사람들의 어리석은 입장이 있다.—그는 일반화된 뿌리없음을 특질과 가치로 하는 생산물을 꾸미기로 결정했던 독일 *공작연맹*의 노스탤지어적 비애감pathos에서 그런 입장을 인식한다. 둘째로, 그 시대의 보편적인 유동화를 상징 속에서 표현하려는 사람들의 입장이 있다. 세계의 상이한 장소의 특수한 성격이 현대성의 평준화 작용의 결과로 사라지자, 그들은 전체 세계를 유일한 특수 장소로 다룬다. 예를 들면,

이것은 표현주의 단계에 있는 파울 셰어바르트Paul Scheerbart나 브루노 타우트Bruno Taut의 작업에 전형적이다. 마지막으로, '저항의 학파'에 속하는 로스와 같은 사람들이 있다. 첫 번째 그룹의 구성원들과는 달리, 그들의 저항은 일관성과 조화를 찾는 노스텔지어적 갈망에 뿌리를 두지 않는다. 반대로 허무주의의 현실에 대해 환영을 벗은 명료한 이해에 기반을 둔다. 그것은 디자인 프로젝트에서 비판과 급진적 문제를 형태화하는 저항이다. 그들이 문제시하고 비판하는 것은 '충만한 허무주의'의 태도에 함축된 지나친 단순함과 일차원성이다. 로스의 프로젝트들은 차이에 귀 기울이는 구성의 개념에 기초하고 있다. 의미를 보편적이고 미리 주어진 어떤 것으로 가정할 순 없다. 우리가 할 수 있는 것은 차이를 드러냄으로써 의미를 제시하는 것이다. 카챠리는 이런 입장에서 현대성의 조건에 저항할 가능성을, 진정한 비판적 경향들 안에서 명백하게 식별한다.

거주와 현대성의 '장소들'

프란체스코 달 코Francesco Dal Co는 비록 다른 길을 통해서지만 유사한 결론에 도달한다. 그가 카챠리에게 헌정한 책인 『건축과 사고의 양태Figures of Architecture and Thought』의 첫 번째 장에서 달 코는 '거주와 현대성의 장소들'에 대한 대조되는 개념을 연구한다. 여기서 그의 출발점은 헤르만 바르Hermann Bahr가 자신의 에세이 「근대The Modern」에서 접근한 조화의 이상이다. 달 코에 따르면, 자신과 세계 사이의 융합, 내면과 외부 세계 사이의 파괴되지 않고 조화로운 전이의 목가적 이상은 또한 근대 건축에서 지배적인 경향이다. 달 코는 이런 통합과 조화의 이상을 니체의 현대성 진단과 대조한다. 니체는 돌이킬 수 없는 단절을 말한다. 근대의 인간 내부와 외부 사이의 일치는 더 이상 없다. 그리고, 이것은 치료될 수 없는 상황이다. 몇몇 저자들은 니체의 이 개념을 따라 그들의 현대성 해석을 위한 시작점으로 사용해왔다. 예를 들면, 헤르만 헤세Hermann Hesse는 대도시에 있는 존재의 유목적 본질을 반영하여 "집home"의 개념을 구축한다. *Heimat*, 즉 고향은 돌이킬 수 없는 과거에 속하고, 그 이미지는 기억 속에 소중히 간직된다. 근대인은 여행하고 이동하는 모험적인 존재로 간주된다. 이 여행은 목적지가 있지만 이 목적지는 *고향*의 풍부함과 달콤함이 없다. 그런데도, 이 여행은 고향과 구별되는 것으로 '자아가 홀로 거주하는 내 자신 안에 있는 정주지'[173]인 집을 위한 갈망에 의해 안내된다. 집에 대한 갈망은 세계라는 휴식처를 거부하고 포기하는 데에 기초한다. 세계와 집 사이의 틈은 메울 수 없다. 내부와 외부는 서로 각각 분리된다. 헤세의 관점에서 거주는 그러기에 세계와의 융합이 아니라 분리로 보인다.

그런데, 달 코에 따르면, 집home과 고향homeland 사이를 구별한 헤세의 직관은 건축에서 주목받지 못했다. 달 코는 근대건축이 긴장을 화해하려 하고, 고향의 본래 의미—나라와, 대지와, 조국의 역사와 그 사람들의 정신과 함께하는 통합의 의미—를 거주에서 되찾을 수 있는 거주공간을 창조하려 했다고 쓰고 있다. 건축문화는 그 중에도 퇴니스와 슈펭글러의 저작에서 이런 생각을 채택했다. 이들의 저작에서 *공동체사회*의 옛 사회형태와 *이익사회*의 새로운 현실 사이에 단절을 알 수 있다. *공동체사회*는 사람들과 환경 사이의 유기적 연결, 즉 연속성과 결합에 기초한다. *공동체사회*는 *문화* Kultur와 *교양* Bildung을 위한 자연적 환경인데, 둘 다 삶의 서로 다른 영역들 사이의 조화로운 관계에 반응한다.(*교양* Bildung은 도덕적 · 사회적 가치를 가르치는 교육의 측면과 관련된다.) 거주는 뿌리를 가지고 있음과 하나됨의 느낌과 관련이 깊다. *이익사회*, 즉 메트로폴리스에서 우세한 사회형태는 차이와 뿌리없음에 기초한다. 기계문명은 메트로폴리스에서 발전할 수 있지만, 문화적 결합의 어떤 가능성도 차단당한다. 삶의 다른 영역에서의 분리는 대도시의 현저한 특징이다. 그렇기 때문에 거주는 또한 거기서 다른 형태를 취한다. 장소나 사회적 그룹과 하나됨의 의미는 더 이상 결정적인 인자가 아니다. 대도시에서의 거주는 자신만의 장소를 찾는 것에 그리고 *공동체사회*와의 모든 유기적 연결의 부정에 더욱 관련된다.

달 코는 메트로폴리스에서의 삶에 가장 잘 부합하는 거주의 개념은 레비나스Levinas의 저작에서 찾아질 것이라고 생각한다. 레비나스는 "뿌리를 가지는 것과는 관계없는 행위로 정주를 이해함으로써, 땅과의 결속에 대한 표현으로서 공동체 환경의 유기적인 가치에 대한 부정을 간접적으로 확인하는 한편, 집의 본질적인 성격이 거주를 가능케 하는 방랑wandering에 있다고 강조한다."174) 레비나스의 저작에서, 탈영토성extraterritoriality의 개념에 기초를 두고 있는 탈신화화된 거주개념을 만날 수 있다. 이는 개인은 거주할 수 있는 어떤 곳에 집house이나 거주수단을 고른다는 것으로, 장소나 공동체와의 선재하는 연결에서 비롯된 것이 아니라, 선택의 행위로 이루어져 있다. 이 개념에서, 집house과 장소는 급진적으로 다르다. 집은 주변환경을 발견하고 점거할 수 있는 기초이다. 집은 조화로운 관계의 어떤 부분도 형성하지 않는다. 혹은 집은 사람과 주변 환경 사이의 조화를 야기하는 어떤 화해과정의 부분도 아니다. 반대로 집은 경계다. 그것은 언어적인 부조화를 묘사한다. 거주는 이와 같은 차이를 생산하는 활동이다. 달 코는 유사한 거주개념을 하이데거의 「짓기, 거주, 사유」에서 보는데 그 글 역시 그 출발점으로 장소와 거주 사이의 연결이 허물어졌다는 개념을 취하고 있다. 하이데거에게, 거주는 미리 가정할 수 있는 장소와의 관계에 대한 조화로운 표현이 아니다. 반대로 그것은 장소를 장소답게 만드는 것이다. 거주는 그렇기 때문에 의미를 수립하는 과정이다. 달 코는 함축적으로 「유팔리노스 또는 건축Eupalinos or Architecture」에 있는 카챠리의 해석을 언급한다. 그 글에서 카챠리는 거주와 *시학 poiēsis* 사이에 유사함이 있다고 말한다.—거주는 '듣기를 기다리는' 175) 행위이다. 거주는 사람을 '탈은폐'의 운명에 직면하게 하고, 인간성이 통합과 조화가 여전히 가능했던 때에서 얼마나 멀리 왔는지를 강조한다. 거주에서, 인간 존재의 빈곤은 명백하게 된다.

그런데도, 달 코는 근대건축이 이 사실을 파악하는 데에 실패했다고 말한다. 실제로, 근대건축은 이런 거리, 이런 빈곤을 인정하길 거부하는 자세를 택한다. 이런 반론의 기초에는 이런 거리를 잊고 빈곤을 정복하며 잃어버린 조화를 회복하려고 필사적으로 노력하는 유토피아적 갈망이 있다.

요컨대, 탈은폐를 드러냄인 거주의 경험은 대도시에 전형적인 집없음의 조건을 인식하게 한다.

> 현대성에 있는 어떤 '사위일체fourfold'도 생산된 집의 방황을 재구성할 수 없기 때문에 거주에는 어떤 조화도 없다. 근대의 프로젝트에서 사라진 것은 자신의 형태를 통한 통제의 전망, 장소의 온전한 현존이며 ... 신이 인간의 거처를 살피고 스스로를 드러내던 그 지점이다. 만약 거주가 삶의 파열에 대한 미해결의 표명과 같다면, 그래서 슬픈 경험일 뿐이라면, 온선히 메트로폴리스의 집없음의 본질에 대한 조건을 아는 것이 현대 인간의 임무다.176)

그러기에 달 코는 카챠리를 따라 하이데거의 텍스트를 현대성의 핵심에서 *문제시할만한 Fragwürdiges* 분석으로 해석한다. 그도 역시 대도시 생활의 기본 조건으로서 집없는 사람의 경험을 강조한다. 이러한 상황 아래서, '거주'는 오직 상실로, *공동체사회*에 전형적이었던 화합과 친밀감이 사라졌다는 돌이킬 수 없는 결과를 드러내는 것으로 정의할 수 있다.

현대성은 내부 영역과 외부 영역 사이, 거주자와 장소 사이, 개인과 단체 사이의 유기적 결합을 끊었고, 그것을 대신할 어떤 새로운 총체성도 없다. 이것이 근대건축이 깨닫는데 실패한 현실이다. 역사가의 임무는 이런 몰이해를 명확히 하는 것이고 자신을 정당화하기 위한 근대건축의 성격이 얼마나 환상적이고 유토피아적인 것인가를 보여주는 것이다. 이런 입장을 택함으로써, 달 코는 역사서술을 이데올로기 비평으로 보는—타푸리가 엄밀하게 진술한— 목표를 옹호하고 있다.

이데올로기 비평으로서의 역사

만푸레도 타푸리는 마르크스주의 전통을 따라 역사쓰기를 이데올로기 비평의 형태로 다룬다. 『건축의 이론과 역사Theories and History of Architecture』에서, 그는 "조작 비평operative criticism역주 40)"으로 알려진 접근을, 그것의 이데올로기적인 성격을 드러내면서 정면으로 공격의 포문을 연다. 그는 조작 비평을 "추상적인 조사 대신 분명히 시적인 경향의 계획을 목표로 하는 건축에 대한(또는 일반적으로 예술에 대한) 분석을 말하는데, 이는 비평의 구조 속에서 이미 예상된 것을 계획적으로 왜곡하고 결론지은 역사적 분석에서 끌어낸 것"177)으로 정의한다.

조작 비평은 미래에 어떠한 방향을 제시하기 위해서 역사를 끌어들인다. 타푸리의 관점에서, 이것은 결백한 행동이 전혀 아니다. 이와 같은 비평적인 입장의 유명한 사례는 지그프리트 기디온Sigfried Giedion—그는 결국 타푸리의 논쟁의 표적이 된다—이다. 기디온은 역사가 결코 중립적인 분야가 아니기 때문에 자기 시대의 죄악을 극복하는 데에 기여해야 한다고 주장한다. 이것 때문에 그는 근대건축의 주장을 신중하게 채택하고 있으며, 그렇기에 해명의 성격을 띤다. 하지만 그의 작업방법은 부득이하게 선별식 역사로 나아가는데, 그 선별식 역사는 상당히 주관적인 기초에서 몇몇 발전들을 선별하여 다루는 반면에 다른 것들을 생략해 버린다. 더욱이, 타푸리의 관점에서, 기디온의 해석은 역사적인 사실들을 발전의 선험적인 패턴에 맞추려고 역사적인 사실을 왜곡하는 경향이 있다.178)

그런데, 이런 역사 서술방법은 도를 넘어서고 있다. 왜냐하면, "역사를 만드는 대신 이데올로기를 만들기 때문이다. 그것은 역사의 임무를 저버리는 것 외에도, 변화하는 현실의 실제 가능성을 숨긴다."179) 조작 비평이 역사적 현실을 이데올로기적 베일 뒤에 숨기기 때문에 진정으로 존재하는 변화 가능성들을 인식하지 못한다. 결과적으로 역사의 왜곡이 생기고 이는 엄격한 분석이 신화화와 편견으로 대체된다는 것이다. 이러한 진행은 단지 자기기만으로 끝날 수 있다.

타푸리는 조작비평 개념에 반대해 역사적 비평이란 개념으로 맞선다. 그의 관점에서, 비평과 역사는 동일하다—다른 말로 하자면, 건축비평은 항상 역사적 비평이어야 한다.[180] 게다가, 건축비평과 건축실무 사이에 균열이 있다.[181] 건축비평(즉, 건축역사)은 실무작업에서 일어나는 문제들에 대해 어떤 만들어져 있는 해결책을 제안하는 것으로 기대해서는 안된다. 역사와 비평이 할 수 있는 바는 건축 생산이 수행되는 맥락—가장 넓은 의미의 세계에서—을 분명히 하도록 돕는 것이다. 역사와 비평은 미래의 건축 생산 발전에 어떤 지침도 제시할 수 없다.[182]

제임슨Jameson에 따르면, 이런 생각이 동시대 건축의 가능성에 대한 타푸리의 '비관적인' 태도에 깔려 있다. 사실, 타푸리의 조작 비평원리에 대한 비판은 당연히 어떤 동시대의 경향이나 모습에 대한 옹호를 불가능하게 한다. 동시대 건축은 '숭고한 무용성 sublime uselessness' [183]을 넘어서는 어떤 것도 불가능하다고 말한 그의 유명한 선언은 이런 측면에서 보아야 한다. 이것은 주의 깊게 고려한 결정적 '입장'이라기보다는 오히려 타푸리 텍스트의 더 넓은 구조 안에서 형식적인 필연성을 구성한다.[184] 제임슨은 실제로 특수한 사례들의 연구를 통해, 그 이탈리아 역사가가 때때로 사람들을 의심스럽게 만들었던 극단적인 발언보다 더 명석하고 균형 잡힌 판단을 가지고 있다고 올바르게 지적하고 있다. 카챠리처럼, 타푸리는 그의 이론적 입장의 급진주의를 구체적 해석의 치밀함과 언어학적 세밀함을 통해 완화시키고 있다.

하지만, 결국 타푸리와 카챠리가 좀더 단선적인 역사개념을 가지는 것 같다는 것은 인정해야 한다. 그들은 현대성을, 구체적인 정치적 · 문화적 실천이 역사의 발전과정에 어떤 진정한 영향도 주지 않는, 점증하는 전체주의의 폐쇄된 체계로 본다. 그들의 이론은 경제적 하부구조—자본주의—가 사회적 · 문화적 삶의 모든 영역에서 결정적인 요소이며 무엇보다 우선한다고 생각하는 일종의 유물론을 표명한다. 그들의 소신에서 하부구조와 상부구조 사이의 관계는 명백하거나 기계적이지 않고, 다양하며 층을 이루고 있다. 그렇다 하더라도, 자유와 해방을 향하여 효과적인 비판적 영향력을 실천하고자 하는 이론적 입장이 거의 없다.[185]

카차리의 담론은 '종합'의 모든 형태, 즉 모순을 화해시키려는 모든 시도가 환영이고 소용없게 되었다는 신념에 따라 현실을 정의한다. 그러기에 미래를 해방된 사회로 약속하는 어떤 이론도 불가능하게 된다. 그리고 자본주의 문명의 현실과 공존하는 어떤 비판적 방식도 사실상 그 체제를 공고히 할 뿐인 위기의 현상으로 폭로된다. 이런 가정에서 유일하게 정당하다고 인정할 수 있는 태도는 자기 존재의 현실을 완전히 환영을 벗겨 이해하는 데에서 생기는 저항의 태도인 것 같다. 이 같은 저항은 어떤 긍정적 정의에 속한다고 생각할 수 없는데, 왜냐하면 그런 저항은 무심코 노스탤지어적이거나 유토피아적인 갈망의 형태를 취하게 되고 그리하여 무효가 될 것이기 때문이다. 카차리가 로스와 카프카Kafka의 작품에서 인지한 것처럼 이 논리에서 유일하게 가능한 것은 언어의 복수성이 존재한다는 것을 논증함으로써 차이를 제의하는 것이다.

'언어의 복수성'의 존재라는 개념은 단일한 모든 것을 포용하여 종합화하는 담론으로 환원될 수 없다는 것으로, 또 다른 의미에서 베니스학파에 역시 전형적이다. 파트리지아 롬바르도Patrizia Lombardo는 카차리와 그의 동료들이 지적 연구를 무역 노동조합운동과 공산당에 참여하여—또는 연대해서—구체적인 정치적 실천과 연결하는 방법을 생생하게 묘사한다. 이것은 온전히 자명하게 연결되지 않는다. 교수의 언어는 결국 투쟁가의 언어와 다르다. 롬바르도는 이런 서로 다른 언어들 사이의 운동을, 대조되는 기록들에서의 공시적 · 통시적 요소들이 어떤 원활하게 통합된 전체를 형성하지 않고 동시에 일어나는 안무로 묘사한다. 근대적 삶의 실제 전제조건에 부합하는 층위들levels의 복수성이 있다. 이 파편화의 불가피한 성격을 실현하는 부정적 사고가 만들어 낸 것이다. 롬바르도에 따르면, 이 복수성은 발터 벤야민이 카차리의 지적 영역에서 중심 역할을 하는 이유를 설명해 준다. 벤야민 역시 다른 층위들 사이에서 진동했다. 그 역시 마르크스주의와 신비주의 같이 양립할 수 없는 사고방식에 매혹되어 있었다고 할 수 있다.

벤야민은 타푸리의 저술에서 유사한 역할을 한다. 타푸리가 그의 저작에 있는 분명한 모순을 무마할 수 있는 것은 벤야민의 영감에 의지하기 때문이다.186) 이런 모순은 마르크스주의의 진리개념과 후기 구조주의의 진리개념이 서로 양립할 수 없다는 사실과 관련있는데, 이 두 개념은 타푸리의 저술에서 활동적인 존재를 이룬다. 엄격한 의미에서 마르크스주의는 이데올로기와 진정한 이론을 구별할 수 있는 '객관적인' 현실reality 같은 것이 있다고 주장한다. 객관적 현실의 정확한 근거를 제공하는 것은 진정한 이론 뿐이고,

이데올로기는 우리에게 왜곡되고 신화화된 그림을 준다. 유사한 가정이 『건축과 유토피아』의 기초가 되는 것 같다. 그 책은 현대성을 상대적으로 명백하고 단선적으로 해석한다. 비록 자본주의에 고유한 회피할 수 없는 모순을 강조한다는 점에서 반목가적이지만, 이 책에서 함축된 현대성 개념은 실제로 사물들의 진행을 바꿀 수 있는 지식인이나 예술가들의 활발한 개입 여지를 그리 많이 남기지 않는다. 현대성은, 비록 명확히 계획되었지만, 자유와 해방의 어떤 의식적인 프로젝트에서 나오지 않았다는 점에서 계획적이지 않은 눈 먼 역사의 힘으로 보인다.

그런데, 『근대건축』에서는 최근 건축사의 다양한 성격이 다음과 같이 처음부터 정확히 강조된다. "명백하게도 그런 다양한 역사들 전부의 교차는 결코 통일체로 끝나지 않을 것이다."[187] 후기 구조주의는 사회적으로 규정된—그렇기 때문에 왜곡된—범주들을 통하지 않고는 현실을 파악할 수 없다는 개념을 출발점으로 삼는데, 후기구조주의의 영향은 여기에서 더욱 명백하게 나타난다. 이와 같은 근거로, 진리는 다양하고 철저하게 규정될 수 없는 것으로 나타난다. 하지만 이런 입장은 '진정한 이론'에 호소하는 마르크스주의와 쉽게 화해할 수 없다. 이 모순은 여전히 현대 이론에서도 중요한 인식론적 문제이다.[188] 벤야민 또한 이 문제를 잘 알고 있었다.(물론 후기구조주의자와 동일한 용법은 아닐지라도) 벤야민은 역사적 사실을 인과적으로 연결된 일련의 순간들로 다루지 않고 오히려 사실상의 모든 혁명적인 가능성과 숨겨진 연관관계가 각각의 경우에 있는 상이한 형태로 끊임없이 결정화되는 전체 역사적 현실 속에 단자들monads의 짜임관계constellation로 다루었다. 벤야민은 이런 역사형태에서 '승리자의 역사'에 대한 대안을 가정함으로써 그 문제를 풀었다. 이런 방식으로 역사를 정의하여 역사가는 패자의 입장에 설 수 있다. 그래서 모든 역사적 순간에 나타나는 미묘한 메시아적 힘이 우위를 차지할 수 있는 기회를 키우게 된다.[189] 벤야민의 담론을 그대로 채택하진 않았지만, 타푸리는 1980년의 텍스트 「역사적 프로젝트The Historical Project」[190]에서 유사한 일련의 주장을 전개한다. 그는 건축과 비평이 다루어야만 하는 필수적인 다수의 언어들—디자인 언어, 기술 언어, 제도의 언어, 역사의 언어—이 보편 해석학universal hermeneutics을 써서 연결될 수 없다고 지적한다. 그것들은 기본적으로 낯선 채로 남아 있고, 본질적으로 번역될 수 없으며, 언어의 복수성은 환원불가능하다. 이것은 건축비평이 건축실천과 직접적으로 연결되는 것이 불가능하다는 것을 의미한다. 그 두 처방들은 서로 다른 언어 체계 내에서 작동하고 그것들의 목적은 평행하지 않다. 이 급진적인 반목가적 자세는 그 논리가 미래가 의식적으로 조직될 수 있다는 가능성을 차단하기 때문에 진실로 계획적 태도를 차단한다.

타푸리는 유사한 복수성이 건축역사에서 문제가 되며, 또한 건축역사는 명료하게 연결된 선적인 일련의 사건들로 기술될 수 없다고 생각한다. 그러기에 역사 쓰기는 조각을 여러 방법으로 조합하는 조각그림 맞추기 놀이와 같다. 나타나는 형태는 각각의 경우에 일시적인 하나다. 역사적 파편들에 대한 철저한 연구는 단지 일시적인 결론으로 이끌 뿐이다. 타푸리는 역사가의 작업을 끝나지 않는 시지푸스의 노동으로 기술한다.191) 그러나 역사가의 작업이 중립적이거나 자의적인 작업형태라는 뜻은 아니다. 역사가의 목적은 '모든 순간 자본주의의 노동분화라는 역사적 유산에 의문을 제기할 수 있는' 192) 분석을 계속하는 것이다. 이런 이유로, 역사는 프로젝트, 즉 위기의 프로젝트로 보여야 한다. 궁극적인 목적은 전체 현실을 위기에 종속시키는 것이다. "실제 문제는 현실을 위기로 밀어넣음으로써 끊임없이 자신을 위기로 밀어넣을 수 있는 비평을 계획하는 방법이다. 현실의 개별적 단편들이 아니라 현실 자체를 주목하라." 193)

카챠리는 현실을 위기에 종속시키는 것이 자본주의의 이면의 추진력이고, 타푸리의 역사가 행하는 모든 것은 부정적 사고를 가장 극단적으로 함축하는 언어를 찾는 것이라고 아마 대답할 것이다. 혹자는 실제로 베니스학파의 개념 자체가 이 종류의 해석에 속한다는 결론에 이른다. 베니스학파의 저자들은 심지어 자신들이 사회발전 과정에 직접 영향을 끼칠 수 없을지라도, 그들의 분석이 비판적 지식인이 유일하게 견지할 수 있는 입장을 나타낸다고 확신한다. 벤야민처럼, 그들은 현실에 어떤 영향을 미치는 것이 자신들의 신중한 목적이라고 진술한다. 다시 벤야민처럼, 그들은 자신들의 작업이 현실에 미칠 실제 영향에 대해 환상을 가지지 않는다. 하지만 여전히 시지푸스의 노동을 계속해야 하고 역사의 영역에 있는 규범적 서사들narratives을 위기로 복속시키기 위해 최선을 다해야 한다고 주장한다. 이 자세는 '시대에 대한 완전한 각성과 동시에 그럼에도 시대에 대한 충실함의 거리낌 없는 고백' 의 결합에서 생긴다. 그것은 '프로젝트' 의 형태에서 조심스럽게 실현된다. 타푸리와 카챠리 모두 저항의 형태를 고안하는 양상과 방법을 지시하려고 이 용어를 사용한다. 카챠리에게 그 용어는 로스의 디자인에서 로스가 허무주의의 자기 충족적 예언의 비판을 만드는 방법과 관련있다. 타푸리는 역사를 프로젝트라고 부르는데 이는 디자인과 관련이 있기 때문이다. 즉, 역사는 과거를 계속해서 다시 디자인하는 것과 관계있다. 계속해서 그것은 역사적 사건을 이해하는 이론적 뼈대를 재구축하는 것에 관련된다. 두 저자 모두에게 디자인 활동은 메트로폴리스에 전형적인 이해타산만을 따지는 일차원적 사고에 없는 일정한 자유를 만든다고 우리는 확신할 수 있다. 타푸리나 카챠리에게 '프로젝트' 라는 용어는 하버마스가 '현대성의 프로젝트' 라고 말한 당면한 해방에 대한 유토피아적이고 계획적인 함축을 가지지 않는다. 왜냐하면, 현대성의 체제가 지배하는 사회는 개별적 행동이나 분석에 쉽게 반응하지 않는다는 것이 그들에게 너무 명백하기 때문이다.

인용구: Walter Benjamin, "Erfahrung und Armut." in Benjamin, 『Illuminationen』. 『Ausgewälte Schriften』 (Frankfurt: Suhrkamp, 1977), p.293: "Ganzliche Illusionlosigkeit über das Zeitalter und dennoch ein rückhaltloses Bekenntnis zu ihm....".

1) Hermann Bahr, "The Modern"(1980), in Francesco Dal Co, 『Figures of Architecture and Thought: German Architectural Culture 1880-1920』(New York: Rizzoli, 1990), P.288; translated from "Die Moderne." in Bahr, 『Zur Überwindung des Naturalismus. Theoretische Schriften 1887-1904』(Stuttgart: Kohlhammer, 1968), p.35: "Es geht eine wilde Pein durch diese Zeit und der Schmerz is nicht mehr erträglich. Der Schrei nach dem Heiland ist gemein und Gekreuzigte sind überall. Ist es das grosse Sterben, das über die Welt gekommen?.... Dass aus dem Leide das Heilkommen wird und die Grande aus der Verzweiflung, dass es tagen wird nach dieser entsetzlichen Finsternis und dass die Kunst einkehren wird bei den Menschen-an dieser Auferstehung, glorreich und selig, das ist der Glaube der Moderne."

2) Ibid., pp.290-291; 독일어 원문: "der Einzug des auswärtigen Lebens in den innem Geist, das ist die neue Kunst....Wir haben kein anderen Gesetz als die Wahrheit, wie jeder sie empfindet....Dieses wird die neue Kunst sein, welches wir so schaffen. und es wird die neue Religion sein. Denn Kunst, Wissenschaft und Religion sind dasselbe."(『Zur Überwindung des Naturalismus』, pp.37-38.)

3) Bahr, 『Secession』(Vienna, 1900), pp.33 ff., quoted in E. F. Sekler, 『Joseph Hoffmann』(Vienna: Residenz, 1982), p.33: "Über dem Thore wäre ein Vers aufgeschrieben: der Vers meines Wesens, und das, was dieser Vers in Worten ist, dasselbe müssten alle Farben und Linien sein, und jeder Stuhl, jede Tapete, jede Lampe wären immer wieder derselbe Vers. In einem solchen Haus wurde ich überall meine Sssle wie in einem Spiegel sehen."

4) "The Metropolis and Mental Life"(1903), in Richard Sennett, ed., 『Classic Essays on the Culture of Cities』(Engelwood Cliffs: Prentice Hall, 1969), p.48; translated from Georg Simmel, "Die Grossstadt und das Geistesleben." in Simmel, 『Brücke und Tür Essays』(Stuttgart: K. F. Koehler, 1957), p.228.(* 역주 — 짐멜의 이 글은 국내에 짐멜의 글모음인 게오르그 짐멜, 『짐멜의 모더니티 읽기』, 김덕영 윤미애 옮김, 새물결, 2005년 2월 중에 「대도시와 정신적 삶」으로 번역되었다. 해당 쪽은 p.37이다. "물론 수천 가지의 개별적 경우마다 차이가 있을 수 있지만, 전형적인 대도시인은 외부환경의 흐름이나 그 모순들에 의해서 삶이 뿌리째 위협받는 상황에 대해 방어 메카니즘을 만들어낸다. 대도시인은 그러한 외부환경에 대해 감정적인 반응이 아니라 본질적으로 지적인 반응을 보인다.")

5) 이 에세이의 끝에서 짐멜은 1900년에 처음 출간된 그 자신의 책 『Philosophie des Geldes』를 참조한다.(* 역주 — 이 책은 안준섭、장영배、조희연 옮김, 『돈의 철학』, 한길사, 1983으로 번역되었다.)

6) Simmel, "The Metropolis and Mental Life." p.49; 독일어 원문: "Denn das Geld fragt nur nach dem, was ihnen allen geminsam ist, nach dem Tauschwert, der alle Qualität und Eigenart auf die Frage nach dem blossen wieviel nivelliert. Alle Gemütsbeziehungen zwischen Personen gründen sich auf deren Individualität, wärend die verstandesmässigen mit den Menschen wie mit Zahlen rechnen."(『Brücke und Tür』, p.229.)(* 역주 — 해당 쪽은 김덕영 윤미애 옮김, 새물결, p.38)

7) 로스가 영향을 끼쳤던 세기의 전환기 비엔나의 문화적 맥락에 관해서는 Allan Janik and Stephan Toulmin, 『Wittgenstein' s Vienna』(New York: Simon and Schuster, 1973); Carl Schorske, 『Fin-de-siècle Vienna: Politics and Culture』(London: Weidenfeld and Nicholson, 1979); 『Jean Clair, ed., Vienne 1880-1938.

L' apocalypse joyeuse』(Paries: Centre Pompidou, 1986); Bart Verschaffel, "Het Grote Sterven." in Verschaffel, 『De glans der dingen』(Mechelen: Vlees en Beton, 1989), pp.25-42를 보라

8) Adolf Loos, 『Trotzdem. 1900-1930』(1931; Vienna: Prachner, 1982), pp.71-73에 있는 에세이 "Die überflüssigen." 를 보라

9) Adolf Loos, 『Spoken into the Void: Collected Essays 1897-1900』(Cambridge: MIT Press, 1982), p.49; translated from 『Ins Leere gesprochen. 1897-1900』(1921; Vienna: Prachner, 1981), p.107: "Die hebung des wasserverbrauches ist eine der dringendsten kulturaufgaben." 로스가 독일어를 문법적으로 부정확하게 쓰는 것은 그의 습관이었다. 그는 명사의 첫 철자를 대문자로 쓰길 거부했다. 하지만 그의 저작 모든 판본이 이렇게 쓰인 것은 아니다. 나는 내가 인용하고 있는 원본의 용법을 따랐다.

10) 1903년에 로스는 자신의 잡지에 2가지 이슈들을 출판했다. 『Das Andre. Ein blatt zur Einführung abendländischer Kultur in Österreich』

11) 예를 들면, the articles by J. J. P. Oud, B. Taut, and G. A. Platz in B. Rukschcio, ed., 『Für Adolf Loos』(Vienna: Löcker, 1985); A. Roth, 『Begegenungen mit Pionieren』(Stuttgart: Birkhäuser, 1973)의 글을 보라

12) 그 글은 프랑스에서 1913년에 처음 출판되었다. 오장팡Ozenfant과 르 꼬르뷔제는 1921년에 『L' Esprit Nouveau』에 그 글을 재출판했다. 페르디난드 크라머Ferdinand Kramer는 1929년 프랑크푸르트에서 열린 CIAM 총회의 전날에 그 글을 독일어 잡지 『Die Frankfruter Zeitung』를 출판하는 일을 담당하였다. Christian Mohr and Michael Müller, 『Funktionalität und Moderne. Das neue Frankfurt und seine Bauten 1925-1933』(Cologne: Rudolf Müller, 1984), p.63을 보라

13) Adolf Loos, "The Poor Little Rich Man." in Loos, 『Spoken into the Void』, p.127; translated from "Von einem armen, reichen manne." in Loos, 『Ins Leere gesprochen』, p.203: "Er fühlte: Jetzt heisst es lernen, mit seinem eigenen Leichnam herumzugehen. Jawoh! Er ist fertig! Er ist komplett!" (* 역주 — 현미정 옮김, 『장식과 범죄』, 소오건축, p.201)

14) Loos, 『Spoken into the Void』, pp.23-24; 독일어 원문: "Ich bin gott sei dank noch in keiner stilvollen wohnung aufgewachsen. Damals kennte man das noch nicht. Jetzt ist es leider auch in meine familie anders geworden. Aber damals! Hier der tisch, ein ganz verrücktes krauses möbel, ein ausziehtisch, mit einer fürchterlichen schlosserarbeit. Aber unser tisch, unser tisch! Wisst ihr, was das heisst? Wisst ihr, welche herrlichen Stunden wir da erlebt haben?....Jedes möbel, jedes ding, jeder gegenstand erzählt eine geschichte, die geschichte der familie. Die wohnung war nie fertig, sie entwickelt sich mit uns un wir in ihr." (『Ins Leere gesprochen』, pp.76-77).(* 역주 — 해당내용의 국내 번역은 현미정 옮김, 『장식과 범죄』, 소오건축, pp.71-72)

15) Adolf Loos, "Vernacular Art." in Yehuda Safran and Wilfried Wang, eds., 『The Architecture of Adolf Loos: An Arts Council Exhibition』(London, 1987), pp.110-113; translated from Loos, 『Trotzdem』, p.129.(* 역주 — 해당내용의 국내 번역은 현미정 옮김, 『장식과 범죄』, 소오건축, p.342. "그 집은 밖으로는 침묵하고 안에는 자신의 자산 모두를 드러내는 집이라고들 한다.")

16) Loos, 『Spoken into the Void』, p.67; 독일어 원문: "Dieses gesetz lautet also: Die moglichkeit, das bekleidete material mit der bekleidung verwechseln zu konnen, soll auf alle falle ausgeschlossen sein." (『Ins Leere gesprochen』, p.142.)(* 역주 — 현미정 옮김, 『장식과 범죄』, 소오건축, p.137 이해를 돕기 위해 이어지는 다음 구절까지 적어보면 "개별적인 경우에 적용한다면, 이 법칙은 이렇다. 나무는 모든 색으로 칠해도 되지만 하나만은 안된다. 바로 나무색." 다른 곳에서도 로스는 '석고 세공인들에게' 는 "석고는 모든 문양을 만들어도 되지만 하나만은 안된다. 조적!"이라고 하며 쇠는 금속의 색으로 덮어선 안된다고 한다. 이것은 피복을 사용할 때 마치 피복이 재료인양 속이는 식은 안된다는 의미다. 즉 진실한 재료와 피복의 사용을 주장하는 것이다. "각각의 재료에는 고

유한 형태언어가 있다. 다른 재료의 형태를 자신을 위해 받아들일 수 있는 재료는 없다.", "예술은 위조나 속임수와는 전혀 상관없는 일이다. 그 길은 가시밭길이긴 하지만 순수하다.")

17) Adolf Loos, 『Die Potemkinsche Stadt』(Vienna: Prachner, 1983, p.206. "Der moderne intelligente mensch muss für die menschen eine maske haben. Diese maske ist die bestimmte, allen menschen gemeinsame form der kleider. Individuelle kleider haben nur geistig beschränkte. Diese haben das bedürfnis, in alle welt hinauszuschreien, was sie sind und wie sie eigentlich sind."("현대적이고 지성있는 사람은 사람들을 위해 가면이 있어야 한다. 이 가면은 매우 독특하지만 옷은 평범한 걸 선택한다. 정신적으로 불구인 사람들만 독자적인 방식으로 옷을 입는데 그들은 자신이 누구이고 어떻게 해서 존재하는지 세상에 외치려는 사람이기 때문이다.")

18) Adolf Loos, "Architecture." in Safran and Wang, eds., 『The Architecture of Adolf Loos』, p.104; translated from Loos, 『Trotzdem』, p.91: "jene ausgeglichenheit des inneren und äusseren menschen, die allein ein vernünftiges denken und handeln verburgt."

19) Adolf Loos, "Cultural Degeneration." in Safran and Wang, eds., 『The Architecture of Adolf Loos』, p.104; translated from Loos, 『Trotzdem』, p.75.

20) Loos, 『Trotzdem』, p.75: "Den stil unserer zeit haben wir ja. Wir haben ihn überall dort, wo der künstler, also das mitglied jenes bundes bisher seine nase noch nicht hineingesteckt hat." My translation.

21) Adolf Loos, "Ornament and Crime." in Safran and Wang, eds., 『The Architecture of Adolf Loos』, p.100; translated from Loos, 『Trotzdem』, p.79: "Evolution der kultur ist gleichbedeutend mit dem entfernen des ornaments aus den gebrauchgegenstande."

22) Loos, 『Trotzdem』, p.86.

23) Iid., pp.23, 56.

24) Loos, 『Die Potemkinsche Stadt』, p.213: "Was ich vom Architekten will, ist nur eines: dass er in seinem Bau Anstand zeige." 또, 적절함에 관해서는 Miriam Gusevich의 "Decoration and Decorum: Adolf Loos' s Critique of Kitsch." 『New German Critique』, no. 43(Winter 1988), pp.97-124를 보라

25) Loos, 『Trotzdem』, p.99.

26) 로스에 관한 이 주제에 대해서는 다음 글들을 보라. 『Trotzdem』, pp.122-130. English translation: "Vernacular Art." in Safran and Wang, eds., 『The Architecture of Adolf Loos』, pp.110-113.

27) Loos, "Architecture." p.108. 독일어 원문: Das Haus hat allen zu gefallen. Zum unterschiede vom kunstwerk, das niemandem zu gefallen hat. Das kunstwerk ist eine privatangelegenheit des kunstlers. Das haus ist es nicht. Das kunstwerk wird in die welt gesetzt, ohne dass ein bedürfnis dafür vorhanden wäre. Das haus deckt ein bedürfnis. Das kunstwerk ist niemandem verantwortlich, das haus einem jeden. Das kunstwerk will die menschen aus ihrer bequemlichkeit reissen, Das haus hat der bequemlichkeit zu dienen. Das kunstwerk ist revolutionär, das haus konservativ. Das kunstwerk weist der menschheit neue wege und denk an die zukunft. Das haus denkt an der gegenwart. Der mensch liebt alles, was seiner bequemlichkeit dient. Er hasst alles, was ihn aus seiner gewonnen und gesicherten position reissen will und belästigt. Und so liebt er das haus und hasst die kunst. *So hätte also das haus nichts mit kunst zu tun und wäre die architektur nicht unter die kunste einzureihen? Es ist so*. Nur ein ganz kleiner teil der architektur gehört der kunst an: das grabmal und das denkmal. Alles andere, was einem zweck dient, ist aus dem reiche der kunst auszuschliessen." (『Trotzdem』, p.101.)

28) 칼 크라우스의 유명한 아포리즘은 Safran and Wang, eds., 『The Architecture of Adolf Loos』, p.42에서 인용된다.: "아돌프 로스와 나, 그는 문자로 나는 말로, 그대로 항아리와 요강은 차이가 있다는 말보다 더 할 말이 없다. 문화는 이런 차이에서 그 활동범위를 찾는다. 하지만 다른 이들, 즉

실증주의자들은 항아리를 요강으로 쓰는 사람들로 묶인다. 그리고 나머지 사람들은 요강을 항아리로 쓰는 사람들이다." 독일어 원문은 Rukschcio, ed., 『Für Adolf Loos』, p.27에서 찾을 수 있다. "Adolf Loos und ich, er wörtlich, ich sprachlich, haben nichts weiter getan als gezeigt, dass zwischen einer Urne und einem Nachttopf ein Unterschied ist und dass in diesem Unterschied erst die Kultur Spielraum hat. Die andern aber, die Positiven, teilen sich in solche, die den Urne als Nachttopf, und die den Nachttopf als Urne gebrauchen."

29) 로스의 작품에 대한 상세한 논의를 위해서는 Benedetto Gravagnuolo의 『Adolf Loos: Theory and Works』(Milan: Idea Books, 1982); B. Rukschcio and R. Schachel, 『Adolf Loos. Leben und Werk』(Salzburg: Residenz, 1982)를 보라

30) Francesco Dal co, "Notities over de fenomenologie van de grens in de architectuur." in 『Oase』, no. 16(1987), pp.24-30. 또한 Massimo Cacciari의 『Architecture and Nihilism: On the Philosophy of modern Architecture』, trans. Stephen Sartarelli(New Haben: Yale University Press, 1993)에 수록된 로스에 관한 장들을 보라

31) Loos, 『Trotzdem』, pp.214-215.

32) Arnold Schoenberg in Rukschcio, ed., 『Für Adolf Loos』, pp.59-60: "Wenn ich einem Bauwerk von Adolf Loos gegenüberstehe ... sehe ich ... unzusammengesetzte, unmittelbare, dreidimensionale Konzeption, der volkommen zu folgen vielleicht nur vermag, wer gleichartig begabt ist. Hier ist im Raum gedacht, erfunden, komponiert, gestaltet ... unmittelbar, so als ob alle Körper durchsichtig wären; so, wie das geistige Auge den Raum in allen seinen Teilen und gleichzeitig als Ganzes vor sich hat."

33) Beatriz Colomina, "The Split Wall: Domestic Voyeurism." in Colomina ed., 『Sexuality and space』(New York: Princeton Architectural Press, 1992), p.85.

34) Ibid., p.74.

35) Ibid., p.86.

36) 길고 상세한 분석을 위해서는 Johan van de Beek의 "Adolf Loos' Patronen stadswoonhuizen." in Max Risselada, ed., 『Raumplan versus plan libre』(Delft: University Press, 1987), pp.25-45. English edition: Max Risselada, ed., 『Raumplan versus plan libre: Adolf Loos and Le Corbusier』(New York: Rizzoli, 1988)를 보라

37) Loos, 『Die Potemkinsche Stadt』, p.122: "Um beim Haus auf dem Michaelerplatz Geschaftshaus und Wohnhaus zu trennen, wurde die Ausbildung der Fassade differenziert. Mit den beiden Hauptpfeilern und den schmäleren Stützen wollte ich den Rythmus betonen, ohne den es keine Architektur gibt. Die Nichtubereinstimmung der Achsen unterstützt die Trennung. Um dem Bauwerk die schwere Monumentalität zu nehmem und um zu zeigen dass ein Schneider, wenn auch ein vornehmer, sein Geschäft darin afgeschlagen hat, gab ich den Fenstern die Form englischer Bow-windows, die durch die kleine Scheibenteilung die intime Wirkung im innern verbürgen."

38) Cacciari, 『Architecture and Nihilism』, pp.179 ff.

39) Loos, 『Trotzdem』, p.43.

40) Theodor W. Adorno, A l' écart de tous les coursnts." in Adorno, 『Über Walter Benjamin』(Frankfurt: Suhrkamp, 1970), pp.96-99.

41) 벤야민은 1919년, 베를린에서 박사학위를 받았다. 독일의 대학에서 교수가 되기 위해서는 *Habilitation*이라는 등급을 더 받아야 한다.

42) 사회조사연구소는 호르크하이머와 아도르노가 설립하였고 또한 허버트 마르쿠제를 포함했다. 나찌 점령기 동안 그 연구소는 제네바로 옮겼다가 이어 뉴욕으로 옮겼다. 전후 연구소는 프랑크푸르트에서 다시 설립되었다. 이 연구소의 역사에 관한 상세한 연구로는 Martin Jay의 『The Dialectical Imagination: A History of the Frankfurt School and the Institute of Social Research, 1923-1950』

(Boston: Little, Brown, 1973), and Rolf Wiggershaus. 『The Frankfurt School: Its History, Theories and Political Significance』(Cambridge: polity Press, 1995)를 보라

43) 벤야민이 급진적인 좌파작가로 평판을 얻었던 글 중에는 "Der Autor als Produzent"("The Author as Producer"가 있다. 『Reflections: Essays, Aphorisms, Autobiographical Writings』(1978: New York: Schocken, 1986), and "Das Kunstwerk in Zeitalter seiner technischen Reproduzierbarkeit"("The Work of Art in the Age of Mechanical Reproduction"), in 『Illuminations: Essays and Reflections』(1968; New York: Schocken, 1969).

44) Reinhard Markner and Thomas Weber, eds., 『Literatur über Walter Benjamin. Kommentierte Bibliographie 1983-1992』(Hamburg: Argument, 1993)를 보라.

45) Lieven de Cauter, 『De dwerg in de schaakautomaat. Benjamins verborgen leer』(Nijmegen: SUN, in press).

46) Michael Müller의 『Architektur and Avant-garde. Ein vergessenes Projekt der Moderne?』(1984; Frankfurt: Athenäum, 1987)를 보라. 특히 『Architektur für das 'schlechte Neue.'』 pp.93-148을 볼 것. 벤야민의 저술은 분명히 베니스학파의 작가들(타푸리, 달 코, 카차리)에게 중요한 참조점이다. 또한 K. Michael Hays의 『Modernism and the Posthumanist Subject: The Architecture of Hannes Mayer and Ludwig Hilberseimer』(Cambridge: MIT Press, 1992)와 Beatriz Colomina의 『Privacy and Publicity: Modern Architecture as Mass Media』(Cambridge: MIT Press, 1994)를 보라

47) 벤야민이 쓴 3편의 에세이가 여기에 관련된다: "Über Sprache überhaupt und über die Sprache der Menschen."로 번역된 1916년의 초기 에세이, 『On Language as Such and on the Language of Man』 in 『Reflections』, pp.314-332, 그리고 동일한 텍스트의 변종인 후기의 두 단편 에세이 『Lehre vom Ähnlichen』, 『Über das mimetische Vermogen』. 후자는 『On the Mimetic Faculty』로 번역되어 있다.(in 『Reflections』, pp.333-336).

48) *unsinnliche Ähnlichkeit*이라는 용어는 다양한 방식으로 번역되어 왔다. 수잔 벅 모스는 『The Origin of Negative Dialectics』(Brighton: Harvester, 1978), p.88에서 "비재현적 일치non-representational correspondence"라는 용어를 쓰고 『Reflections』의 번역자인 에드문트 제프콧은 "비감각적 유사성nonsensuous similarity"이라는 용어를 채택한다.

49) Cyrille Offermans, 『Nacht als trauma. Essays over het werk van Theodor W. Adorno, Walter Benjamin, Herbert Marcuse and Jürgen Habermas』(Amsterdam: De Bezige Bij, 1982), p.109: "Een tekst is voor Benjamin(en voor Adorno) een soort semantisch krachtveld: er vindt in de woorden een uitwisseling plaats van semantisch energie. Bewust taalgebruik....komt neer op het construeren van zo' n krachtveld....Naarmate een tekst nu bewuster geconstrueerd is, en de woorden dus beter gemotiveerd zijn, neemt het arbitraire karakter van de woorden-hun abstracte en toevallige relatie tot de dingen-af. De ervaring van die dingen wordt in de tekst als het ware tastbaar, ofschoon geen enkel afzonderlijk woord voor die presentie verantwoordelijk kan gesteld worden."

50) "Die Ähnlichkeit (ist) das Organon der Ergfahrung": Walter Benjamin, 『Das Passagenwerk』, 2 vols.(Frankfurt: Suhrkamp, 1983), p.1038.

51) 이 화제에 대한 훌륭한 논의로는 John McCole의 『Walter Benjamin and the Antinomies of Tradition』(Ithaca: Cornell University Press, 1993), pp.2 ff를 보라

52) Walter Benjamin, "On Some Motifs in Baudelaire." in 『Illuminations』, p.157; translated from Benjamin, 『Illiminationen』, p.186. "In der Tat ist die Erfahrung eine Sache der Tradition im kollektiven wie im privaten Leben. Sie bildet sich weniger aus einzelnen in der Erinnerung streng fixierten Gegebenheiten denn aus gehäuften, oft nicht bewussten Daten, die im Gedächtnis zusammenfliessen."(* 역주 — 이글은 반성완 편역, 『발터 벤야민의 문예이론, 보들레르의 몇 가지 모티브에 관해서』, 민음사, 1999년으로 번역

되었다. 해당 쪽은 121쪽이다. "경험이라는 것은 집단생활이나 개인생활에 있어서 모두 일종의 전통의 문제이다. 경험은 기억Erinnerung 속에서 엄격히 고정되어 있는 개별적인 사실들에 의해 형성되는 산물이 아니라 종종 의식조차 되지 않는 자료들이 축적되어 하나로 합쳐지는 종합적 기억Gedächtnis의 산물이다.")

53) 여기서 벤야민은 프루스트의 『잃어버린 시간을 찾아서A la recherche du temps perdu』의 유명한 구절을 언급하고 있다. 프루스트는 마들렌 과자의 맛과 향기가 콩브레Combray 마을—그가 어린 시절을 그곳에서 보냈지만 그곳에 대한 의식적인 기억은 거의 가지고 있지 않는 도시인—의 향기와 분위기에 대한 무의식적인 기억을 어떻게 유발하는지를 말한다.

54) Walter Benjamin, 『Gesammelte Schriften』, 12 vols.(Frankfurt: Suhrkamp, 1980), vol. 3, p.198.(* 역주 — 이 글은 반성완 편역, 『발터 벤야민의 문예이론』, 민음사, 123쪽에 번역되었다.)

55) Benjamin, 『Illuminations』, p.221; 독일어 원문: "was im Zeitalter der technischen Reproduzierbarkeit des Kunstwerks verkümmert, das ist sein Aura. Der Vorgang ist symptomatisch; seine Bedeutung weisst über den Bereich der Kunt hinaus. Die Reproduktionstechnik, so liesse sich allgemein formulieren, löst das Reproduzierte aus dem Bereich der Tradition ab. Indem sie die Reproduktion verfielfältigt, setzt sie an die Stelle seines einmaligen Vorkommens sein massenweises."(『Illuminationen』, p.141.)(* 역주 — 이 글은 반성완 편역, 『발터 벤야민의 문예이론』, 민음사, 202쪽에 번역되었다.)

56) Ibid., p.222; 독일어 원문: "ein maliege Erscheinung einer Ferne, so nah sie sein mag"(『Illuminationen』, p.142.)(* 역주 — 이 글은 반성완 편역, 『발터 벤야민의 문예이론』, 민음사, 204쪽에 번역되었다.)

57) 에세이 「Der Erzähler」("The Storyteller." in 『Illuminations』, pp.83-110)와 보들레르에 대한 에세이를 예로 들 수 있다.

58) Benjamin, "Erfahrung und Armut." p.293: "Ganzliche Illusionslosigkeit über das Zeitalter und dennoch ein rückhaltloses Bekenntnis zu ihm ist ihr Kennzeichen."

59) Walter Benjamin, "These on the Philosophy of History." in 『Illuminations』, pp.257-258; translated from 『Illuminationen』, p.255: "Es gibt ein Bild von Klee, das Angelus Novus heisst. Ein Engel is darauf dargestellt, der aussieht, als ware er im Bergriff, sich von etwas zu entfernen, worauf er starrt. Seine Augen sind augerissen, sein Mund steht offen undseine Flügel sind ausgespannt. Der Engel der Geschichte muss so aussehen. Er hat das Antlitz der Vergangenheit zugewendet. Wo eine kette von Begebenheiten vor *uns* erscheint, da sieht er eine einzige Katastrophe, die unablässig Trümmer auf Trümmer häuft und sie ihm vor die Füsse schleudert. Er mochte wohl verweilen, die Toten wecken und das zerschlagene zusammenfugen. Aber ein Sturm weht vom Paradiese her, der sich in seinen Flügeln verfangen hat und so stark ist, dass der Engel sie nicht mehr schliessen kann. Dieser Sturm treibt ihn unaufhaltsam in der Zukunft, der er den Rücken kehrt, während der Trümmerhaufen vor ihm zum Himmel wächst. Das, was wir den Fortschritt nennen, ist *dieser* Sturm."(* 역주 — 이 글은 반성완 편역, 『발터 벤야민의 문예이론』, 민음사, 348쪽에 번역되었다.)

60) Ibid., p.257; 독일어 원문: "die Geschichte gegen den Strich zu bursten"(『Illuminationen』, p.254)(* 역주 — 이 글은 반성완 편역, 『발터 벤야민의 문예이론』, 민음사, 347쪽에 번역되었다.)

61) Ibid., p.262-263; 독일어 원문: "Wo das Denken in einer von Spannungen gesättigten Konstellation piötzlich einhält, da erteilt es derselben einen Chock, durch den es sich als Monade kristallisiert. Der historischen Materialist geht an einen geschichtlichen Gegenstand einzig und allein da heran, wo er ihm als Monade entgegentritt. In dieser Struktur erkennt er das Zeichen einer messianischen Stillstellung des Geschehens, anders gesagt, einer revolutionären Chance im Kampfe für die unterdrückte Vergangenheit. Er nimmt sie

wahr, um eine bestimmte Epoche aus dem homogenen Verlauf der Geschichte herauszusprengen." (『Illuminationen』, p.260.)(* 역주 — 해당구절은 한길사, 211-212쪽 민음사, 354쪽으로 번역되었다.) 벤야민이 사용하는 '단자monad' 라는 용어는 라이프니츠의 철학과 관련이 있는데, 그에게 우주는 그가 단자(單子)라고 부르는 무한한 양의 에너지 요소들로 이루어져 있다. 각각의 단자는 그 자체 내에서 전체 우주를 포함하고 반영한다. 이 단자들은 개구부가 없어서 서로 어떤 직접적인 관련도 매지 않는다. 벤야민에게 그것은 중대한 출발점이었다. 단자는 우주전체가 포함되어 있는 파편이다.

62) Ibid., p.264; 독일어 원문: "Den Juden wurde die Zukunft aber darum doch nicht zur homogenen und leeren Zeit. Denn in ihr war jede Sekunde die kleine Pforte, durch die der Messias treten konnte." (『Illuminationen』, p.261.)

63) De Cauter, 『De dwerg in de schaakautomaat』.

64) 벤야민의 『파사겐베르크』, p.1002.

65) Richard Sieburth, "Beajamin the Scrivener." in Gary Smith, ed., 『Beajamin: Philosophy, History, Aesthetics』 (Chicago: University of Chicago Press, 1989), pp.13-37.

66) 벤야민의 『파사겐베르크』, p.1006

67) Ibid., pp.1051-1052: "Strassen sind die Wohnung des Kollektivs. Das Kollektivum ist ein ewig waches, ewig bewegtes Wesen, das zwischen Häuserwänden soviel erlebt, erfährt, erkennt und ersinnt wie Individuen im Schutze ihrer vier Wände. Diesem Kollektivum sind die glänzenden emaillierten Firmenschilder so gut und besser ein Wandschmuck wie im Salon dem Bürger ein Ölgemälde, Mauern mit der "Defénse d' Afficher" sind sein Schreibpult, Zeitungskioske seine Bibliotheken, Briefkästen seine Bronzen, Bänke sein Schlafzimmermobiliar und die Café-Terrasse der Erker, von dem er auf sein Hauswesen heruntersieht. Wo am Gitter Asphaltarbeiter den Rock hängen haben, da ist das Vestibül, und die Torfahrt, die aus der Flucht von Höfen ins Freie leitet, der lange Korridor, der den Bürger schreckt, ihnen der Zugang in die Kammern der Stadt. Von denen war die Passage der Salon. Mehr als an jeder andem stelle gibt die Strasse sich in ihr als das möblierte, ausgewohnte Interieur der Massen zu erkennen."

68) Walter Benjamin, "Paris, Capital of the Nineteenth Century." in 『Reflections』, p.151.

69) Benjamin, 『Das Passagenwerk』, p.1045.

70) Benjamin, 『Reflections』, p.153.

71) Ibid., p.148; 독일어 원문: "In dem Traum, in dem jeder Epoche die ihr folgende in Bildern vor Augen tritt, erscheint die letztere vermahlt mit 'elementen der Urgeschichte, das heisst einer klassenlose Gesellschaft." (『Das Passagenwerk』, p.47.)

72) "Die rauschhafte Durchdringung van Strsse und Wohnung, die sich im Paris des 19ten Jahrhundert vollzieht-und zumal in der Erfahrung des Flaneurs-hat prophetischen Wert. Denn diese Durchdringung lässt die neue Baukunst nüchterne Wirklichkeit werden." Benjamin, 『Das Passagenwerk』, p.534.

73) Rolf Tiedemann, "einleitung des Herausgebers." in Benjamin, 『Das Passagenwerk』, pp.9-41. English translation: Rolf Tiedemann, "Dialectics at a Standstill: Approaches to the 『Passagenwerk』, in Gary Smith, ed., 『On Walter Benjamin』(Cambridge: MIT Press, 1988), pp.260-291.

74) Benjamin, 『Gesammelte Schriften』, vol. 1, p.1049: "Der Automobilist, der mit seinen Gedanken 'ganz wo anders' z.B. bei seinem schadhaften Motor ist, wird sich an die moderne Form der Garage besser gewöhnen, als der Kunsthistoriker, der sich vor ihr anstrengt, nur ihren Stil zu ergründen."

75) Benjamin, 『Illuminations』, p.240; 독일어 원문: "Die Aufgaben, welche in geschichtlichen Wendezeiten dem menschlichen Wahrnehmungsapparat gestellt werden, sind auf dem Wege der blossen Optik, also der

Kontemplation, gar micht zu lössen. Sie werden allmählich nach Anleitung der taktilen Rezeption, durch gewöhnung, bewähltigt."(『Illuminationen』, pp.166-167.)**(민음사, 228쪽)과 비교할 것.

76) Benjamin, 『Das Passagenwerk』, p.292.

77) Walter Benjamin, 『Die Ursprung des deutschen Trauerspiels』(1928; Frankfurt: Suhrkamp, 1990); translared as 『The Origin of German Tragic Drama』(London: NLB, 1977). McCole의 『Walter Benjamin』, p.115를 보라

78) Asja Lacis' s reminiscences, quoted in Susan Buck-Morss, 『The Dialectics of Seeing: Walter Benjamin and the Arcades Project』(Cambridge: MIT Press, 1990), p.15를 보라

79) Benjamin, 『Die Ursprung des deutschen Trauerspiels』, p.139. See also commentary in McCole, 『Walter Benjamin』, p.131.

80) Benjamin, 『Die Ursprung des deutschen Trauerspiels』, p.164.

81) McCole, 『Walter Benjamin』, p.138.

82) Rainer Nägele, 『Theater, Theory, Speculation: Walter Benjamin and the Scenes of Modernity』(Baltimore: Johns Hopkins University Press, 1991), p.93.

83) Ibid., p.92.

84) Benjamin, 『Reflections』, p.302; 독일어 원문: "Einige überliefern die Dinge, indem sie unantastbar machen und konservieren, andere die Situationene, indem sie sie handlich machen und liquidieren. Diese nennt man die Destruktieven."(『Illuminationen』, p.290.) For an interesting comment on this essay by Benjamin, see Irving Wohlfarth, "No-man' s-land: On Walter Benjamin 'Destructive Character.' " in Andrew Benjamin and Peter Osborne, eds., 『Walter Benjamin' s Philosophy: Destruction and Experience』(London: Routledge, 1994), pp.155-182.

85) Benjamin, 『Reflections』, p.272; 독일어 원문: "Wenn die menschliche Arbeit nur aus der Zerstörung besteht, dann ist es wirklich menschliche natürliche, edle Arbeit"(『Illuminationen』, p.383.); the quotation is from Adolf Loos, 『Trotzdem』, p.184.

86) Benjamin, 『Reflections』, p.272; "Der Durchschnittseuropäer hat sein Leben mit der Technik nicht zu vereinen vermocht, weil er am Fetisch schöpferischen Daseins festhielt. Man muss schon Loos im Kampf mit dem Drache 'Ornament' verfolgt, muss das stellare Esperanto Scheerbartscher Geschöpfe vernommen oder Klees 'Neuen Engel', welcher die Menschen lieber befreite, indem er ihnen nähme, als beglückte, indem er ihnen gäbe, gesichtet haben, um eine Humanität zu fassen, die sich an der Zerstörung bewährt." (『Illuminationen』, p.384.)

87) Ibid., p.271; 독일어 원문: "Erst der Verzweifelnde entdeckte im Zitat die Kraft: nicht zu bewahren, sondern zu reinigen, aus dem Zusammenhang zu reissen, zu zerstören die einzige, in der noch Hoffnung liegt, dass einiges aus diesem Zeitraum überdauert-weil man es nämlich aus ihm herausschlug."(『Illuminationen』, p.382.)

88) McCole, 『Walter Benjamin』, p.171.

89) Benjamin, 『Reflections』, p.303; 독일어 원문: "Der destruktive Chzrakter ist der Feind des Etui-Menschen. der Etui-Mensch sucht seine Bequemlichkeit, und das Gehäuse ist ihr Inbegriff. das innere des Gehäuses ist die mit Samt ausgeschlagene Spur, die er in die Welt gedrückt hat. der destruktive Charakter verwischt sogar die Spuren der Zerstörung."(『Illuminationen』, p.290.)

90) Benjamin, 『Das Passagenwerk』, pp.291-292: "Die Urform allen wohnens ist das Dasein nicht im Haus sondern im Gehäuse. Dieses trägt den Abdruck seines Bewohners. Wohnung wird im extremsten Falle zum Gehäuse. Das neunzehnten Jahrhundert war wie kein ander wohnsüchtig. Es begriff die Wohnung als Futteral des Menchen und bettete ihn mit all seinem Zubehör so tief in sie ein, dass man ans Innere eines Zirkelkastens

denken könnte, wo das Instrument mit allen Ersatzteilen in tiefe, meistens violette Sammethohlen gebettet, daliegt."

91) Ibid., p.53; translated in 『Reflections』, p.155.

92) Benjamin, 『Reflections』, p.154; 독일어 원문: "Die Erschutterung des Interieurs vollzieht sich um die Jahrhundertwende im Jugendstil. Allerdings scheint er, seiner Ideologie nach, die Vollendung des Interiurs mit sich zu bringen. Die Verklärung der einsamen Seele erscheint als sein Ziel. Der Individualismus ist seine Theorie. Bei Van de Velde erscheint das Haus als Ausdruck der Persönlichkeit. Dat Ornament ist diesem Hause was de Gemälde die Signatur." (『Das Passagenwerk』, p.52.)

93) Benjamin, 『Das Passagenwerk』, p.684.

94) Ibid., p.298.

95) Ibid., p.82.

96) Ibid., p.681, 695.

97) Benjamin, 『Reflections』, p.155; 독일어 원문: "Der Versuch des Individuums, auf Grund seiner Innerlichkeit mit der Technik es aufzunehmen, führt zu seinem Untergang" (『Das Passagenwerk』, p.53.)

98) Benjamin, 『Gesammelte Schriften』, vol. 3, p.310.

99) Benjamin, 『Das Passagenwerk』, p.292: "Das zwanzigste Jahrundert machte mit seiner Porosität, Transparenz, seinem Freilicht-und Freiluftwesen dem Wohnen im alten Siene ein ende....Der Jugendstil erschüttertte das Gehäusewesen aufs tiefste. Haut ist es abgestorben und das Wohnen hat sich vermindert: für die Lebendem durch Hotelzimmer, für die Toten durch Krematorien."

100) Benjamin, 『Gesammelte Schriften』, vol. 8, pp.196-197: "Denn in der Signatur dieser Zeitwende steht, dass dem Wohnen im alten Sinne, dem die Geborgenheit an erster Stelle stand, die Stunde geschlagen hat. Giedion, Mendelsohn, Corbusier machen dem Aufenthaltsort vom Menschen vor allem zum Durchgangsraum aller erdenklichen Kräfte und Wellen von Licht und Luft. Was kommt, steht im Zeichen der Transparenz: Nicht nur der Räume, sondern, wenn wir den Russen glauben, die jetzt die Abschaffung des Sonntags zugunsten von beweglichen Feierschichten vorhaben, sogar die Wochen."

101) Walter Benjamin, "Surrealism." in 『Reflections』, p.180; translated from 『Gesammelte Schriften』, vol. 2, p.298: "Im Glashaus zu leben ist eine revolutionare Tugend par excellence. Auch das ist ein Rausch, ist ein moralischer Exhibitionismus, den wir sehr nötig haben. Die Diskretion in Sachane eigener Existenz ist aus einer aristokratischen Tugend mehr und mehr zu einer Angelegenheit arrivierter Kleinburger geworden." (* 역주 — 이 글은 차봉희 편역, 『현대사회와 예술-발터 벤야민, 초현실주의』, 문학과 지성사, 1995년, p.28로 번역되었다.)

102) Benjamin, 『Illuminations』, p.294: "in verschiebbaren beweglichen Glashäusern wie Loos und Le Corbusier sie inzwischen aufführten. Glas ist nich umsonst ein so hartes und glattes Material, an dem sich nichts festsetzt. Auch ein kaltes und nüchternes. Die Dinge aus Glas haben keine 'Aura'. Das Glas ist überhaupt der Feind der G eheimnisses. Es ist auch der Feind des Besitzes." 아돌프 로스의 건축을 자세히 보면, '조절할 수 있는 융통성 있는 유리집' 이 관계되는 한 벤야민은 로스와 르 꼬르뷔제를 너무 쉽게 연결시켰음을 보여준다. 로스는 유리를 투명성을 목적으로 거의 사용하지 않았다. 오히려 그는 유리의 반사능력을 강조하는 경향이 있었다. 이 장의 앞부분을 보라

103) Benjamin, 『Illuminations』, p.360; 『Reflections』, p.247을 보라: "사실 성애sexuality와 가족 그리고 경제적, 물질적 존재에 대한 정치적 투시를 행하는 사회에서, 집을 유리벽으로 짓고 안뜰이 응접실로 확장되어 더이상 응접실이 아닌 사회에서, 도덕성과 개념들에 대해 개인의 삶을 보호한다는 표어는 무엇보다 가장 반동적이 될 것이다...."

104) 1929년 인터뷰에서 그는 “아주 특별한 저서”라고 쓰며 분명히 이 책을 언급하고 있다. Benjamin, 『Gesammelte Schriften』, vol. 8, p.170. 『파사겐베르크』에는 이 책에 대한 수많은 인용과 언급이 있다.

105) Adolf Behne, 『Neues Wohnen-Neues Bauen』(Leipzig: Prometheus-Bücher, 1972); Le Corbusier, 『Urbanisme』(Paris: G. Crés, 1925).

106) Hays, 『Modernism and the Posthumanist Subject』을 보라

107) Benjamin, 『Berliner Kindheit um 1900』(Frankfurt: Suhrkamp, 1970)을 보라

108) Ernst Bloch, 『The Principle of Hope』, trans. 『Neville Plaice, Stephen Plaice, and Paul Knight』(Oxford: Basil Blackwell, 1986), p.6; translated from 『Das Prinzip Hoffnung』(frankfurt: Suhrkamp, 1959), p.4: “besonders ausgedehnt ist in diesem Buch der Versuch gemacht, an die Hoffnung, als eine Weltstelle, die bewohnt ist wie das beste Kulturland und unerforscht wie die Antarktis, Philosophie zu bringen.”

109) Ibid., p.9; 독일어 원문: “die noch ungewordene, noch ungelungene Heimat, wle sie im dialektisch-materialistischen Kampf des Neuen mit dem Alten sich herausbildet, heraufbildet”(『Das Prinzip Hoffnung』, p.8).

110) Ibid., p.1376: “유년시절 속으로 비추는 무언가가 이 세상에 생겨나고 그 속에는 여지껏 누구도 살아본 적이 없다. 이것이 바로 고향이다.” 독일어 원문: “so entsteht in der Welt etwas, das allen in die Kindheit scheint und worin noch niemand war: Heimat”(『Das Prinzip Hoffnuug』, p.1628).

111) Ibid., p.15; “그럼에도 우리는 유토피아적인 것을 토머스 모어의 방식으로 제한하거나 오직 그의 ‘유토피아’에 의거해 파악해서는 안된다. 이는 마치 전기를 마치 베른슈타인의 이론에 입각해서 명명하려는 오류와 다를 바 없다. 이를테면 그는 전기가 이름대로 그리스 이름을 지니고 있다고 맨 처음으로 주장하지 않았는가.” 독일어 원문: “Utopisches auf die Thomas Morus-Weise zu beschranken oder auch nur schlechthin zu orientieren, das wäre, als wollte man die Elektrizität auf den Bernstein reduzieren, von dem sie ihren griechischen Namen hat und an dem sie zuerst bemerkt worden ist.”(『Das Prinzip Hoffnung』, p.14.)

112) “Something’ s Missing: A Discussion between Ernst Bloch and Theodor W. Adorno on the Contradictions of Utopian Longing.” in Ernst Bloch, 『The Utopian Function of Art and Literature: Selected Essays』, trans. Jack Zipes and Frank Mecklenburg(Cambridge: MIT Press, 1988), pp.1-17을 보라

113) Wayne Hudson, 『The Marxist Philosophy of Ernst Bloch』(London: Macmillan, 1982).

114) Ernst Bloch, 『Erbschaft dieser Zeit』, foreword to the first edition(Zurich: Oprecht & Helbling, 1935), pp.15-20.

115) Bloch, 『The Principle of Hope』, p.744; 독일어 원문: “ein Produktlonversuch menschlicher Heimat”(『Das Prinzip Hoffnung』, p.870).

116) Ibid., p.745; 독일어 원문: “Das Umschliessende gibt Heimat oder beruhrt sie: sämtliche grossen Bauwerke waren sui generis in die Utopie, die Antizipation eines menschadäquaten Raums hineingebaut. Die bessere Welt, welche der grosse Baustil ausprägt und antizipierend abbildet, besteht so ganz unmytisch, als reale Aufgabe vlvis ex lapidibus, aus den Steinen des Lebens.”(『Das Prinzip Hoffnung』, p.872.)

117) Ibid., pp.714-721

118) 이 구절은 1923년 개정판 『The Utopian function of Art and Literature』, p.79에 수록되어 있다; 독일어 원문: “Sie verstand es, die Maschine, alles so leblos und untermenschlich in einzelnen zu machen, wie es unsere, neuen Viertal im ganzen sind. Ihr eigentliches Ziel ist das Badezimmer und Klosett, die fragelosesten und originalsten Leistungen dieser Zeit.... Jetzt aber regiert die Abwaschbarkelt, irgendwie fliesst überall das Wasser von den Wanden herab.” 『Geist der Utopie』, revised version from the 1923 2d ed.(Frankfurt: Suhrkamp, 1985), p.21.

119) Bloch, 『The Utopian Function of Art and Literature』, p.78; 독일어 원문: "Zuerst zwar sieht uns fast alles hohl entgegen. Wie könnte das freilich anders sein, und woher sollte das lebendige, schön geartete Gerät kommen, nachdem niemand mehr das dauernde Wohnen kennt, sein Haus warm und stark zu machen?" (『Geist der Utopie』, p.20.)

120) Bloch, 『The Principle of Hope』. p.733, quoted from his own work. 독일어 원문: "eine Geburtszange muss glatt sein, eine Zuckerzange mitnichten" (『Geist der Utopie』, p.23).

121) Bloch, 『The Utopian Function of Art and Literature』, pp.85-86; 독일어 원문: "So lebt noch dieses Dritte zwischen Stuhl und Statue, wohl gar über der Statue: ein 'Kunstgewerbe' höherer Ordnung, in dem sich, statt des behaglichen, gleichsam abgestandenen, aus Ruheständen zusammengesetzten, rein luxuriösen Gebrauchsteppichs, ein echter, ein hinüberweisender Teppich der reinen abstrakten Form ausstreckt." (『Geist der Utopie』, p.29.)

122) Rainer Traub and Harald Wieser, eds., 『Gespräche mit Ernst Bloch』(Frankfurt Suhrkamp, 1977, p.35도 보라

123) Bloch, 『Erbschaft dieser Zeit』, expanded edition(Frankfurt: Suhrkamp,1985), p.220: "Selbst verständlich ist kommunistische Sachlichkeit nicht nur die spätkapitalistische minus Ausbeutung; vielmehr: fällt die Ausbeutung weg. so erhalten die kalkweissen Mietsblöcke, worin heute Arbeitstiere minderer Grösse hausen, Farbe und ganz andere Geometrie, nämlich von einem wirklichen Kollektiv."

124) 이 에세이에 두개의 영어번역이 있다. 여기에서 내가 인용하고 있는 『The Principle of Hope』와 최근에는 『The Utopian Function of Art and Literature』에 실렸다.

125) Bloch, 『The Principle of Hope』, p.733; 독일어 원문: "Heute sehen die Häuser vielerorts wie reisefertig drein. Obwohl sie schmucklos sind oder eben deshalb, drückt sich in ihnen Abschied aus. Im Innern sind sie hell und kahl wie Krankenzimmer, in äusseren wirken sie wie Schachteln auf bewegbaren Stangen, aber auch wie Schiffe." (『Das Prinzip Hoffnung』, p.858.)

126) Ibid., p.734; 독일어 원문: "Das breite Fenster voll lauter Aussenwelt braucht ein Draussen voll anziehender Fremdlinge, nicht voll Nazis; die Glastüre bis zum Boden setzt wirklich Sonnenschein voraus, der hereinblickt und eindringt, keine Gestapo." (『Das Prinzip Hoffnung』, p.859.)

127) Ibid., p.734; 독일어 원문: "Die Entinnerlichung wurde Hohlheit, die südliche Lust zur Aussenwelt wurde, beim gegenwärtigen Anblick der kapitalistischen Aussenwelt, kein Glück" (『Das Prinzip Hoffnung』, p.859.)

128) Ibid., p.736; 독일어 원문: "Auch die Stadtplanung dieser unentwegten Funktionalisten ist privat, abstrakt; vor lauter 'être humain' werden die wirklichen Menschen in dlesen Häusern und Städten zu genormten Termiten oder, innerhalb einer 'Wohnmaschine' zu Fremkörpern, noch allzu organischen; so abgehoben ist das alles von wirklichen Menschen, von Heim, Behagen, Heimat." (『Das Prinzip Hoffnung』, p.861.)

129) Ibid., p.737; 독일어 원문: "Eben weil diese (die Baukunst) weit mehr als die anderen bildenden Künste eine soziale Schöpfung ist und bleibt, kann sie im spätkapitalistischen Hohlraum überhaupt nicht blühen. Erst die Anfänge einer anderen Gesellschaft ermöglichen wieder echten Architektur, eine aus eigenem Kunstwollen konstruktiv und ornamental zugleich durchdrungene." (『Das Prinzip Hoffnung』, p.862.)

130) Ernst Bloch, "Bildung, Ingenieursform, Ornament." 『Werk und Zeit』, no. 11/12(1965), p.2: "Unbeschadet der Frags, ob der gesellschaftliche Habitus, der den faulen Zauber der Gründerzeit gesetzt halte, selber so viel ehrlicher geworden sei. Ob die ornamentfreie Ehrlichkeit aus reiner Zweckform nicht selber die form eines Feigenblatts annehmen könnte, um eine nicht ganz so grosse Ehrlichkeit der sonstige Verhältnisse zu verdecken."

131) Ibid., p.3: " 'Graf dieser Mortimer starb auch sehr gelegen' , heisst es in Maria Stuart, dergleichen gilt auch,

mutatis mutandis, für den gar noch bejubelten Ornamenttod, für eine auch noch synthetisch hergestellte Phantasielosigkeit."

132) Ibid., p.3: "eine Architektur, die Flugel brauchte, und eine Malerei-Plastik, der Ofter eher Blei in die Sohlen zu giessen wäre."

133) Dennis Sharp. 『Modern Architecture and Expressionism』(New York: George Braziller, 1966); Wolfgang Pehnt, 『Expressionist Architecture』(London: Thames and Hudson, 1979); lain Boyd Whyte, ed., 『The Crystal Chain Letters』(Cambridge: MIT Press, 1985)

134) Taub and Wieser, eds., 『Gespräche mit Ernsf Bloch』, pp.28-40에 수록된 인터뷰 "Erbschaft aus Dekandeuz?"를 보라

135) Ernst Bloch, "Discussing Expressionism"(1938), in Ernst B1och et al., 『Aesthetics and Politics』(London: Verso, 1980), pp.16-27을 보라

136) Bloch, "Discussing Expressionism." p.23.

137) Bloch, 『Erbschaft dieser Zeit』, p.221: "In der technische und kulturellen Montage jedoch wird der Zusammenhang der alten Oberfläche zerFällt, ein neuer gebildet. Er kann als neuer gebildet werden, weil der alte Zusammenhang sich immer mehr als scheinhafter, brüchiger, als einer der Oberfläche enthüllt. Lenkte die Sachlichkeit mit glänzendem Anstrich ab, so macht manche Montage das Durcheinander dahinter reizvoll oder kühn verschlungen. Insofern zeigt die Montage weniger Fassade und mehr Hintergrund der Zeit als die Sachlichkelt."

138) Ibid., p.228: "Diese Art hat alles Negative der Leere, doch sie hat auch, mittelbar, als möglich Positives: dass die Trümmer in einen anderen Raum schafft-wider den gewohnten Zusammenhang. Montage im Spätbürgertum ist der Hohlraum seiner Welt, erfüllt mit Funken und Überschneidungen einer 'Erscheinungsgeschichte', die nicht die rechte ist, doch gegebenfalls ein Mischort der rechten. Eine Form auch, sich der altem Kultur zu vergewissern: erblickt aus Fahrt und Betroffenheit, nicht mehr aus Bildung."

139) 알렉산더 슈밥은 1887년에 태어났는데, 그는 공산주의 작가이자 저널리스트였다. 1930년에 출판한 『Das Buch vom Bauen』에서 그는 건축과 거주의 모든 측면을 분석한다. 1933년에 그는 나치에 의해 '국가의 적'이라는 명목으로 체포되었다. 그는 1943년 옥사하였다. 『Das Buch vom Bauen』는 1973년(Düsseldorf: Bertelsmann)에 디타르트 케릅스Diethart Kerbs의 서문을 실어 재출판되었다.

140) Ernst Bloch, 『Spuren』(1930; Frankfurt: Suhrkamp, 1985), p.163: "Ein höchst heiteres Kreisen ging fühlbar zwischen Drinnen und Draussen, Schein und Tiefe, Kraft und Oberfläche. 'Hören sie' sagte da mein Freund, 'wie gut das Haus in Gang is'. Und man hörte die Ruhe, das richtig Eingehängte, wie es läuft, die wohlbekannte Kameradschaft mit den Dingen, die jeder Gesunde fühlt, die Lebensluft um sie her und die taohafte Welt."

141) Taub and Wieser, eds., 『Gesprache mit Ernst Bloch』, p.206도 참고하시오

142) 『Architectural Design Profile 59』(『Architectural Design 55』, no. 5/6[1985])를 보라. 객원 편집자인 Luciano Semerani가 Istituto Universitario di Architettura에서 나온 special issue entirely on the Istituto Universitario di Architettura. For a survey of the activities in Tafuri' s own department, see Paolo Morachiello, "The Department of Architectural HIstory: A Detailed Description," in Ibid., pp.70-71.

143) Patrizia Lombardo, "Introduction: The Philosophy of the City." in Cacciari, 『Architecture and Nihilism』, PP.iX-lviii에 나온 서문을 보라

144) Dal Co, 『Figures of Architecture and Thought』, p.9.

145) Manfredo Tafuri, 『Architecture and Utopia: Design and Capitalist Development』, trans. Barbara Luigia La Penta(Cambridge: MIT Press, 1976), p.vii; translated from 『Progetto e utopia. Architettura e sviluppo capitalistico』(Bari: Laterza, 1973).

146) Ibid. pp.86, 88.(* 역주 — 『건축과 유토피아』는 이탈리아 원본이 아닌 미국번역판을 원본으로 삼아 국내에 3권이 번역되었다. 신석균 외 공역, 태림문화사, 1991년 그리고 김원갑역, 기문당, 1999년, 정영철 역, 세진사, 1987년으로 번역되었다. 하지만 안타깝게도 3권 다 오류도 많고 태림문화사에서 나온 책은 심지어 누락된 곳도 있다. 해당 내용은 신석균 외 공역, 태림문화사, 68~69쪽, 김원갑 역, 기문당, 110~112쪽이다.)

147) Ibid., p.88(* 역주 — 해당 내용은 신석균 외 공역, 69쪽; 김원갑 역, 112쪽에 번역되었다)

148) Ibid., pp.84-86. "모든 역사적 아방가르드 운동들은 산업생산의 전형적 법칙에 따라 생겨나고 서로 이어졌던 것인데, 그것의 본질은 기술적 혁명이었다."

149) Ibid., p.89(* 역주 — 해당 내용은 신석균 외 공역, 69쪽; 김원갑 역, 115쪽에 번역되었다)

150) Ibid., pp.55-56(* 역주 — 해당 내용은 신석균 외 공역, 42쪽; 김원갑 역, 82쪽에 번역되었다)

151) Ibid., p.56(* 역주 — 해당 내용은 신석균 외 공역, 43쪽; 김원갑 역, 82쪽에 번역되었다)

152) Ibid., p.93.

153) Ibid., p.95.

154) Ibid.

155) Ibid. 타푸리는 구성주의자와 다다이스트가 1922년 바이마르에서의 회합을 언급하고 있다. Theo and Nelly van Doesburg, Kurt Schwitters, Tristan Tzara, Hans Arp, Lásló and Lucia Moholy-Nagy, El Lissitzky, Hans Richter, Hannah Höch, Cornelis van Eesteren, Karel Maes, Alfréd Kemény, Werner Gräff, Alexa and Peter Röhl, and Max and Lotte Buchartz가 참석하였다. 다다와 더 스타일이 '합쳐지는' 하나의 두드러진 예는 당연히 I. K. Bonset이라는 필명으로 다다이스트 시를 썼던 Theo van Doesburg이다.

156) Ibid., p.96.

157) Ibid., p.98.(* 역주 — 해당 내용은 신석균 외 공역, 76쪽; 김원갑 역, 123쪽에 번역되었다)

158) Ibid., p.100.(* 역주 — 해당 내용은 신석균 외 공역, 78쪽; 김원갑 역, 127쪽에 번역되었다)

159) Ibid.(* 역주 — 해당 내용은 신석균 외 공역, 78쪽; 김원갑 역, 127쪽에 번역되었다)

160) Ibid., p.107.(* 역주 — 해당 내용은 신석균 외 공역, 83쪽에 번역되었다)

161) Ibid., p.119. The opposition between "town" and "large city" refers to the notions of 『Gemeinschaft』(community) and 『Gesellschaft』(society), derived from Ferdinand Tönnies, a conservative German sociologist(1855-1936), whose book 『Gemeinschaft und Gesellschaft』 dates from 1887.(* 역주 — 해당 내용은 신석균 외 공역, 93쪽; 김원갑 역, 149쪽에 번역되었다)

162) Ibid, p.124.(* 역주 — 해당 내용은 신석균 외 공역, 96~97쪽; 김원갑 역, 153쪽에 번역되었다)

163) Ibid., p.88.

164) Massimo Cacciari, "The Dialectics of the Negative and the Metropolis," in Cacciari, 『Architecture and Nihilism』, pp.1-96. See also Massimo Cacciari, "Notes sur la dialectique du négatif à l' époque de la metropole(essai sur Georg Simmel)," 『VH 101』, no. 9(Autumn 1972), pp.58-72. Benjamin' s study on Baudelaire can be found in "On Some Motifs in Baudelaire," in Benjamin, 『Illuminations』, pp.155-201.

165) Cacciari, 『Architecture and Nihilism』, p.13. Lombardo' s introduction, p.xxv.도 참고하시오

166) Cacciari, 『Architecture and Nihilism』, p.13.

167) 짐멜과 관련된 것은 개인관계에서 합리화 과정과 상품체계의 점증하는 지배 사이를 어떤 인과관계로 보기보다는 확실한 일치로 본 것이다.

169) Ibid., p.19.

170) 1938년 6월 12일 벤야민이 숄렘에게 보낸 편지, in Gershom Scholem, ed., 『Walter Benjamin / Gershom Scholem, Briefwechsel』(Frankfurt: Suhrkampf, 1985), pp.266-273.

171) Cacciari, 『Architecture and Nihilism』, p.64.

172) Tomás Llorens, "Manfredo Tafuri: Neo-Avant-Garde and History," 『Architectural Design 51』, no. 6/7(1981), p.88.

173) Dal Co, 『Figures of Architecture and Thought』, p.19.

174) Ibid., p.35.

175) 이 글에 대한 논의를 위해서는 1장을 보라

176) Dal Co, 『Figures of Architecture and Thought』, p.42.

177) Manfredo Tafuri, 『Theories and History of Architecture』, trans. Giorgio Verrecchia(London: Granada, 1980), p.141, translated from 『Teorie e storia dell' architettura』(Bari: Laterza, 1968).

178) 특히 타푸리는 16세기 로마 식스투스 5세의 계획에 대한 기디온의 해석에 대해 여러가지 반박을 제시한다. Tafuri, 『Theories and History of Architecture』, pp.151-152; Sigfried Giedlon, Space, 『Time and Architecture: The Growth of a New Tradition』(1941; Cambridge: Harvard University Press,1980), pp.75-106을 보라

179) Tafuri, 『Theories and History of Architecture』, p.151.

180) Ibid., p.172.

181) Ibid., p.229.

182) 더구나 타푸리는 이런 비평형식이 이데올로기적 내용도 가지는지 여부를 의문시하지 않았다. Llorens, "Manfredo Tafuri: Neo-Avant-Garde and History." p.85을 보라

183) Tafuri, 『Architecture and Utopia』, p.ix.

184) Frederic Jameson, "Architecture and the Critique of Ideology," in Joan Ockman, ed., 『Architecture, Criticism, Ideology』(Princeton: Princeton Architectural Press, 1985), p.65.

185) 제임슨은 타푸리의 저술을 아도르노나 바르트와 같은 표제 아래 묶는 이유를 안다. 최소한 아도르노와 타푸리가 관계가 있다는 점에서 나는 제임슨에 동의한다. 파트리지아 롬바르도와 같이, 나는 아도르노보다 벤야민의 글이 타푸리에게 더 많은 영향을 주었다고 생각한다. 이 점에 관해서는 원문의 증거가 있을 뿐 아니라 1976년 출판된 『Architectyre—Mouvement—Continuite』에서 타푸리가 프랑소와 베리Françoise Véry와 나눈 인터뷰에서도 밝혔던 것이다. 그리고 Hélène Lipstadt and Harvey Mendelsohn, "Philosophy, History, Autobiography: Manfredo Tafuri and the 'Unsurpassed Lesson' of Le corbusier:, 『Assemblage』, no. 22(December 1993), pp.58-103에서 인용되었다. 더욱이, 카챠리가 타푸리에게 준 잠재적 영향은 논쟁의 여지가 없는데 비록 카챠리의 '부정적 사고' 가 아도르노의 '부정변증법' 과 유사할 지라도 제임슨이 카챠리의 '부정적 사고' 를 다루는 점에서는 다소 성급한 것 같다. 카챠리는 자신이 '변증법 없는 마르크스주의' 를 지지한다고 분명히 인정하는데, 이러한 점은 그의 입장과 아도르노의 입장을 근본적으로 다르게 한다. 게다가 카챠리는 부정적 사고가 자본주의의 미래 발전내에서 계속 기능할 것이라고 생각하는 반면에, 아도르노는 내가 다음 장에서 보여줄 것처럼, 자신의 부정 변증법이 최소한의 탈출구를 열어줄 것이라는 희망-비록 희박한 희망일 지라도-을 품는다. 『미학이론』에서도 아도르노는 그 체제의 점증하는 일차원성에 대한 비판을 행할 수 있는 예술의 가능성을 계속해서 지지하고 있다. 이런 측면에서도 아도르노의 개념은 타푸리와 다르다.

186) Carla Keyvanian, "Manfredo Tafuri' s Notion of History and Its Methodological Sources"(master' s thesis, MIT, Cambridge, Mass., 1992).

187) Manfredo Tafuri and Francesco Dal Co, 『Modern Architecture』, trans. Robert Erich Wolf(New York: Abrams, 1979), p.7: translated from 『Architettura contemporanea』(Milan: Electa, 1976).

188) Llorens, "Manfredo Tafuri: Neo-Avant-Garde and History." p.90.

189) Benjamin, "Theses on the Philosophy of History."

190) Manfredo Tafurl, "The Historical Project." in Tafuri, 『The Sphere and the Labyrinth: Avant-Gardes and Architecture from Piranesi to the 1970s』, trans. Pellegrino D' Acierno and Robert Connolly(Cambridge: MIT Press,1987), pp.1-21; translated from 『La sfera e il labirinto. Avanguardie e architettura da Piranesi agli anni ' 70』(Turin: Einaudi, 1980).

191) 타푸리의 입장에 대한 흥미로운 논평은 Joan Ockman, "Postscript: Critical History and the Labors of Sisyphus." in Ockman, ed., 『Architecture, Criticism, Ideology』, pp.182-189을 보라

192) Tafuri, "The Historical Project." p.16.

193) Ibid., p.9.

17) 독일어 Anstand는 영어로 decorum이다. 이는 적당함, 적절함, 예법, 점잖음으로 번역된다.(여기서는 품격으로 번역하였다.) decorum의 어원은 decor다. 데코르란 말은 가장 오래된 건축이론서인 비트루비우스의 건축10서에 이미 등장한다. 비트루비우스는 제1서 2장에서 건축미의 기본원리 6가지를 제시하는데 그 중 하나가 바로 데코르다. 비트루비우스는 건축10서에서 "데코르란 건물이 인지된 사물에 의해서 권위를 갖고 구성하여 결점없이 보이는 것이다. 이것은 원칙 혹은 관습 또는 자연에 의해서 성취된다."고 쓰고 있다. 권태문의 연구에 따르면 데코르는 "실기에서 규범을 부여하는 원리"로 이해되며 "형식과 내용의 조화에 관한 원리"로, "순사한 형식에서 발전된 것이 아니고, 형식으로 내재한 것이 외적인 권위와 관계되어 성립되는 이론이다. 데코르는 원칙, 관습, 자연에 합치될 때 어울림이 이루어지며 이 세가지 요소에 의해 생성된 권위를 근본으로 하여 건축형식의 타당성, 즉 평면계획의 문제, 건축구성의 문제 등 이들 용도에 의해 규정되는 건축양식의 조화에 관한 원리이다."(권태문, 「비트루비우스의 건축의 기본적 원리 중 데코르에 관한 연구」, 대한건축학회논문집 계획계 19권 5호, 2003년 5월, pp.149-156 참조) 즉, 이는 건축 외적인 요소(원칙, 관습, 자연)에 맞게 건축 평면이나 양식을 적절하게 지어야 한다는 말로 요약할 수 있다. 이는 전통사회의 위계에 따라 건축을 지어야 된다는 말이다. 우리의 전통건축에 위계 또는 예법에 따른 규제가 있었듯이 사회적 위계에 맞는 건축양식을 규정하는 말인 것이다. 구세비치Gusevich에 따르면, decorum이라는 말은 귀족적 기원을 가지고 있다. 귀족 왕실에서 규율과 의식에 관련된 말이다. 이는 위계적 사회를 함축하고 있다. 한편, 흥미로운 것은 decorum이라는 말이 로스가 범죄로 배척해야 된다고 본 decoration과 어원이 같다는 것이다. 근대에 장식을 키치로 이용하는 것은 사물을 물신화하는 범죄를 저지르는 것으로, 이런 범죄는 문명화된 기준, 즉 decorum에 대한 모독이다. 그래서 decorum을 위해 decoration을 금지해야 된다고 로스는 말한다. 이는 decorum과 decoration간의 전통적 연관성을 급진적으로 단절하는 것이다.(Miriam Gusevich, 『Decoration and Decorum, Adolf Loos' s Critique of Kitch』, New German Critique no.43(winter 1988), pp.97-123 참조.) 이런 점에서 로스가 쓰는 Decorum이라는 말은 역자가 보기엔, 귀족적 장식의 화려함과 결합되는 전통적 예禮라는 개념보다 근대적 절제라는 개념에 가깝다.

18) 1968년 서구에서 학생을 중심으로 권위주의를 비판하고 월남전 등 전쟁에 반대하는 대규모 시위가 일어난다. 젊은 학생들과 진보적 지식인들이 중심이 된 이 운동은 이후 68운동으로 명명되고 명실공히 시대사적 전환점으로 기술된다. 당시 베트남 전쟁에 대한 반전시위, 러시아 군의 프라하소요 진압반대, 그리스 독재정치 등 정치적 문제뿐 아니라 사회문화적 가치에 심대한 변화를 가져왔다. 우리나라의 경우도 80년대 학생운동을 통해 이런 세계사적 흐름과 만나게 된다. 최근 68년 학생운동에 대한 책도 국내 번역 출판되었다. 로널드 프레이저, 『1968년의 목소리(불가능한 것을 요구하라!)』, 안효상 역, 박종철출판사, 2002.05.17 참조

19) 미메시스는 모방을 뜻하는 그리스어로 플라톤의 철학에서 사용되었다. 일반적으로 모방이라고 번역할 수 있으나 이 책의 작가는 벤야민과 아도르노의 핵심적 주제인 미메시스는 모방보다 더 넓은 함축을 지닌다고 보고 있다. 그래서 모방으로 번역하기보다 그대로 미메시스라는 단어를 사용했다. 한편, 진중권은 미메시스에 대해 다음과 같이 설명한다. "미메시스란 철학에서 말하는 의식 속에서 대상의 '표상'이나, 미학에서 말하는 화폭 위에서 대상의 '모방imitatio'이 아니다. 그것은 주위환경에 맞춰 몸 색깔을 바꾸는 카멜레온과 같은 존재론적 닮기를 말한다." 진중권, 『현대미학강의-숭고와 시뮬라크르의 이중주』, 아트북스, 2003년, p.18 참고

20) "아담이 어떻게 이름을 짓나 보시려고 그것들을 그에게로 이끌어 이르시니 아담이 각 생물을 일컫는 바가 곧 그의 이름이라."(창세기 2:19) 즉, 아담의 언어에서 이름을 붙인 사물과 이름은 유사성으로 연결된다. 하지만 이후 언어의 타락으로 이런 유사성의 관계를 잃어버리게 되고 수많은 바벨의 언어들 속에 제 흔적을 흩어놓게 된다. 진중권, 『현대미학강의』, pp.17-25 참조

21) '짜임관계' 로도 번역되는 이 말은 벤야민뿐만 아니라 아도르노도 벤야민에게 빌려 쓰고 있다. 마틴 제이에 따르면 아도르노가 사용한 2가지 은유 가운데 첫번째는 '힘의 장' 이라는 말인데 이 말은 '복합적인 현상의 역동적이고 변환적인 구조를 구성하는 끌어당김과 밀어냄의 상관적인 상호작용을 의미한다.' 두번째 은유는 별자리인데, '별자리' 라는 말은 '공통분모, 본질적인 핵심 또는 생성의 제1원리 따위로 환원되는 것에 저항하는, 변화요소들이 통합적이 아니라 병렬적으로 무리지어 있는 것을 나타내는' 용어이다. 오퍼만스의 인용글처럼 '별자리' 와 '힘의 장' 은 서로 연결되는 개념이다. 즉, 벤야민은 별 하나하나는 개별적 의미를 가지지만 여러 개의 별이 모인 별자리에서 새로운 의미가 생기고 주위 맥락에 따라 개별 별의 의미가 달라지는 것처럼 언어의 의미도 이러하다고 본 것이다. 마틴 제이, 『아도르노』, 시공사, 2000년, pp.17-18 참조

22) 복제기술에 의해 파괴된 것은 이러한 '거리' 라는 말은 이후 벤야민이 영화라는 새로운 복제예술에서 보았던 수용방식의 변화와 맞물린다. 즉, 이전의 전통적 예술은 '거리' 를 둔 '관조' 에 의해 수용되었으나 영화와 건축은 이런 '거리' 가 없는 산만한 수용이 가능한 대상이다.

23) 유명한 수정궁을 예로 들 수 있다. 최초의 만국박람회는 1851년 런던 수정궁에서 개최되었다.

24) New Building은 근대건축과 동의어로 사용되고 있다. 2장 참조

25) 이 독일어 문장을 번역하면 다음과 같다. "타동사로서 거주Wohnen란 말은 예를 들어 '생활에 익숙하게 하다' 는 개념에서 급변하는 동시대성에 대한 하나의 표상을 준다. 그 속에 억압이 숨겨진다. 그것은 우리에게 각인하는 하나의 틀 속에 존속한다." 한편, 조형준 옮김, 『아케이드 프로젝트』에는 이 구절을 "타동사로서의 '살다'—예를 들어 '사는데 익숙해진 생활' 이라는 의미로 사용하는 경우—는 이러한 행위 속에 감추어져 있는 시시각각의 현실이 무엇인지 가르쳐준다. 그것은 용기에 우리의 모습을 각인시키는 데 있다."로 번역하고 있다. 해당 책, p.568 참조

26) 이탈리아 르네상스시대 전제군주

27) 벤야민의 기능전환이라는 개념을 이해하는데 다음의 글이 유용할 것이다. 「생산자로서의 작가」에서 벤야민은 브레히트와 바일K.Weil을 예로 들며, 예술적 진보의 판단기준을 밝힌다. 예술작품이 "생산관계에 대해서가 아니라 생산관계에 안에서" 어떻게 존재하는지를 따져야 하며, 이럴 경우 중요한 것은 작가의 정치적 혹은 사회적 성향이 아니다. 오히려 중요한 것은 작품의 기술이 시민사회의 예술창작의 관행을 무너뜨리는 것이다. 따라서 벤야민은 작가에게 생산관계에 대해 입장을 취할 것이 아니라, 생산관계를 변화시킬 것을 촉구한다. 기술매체의 발전에 의해 가능해진 영화의 관객은 "관람의 즐거움"을 누리며 "전문가적인 판단의 자세"를 갖추게 되면서 무대가 전달하는 내용을 수동적으로 받아들이는 것이 아니라, 자신의 관점에서 비판적으로 재구성하여 현실에 관한 인식을 얻을 수 있다. 벤야민이 영화라는 현대의 기술매체의 가능성을 높이 산 이유가 바로 여기에 있는데, 이것은 당시 히틀러가 집권이데올로기를 강화하기 위해 활용했던 '정치의 미학화' 프로그램에 대한 응용프로그램으로서 의미가 있다. 즉, 벤야민의 영화이론은 바로 현대의 기술매체를 이데올로기의 선전선동에 활용하려는 파시즘의 극복에서 찾을 수 있는 것이다. 파시즘이 현대의 기술매체를 자신의 이데올로기의 선전선동에 활용하는 현실에서, 벤야민은 기술매체가 가지고 있는 또 다른 기능에 주목함으로써 기술매체의 발전으로 인한 예술 구조의 '기능전환' 을 염두에 두었던 것이다. 히틀러의 파시즘이 일체의 비판을

불가능하게 할 목적으로 '정치의 예술화'를 추구하였다면, 벤야민은 '예술의 정치화'를 표방함으로써, 발전된 매체에 의존하는 현대예술에 잠재되어 있는, 정치적 기능을 활성화하고자 하였다. 벤야민의 영화이론과 브레히트의 서사극이론이 공통적으로 강조하는 예술의 정치화는 그러니가 수동적인 수용에 초점이 맞추어져 있는 전통 예술의 기능을 전환함으로써 실현가능하게 된다. 이상의 내용은 윤시향 외 공저, 「대중문화의 발달과 매체의 기능전환」, 『브레히트와 현대연극』, 한국브레히트학회, 2003년, p.117의 내용을 그대로 인용하였다.

28) 이 책은 박설호에 의해 2004년 국내 완역 되었다. 도서출판 열린책들

29) 고대 로마에 살았던(B.C.116 - B.C.27) 철학자이자 저술가

30) communism이나 communist를 공산주의 또는 공산주의자로 번역하는 것은 그 말에 담긴 '나누다'는 의미를 간과한 번역임을 주장하는 사람들도 있다. 이진경은 '코뮨주의'라는 주제를 새로운 화두로 삼아 사유하고 있다. 그가 말하는 코뮨주의는 코뮨이란 말에서 나온 것인데, 함께 하는 삶, 그런 삶의 만드는 관계와 삶의 방식, 새로운 주체의 문제를 새로이 개념화하려는 것이다. 따라서 함께 생산한다'는 의미에 갇힌 경제주의적 개념인, 그리고 코뮨적인 관계가 차지하는 중심성을 소유관계의 문제로 바꾸어버리는 이른바 〈공산주의〉라는 개념과 근본적으로 다르다고 주장한다. 2000년 7월 20일자 한겨레신문 인문학데이트 참조. 하지만 번역하지 않고 원어를 그대로 쓴다는 문제가 있다고 본다.

31) 독일의 유명한 극작가이자 시인인 프리드리히 폰 실러Friedrich von Schiller의 희곡작품

32) '도시의 왕관'은 20세기 초 독일의 표현주의 건축가들, 특히 브루노 타우트가 주창한 도시계획의 개념이다. 도시의 중심에 예술적 영감이 있는 수정같은 형태 또는 균질의 형태언어를 가진 것으로 이해된다. 이 형태 속에는 유토피아에 대한 갈망과 사회변혁에 대한 생각이 담겨있다. 그림 64참조.

33) 세상을 객체와 주체로 나누고, 사물을 형식과 본질, 형태와 내용으로 나누며 객체보다 주체를, 형식과 형태보다 본질과 내용을 우선시하는 생각을 휴머니즘적 사고라 한다. 위 글은 자본주의 공간을 표면과 내부로 나누고 내용에 우선성을 부여하는 블로흐의 시각은 여전히 휴머니스트적 입장을 견지하고 있다는 말이다. 벤야민은 이런 이분법적 시각을 넘어서려 한다는 입장에서 탈휴머니스트적 입장을 가지고 있다. 마이클 헤이즈에 따르면, 휴머니즘 사고는 세상을 객체와 주체로 나누고 객체에 대한 주체의 역할은 의미, 통합, 중심화, 권위를 발생시키는 대리인이었다. 하지만 모더니즘 내에는 지배적인 휴머니즘에서 변화된 문화적 입장들이 있었다. 이런 지각의 변화를 마이클 헤이즈는 탈휴머니즘이라 부른다. K. Michael Hays, 『Modernism and the posthumanist subject: The architecture of Hannes Meyer and Ludwig Hilberseimer』, The MIT Press, 1992, pp.5-6 참조. 블로흐의 사고 전체가 이런 휴머니즘 입장에 머물러 있다고 얘기할 순 없다. 자본주의 공간 또는 기능주의 건축을 비판한 부분에서만 그러하다.

34) 국민과 향토의 결합을 강조하는 나치 농촌정책의 지도이념

35) progetto는 이태리어로 '계획', '기획', '프로젝트'라는 뜻이다. 영어로는 planning이나 project가 더 타당하다. 하지만 이 책은 영어로 'Architecture and Utopia'로 번역되었고 이 영어번역판을 이용한 국내번역서는 전부 '건축과 유토피아'로 번역하였다. 두 말 사이엔·엄밀한 의미차이가 있지만 통용되는 '건축과 유토피아'로 번역하였다.

36) 타푸리는 Merz라는 단어가 상업은행Commerz bank의 간판에서 따 온 것임을 말하고 있다. 즉, 타푸리는 이 글에서 아방가르드 예술작품이 화폐경제의 상징인 은행 간판에서 따왔다는 역설을 지적하고 있다.

37) 카챠리는 이를 '정신의 현실화 과정'이라고 쓰고 있다. 카챠리에 따르면, '사회관계의 합리화 과정에 의해 추정된 일반적 형태'로 나타난 메트로폴리스는 '생산관계의 합리화에 따른 하나의

국면이거나 사회적 관계의 합리화에 따른 문제점' 이다. 짐멜에게는 근대존재의 결정적인 계기이며 벤야민에게는 더 나아가 사회구조로서 자본의 지배적 계기이다. 어느 경우든 "그 과정의 형태는 개인을 추상화하고 주체성을 계산과 이성, 이익으로 다시세우는 과정으로서 정신화 과정이다." Massimo Cacciari, 『Architecture and Nihilism』, 「The Dialectics of the Negative and the Metropolis」, p.4 참조

38) internalization: 내재화 또는 내면화는 여러 가지 사회적 영향을 받은 개인이 사고 및 감정, 행동 등을 통해 이를 자신의 내부로 흡수하는 현상을 말한다. 심리학과 사회학 같은 학문에서 내면화는 개인에게 영향을 미치는 사람들 또는 단체들이 설립한 일련의 기준을 개인이 수용하는 과정이다. 개인은 내면화의 과정을 통해 그 기준을 자신의 관점으로 받아들인다.

39) 논증하려는 명제 자체를 논증의 전제로 삼을 때 발생하는 오류, 즉 말하는 사람 자신이 주장하려는 바를 자기 주장의 전제(논거)로 삼아 제시하는 오류를 말한다. 순환논증, 순환논법, 순환론이라고도 한다. 예를 들자면, '그는 정직하다. 왜냐하면 그는 사람을 속이지 않기 때문이다' 와 같은 경우, '성서는 하나님의 말씀이다. 성서가 하나님이 말씀인 것은 성서에 씌어있다. 그러므로 성서는 하나님의 말씀이다.' 는 경우를 들 수 있다.

40) 'operative criticism' 은 일반적으로 '작용 비평' 으로 번역된다. 'operate' 라는 단어에는 '(기계를) 조작하다', '작용하다' 는 의미 외에 '(자신의 이익을 위해) 속이다' 는 의미도 포함된다. 즉, 이 말은 우리말 '조작(操作)' 이란 말에 잘 어울린다. 기계를 '조작하다' 는 말은 기계를 작동시킨다는 말이고 여론을 '조작하다' 는 말은 속인다는 말이다. 그리고 타푸리가 이 말을 가치중립적으로 썼다기보다 비난의 의미로 사용하였기 때문에 역자가 보기엔, '작용 비평' 보다는 '조작 비평' 으로 번역하는 것이 의미를 더 명확히 전달할 수 있다고 본다.

오늘날 미는 모순을 해결하는 작품의 깊이를 제외하고는 이를 가늠할 다른 기준을 가질 수 없다. 작품은 모순을 덮어버리는 것이 아니라 이를 추적함으로써 모순을 헤쳐 나가고 극복해야만 한다.

테오도르 아도르노, 1965

4 현대성에 대한 비판으로서의 건축

아방가르드 대 모더니즘

예전에 바우하우스 학생이었던 스위스 예술가 막스 빌Max Bill은 1949년 숄Scholl 재단의 의뢰를 받아 울름Ulm(독일 남부 바덴뷔르템베르크주(州)에 있는 도시)에 있는 학교의 여러 채 건물을 디자인하였다. 그는 새 학교의 교과과정은 바우하우스의 교과과정을 본떠야 한다고 재단을 설득하였다. 그 학교를 세운 후 그는 교장으로 부임하였다. 빌은 모리스와 러스킨에 대한 관심에서 시작하여 독일 공작연맹Werkbund과 반 데 벨데를 거쳐 그로피우스의 바우하우스에 이르는, 즉 그의 Hochschule Für Gestaltung(디자인 학교)의 체계에 이르기까지 직접적인 계통을 보았다. 이런 전통을 관통하는 주제는 *gute Form(양질의 디자인)*을 성취하고자 하는 욕망이었다. 빌에 따르면 양질의 일상용품이 미치는 광범위한 공헌에 대한 약속은 사회의 산업화에 내재되어 있었다. 그는 이 약속은 여태 충족되지 못했다고 말했다. 부분적으로 광고와 선전을 통해 대중의 잘못된 취향이 지속적으로 강요되었기 때문이고, 부분적으로는 기존 교육제도와 산업의 요구 사이에 연계가 잘 되지 못했기 때문이다. 새 학교는 이런 요구에 부응하려 하였다. 산업디자이너에게 사회적 책임을 충족시키고 고품질의 상품을 합리적으로 제작할 수 있는 디자인을 생산하게끔 교육을 보장하는 것이 목적이었다.

> 학교는 바우하우스의 연장선에 있다. … 기초를 이루는 원리는 폭넓고도 철저한 기술훈련과 현대적인 경향에 대한 건전한 일반교육을 결합시키는 것이다. 이런 방법으로 젊은이들의 진취적이고 건설적인 정신에 적절한 의미의 사회적 책임을 불어넣을 수 있고, 현대 디자인의 주요한 문제들에 대한 협동 작업이 현대의 가장 시급한 과제, 즉 점점 기계화되는 문명을 인간화하는 일에 대한 중요한 공헌임을 가르치는 것이다.[1)]

빌의 교육체계 이면에는 합리성과 현대재료의 사용을 양질 디자인의 근본원리라고 이야기하는 기능주의에 대한 신념이 있다. 산업의 요구와 생산품질의 향상에 대응하는 그 시도는 *중심주제* Leitmotiv를 형성하였다. 개별 디자이너의 예술적 투입은 산업대량생산과 디자인을 중개하는 데 있었다. 빌의 이상은 현대성의 목가적이고 계획적 관점을 반영하며, 그런 점에서 기디온의 그것과 비견될만 하다. 기디온처럼, 빌은 스위스 기술자 로베르 메야르Robert Maillat의 작품을 직접 편집한 책에서 그에 대해 많은 찬사를 보냈다.[2)] 하지만, 빌은 매우 독특한 형태로 예술에 참여한 건축가들과 디자이너 세대를 대표했다. 이 세대에게 기능주의는 명백한 요구였다. 그들은 '양질의 디자인'을 통해 풍요로운 삶에 대한 요구를 수용하였다. 하지만 그들의 디자인 개념은 산업과 대량생산의 요구에 종속되었다. 이런 개념은 결국 예술의 기초 위에 삶을 조직함으로써 예술과 삶 사이의 구분을 없애고자 했던 아방가르드의 입장과는 확연히 다른 것이었다.**역주 41)**

디자인에서, 전후 현대건축에 우세한 경향은 아방가르드의 이상과 더 이상 공통점이 없었다. 기능주의는 이제 많은 수의 주거를 빠르고 효과적으로 생산할 프로그램을 가진 전후 재건설 논리 속으로 부드럽게 통합되었다. 전쟁기간 현대건축이 견지했던 사회에 대한 비판적인 입장은 산업화되고 관료화된 접근으로 대체되고 말았다.

하지만 이런 전개가 불식간에 지나가지는 못했다. 예를 들면, 막스 빌은 그가 Hochschule Für Gestaltung(디자인 학교)를 설립했을 때 몇몇의 반대에 직면했었다. 이런 반대는 콘스탄트Constant와 도트레몽Dotremont과 함께 코브라Cobra 예술가 그룹을 설립한

네덜란드 화가 아스거 요른Asger Jorn이 처음 제기하였다.3) 1953년 요른은 상상주의 바우하우스 국제운동the International Movement for an Imaginist Bauhaus을 시작하였다. 그는 막스 빌이 바우하우스의 혁명적 이상을 부드러운 아카데믹한 담론으로 환원시켜 왔으며 그것을 반동적인 전략을 위해 잘못 사용하여 왔다고 지적하였다. 요른이 주장하길, 바우하우스의 이상은 무엇보다 먼저 기계시대 예술가들의 지위에 대한 물음에 대응하여 설립되었다. 바우하우스의 대답은 예술가들의 교육에 관한 것이었다. 그러나 요른에 따르면, 해법은 교육에 있지 않다는 것을 경험이 증명해왔다. "예술적 재능의 직접 변형은 불가능하다. 예술적 번안은 다음과 같은 일련의 모순된 국면을 통해 일어난다: 대경실색—놀라움—모방—거절—경험—소유… 우리의 실천적인 결론은 다음과 같다. 우리는 교육에 관한 모든 노력을 포기했으며 실험적인 활동을 향해 나아가고 있다."4) 이렇게 요른은 예술의 실천에 고유한 실험적 성격을 강조하였다. 그의 관점에서는 연구와 혁신을 위해 예술가들이 서로를 자극하는 이런 실험의 기능은 1920년대 바우하우스 경험의 가장 중요한 공헌이었다. 그가 상상주의 바우하우스 운동Imaginist Bauhaus movement과 기능주의 비판에서 다시 회복하고자 했던 것은 이런 특질이었다.

빌과 요른 사이의 논쟁은 블로흐가 기능주의와 표현주의 사이에서 목격했던 것과 유사한 것이다. 빌은 건설에서 기능성과 합리성을 강조하고 상상력imagination에 부차적인 역할을 돌렸다. 요른의 관점으로는 디자인 영역에서 모든 활동의 타당성은 상상, 즉 창안과 실험에 있다. 그에게 기능과 합리성에 대한 요구는 전적으로 부차적인 것이다.

요른 만이 이런 생각을 가지고 있었던 것은 아니었다. 그는 동지를 찾았으며 자신들을 전쟁전 아방가르드 운동의 합법적인 상속자로 생각하는 다양한 그룹들과 개인들에게서 동류의 정신을 발견하였다. 그들은 예술가들을 상업적 순환에 통합시키는 것을 반대했고 사회적 비판가와 혁신가로서 예술가들의 역할을 지지하였다. 이런 아방가르드는 사실 건축에서 모더니즘의 좌파에 영향을 주었다. 전쟁전 진보적 건축가들과 예술가들 사이에 존재했던 공생은 자명하지 않게 되었다.

1957년 상상주의 바우하우스 운동 내에 다양한 그룹들은 국제상황주의자the Situationist International로 합병하기로 결정했다. 초기 상황주의자들 활동의 대부분은 현재 모더니스트 도시계획에 대한 건강한 비판으로 구성된 '통합된 도시계획unitary urbanism'을 위한 프로그램의 부분을 만드는 것이었다. 통합된 도시계획은 소비사회의 실용논리를 거부했고 대신 동적인 도시—자유와 놀이가 중심적 역할을 하는 도시—의 실현을 목표로 하였다. 집단적으로 활동함으로써 상황주의자들은 일상 환경에 대한 창조적인 해석을 이루려고 했고 현재의 정상적 상태를 전복시킬 상황을 만들었다.

국제상황주의의 놀라운 특징은 공포한 이론적 내용이었다. 상황주의자의 이론과 사회주의냐 혹은 야만주의냐Socialisme ou Barbarie 같은 마르크스주의자 그룹의 논의 사이에 활발한 교류가 이루어졌다. 특히 루시앙 골드만Lucien Goldman과 앙리 르페브르Henri Lefebvre가 이 운동의 이론가들에게 의심할 수 없는 영향을 미쳤다. 결과적으로 국제상황주의는 예술적 아방가르드의 궤도가 이론적으로 세련된 정치적 행동주의와 결합된 20세기의 한순간을 형성하였다.

국제상황주의는 예술과 사회적 관습, 이론적 반영 사이 경계가 분리된 현상을 허물려고 애썼던 마지막 아방가르드 운동이었다. 그 목표는 사회의 모든 수준에서 즉각적인 혁명을 수행하는 것이었고 삶의 전체적인 경험 속으로 침투하는 것이었다. 그래서 기성제도와 동일시될 수 있는 모든 예들—동시대 건축과 도시계획의 실천을 포함하여—을 거부하였다. 현대건축이 자본주의 소비문화의 일부분이었던 합리화와 순응주의 경향에 대해 오랫동안 반대하지 않았다는 것은 상황주의자들에게 분명한 것이었다. 그래서 만연한 기능주의에 대한 공격이 그들이 우선적으로 해야 할 것 중 하나였다. 이런 비판은 상황주의자의 실험을 고안했던 콘스탄트에 의해 오랫동안 계획된 뉴 바빌론New Babylon에서 가장 구체적인 선언으로 제시된다.

뉴 바빌론: 유토피아의 자기모순

콘스탄트(1920년 생)가 그의 뉴 바빌론 계획에 착수했을 때 이미 그는 화가로서 그리고 코브라Cobra 그룹의 멤버로서 명성을 얻었다.[5] 뉴 바빌론의 시작을 알리는 사건은 1956년 이태리 알바Alba에서 열린 아방가르드 예술가들 그룹의 회합에서였다. 그곳에서 콘스탄트는 「Demain la poesie logera la via(내일의 시는 삶의 집이 될 것이다)」라는 제목으로 강연을 하였다. 알바Alba에서의 회합은 국제상황주의자 그룹을 설립하기 위함이었고 1957년 런던에서 공식적으로 설립되었다.[6] 이런 활동에서 중심인물은 기 드보르Guy Debord였다. 그는 예술의 상업화에 대항하였고 집단행동을 통해 창조적인 상황을 가져오기 위해 분투하였던 설립그룹들 중 하나인 국제문자주의자the Lettrist International에서 활동하였다. 드보르와 콘스탄트 사이의 협력이 통합된 도시계획의 초기 발전에서 핵심요인이었다.

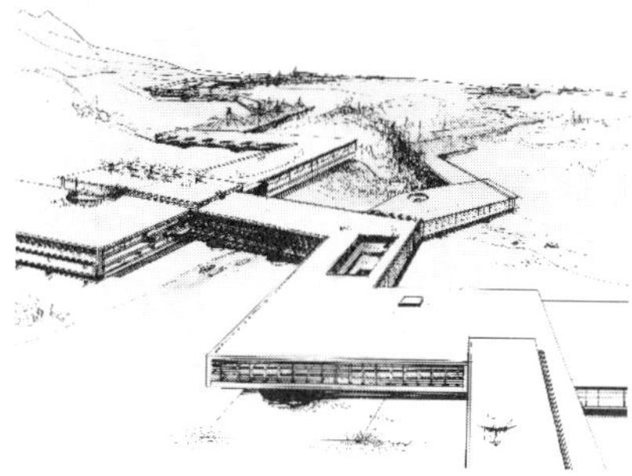

그림 69. 콘스탄트, 뉴 바빌론, sectors I 조감도, 1964.(Collection Gemeentemuseum, The Hague.)

'통합된 도시계획' **역주 42)**을 위한 프로그램의 예로서, 뉴 바빌론은 기능주의 건축에 대한 가장 완전한 대안으로 개발된 것이다.(그림 69) 그것은 새로운 양태의 거주를 위한 유토피아적 계획안이며 방대한 일련의 모형들, 도표, 스케치와 그림 형식이었다. 뉴 바빌론은 사회의 현대성에 대한 지속적인 비판을 제공한다. 콘스탄트가 그의 프로젝트를 '거짓된 사회에 대한 반명제' 7)라고 부른 것은 괜한 것이 아니다. 뉴 바빌론은 전체적인 해방의 상황—모든 기준, 관습, 전통과 습관의 폐지—을 나타낸 것이다. 그 프로젝트는 현대성 경험의 일시적인 측면을 급진화하고 이상화한 것이다. 빠르고 덧없는 모든 것이 법제화되는 세상을 상상하고 있다. 집단창작과 모든 것이 공적인 시선에 노출되어 있는 절대적인 투명성의 세상. 뉴 바빌론에서는 상상이 힘을 발휘하고 *놀이하는 인간*homo ludens이 지배자이다. 동시에 그 프로젝트는 이런 종류의 전망에 고유한 역설과 모순을 시험한다. 그래서 뉴바빌론에는 유토피아의 비극적 성격이 표면화된다.

통합된 도시계획과 기능주의 비판

통합된 도시계획의 근본 목표를 기술한 핵심 글은 1953년에 유래하여 1958년 6월에 출판된 정기간행물인 『Internationale Situationniste』의 첫번째 호에 있다. 질 어뱅Gilles Ivain(이반 츠체글로프Ivan Chtcheglov의 필명)이 쓴 이 글은 원래 국제문자주의자Lettrist International를 위한 행동프로그램으로 의도된 것이다. 그 텍스트는 표준 도시계획에 만연한 권태와 공리주의를 비난한다. 어뱅은 상징적으로 충만한 도시풍경과 상상이 가미된 마법의 땅이라고 주장하는 이상한 이미지를 고안했다. 새로운 건축은 권태를 벗어난 건축이라 할만하다. 더 이상 차갑고 기능적인 건축이 아니라 유연하고 지속적으로 변하는 장식décor의 건축이다. 이런 방법으로 개인과 보편적 현실 사이에 통일이 이루어진다. 주택은 유연해야 하고 벽은 조절가능하고, 식물이 살아야 한다. 미래에는 이렇게 바뀐다.

> 건축 복합체는 가변적이다. 그 생김새는 전체적이든 부분적이든 거주자의 의지에 따라 바뀔 것이다. … 현대의 정신에 상대성 개념이 등장하여 다음 문명의 **실험적** 측면을 예측할 수 있다. 이런 유동적인 문명화에 근거해서 건축은, 적어도 최초로, 신화적 종합의 관점을 가지고 수천 가지 방법으로 삶을 수정하는 실험수단이 될 것이다.[8)]

미래도시에는 새로운 형태의 행동에 지속되는 실험이 있을 것이다. 건축형태는 상징과 감정을 담당하게 될 것이다. 도시구역들은 예를 들면, 유별난 구역, 행복구역, 고상한 구역과 비극적인 구역 등 특정한 느낌에 어울리게 지어질 것이다. 거주자의 가장 중요한 활동은 끊임없이 헤매고 표류하는 것으로 이루어질 것이다. 이것은 놀이의 자유를 가능하게 하여 진부함의 붕괴를 가져올 것이다.

츠체글로프의 에세이는 초기 국제상황주의자의 지침을 제시한다. 이러한 측면에서 핵심적인 실천은 드보르가 이론화시킨 *dérive*, 즉 목적 없는 표류이다.[9)] 상황주의자들은 종종 변하는 도시환경을 가로지르는 이런 기법을 도시의 '심리지리psychogeography'에 대한 연구의 도구로 변화시켰다.**역주 43)** 드보르는 심리지리를 의식적으로 조직되든 아니든 개인의 감정과 행동에 미치는 지리적 환경의 영향을 탐구하는 것이라고 말한다. 그 용어는 도시환경이 통행인과 거주자들의 감정에 영향을 미치는 지속적인 흐름들, 고정된 점, 소용돌이를 나타내는 도시의 모형지도를 만들 것을 제안한다. 드보르는 *표류*dérive를 적절하게 실험하기 위한 정교한 도구를 고안했다. 그것은 고정된 많은 시간(아마도 24시간)이 소요되고 소규모 군중을 포함한다. 그들의 경로는 체계와 임의성의 결합에 의해 결정된다. 그 목적은 도시 속을 목적없이 거니는 것이고 그래서 예상 못한 우연을 촉발하고 마주치는 것이다.[10)]

1958년 '암스테르담 선언'에서 드보르와 콘스탄트는 통합된 도시계획을 '지속적인 복합적 활동을 통해서 모든 영역에서 진보적 계획에 따라 의식적으로 사람들의 환경을 개조하는 것'[11)]으로 기술한다. 통일된 도시계획은 완전히 새로운 집단 창작의 산물이다. 그것은 개별적인 예술가들의 활동으로는 만들 수 없는 것이고 모든 창조적인 인물들의 노력이 결집된 것이라 할 만하다. 이것은 일시적인 작은 규모의 상황들의 발전에 의해 과학활동과 예술활동이 융합을 초래할 것이다. 일시적인 작은 규모의 상황들은 유희와 자유가 가장 중요한 특징인 더 큰 규모의 보편적이고 상대적으로 영구적인 환경의 창조를 동반한다.

'암스테르담 선언'은 '통합된 도시계획'의 종합적이고 집단적인 성격을 강조한다. 그것은 예술가들의 가장 절박한 임무가 이런 프로그램의 충족에 있다는 주장에 근거를 둔다: "오늘날 창조적으로 활동하는 사람들의 시급한 임무는 이런 발전에 적합한 조건을 만드는 것이다."[12] 원 프랑스어 판은 영어판보다 좀 더 감동적이다. 중립적인 단어 'conditions' 대신 프랑스인들은 'atmosphere(환경)'을 뜻하지만 특정 상황을 만들 것을 제안한다는 의미가 가미된 'ambiances(환경)'을 사용한다. 그 선언은 예술분야의 개인적 실천은 시대에 뒤떨어지고 반동적이며 국제상황주의자들은 이것을 참을 수 없을 것이라고 말한다. 통일된 도시계획의 창조라는 기본목표가 주어진다면 공간적이고 집단적인 예술을 성취하기 위해 협력하는 것은 모든 이의 임무다.

콘스탄트는 뉴 바빌론 프로젝트로 이 선언의 목표에 대해 매우 특별히 대응하였다. 그 운동의 잡지에 뉴 바빌론에 대한 첫번째 논설을 출간함으로써[13] 그가 국제상황주의자 산하에서 뉴 바빌론작업을 시작했다는 사실에서 보면 그와 드보르는 곧 갈라서게 될 것이 명확했다. 콘스탄트는 통합된 도시계획이 실현된 세상을 기대하며 그 구체적인 모델인 뉴 바빌론을 개발하는 데 그의 모든 열정을 쏟았다. 드보르 주위의 그룹은 반대로, 콘스탄트가 모순되게도 '도시계획의 구조적 문제'와 너무 관련되었다고 염려하였다. 그들에 따르면 오히려 '내용, 놀이개념, 일상생활의 자유로운 창조'를 강조하는 활동에 참여해야 한다.[14] 드보르에게 통합된 도시계획은 단지 하나의 출발점일 뿐이었고 임박하다고 믿었던 전체사회의 혁명을 위한 투쟁에 단지 잠재적인 하나의 계기일 따름이었다. 게다가 다양한 전선에서 비판을 진전시키기 위해서는 예술가들과 지식인 뿐만 아니라 학생들과 프롤레타리아들을 포섭해야 했다. 드보르와 그의 동지들에게는 예술적 용어와 미디어에서 고려되고 정교화된 뉴 바빌론은 분명히 한계가 있을 수 밖에 없다. 그들은 콘스탄트의 프로젝트는 전체적으로 기술화된 환경에 대중을 통합시키려 하였기 때문에 자본주의를 위한 공공관료같은 역할을 한다고 지적하였다.[15]

콘스탄트로서는 가까운 미래에 사회적 혁명이 일어나리라고 예상하지 않았다. 그는 일종의 어려운 시대생존으로서 '대안적 삶을 위한 대안적 도시une autre ville pour une autre vie'

의 구체적인 디자인으로 이해해야 한다고 생각했다. 1960년 동안 이런 견해차는 더 분명하게 되었고 콘스탄트는 그 해 여름 그룹을 탈퇴하였다.

남아있는 상황주의자들은 콘스탄트와는 다른 방법으로 통합된 도시계획에 관한 작업을 계속 진행하였다. 그들은 어떤 모형, 드로잉, 그림도 그리지 않았고 대신 도시계획과 개발을 비판하는 말 그대로 논설을 썼다.16) 그들은 기존의 도시개발관행을 자본주의 이데올로기적 목적에 봉사하는 것으로 비난하였다. 그들은 현재의 도시계획은 사람들이 어떤 공헌을 할 수 있다는 생각을 단념하게 하는 방식으로 삶을 조직화하려는 목적을 가지고 있다고 보았다. 운송수단의 문제를 강조함으로써, 동시대 도시계획은 사람들을 서로 고립시키고, 진정한 참여를 위한 에너지를 사용하지 못하게 하였다. "저 참여는 스펙터클**역주 44)**의 방법에 의해 보충이 불가능하게 되었다. 스펙터클은 거주와 유동성(개인의 탈것) 속의 선언이다. 사실 사람들은 도시 속 어느 곳에서도 살지 않는다. 사람은 어느 곳이나 위계 속에서 살아간다."17)

사람들이 스펙터클의 일부분이라는 사실은 그들 자신의 존재에서 소외된 수동적 개인이 되어버린다는 것이다. 이 때문에 상황주의자들은 무엇보다 사람들이 자신의 환경과 자본주의사회가 부과한 행동코드를 자신과 동일시하는 데에서 벗어나게 해야 한다고 보았다. 통일된 도시계획은 그래서 기존 도시구조가 수행한 조작에 대해 영구적인 비판을 포함한다. 이 비판은 일상생활의 긴장과 충돌에 의해 활성화될 수 있다. 통합된 도시계획의 목표는 끊임없는 실험을 추진력으로 가진 삶의 기초를 제공하는 것이다.

하지만, 상황주의자들은 통합된 도시계획이 세상의 나머지에서 소외될 '실험적 영역'으로 이끌지는 않을 것이라고 생각했다. 그들의 투쟁은 그들이 주장하기로 또 다른 휴양지를 디자인하는 것과는 하등의 관계가 없다고 주장했다. 오히려 "통합된 도시계획은 전문화된 활동과는 정반대이다. 분화된 도시 영역을 수용하는 것은 이미 전체도시의 거짓과 전체 삶에 충만한 기만을 받아들이는 것이다."18)

도시계획을 비판하는 풍부한 방법은 의도적인 왜곡, *le détourmement***역주 45)**의 방법이다. 이런 기법은 관료적 도시계획과는 다른 관점에서 그것의 부정직한 성격을 드러냄으로써 문제를 제기하려는 것이다. 코타니Kotanyi와 바네겜Vaneigem에 따르면, 도시계획의 소외효과를 논박하기 위해 도시계획에 있는 거짓을 *전용*détournement하는 것이 가능하다. 이런 방법으로 반소외과정을 유발할 수 있다. 도시계획 담론의 리듬을 역전시켜야 한다. 이것은 기존 도시계획 담론의 설득력을 뒤집으며 결과적으로 제약을 완화시킨다. 해체라는 목표를 달성하기 위한 전용의 전략은 *상황*의 창출이다. 이것은 사람들 자신의 역사를 만들게 허용하는 에너지의 흐름을 자유롭게 할 수 있다. 그래서 통합된 도시계획은 다음과 같이 일상생활의 혁명과 견고하게 연결된다. "우리가 고안한 건축과 도시계획은 일상생활의 혁명 없이는 즉, 모든 사람들에 의한 상황의 전용과 그것의 끝없는 풍부함, 그것의 충족 없이는 실현될 수 없다."[19)]

통합된 도시계획 내의 이런 전개는 시각예술의 실험에서 선동적 문헌과 활동에 이르기까지 국제상황주의자 내에 일반적 흐름을 형성했다. 그 운동의 시작부터 이미 예술의 개인적 실천은 집단적 접근을 위해 거부돼야만 했다. 그러나 그때는 *모든* 예술활동이 반동적인 것으로 전락한 것은 아니었다. 이 개념은 단지 콘스탄트같이 이런 전략에 회의를 품은 예술가들이 그 운동에서 제명된 1960년 이후 우세하기 시작했다. 1962년 이후 상황주의자들은 논설과 팸플릿의 형태로 혁명투쟁에 기여했던 기 드보르와 라울 바네겜Raoul Vaneigem 같은 활동가들이 장악하였다. 바네겜은 분명히 말한다.

> 거부의 스펙터클을 정교하게 하는 게 문제가 아니라 스펙터클을 거부하는 것이 문제다. SI(국제 상황주의자)가 정의한 새롭고 진정한 의미에서 그들의 노력이 예술적이 되기 위해서는 스펙터클의 해체의 요소들은 예술작품이기를 멈춰야 한다. 상황주의situationalism 또는 상황주의자의 예술작품 또는 스펙터클한 상황주의자 같은 것은 존재하지 않는다. … 우리의 입장은, 하나는 우리가 알지 못하고 다른 하나는 아직 존재하지 않는, 두 세계 사이에서 투쟁하는 자의 입장이다.[20)]

이런 진술 이면에 깔린 주장은 다음과 같다. 전체 사회체계는 사람들을 모든 측면에서 자신의 필요와 요구에 소외된 수동적인 구매자로 환원시키는 방법으로 조직화된다. 이런 일반화된 피폐함을 유지하기 위해 사람들은 여가활동의 형태로 위안을 받는다. 이런 여가활동은 '스펙터클한spectacular' 유행 속에 조직된다. 다른 말로 하자면, 사람들을 진정한 참여가 아닌 수동적으로 참가시키는 방법으로 고안된다. 전체주의적이고 위계적인 이런 시스템은 예술세계를 포함하여 사회적 존재의 모든 영역에서 만연한다. 이것은 이름있는 예술가들의 작품이 고가로 팔리는 예술시장의 상업적 조직에서 볼 수 있다. 이런 유통에 동조하는 예술가들은 체계에 항복하는 것이고 반혁명적인 자세라는 죄를 범하는 것이다. 상품을 생산하는 단순한 사실은 '예술'로 라벨이 붙여지고 예술가들은 효과적으로 그 체계를 떠받치는데 일조하는 매매수단이 된다. 그 체계가 놀이와 창조성을 통제하지 못하게 하는 혁명적 예술가들만이 체계와의 모든 공모를 포기하고 예술작품생산을 그만 둔다면 지조를 지킬 수 있을 것이다. 이것이 상황주의자들이 "우리는 더 이상 예술가가 아닌 한에서만 예술가이다. 우리는 예술을 실현한다."21)고 말할 수 있는 이유다.역주 46)

드보르는 『스펙터클의 사회La société du sprctacle』역주 47)에서 이런 이론을 발전시켰다. 이 책은 헤겔과 마르크스, 루카치, 사회주의냐 혹은 야만주의냐 그룹의 개념을 토대로 세밀한 사회비판을 담고 있다. 드보르는 자본주의 사회는 19세기와 근본적으로 다르다는 주장을 펼친다. 상품의 지배대신 현재는 스펙터클의 지배를 받는다. 드보르는 그의 책에서 이런 말로 시작한다. "현대적 생산조건들이 지배하는 모든 사회에서 삶 전체는 스펙터클들의 거대한 축조물로 나타난다. 직접적으로 삶에 속했던 모든 것은 표상으로 물러난다."22) 이미지는 자율적인 것이 되고 전체 사회체계는 재현의 독점에 지배된다. 현실세상, 직접적으로 살아있는 생명life은 단지 이미지에 불과하게 되었다. 그 결과 이런 이미지들은 실재와 같은 힘을 얻으며, 이제 최면 행동hypnotic behavior의 활발한 동력이 된다. 스펙터클은 구속된 현대사회의 악몽이다. 개인들이 진정으로 경험된 현실의 격렬함보다 잠의 망각을 선호하게끔 현혹되기 때문에 악몽은 유지된다.

드보르는 스펙터클의 메커니즘을 분리와 수용에 관련지었다. 재현으로의 후퇴는 그의 관점에서 자본주의 체계에 전형적인 보편적 소외의 원천중 하나이다. 스펙터클은 세상에서 통합을 상실한 원인이자 결과이다. 이런 진단은 앙리 르페브르가 이전에 전개한 것보다 더 강력한 비판을 수행했다. 1947년의 영향력 있는 책에서, 르페브르는 일상생활은 소외의 강력한 형태에서 고통 받는다고 주장했다. 삶은 더 이상 전체로 경험되지 않고 분절되고 단절된 순간들로 붕괴되어 버린다. 개인들은 자신들의 욕구에서 소외된다. 개인의 일, 사회적 정체성, 여가, 공공적 삶과 심지어 가족관계까지—이것은 개인의 핵심존재와는 무관하고 전혀 다른 목적을 가진 사회체계의 통제와 조절에 따라 생산된다.23)

드보르의 『스펙터클의 사회』는 주로 소외와 강탈을 유지하는 사회적 메커니즘을 분석하는데 관심을 가진다. 이 책의 대응물로는 라울 바네겜의 『일상생활의 혁명』역주 48)이 있다. 동일한 이론적 전제에서 출발하여 바네겜의 책은 개인의 *일상생활*에서 혁명적 변화 가능성을 논한다. 그는 혁명의 목적을 다음과 같이 말한다. "저면의 혼돈스런 발전에서 새로운 사회는 실천적 표현을, 다른 이의 자아실현에 모든 이의 참여를 촉진하는, 인간관계에서 투명성으로 찾으려는 경향이 있다. 창조성, 사랑 그리고 놀이는 삶에 대하여 식량과 은신처가 생존을 위해 필요한 관계를 갖는다."[24)]

이 두 책에 있는 상황주의자들의 이상은, 상황주의자들이 중요한 역할을 한, 1968년의 학생봉기에서 정점에 이른 혁명운동의 풍부한 토양이 되었다. 암스테르담의 프로보Provos역주 49)와 카부터Kabouters역주 50) 역시 상황주의자들에 고무되었다.[25)] 1970년대의 건축현장에 널리 보급된 현실참여운동의 많은 개념들은 상황주의자들의 현실참여와 자아실현에 대한 호소의 메아리같이 들린다.[26)] '소외'는 이 기간의 사회비평에 핵심어였고 건축과 도시이론은 개인이 성취가능한 자아실현의 결정적인 장소로 보였다. 소외와 반현실참여nonparticipation의 편에서 작용했기 때문에 기능주의는 거부되었으며 진정으로 개인들의 실제 욕망을 고려하는 대신 기능주의는 개인들의 내적 경험을 구체화하는 방법과 관련없는 조작되고 추상적인 요구에 대응한다고 생각되었다.

신 바빌론: 거짓된 사회에 대한 안티테제

상황주의자와 단교 이후, 콘스탄트는 사회와 거주의 새로운 형태를 추적하면서 그의 뉴바빌론 프로젝트를 계속 진행했다. 철저한 생산자동화를 통해 일할 필요가 없게 되고 사람들은 끝없는 여가를 즐길 수 있게 되리라는 생각에서 출발했다. 지구의 표면은 점점 '구역들sectors'의 연속 즉, 완전 기계화된 농업생산물로 이용되는 풍경 위에 솟아 있는 높은 지지물 위에 세워진 거대한 구조물로 덮이고 빠르게 움직이는 교통차선으로 뒤덮어 있다. 그 '구역'에서 삶의 정형적 양태는 완전히 해방된 사람들이다. 그들은 모든 족쇄와 규범, 관습에서 자유롭다. 그들은 전적으로 강압이 없고 완전히 통제할 수 있는 환경에서 산다. 버튼을 누름으로써 온도와 습도, 냄새의 밀도, 빛의 양을 조절할 수 있다. 간단한 조작으로 방의 모양을 변경할 수 있고 개폐를 결정할 수 있다. 그들은 지속적으로 변경할 수 있고 조작가능한 수많은 주변 환경을 선택—밝거나, 어둡게, 따뜻하게 또는 시원하게, 답답하게 작거나 깜짝 놀라도록 넓게—할 수 있다. 에로틱한 놀이를 할 수 있는 특별한 장소가 있고 영화제작이나 라디오 실습실, 과학실험실들이 있다. 또

그림 70. 콘스탄트, 뉴 바빌론, group of sectors, 포토몽타주, 1971.

은둔과 여유를 위한 장소가 따로 있다. 뉴 바빌론은 거주자들의 자연스러움과 창조성에 의해 끊임없이 재구조화되는 동적인 미로이다. 이런 거주자들은 다음과 같이 관습과 어떤 형태의 영속성도 지속적으로 거부하는 유목민같은 존재가 된다. "그 구역은 내부의 모든 활동들을 통해 변화한다. 그들은 지속적으로 형태와 주변 상황을 진화시킨다. 그래서 누구도 이전에 방문했던 장소로 돌아올 수 없을 것이고 누구도 자신의 기억 속에 존재하는 이미지를 인식할 수 없을 것이다. 이것은 누구도 고착된 습관으로 퇴보할 수 없다는 것을 의미한다."[27]

"그것은 감각을 교란해 미지의 것을 달성하는 문제이다." 콘스탄트가 랭보Rimbaud의 이 문장을 '신 바빌론 문화'[28]에 대한 서술모토로 선택한 것은 우연의 일치가 아니다. 그는 신중하게 자신을, 예술에서 격변을 사회적 · 정치적 혁명과 연결시키는, 아방가르드의 혈통 속에 위치시킨다. 그의 관점에서 아방가르드의 두드러진 특징은 기존의 도시와 문화에 대항한 비판적인 투쟁이다.[29] 이런 계획적 목표는 예술노동평의회Arbeitsrat fur Kunst 같은 전쟁 전 그룹에 전형적이었다고 말한다. 그러나 몇몇 예술가와 그룹에 의해 수정되어 결국 반동적이거나 보수적인 실천에 포섭되었다. 예술과 '현실' 사이에 직접적인 연관을 맺으려는 이런 예술가들의 절박한 노력은 상업화된 사회를 수용하도록 현혹된다는 뜻이다. 이것은 콘스탄트에 따르면 공리주의 사회의 요구에 예술가들이 항복하였음을 의미하는 것으로 기능주의에 일어난 것이었다. 예술가들은 이것이 결코 자신들의 역할이 될 수 없다는 것을 이해해야만 한다. 기존 사회와의 화해는 결코 그들의 목표가 될 수 없다. 대신 그들은 다른 가능한 세상에 대한 자각을 유지해야만 한다. 예술은 죽었다—그것의 사회적 역할은 끝났다. 그러나 만약 사람이 투쟁을 포기한다면, 사람은 모든 것을 포기하는 것이 된다. 미래조차도. 당분간 진정으로 새로운 문화는 성취되기 어렵다. 이런 이유로 지연전술로서 실험을 채택해야 하는 것이다. 코브라 그룹은 이런 전략으로 아방가르드의 맥락을 다시 한번 끄집어냈다고 콘스탄트는 말한다. 그러나 코브라의 실험은 또한 상업화되기 쉬운 것으로 판명 났으며 그 결과 통합된 도시계획을 개발하였다. 그래서 개인주의 문화의 마지막 에피소드는 막을 내리게 되었다. 영점zero point에 도달한 것이다. 예술은 죽었으나 놀이하는 인간—*호모 루덴스* *home ludens*역주 51)—이 나타났다. 이제 경제적 발전은, 사실상 강제노동을 불필요하게 만드는 무한생산 지점에까지 도달하였고 새로운 전망 즉, 놀이문화가 나타나게 되었다. 콘스탄트의 관점에서 마지막 예술가들은 미래의 이런 문화를 위한 길을 열어주고 *놀이하는 인간* homo ludens의 반란을 이끄는 임무를 가지고 있다.

문화는 늘 지배체제의 여백에서 창조되었다고 그는 주장한다. 과거에 문화를 생산하는 것은 대중들이 아니라 일상 노동의 의무에서 면제된 후원자 체계의 창작가들이다. 창조성과 놀이에 대한 욕구는 상품생산의 핵심노동이 사람들의 전체 에너지를 고갈시키지 않을 때만 번영할 수 있다. 자동화는 대중들이 이런 기회를 가질 수 있게 할 것이다. 이것은 기존의 것이랑 전체적으로 다른 형태를 띠게 될 진정한 대중문화 즉, 집단적 문화를 위한 조건이 존재할 수 있다는 뜻이다. 이런 형태의 문화는 누구도 다른 사람들 위에 군림할 어떤 권력도 가지지 않는, 오직 자유로운 사회에서만 존재할 수 있다. 이 같은 상황에서 각 개인은 자신의 창조성을 충분히 즐길 수 있을 것이고 규범은 아무 의미 없게 될 것이다. 뉴 바빌론은 이런 미래를 예시하는 것으로 생각할 수 있다. 그것은 인류의 가장 깊숙한 갈망에 따라 자신의 운명을 창조적 존재로 실현시킬 수 있는 세상, 즉 하나의 인공적인 천국이다.30)

콘스탄트는 이런 미래의 상황을 수많은 지도와 모형, 드로잉, 그림으로 도식화하였다. 지도는 경관을 가로질러 뻗어나가는 전반적인 일련의 연결된 구조를 보여준다. 지도는 준-유럽 척도—예를 들면, 뉴 바빌론의 루르Ruhr 지역 지도의 경우에—로 출발하여 다양한 스케일로 존재하고 구체적인 도시의 발전이나 도시구획(암스테르담, 앤트워프, 파리)을 모델을 통해 가상으로 보여주고 있다.(그림 71) 때때로 완전히 추상적이고 불명확한 배경 속에 배치되기도 한다. 이떤 경우에는 배경역할을 하는 실존하는 현내지도나 역사지도 위에 배치된다.

하나 흥미로운 시리즈는 '구역'이 다른 도시계획의 부분들로 이루어진 콜라주 시리즈다. 예를 들면, 1969년에 유래한 뉴 바빌론의 상징적 재현이 있는데 그것은 교차점의 두꺼운 부분으로 도로의 최소 흔적들을 보여주는 배경 위에 기존 도시지도의 파편이 덧붙여져 있다. 지도의 파편 위에서 어렴풋이 특정한 도시를 나타내는 가로 이름들과 같은 것들을 읽을 수 있다. 런던의 조각과 베를린의 또 다른 조각을 볼 수 있고 그 옆에 나란히 암스테르담의 구역과 스페인 도시의 한 부분과 함께 인식할 수 있다. 콘스탄트는 마치 뉴 바빌론이 이런 모든 도시들의 특징을 통합할 것이라는 걸 시사하기 위해 이런 *전용 détournement*을 사용하고 있다. 그가 열린 공공공간에 우선권을 부여한 것은 명확하다. 그는 뉴 바빌론의 80퍼센트가 집단공간으로 구성될 것이고 사적 공간은 최소한으로 축소될

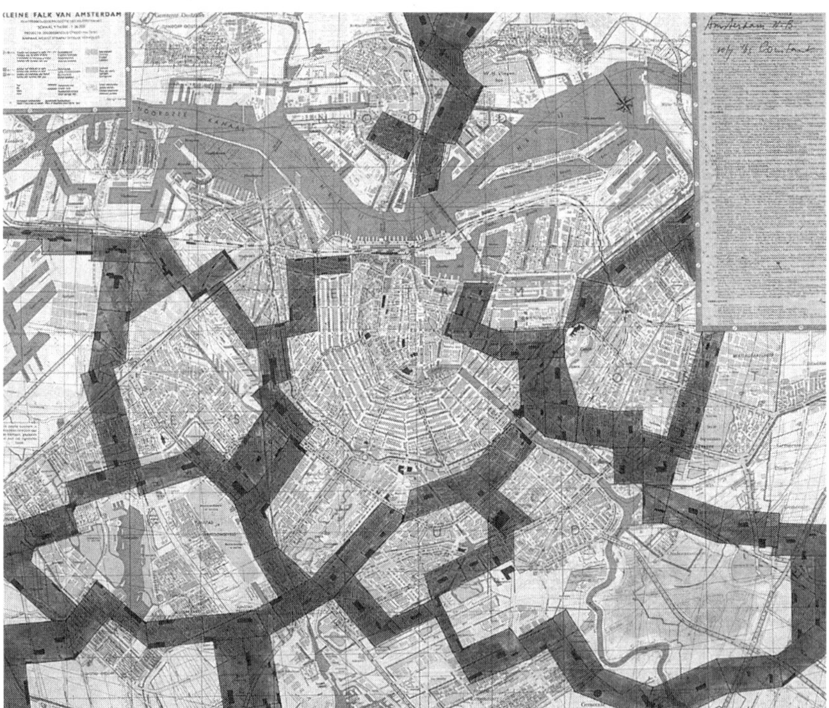

그림 71. 콘스탄트, 암스테르담 위 뉴 바빌론, 1963.(Collection Gemeentemuseum, The Hague.)

것이라고 여러 차례 주장하곤 했다.

그가 공간의 공공성을 중시했다는 사실은 그의 강의와 논설 모음집 『호모 루덴스의 반란Opstand van de homo ludens』에서 볼 수 있다. 거기에서 그는 공공공간은 사람들이 서로 만나는 장소이며 이것은 놀이를 위한 장소임을 뜻한다고 말한다. 그가 주장하기로, 공공공간 없이는 문화도 불가능하다. 고전시대의 포럼, 중세 시대의 시장 광장과 최근의 큰 길 boulevard은 문화적 삶이 개발되는 장소였다.31) 뉴 바빌론을 덮고 있는 큰 규모의 구조물은 이런 전통의 연속선상에 있다고 분명히 생각할 수 있다. 콘스탄트는 여기서 자신은 뉴 바빌론을 르페브르의 *도시의 권리 droit à la ville*역주 52)의 충족으로 본다고 넌지시 말하고 있다. 이런 표현과 마찬가지로, 르페브르도 물리적인 도시 맥락에 한정된 것이 아니라 자유, 복합성, 무제한의 가능성을 다루는 도시환경의 등장을 언급하고 있다.32) 콘스탄트는 뉴 바빌론으로 자신을 도시계획의 실질적인 전통 속에 자리매김한다. 이것은 자동차에서 도로를 개선하고자 했던 1960년대에 암스테르담 프로보Provos와의 긴밀한 공동작업에서 명

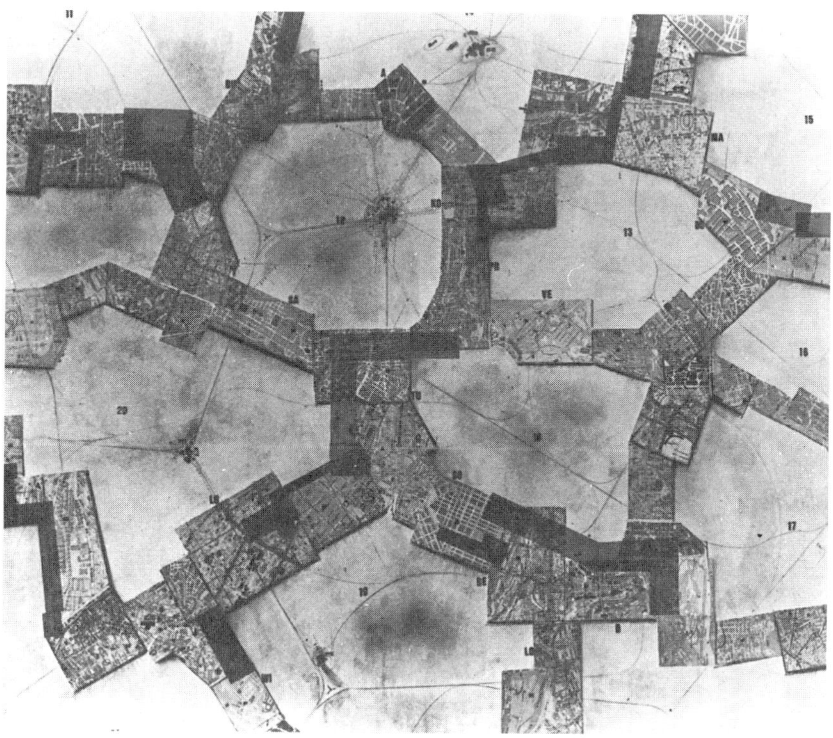

그림 72. 콘스탄트, 뉴 바빌론에 대한 상징적 재현, 1969.

확히 드러난다. 심지어 프로보는 암스테르담을 뉴 바빌론의 첫번째 구역으로 공포하기도 했다.[33)]

하지만 콘스탄트는 뉴 바빌론을 기술적으로 실현되거나 직접 실행 가능한 계획으로 보지는 않았다. 그는 뉴 바빌론 계획은 토지의 공동소유와 생산의 완전 자동화라는 실현하기 어려운 두 가지 가정에서 출발한다고 여러 차례 말하였다. 그 프로젝트가 실현되려면 그전에 근본적으로 혁명적인 사회의 변화가 일어나야만 하는 것이다. 이와 같은 이유로, 뉴 바빌론은 실현 가능한 미래세계를 보여주는 것 즉, 이후에 *도구적 인간* *homo faber* 에게 마침내 바통을 넘겨받은 *놀이하는 인간* homo ludens의 삶의 상태를 도식화한 것으로 보아야 한다.

뉴 바빌론의 초기 몇 년 동안 콘스탄트는 다양한 형태로 실현된 수많은 모형을 만들었다. 그 첫번째가 1956년에 시작된 알바Alba에 있는 집시Gypsy 야영지 디자인 제안이다. 우산 모양의 투명구조물이 어렴풋하게나마 나선형 형태를 인식할 수 있는 공간을 부분적으로 덮고 있다. 스크린과 울타리를 통해 집시들은 자신의 영역을 만들게 유도되었다. 1959년과 1960년의 두 스페티오보레스spatiovores는 역시 원형을 따랐으나 여기에서는 투명한 조개 모양의 구조물이 땅위에 높이 떠있다.(그림 73) 조개껍질 모양의 덮개 내부에는 아크릴 수지로 만들어진 층 단면이 막대와 로프로 공중에 매달려 있다. 1960년의 스페티오보레스에서 땅 위 대상물의 크기로 판단하자면, 이 모형은 상당한 영역을 덮고 단지 세 점에서 지지되어 땅 위 수십 미터를 솟아있는 거대구조물을 나타내는 것이 틀림없다. 이런 거대 조개껍질 모양 덮개의 분명한 기능을 나타내는 기록은 없지만 땅 위에 우연히 착륙한 우주정거장에 비유할만 하다.

형태의 측면에서 볼 때, 스페티오보레스는 자율적인 요소들이며 뉴 바빌론 작업틀 전반에 극히 예외적인 것이다. 다른 모형들은 서로 쉽게 연결될 수 있는 구역들의 일부로 생각할 수 있다. 예를 들자면, 콘스탄트가 『국제상황주의자』 잡지에서 서술했던 노란 구역yellow sector(1958)에 대한 모형의 사례를 들 수 있다.(그림 74)[34)] 그 건물은 일종의 프레임 구조물이 바닥과 지붕 슬라브를 떠받치고 있는 몇 개의 육중한 탑으로 세워졌다. 모서리 중 하나엔 원형 구조물이 나머지 것과 분리되어 있는데, 여기에는 주요 구조물의 2개 슬라브와 대비되게 꼭대기에 서로 약간의 간격을 두고 6개의 바닥 슬라브가 있다. 전체는 또한 이 구역의 이름을 말해주는 평평한 노란 지붕 슬라브에 의하여 세워진다. 다른

그림 73. 콘스탄트, 뉴 바빌론, spatiovore, 1960.

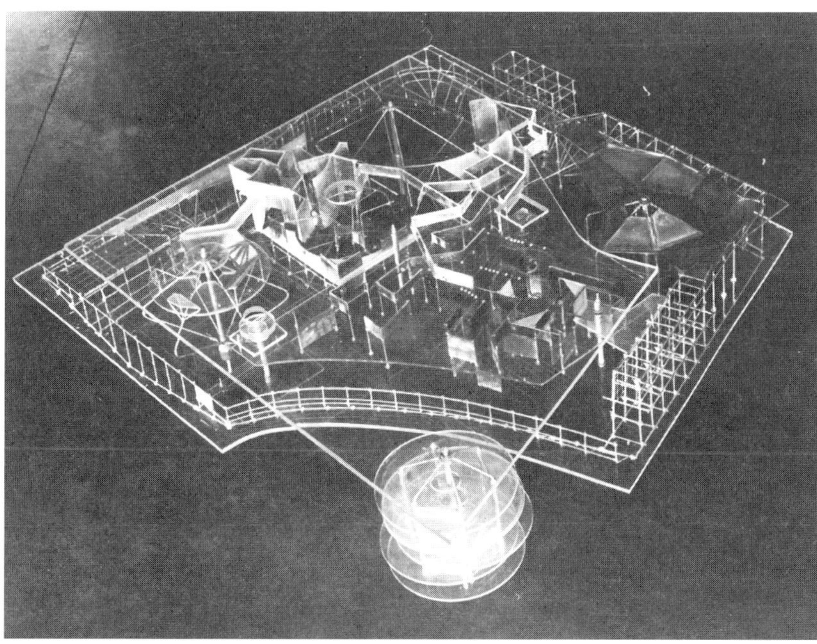

그림 74. 콘스탄트, 뉴 바빌론, yellow sector, 1958.(Collection Gemeentemuseum, The Hague; photo: Bram Wisman)

그림 75. 콘스탄트, 뉴 바빌론, yellow sector 내부 모습, 1958.(Collection Gemeentemuseum, The Hague.)

그림 76. 콘스탄트, 뉴 바빌론, 유동적 사다리미로, 1967.

'층들' 에서는 다른 공간을 구획하는 데 사용되는 접는 조립식 벽체의 조합을 볼 수 있다. 여기에서는 폐쇄된 볼륨이 중요한 게 아니라 관입하는 다양한 크기의 공간이 중요한 것이다.

또 다른 놀라운 양태는 미로공간의 도형들인데, 1959년 작은 미로나 1960년에 만든 놋쇠, 아크릴, 나무로 된 유동적인 미로와 같은 것이 있다. 이것은 부유하는 표면과 관입하는 볼륨을 가진 반 두스버그의 반구축反構築 모형을 떠올리게 한다. 뉴 바빌론 모형의 경우에는 건물의 특정부분에 명확하게 한정된 기능이 있다거나 어떤 규모를 정확히 산출할 수 있거나 다른 구체적인 디테일을 생각할 수는 없다. 무엇보다도 그 모형은 기술이 지배하는 인공적인 세상을 그리고 있다. 그리고 인공재료와 정교한 구축기술은 경관과 분리된 거주의 한 유형을 만들며 그것의 전형적 양태는 관입과 불확정성이다. 비행장이나 우주정거장의 분위기가 종종 제시되는데—특히 1959년의 모형에서 두드러지게—콘스탄트는 *출발의 분위기* *Ambiance de départ*라고 불렀다. 그래서 유목민적인 삶의 모습은 기술을 통해 가능한 것으로 제시되어있다.

그러나 그 모형의 실질적인 문제는 고정된 큰 구조물과 유동적인 작은 규모의 내부 인테리어 구조물, 언제나 완전히 풀리지 않는 미로 사이의 긴장이다. 콘스탄트 자신은 "뉴 바빌론의 실제 디자이너는 바빌론인들 자신이 될 것이다."[35]라고 말했지만 이것을 그 모형에서 명확하게 볼 수는 없다. 이런 의미에서 모형-조각들은 한계가 있는 재현형태이며 아마 이것이 콘스탄트가 뉴 바빌론을 진행하며 점점 더 자신의 작품으로 드로잉과 그림에 의존할 수밖에 없는 이유였을 것이다.[36]

가장 호소력 낮은 드로잉은 건축 투시도이다.—예를 들면, 1964년 'sectors I 건물군의 조감도' (그림 69) 이 도로잉은 경관을 따라 파도치는 고리 모양의 큰 규모 건조물을 매우 세밀하게 묘사한 것으로 쉽게 해석할 수 있다. 이런 단순성은 그것이 다른 스케치와 마찬가지로 시적인 힘과 강렬함을 가지고 있다는 것을 의미한다. 소규모 드로잉들은 기술적인 청사진들 중 하나를 떠올리게 한다. 여기서 강조되는 것은 구축적인 측면에 있으며, 예술가의 목표가 자신의 제안이 타당하다는 점을 대중들에게 설득하기 위함에 있다는 것을 분명하게 보여준다.

이런 드로잉보다 더 흥미로운 것은 기술적인 디테일 보다는 뉴 바빌론의 구축원리를 환기시키는 수많은 스케치들이다. 콘스탄트가 구조형태의 긴장과 시적인 힘을 가장 잘

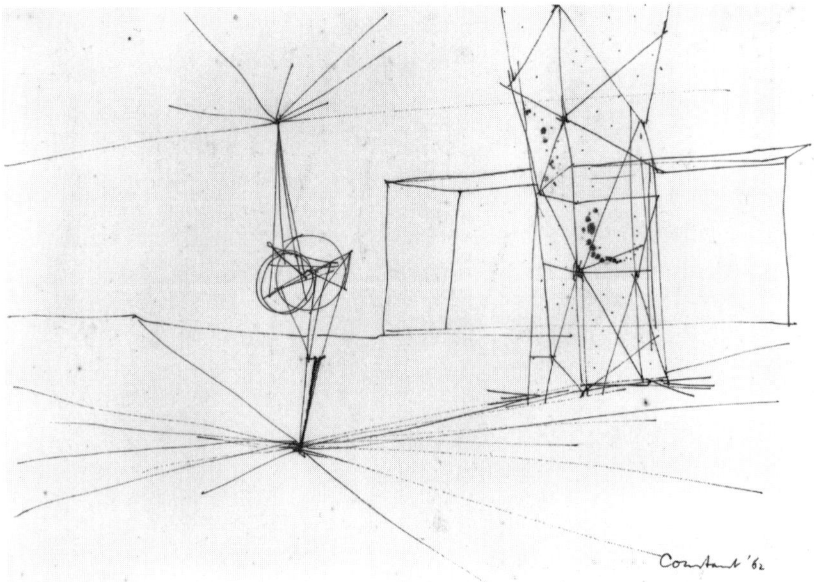

그림 77. 콘스탄트, 뉴 바빌론, 드로잉, 1962.(Collection Gemeentemuseum, The Hague, T44-X-1974.)

보여주는 것이 바로 이 드로잉들이다. 예를 들면, 서로에 대해 2가지 구조원리가 작용하는 놀라운 드로잉(그림 77)이 있다. 한편에는 좁은 연결막대와 교차점을 가지고 넓은 영역을 담당하는 격자기둥이 있고 다른 한편에선 세 지점 아치이론의 수직적인 변형같이 보이는 극히 가느다란 요소를 볼 수 있다. 후자의 요소가 실질적으로 지지기능을 할 수 있는지는 의심스럽지만 여기에서는 중요하지 않다. 이런 2가지 형태와 그것들이 나타내는 하중축의 패턴 사이의 상호작용이 이 드로잉의 특징이다. 동일한 특징이 언덕 경관에 세워진 뉴 바빌론의 구역을 위한 격자구조물을 도시하고 있는 1962년의 스케치(그림 78)에 나타난다. 여기서도 역시 가느다란 구조물들과 하중축과 지지점에 대한 최소한의 암시가 있다. 땅과 거주영역을 연결하는 엘리베이터를 연상시키는 *정면도*Aufzug가 언급되었다.

뉴 바빌론의 공간 성격의 인상을 보여주는 콘스탄트의 인쇄물과 드로잉의 양 또한 엄청나다. 역동성과 유동성을 암시하는 모습은 번번히 계단, 사다리, 엘리베이터, 조절가능한 벽에서 강조된다.(그림 79) 내부의 많은 풍경들은 다소 숨 막히는 미로 공간 즉, 영원히ad infinitum 길을 잃을 것 같은 경계없는 영역이라는 인상을 주고 있다.(그림 80)

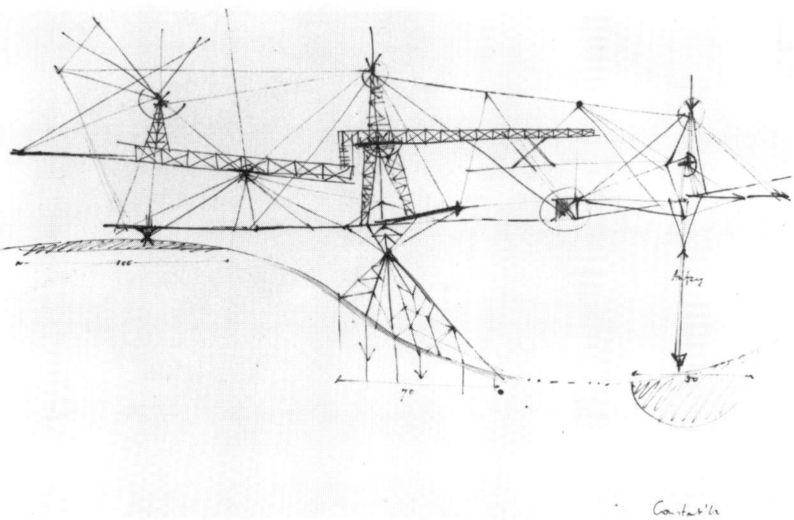

그림 78. 콘스탄트, 뉴 바빌론, 드로잉, 1962.(Collection Gemeentemuseum, The Hague, T95-83.)

그림 79. 콘스탄트, 뉴 바빌론, Labyratoire, 1962.(Collection Gemeentemuseum, The Hague.)

계단과 통로는 어딘지 모를 곳으로 이끌고 피라네시의 공간 같은 과도하게 강조된 음영이 이와 대조적으로 윤곽을 형성한다. 때때로 거친 인간의 실루엣 같아 보이는 거친 얼룩

그림 80. 콘스탄트, 뉴 바빌론, 계단이 있는 미로, 드로잉, 1960(Collection Gemeentemuseum, The Hague.)

을 볼 수 있다. 드로잉에는 수많은 이런 실루엣이 나타나는데 그 사이에 어떤 상호작용이 없다는 것이 놀랍다. 각각의 경우에 미로를 홀로 횡단하는 모습을 볼 수 있다.

이런 드로잉의 전형적 특징은 그것이 전달하는 긴장감이다. 이런 긴장은 종종 그래픽 수단에 의해 창출된다—무른 형태는 밀집한 것과 대조되고 어두운 것은 밝은 것과,

동적인 선들은 정적인 볼륨과 대조된다. 때때로 긴장은 표현된 공간에 구조를 부여하는 벽들의 리듬에 의해 생기거나 인물의 움직임에서 또는 원근법의 왜곡에서 나타난다. 이런 긴장은 관찰자를 지배하는 해방감과 불안감 사이의 계속적인 동요로 볼 수 있다. 한편으로 뉴 바빌론은 절대적으로 자유로운 공간에 대한 사람들의 기대를 충족시키는데, 창조적인 가능성을 마음껏 이용하면서 개인이 만족하는 환경을 만들 수 있는 곳이다. 가변형 벽, 사다리, 엘리베이터 그리고 계단은 끝없는 여행과 지속적인 새로운 만남의 가능성을 준다. 개인은 자신을 기술의 시적인 잠재력을 마음껏 이용하는 일반적 구조 내에 자신의 환경 속으로 투영할 수 있다. 다른 한편, 이런 드로잉들은 불안한 느낌을 드러낸다. 지표와의 유사함이 감추어지고, 그 구역들을 지지하는 거대 규모의 구조물들, 내부 공간의 무한함은 바깥세상과 어떤 접촉도 허용하지 않는 것으로 보인다. 콘스탄트가 의도하지 않았다 하더라도 이런 특징들이 나타나는 것을 볼 수 있다. 이런 의미에서 드로잉들—모형보다도—은 억압과 불평등이 없는 콘스탄트의 유토피아 세상의 담론에 대한 일종의 수정이다.

콘스탄트가 뉴 바빌론 시절동안 그렸던 회화에서도 사정은 마찬가지다. 초기 가장 급진적인 시절에, 콘스탄트는 그림을 부르주아적이고 반동적인 예술이라고 보는 신념 때문에 그림을 피하였다. 비록 유화를 전시하거나 팔지는 않았지만 그가 붓질까지 완전히 포기한 것은 아니었다. 이 시절의 작품들은 뉴 바빌론의 테마와 모티브—미로, 계단, *놀이하는 인간*—로 채택된다. 그러나 아마도 그것들은 뉴 바빌론에서의 삶을 직접적으로 묘사한 도해로는 보이지 않는다. 오히려, 그것들은 간접적으로 뉴 바빌론 작업을 보충해 주는 생각을 제공한다.

이런 그림 중 전형적인 몇몇은 선명하고, 밝은 빛깔의, 즐기운 축제 풍경을 연상시킨다. 여기서 놀이의 요소는 발랄함이 가득한 풍경 속 카니발 같은 그림들의 형태에 중요한 영향력을 미친다. 1958년에 그린 *피에스타 기타나 Fiesta Gitana*에서는 환희의 폭발같은 페인트의 강렬하고 화려한 물감 뿌림이 지배적이다.(그림 81) 그러나 마치 콘스탄트가 축제와 폭력, 환희와 혼돈, 창조와 파괴가 불

그림 81. 콘스탄트, *피에스타 기타나*, 1958(Collection Centraal Museum, Utrecht.)

가피하게 연결되어 있다는 걸 알고 있었다는 듯이 그의 회화 속에는 칙칙한 바탕 톤이 분명히 존재한다. 예를 들면, 1964년의 그림 *놀이하는 인간* *Homo ludens*은 색상이나 축제 분위기가 풍성하다. 인물들은 화려하게 채색되었고, 선명한 색깔들이 주변 영역에 뿌려진다. 그러나 여기서도 흥겹게 떠들고 노는 사람들의 놀이가 확장되는 걸 막는 검은 배경과 마치 그들 사이에 실질적인 접촉이 없는 것같은 인간 군상의 거동에서 칙칙하고 어두운 바탕 톤을 인식할 수 있다.

'미로' 그림에서 이런 충돌은 더욱 명확해진다. *Ode à l' Odéon*(1969)는 피라네시 수법같은 끝없는 공간이 나오는데, 바깥세상이 없는 내부는 커다란 많은 벽과 울타리, 계단으로 구성되어 있다.(그림 82) 투명한 스크린, 격자같은 표면과 바닥의 단면들은 수평, 수직, 대각선, 십자로 서로 가로지른다—지지된다?—. 더 이상 어떤 정의된 원근법도 존

그림 82. 콘스탄트, *Ode à l' Odéon*, 1969(개인 소장품, Gemeentemuseum, The Hague에 대여)

재하지 않으며 공간적 조직이 전체적으로 인식될 수 있는 어떤 중심점이 없다. 이런 공간을 모호하고 불투명하게 경험하게 된다. 인간의 실루엣은 분명히 목적 없이 그리고 어떤 상호작용 없이 방황한다. 색채는 회색과 베이지 색조이고, 때때로 하얗게 빛난다. *사다리미로* Ladderlabyrinth(1971)에서는 지배적인 색채계획은 핑크와 밝은 노랑이 가미된 일종의 오렌지 빛깔의 노란색이다.(그림 83) 공간 구성은 *Ode à l'Odéon*보다 더 혼란스러운데 왜냐하면 더 이상 긴 가는 선이 여기에는 없기 때문이다. 표면과 선의 위치가 의도적인 모호성을 만드는 듯 보인다. 그 그림에 지배적인 이런 2가지 희미한 핑크와 회색 실루엣은 욕망의 내밀한 위협에 따라 서로 연결되어 있는 것으로 보인다. 성적인 함축이 여기에서 드러난다—이전의 뉴 바빌론 작업에서는 없는 것이다.

콘스탄트가 뉴 바빌론 작업과 결별하는 움직임은 1973년 *모호한 지형* Terrain vague이

그림 83. 콘스탄트, *사다리미로*, 1971(Collection Mrs. P. Nieuwenhuys-Kerkhoven, Amsterdam)

라고 이름 붙인 그림에서 볼 수 있다.(그림 84) 거의 묵시론적으로 제거된 공간은 밤을 나타내는 어두운 수평선과 대조된다. 전경前景과 가시적 영역의 모서리는 짜기워지고 선으로 잘려있다. 멀리서 겨우 알아볼 수 있는 것은 뉴 바빌론 바깥의 구조이다. 몇 개의 벽들과 스크린들은 사람의 시선을 깊이로 향하게 한다. 더 세밀히 살펴보면, 그 그림의 상대적으로 넓은 부분을 차지하는 단조로운 노랗고 흰 표면이 신문과 다른 이미지로 꼴라주된 상대적으로 복잡한 배경 위에 놓여있음이 판명난다. 이것은 역사의 종말을 나타내는 고쳐 쓴 양피지같은 것palimpsest인가? 그 그림의 제목은 '황무지'를 의미하지만, 이 땅은 실제로 텅 빈 것은 아니다. 이 땅은 매우 특별한 역사를 서술하는 흔적과 자국으로 덮여있다. 뉴 바빌론외의 장소가 영원한 현재의 장소로 묘사된 것을 고려하면(왜냐면, 그곳의 거주자들이 인식할 수 있는 장소란 없기 때문에) 이것은 이미지의 이상한 편집임이 밝

그림 84. 콘스탄트, *모호한 지형Terrain vague*, 1973(Collection Gemeentemuseum, The Hague)

혀진다. 혹자는 *모호한 지형* Terrain vague을 숨겨진 기억에 의해 항상 점유되는 황무지의 현실과 뉴 바빌론의 불가능한 유토피아 사이의 양립불가능성에 대한 이해에서 등장하는 것으로 보는 사람도 있다. 그리고 결국 콘스탄트가 영원한 현재보다 역사를 선택한 것은 아닌지 의심하기도 한다.

유토피아의 비극

뉴 바빌론은 모든 규범, 형태, 관습에서 자유로운 사람들이 사는 세상을 말한다. 모든 억압은 해소되고, 어떤 고정된 사회적 구속의 패턴이나 가족 또는 특정 장소에 대해 충실함이 존재하지 않는다. 뉴 바빌론에는 일시성의 법칙이 지배한다—즉각적인 상황이 영구적인 구조보다 우선한다. 평범함commonplace—삶을 형태 짓고, 궁극적인 삶의 의미에 대한 어떤 물음을 막연히 미루게 하는 평범하고 일상적인 틀—은 폐지되었다. 그것과 더불어, '거주'의 가능성 또한 사라진 것으로 보인다. 거주(정주)는 습관의 발전과 관계있으며 자신을 어떤 패턴에 익숙하게 하는 것이다. 콘스탄트는 우리에게 바로 이것이 뉴 바빌론에서는 불가능하다고 말하는 것이다. 미래에 대한 유토피아적 전망으로서 뉴 바빌론은 그래서 욕망보다는 불안감을 자아낸다. 분명히 순수한 불확정성의 상황에서의 거주는 우리의 가장 깊은 갈망과 욕망에 부합하지 않는다.

어떤 의미에서, 뉴 바빌론은 아방가르드의 특징이었던 부정의 논리로 가득 차있다. 모든 규범과 관습에서 완전한 해방이라는 목적을 달성하기 위하여 모든 습관과 전통은 파괴되어야 한다. 이런 논리에 따르면, 시학poetry과 평범함은 상호배타적인 지점이다. 평범함의 측면에서 우리는 진부함과 평범을 발견하는데, 외적인 형태로 굳어진 전체 몸은 순수하게 관습적인 그것의 온전한 무게로 내적인 경험을 압살한다. 이러한 이유로 평범함을 아방가르드는 본질적으로 *그릇된* 것으로 생각하였다. 이러한 관습성의 스크린 뒤에 사람들은 실제의, 거짓없는 진정성을 찾으려 희망한다. 이러한 진정성의 순간은 순수함과 개방으로, 가장 개인적이고 자연발생적인 것으로 나타난다. 이러한 논리 내에서 시학은 모든 관습성의 층들을 벗겨 진정성의 순수한 정수에 도달할 수 있다. 시학의 핵심은 오직 평범함과 진부함의 거친 외관을 벗겨냄으로써 도달할 수 있다. 관습의 구속을 깨뜨려야만 진정한 개성을 이룰 수 있다. 이것이 뉴 바빌론 세계에 깔린 확신이다.

뉴 바빌론은 벤야민이 1920년대의 아방가르드에게서 발견한 절대적인 투명성이라는 꿈을 가시적으로 나타낸 것이다. 이것은 개인의 욕망과 공동체의 요구가 불가분하게 휘감긴 사회적 형태의 이미지를 나타낸다. 콘스탄트가 기술한 바에 따르면, 그것은 어떤 비밀이나 소유가 더 이상 필요치 않은 사회다. 그것은 공통의 이익이 자동적으로 개인의 이익의 합과 일치하는 절대적인 집단성이다. 뉴 바빌론은 권력관계가 없는 사회처럼 보인다. 그것은 벤야민이 현대성의 일시적 측면에 불을 댕김으로써 현대성의 계획적 약속에 도달하리라 갈망했던 것을 구체화한 것이다. 그러나 이와 같은 유토피아는, 콘스탄트의 드로잉과 그림에서 본의 아니게 표면화되는, 내적 모순으로 가득 차 있다. 사실 기존 사회를 매우 조화롭고 적응 및 순응하도록 미묘하게 억압—억압은 진정한 자유와는 반대를 의미한다—된 개인구성원들이 없다고 상상하기란 불가능하다. 사실 역동성, 영구적인 변화, 유동성은 평화, 휴식, 조화와 같은 특성과 불가피하게 충돌한다.

콘스탄트는 뉴 바빌론이 혁명 이후 사회를 위해 의도되었다고 주장한다. *놀이하는 인간* *homo ludens*이 혁명을 통해 탄생할 것이기 때문이다. 그러나 이런 혁명이 일어나기까지 기존 인간의 유형—*도구적 인간*—은 진실하지 못한 사회에 의해 규범과 가치를 부여받고, 순응을 강요당하고 관습 속으로 구속당하며 개인의 창조성과 자율성을 억압받으면서 계속해서 더럽혀지게 될 것이다. 혁명은 완전한 해방으로 이끌 것이다. 진정성과 집단에 대한 개인적 참여는 새로운 사회의 근본 특성이 될 것이다. 이런 혁명과 변화를 바라는 인류의 잠재력에 대한 믿음은 뉴 바빌론이 뿌리내리고 있는 60년대의 지적 풍조의 한 특징이지만 이것은 푸코의 유명한 표현, '권력의 미시학'을 전혀 고려하지 않은 것이다. 그것은 기성 사회체계의 원리와 개인행동을 통제하는 심리적 메커니즘 사이의 꼭 들어맞는 상호작용을 무시한다. 사실 사회조직의 근본적 변화가 인간의 본성에서 똑같이 근본적인 변화를 직접적으로 초래한다고 추정할 수 있는 근거는 거의 없다. 달리 말하면, 존재를 위한 사회적 투쟁이 사라진대도 개인간의 폭력과 다툼이 눈 녹듯이 사라진다는 보장은 어디에도 없다. 인간의 조건은 아마도 그것보다 더 복잡한 것일 터이다.[37)]

이런 점은 분명히 콘스탄트의 이미지가 제시하는 것이다. 드로잉과 그림은 사실 인간의 조건에 대해 글보다 더 깊은 이해를 전달한다. 이미지들이 이상적 미래를 예시하는 것으로 해석하기는 어렵다. 그것들은 유토피아를 구체적인 형태로 제시하는 것이 불가능함에 대한 다층화된 주석으로 보인다. 드로잉에 제시되고 그림에서 충분히 인식된 복합성에서 뉴 바빌론의 '어두운 면' 역시 묘사된다. 드로잉과 그림은 방랑벽과 자유로운 영구적인 속박이 없는 상태를 보여준다. 하지만, 또한 이런 상태는 근거없음과 불확정성, 죽음의 질주와 불가분하게 연관되어 있음을 명확하게 한다. 콘스탄트는 옛날 코브라시절부터 그림은 동물이고, 밤이며, 회오리, 인간이거나 혹은 이 모든 것이라고 말했다. 이런 개념은 뉴 바빌론 시절의 작품에 계속 영향을 미친다. 결과적으로 그 그림들은 콘스탄트가 모형과 글 속에 여전히 감추어 두었던 어떤 것을 가시화한 것이다. 그것은 유토피아 세계는 완전하지도 조화롭지도 않다는 사실과 모든 관습을 벗겨내는 것은 진정성에 대한 노력이 지각과 감각의 급류로 단순히 환원될 뿐인, 인간존재의 영점으로 이끈다는 사실이다. 여기엔 이상은 없고 풍자만이 있을 뿐이다. 이런 의미에서 뉴 바빌론은 유토피아를 구체적으로 표현하고 시를 현실의 한 순간으로 만드는 것이 불가능하다는 점에 대한 놀라운 증거이다. 사람은 뉴 바빌론에 '거주' 할 수 없다.

뉴 바빌론이 상황주의자들의 사회적 비판을 구체적인 형태로 제시한다는 점에서, 이런 관찰은 그들에게도 적용할 수 있다. 예를 들면, 드보르는 도시계획urbanism에 대한 비판에서 프롤레타리아 혁명은 개인과 공동체를 스스로 환경을 건설하게끔 하고 적절한 스스로의 역사를 만들게 이끌 것이라고 말했다. 전체 토지는 노동자 협의회의 요구에 따라 재구조화될 것이다. 공간은 놀이의 가능성을 제공하기 위해 유동적이 될 것이다.[38)] 소외 없는 상태를 실현하기 위해 프롤레타리아 혁명과 노동자 협의회의 설립은 필수적인 담보지만 여기서도 역시 혁명과 유토피아 사이의 관계는 단절되었다.

여기에 대조적으로 보이는 '소외' 와 '진정성' 이라는 개념의 해석과 관련해서 근본적인 몰이해가 있다. 그 둘은 파악하기 어려운 범주지만 아방가르드의 논리가 추정하듯이 실제로 상호 모순적인지는 의문스럽다. 아방가르드는 19세기 문화에 특징이었던 공허한 과시와 위선에 반발하면서 진정성의 성취를 근본 목적으로 제기하였다.[39)] 그러나 역사는 진정성의 모습이 지속적으로 약해지는 것이고 좀처럼 잘 잡히지 않는 것임을 보여왔다. 아방가르드가 그렸던 진정성은 반복되는 성상파괴주의 몸짓에 의해 순간적이고 실체가 없는 것으로 밝혀졌다. 진정성에 대한 추구는 늘 완전히 다시 시작해야만 하는데 왜냐면, 그 결과는 자신을 너무 쉽게 상품화와 원상회복 즉, 추구하였던 모든 것과 반대되는 소비의 논리에 내어주기 때문이다. 이것은 결국 오늘날 예술과 건축의 이율배반적인 상태의 원인이 되는 막다른 골목에 도달하게 된다.

탈출구는 없다No Way Out: 아도르노의 미학이론

『미학이론Aesthetic Theory』에서 아도르노는 예술이 유토피아에 몰두하는 것은 현재 상태를 지배하는 자기모순의 가장 중요한 원천이라고 말한다. "현대의 이율배반 가운데 중심적인 것은 예술이 유토피아가 되어야만 하고, 또 그러기를 원하고 있다는 것이며, 유토피아가 현실의 기능적 질서에 갇혀 있을 수록 이것은 더욱 진실이다. 그러나 동시에 유토피아를 가상이나 위안에 빠지지 않게 하려면 예술이 유토피아로 되지 말아야 한다는 점이다."40) 이것은 콘스탄트의 뉴 바빌론 계획에서 명확해진 것과 일치한다. 역사의 유토피아적 목표를 구체화하려 한 프로젝트로서, 그것은 오늘날 사회 속의 허위와 거짓된 모든 것에 대한 부정에 기반을 둔다. 그래서 그것은 억압과 지배를 끝장낼 필요성을 강조한다. 그러나 그 계획의 특징은 조화롭고 목가적인 이미지를 최종목표로 제시한다는 사실에 있지 않다. 반대로 뉴 바빌론은 자신을 쉽게 환상이나 위안의 도구로 사용하지 않는다. 그 진실은 조화와 안녕의 이미지를 지속적으로 퍼트리는 부정성과 불협화음에 있다.

아도르노의 『미학이론』은 뉴 바빌론과 같은 이중경향의 프로젝트를 시험하기에 주목할 만한 도구를 우리에게 제공해 준다. 이것은 현대적 조건 속에서 예술이 직면한 주요한 모순을 기술하려한 가장 정교한 시도 중 하나로 불릴 것이다. 그리고 비록 아도르노의 생각이 어떤 측면에선 약간 시대에 뒤떨어진 것이 당연하다 해도 내가 보기엔 그 책은 그 적절함을 거의 잃어버리지 않았다.41)

아도르노(1903-1969)는 프랑크푸르트 학파Frankfruter Schule의 이론가들 중 일세대에 속한다. 그는 아버지의 혈통에 따라 유태인이다. 많은 다른 이들처럼, 그는 30년대 초반 독일에서 처음엔 영국으로 나중엔 미국으로 이민을 강요당한다. 1950년에 프랑크푸르트로 돌아갔으나 홀로코스트에서 받은 충격이 오랫동안 남아 있으면서 그의 후기작업에 영향을 끼쳤다. 그의 텍스트들은 계몽의 이상idea 즉, 이성, 진보 또는 보편적 해방의 이상idea이 실행에 옮겨졌을 때 어떻게 그 대립항으로 변질되는 것이 가능한가 하는 물음이 지배적이다. 그는 현대성을 해방보다는 억압과 통제로 이끈다고 보았으며, 왜 그리고 어떻게 이런 전개가 일어나는지 의문을 나타냈다. 이런 의문을 가장 분명하게 다룬 것이 막스 호르크하이머와 같이 전쟁 중에 쓴 유명한 책 『계몽의 변증법Dialectics of Enlightenment』역주53)이다. 그의 다른 주저—『부정 변증법』과 『미학이론』—는 현대성의 역설과 모순적 성격이라는 이런 의미에 주력하고 있다. 그의 접근은 계몽과 현대화의 본성에 대한 철학적 의

문을 동시대 예술의 발전에 대한 강한 관심과 결합시킨다는 점에서 독창적이며 범상치 않다. 철학과 미학적인 측면 양자를 포괄하는 이런 이중적 접근은 그의 저서에서 현대성의 계획적 측면 뿐만 아니라 일시적 측면을 드러내는 원인이 된다. 그의 저술의 목적은 현대성의 복합성을 밝히고 서로 다른 징후를 분석하며 그 사이의 관계를 판단하는 것이다.

비동일성의 성좌

마틴 제이Martin Jay는 아도르노의 사고를 그의 저술에 결정적인 영향을 미친 5가지 중요한 빛과 힘의 성좌라는 용어로 설명한다.[42] 이런 성좌에서 첫 번째 가장 빛나는 별은 비정통적인 네오마르크시즘의 별이다. 아도르노의 마르크스주의는 정치적 행동의 가능성에 대해 부정적인 견해와 혁명의 진정한 집단적 주체로서—'당'으로 표현되든 그렇지 않든 간에—프롤레타리아에 대해 부정한다는 특징이 있다. 하지만, 그의 사고는 의심할 수 없이 유물론적이며 변증법(비록 그의 변증법이 '부정의' 변증법이라 해도)적이다.

5가지 별 중에 두번째는 미학적 현대성이다. 어린 시절부터 아도르노는 현대음악에 관심이 많았다. 그는 작곡가가 될 것을 심각하게 고민했으며 비엔나에서 알반 베르그Alban Berg밑에서 얼마간 수학하였다. 현대예술은 퇴폐적이고 '부르주아적'이라는 정통 마르크스주의자들의 비판에 대해 자신을 늘 확신있게 변호해 주었다.

제이는 성좌의 세번째 별로 아도르노의 만다린**역주 54)**의 문화적 보수주의를 꼽고 있다. 이런 용어로 그는 1차 세계대전 전 독일에 지배적인 경향이었던 종종 역행하는 낭만적 반자본주의를 언급하고 있다. 이런 전통을 이끄는 것은 퇴니스Tönnies와 스펭글러Spengler 같은 작가들이었다. 반면 아도르노 자신은 이런 보수적 전통에 동의하지 않았지만 매우 역설적으로 그 개념들에 영향을 받았다. 예를 들면, '문화'와 '문명화' 사이의 구별은 아도르노의 저술에서 수정되고 더 균형 잡힌 형태로 다시 제기된다. 제이가 보기에 때로는 엘리트적인 그의 견해, 대중문화에 대한 반감 그리고 그의 도구적 사고에 대한 혐오는 역시 이런 전통으로 돌아가는 것이 될 수 있다.

아도르노의 장에서 네번째 힘은 그가 유태인이라는 것에서 온다. 발터 벤야민, 막스 호르크하이머, 허버트 마르쿠제, 레오 뢰벤탈을 포함한 많은 친구들과 지적 동료들과 그의 인생전반은 유태인이라는 정체성에 깊이 영향을 받았다. 비-아리아인으로서 그는 나치가 권력을 잡은 후 프랑크푸르트대학에서 교수권을 빼앗겼고 이민을 가게 되었던 것이다. 홀로코스트—상징적으로 '아우슈비츠' 라는 용어로 요약되는—에 대한 자각은 그의 전후 저작에 결정적이었다.[43)]

그가 유대인임은 인생역정에만 영향을 미친 것은 아니었다. 유태철학에서 나온 몇몇 모티브의 흔적을 아도르노의 사고에서도 발견할 수 있다. 때때로 이런 주제들은 벤야민의 영향—예를 들면, 벤야민의 미메시스로서 언어 개념은 유태교의 신비주의 철학에서 영향을 받았다—을 받았다. 하지만 때때로 그 주제의 유래는 성상금지ban on image라는 주제로 더 직접적이었다. 유대전통에서 성상금지는 유일하고 진실한 신—여호와—은 묘사할 수도 또 되어서도 안 된다는 것을 의미한다. 왜냐하면, 신의 무한함과 진리를 정의 내릴 수 있는 성상이나 이름은 존재하지 않기 때문이다. 그에 따르면, 유토피아는 직접적으로 이름붙이거나, 기술하거나, 묘사할 수 없다. 아도르노는 이런 모티브를 유토피아라는 주제를 다루는 데 받아들인다. 유토피아가 구체적인 형태로 주어졌을 때—토마스 모어의 책에서 예로 든 것과 같이—즉시 전체주의적이고 도그마적인 성격을 띠게 된다. 그래서 나타나는 양상 중 하나는 자유의 부재가 되는데 그것은 유토피아가 실제로 암시하는 성취할 수 없는 이상적 개념과는 반대되는 것이다.

아도르노의 성좌 중 마지막별은 "해체주의"이다. 제이가 분간하는 아도르노의 저술과 데리다의 그것 사이에 직접적인 교류는 의심할 수 없이 분명하고 그들 사이에 어떤 유사함을 제이는 인식한다.[44)][역주 55)] 서구의 형이상학에 대해 텍스트의 극히 엄격한 독해로 내부에서 그것을 분해함으로써 '내재적 비판' 을 적용하려는 아도르노의 의도는, 그래서 그것의 모순과 잘못된 전제를 식별하려 한다. 이런 목적은 데리다의 '해체' 개념과 명백히 유사하다.

마르크스주의, 모더니즘, 만다린적 보수주의, 유태인으로서 자기 정체성 그리고 해체주의에 대한 어떤 예기—이 모든 다른 극단들은 아도르노의 저술에서 독특한 방법으로 통합된다. 그의 성좌에서 다른 별들 사이를 왔다 갔다 한 그리고 그들 사이에 효과적으로 중재하는 데 성공하지 못한 벤야민과는 달리 아도르노의 글쓰기는 그의 철학적 전제에서 변화가 거의 또는 전혀 없이 매우 높은 주준의 일관성을 담고 있다.[45)] 몇몇 의문점들은 그의 후기 저술에서 좀 더 효과적으로 서술되어 있다.—그런 점에서 '아우슈비츠' 는 결정적이다. 대체적으로 초기 텍스트와 후기 텍스트 사이에 놀랄만한 일관성이 있다.

하지만, 일관성이 있다는 것이 그의 글이 단편적이라는 말은 아니다. 사실 아도르노의 저술은 지속적인 충돌과 역설을 특징으로 한다. 그의 사고는 충돌하는 극단 사이를 진동하고 이것은 그의 글쓰기와 관련있다. 그의 문체는 의도적으로 비체계적이며 역설을 두려워하지 않는다. 이런 글쓰기 방법은 그의 현실관에 비추어 볼 수 있다. 그는 현실을 모든 점에서 모순적인 존재로 간주한다. 그래서 현실에 대한 담론은 모순적인 존재가 될 준비가 되어 있어야만 한다. 수잔 벅 모스는 이것을 두고 "본질적으로 현실이 적대적이고 모순적이라고 전제한다면, 아도르노가 왜 현재에 대한 지식이 해결할 수 없는 상호 부정적인 경향을 가진 모순적인 개념의 병렬을 요구한다고 느꼈는지 명확해진다."46)고 지적한다. 그의 작업이 모순적이라는 사실은 정당하다. 비록 진리는 단순하거나 모순이 없는 것이 아니기 때문에 적정한 어떤 것으로 단언해서는 안된다. 이런 기준이 그자체로 양면적이라 해도 사고와 글쓰기의 진실한 내용은 결정적인 요소로 남아있다. 아도르노에게 진리는 언제나 이중적인 내용을 가지고 있다. 한편으로 그것은 실제상황(*사실과 인식의 일치 adequatio rei et intellectus*라는 고전적인 진리개념)을 언급하고 다른 한편으로—이것도 중요하다—'진리'는 언제나 도달할 수 없는 어떤 것, 즉 유토피아적 내용을 말한다. 아도르노에게 '진리'는 '있는 그대로의as it is' 세상이 아니라 '지향하는as it may be' 세상에 해당되는 것이다.

아도르노의 저술 전반은 그가 '동일성 사고'라고 불렀던 '있는 그대로의' 세상에 동조하는 사고양태의 지배에 대한 저항을 표명한 것이다. 동일성 사고는 명확한 개념을 통해 현실을 그려내고, 구체적이고 특정한 현상을 목록화하여 그 특정한 성격을 추상화시킨다. 그래서 어떤 '타자'를 나타내는 인식방법을 취한다. 벤야민같이 아도르노도 '타자'를 구체적이고 특정한 것 속에 숨겨진 것으로 본다. 그것은 구체적인 현상의 특수하고 모순적인 성격을 고려한 분석을 거쳐 가시적으로 표현할 수 있다. 이것이 아도르노가 구체적인 현상에 몰두했던 수많은 에세이와 분석의 중심을 형성하는 목적이다.47) 그의 원리직 철학저술, 『부징변증법Negative Dialectics』에서 그는 인식론적 근긴으로 이런 목적을 뒷받침하려 한다. 그의 목적은 동일성 사고의 개념적 격자 내에 담을 수 없는 '비동일성'을 설명하기 위해 엄격한 철학적 접근을 적용하는 것이다. 아도르노는 『부정변증법』이 통일된 원리와 위계적으로 조직된 개념장치의 헤게모니에서 벗어나는 길을 찾기 위해 지속적인 논리의 사용을 만들고자 한 것이라고 분명히 말한다.48)

아도르노가 보기에 실재reality는 비동일하다. 실재는 단순한 무엇이 아니다. 실재는 전적으로 그 자신과 부합하는 것이 아니고 지속적으로 그 외의 어떤 것, 그 자체 이상의 것을 나타낸다. “존재하는 것은 그 존재하는 것 이상의 것이다. 이 ‘그 이상’의 것은 그것에 부여되는 어떤 것이 아니라, 그것에서 축출된 것으로서 그것에 내재적인 것이다. 그런 한에서 비동일자the nonidentical는 사물의 동일시에 대항하는 사물 전체의 동일성identity이라고 할 수 있다.”[49] 비동일성의 원리가 그래서 어떤 의미에서 실재 자체에 뿌리내리고 있는 한, 비동일자만 언어에서 명백하게 된다. 그것은 언어가 실재와 함께 만들어 낸 관계를 통해서만 명확한 윤곽을 얻을 수 있다. 언어가 현상을 ‘동일화하는’ 현실 위로 개념의 망을 던질 때, 비동일자는 이 그물에서 빠져 나가버린다. 이것은 단일한 개념으로 정의될 수 있는 것이 아니라 단지 개념이 다음과 같이 행하기 때문에 분명해질 수 있다. “비동일자 가운데 개념으로 정의되지 않는 것은 그것의 개별적인 현존재를 초월하는데, 그것은 개념에 대한 양극관계 속에서 개념을 응시함으로써 비로소 그 개별적 현존재로 수렴한다.”[50]

동일화하는 몸짓으로 인식될 수 없는 ‘비동일자’는 개념의 짜임관계constellation 속에 가두어야 언어와 유사해질 수 있는데, 그 각각은 문제를 완전히 동일화할 수 없다. 그러나 그들의 힘의 장에 의해 발생된 긴장을 통해서 그들은 직접적으로 인식될 수 없는 것에—미메시스적으로—형태를 부여한다. 아도르노는 이런 언어의 개념을 다음과 같이 말한다.

> 언어는 인식기능들을 위한 단순한 기호체계에 머물지 않는다. 언어는 본질적으로 언어로서 등장할 때, 곧 *재현*Darstellung의 형태가 될 때 자신의 개념을 한정하지 않을 것이다. 언어는 하나의 사물을 중심으로 개념들을 설정해 놓는 관계를 통해 개념들에 그 객관성을 부여한다. 이로써 언어는 뜻한 바를 완전히 표현하려는 개념의 의도에 기여한다. 짜임관계만이 내부에서 개념이 잘라내 버린 것, 즉 개념이 될 수 없지만 또한 그만큼 되고자 원하는 것, 개념 이상의 것을 재현할 수 있다.[51]

그래서 아도르노의 사고에 언어는 극히 중요한 위치를 차지한다. 짜임관계를 사용해서 언어는 순간이나마 우리를 사고의 전체주의적 측면인 동일화에서 벗어나게 한다.

이것은 또한 아도르노가 말할 수 없는 것에 대해 침묵해야 한다고 말한 비트겐슈타인의 유명한 언설을 반대하는 이유가 되기도 한다. “비트겐슈타인의 정식은 명확하고 직접적으로 표현할 수 없는 것을 간접적이고 복합적인 방법으로 그리고 짜임관계로 표현할 수 있는 자신의 지평을 닫아버린다."[52] 동일성 사고 이면의 원리와 사회체계를 지배하는 상품구조를 가장한 교환원리 사이에 유사성이 있다고 보는 것이 아도르노의 관점이다. 양자의 원리는 등가와 교환의 형태를 이루어, 비동일적이고 교환 불가능한 개별현상의 이질성과 특이성을 억압한다.

> 인간의 노동을 평균노동시간이라는 추상적 보편개념으로 환원시키는 교환원리는 동일시의 원리와 근본적으로 유사하다. 교환은 동일시 원리의 사회적 모델이며, 동일시의 원리 없이는 교환도 있을 수 없다. 교환을 통해서 비동일적 개별존재나 일의 처리를 동일 단위로 계량할 수 있고 동일화된다. 이러한 원리가 확장되면 전 세계는 동일해지고, 전체주의적이 된다.[53]

아도르노에게 동일성 사고에 대한 비판은 사실상 교환의 원리에 대한 비판을 의미한다. 그 역도 마찬가지다.

아도르노의 언어개념은 그의 에세이 문체에 깊은 영향을 미친다. 그는 형식으로서의 에세이를 선호하였다.[54] 그 에세이는 구체적이고 특정한 어떤 것을 분석하는 것과 관련있다. 그것이 파편적이고 불완전하다는 사실은 파편적인 현실에 대한 '독해'에 이상적인 도구를 만든다. 그러나 아도르노의 긴 텍스트는 여전히 에세이다운 성격을 유지한다. 아도르노의 텍스트는 중간 제목이나 분할된 부분 없이 20~30페이지의 블록으로 구성되어있다. 장이나 절로 명확하고 쉽게 분할해 독자들의 독서를 편하게 할 의도는 전혀 없다.[55]

이런 반체계적인 작업방법은 명확하고 체계적인 형태를 요구하는 동일성원리에 대한 반란이다. 그 결과 준비가 안 된 독자에게 아도르노의 텍스트는 때로는 매우 다루기 힘든 것이다. 그 글들은 명시된 출발점에서 시작해서 일련의 논지를 전개하여 논리적 결론에 이르는 명확하게 구축된 담론의 요구에 순응하지 않는다. 그의 텍스트는 논리적으로 구축되기보다 '구성' 되어 모순과 모호함이 그 구성에 근본적인 요소로 보이게 된다.

계몽의 변증법을 드러내는 현대성

아도르노가 그의 후기 글쓰기에서도 계속적으로 집착하고 있는 현대성 이론은『계몽의 변증법Dialectics of Enlightenment』에서 발전되었다. 여기서 결정적인 문제는 계몽의 자기파괴라는 문제이다. "우리는 왜 인류가 진정한 인간의 조건에 들지 못하고 새로운 야만에 빠지고 말았는가하는 이유를 찾으려는 것뿐이다."[56] 계몽의 계획적 이상—하버마스가 후에 '현대 프로젝트'라고 부른—과 기술 및 과학의 영역에서 만들어진 진보 그리고 두 현상이 연결(결국, 계몽은 산업혁명의 시작과 과학적 사고가 꽃피는 것을 알리는 신호였다)되었지만 어떻게 인간성은 계몽의 이상을 완전히 반대로 없애버리는 상태가 될 수 있는가?

호르크하이머와 아도르노는 이런 의문에 대한 답을 계몽 그 자체에 본질적인 모호함에서 찾는다. 이런 모호함을 설명하기 위해, 그들은 비판적 합리성—즉, 가장 진정하고 철저한 태도를 지닌 이성—과 도구적 합리성—즉, 유용성으로 환원되거나 단지 수치로 환원된 사고—사이를 절대적으로 구분한다. 도구적 합리성이 주어진 목적을 달성하기 위한 가장 적절한 수단을 결정하는 데 관계되는 반면, 비판적 합리성은 목적을 추구해야 할 이유를 담당한다. 이 2가지 합리성은 서로 닮아있지만 대립적이다. 왜냐하면, 비판적-합리적 사고에서 볼 때 전혀 타당하지 않은 목표를 달성하기 위해 도구적 합리성이 동원될 수 있기 때문이다.

계몽의 변증법은 합리와 과정을 통해 비판적 합리성—해방의 프로젝트로서 계몽의 프로젝트의 기원이 되었던 합리성—이 도구적 합리성으로 환원된다는 사실로 구성된다. 이런 환원은 그것이 더 이상 발전을 안내하는 해방의 프로젝트가 아님을 의미한다. 오히려 체계 자체의 능률이 유일한 지도원리가 된다. 그래서 계몽은 그 자신의 반대편에 서게 된다. 신화보다 이성을 우위에 놓으려는 계획적 시도가 실상 체계를 지탱하는 능률의 지배로 귀결된다. 한편 이런 효율성은 합리적이기 보다 신화적이다. 그래서 호르크하이머와 아도르노는 계몽의 변증법에 내재하며 계획적 의도의 실현가능성을 차단하는 반목가적 경향을 강조한다.

동일한 변증법적 과정이 계몽된 주체로서 행동하는 개인에게 일어난다. 계몽적 사고가 요구하는 합리적 행동 양태는 사람의 내적, 자연적 충동을 억누를 때만 가능하다. 결국 사람들은 자연적 존재인 자신의 정체성을 배신해야만 합리적 존재로서 자신의 정체성을 형성할 수 있는 모호한 존재인 셈이다.[57]

그래서 아도르노와 호르크하이머는 계몽을 인간 외부의 자연nature뿐 아니라 인간의 억압된 내적 본성nature까지도 지배하려는 경향과 관련된 것으로 본다. 하지만 이들은 계몽을 거부하지 않는다. 참된 진보와 해방이 헛된 것이 될 위험을 의미하는 계몽의 변증법이 미치는 파괴적인 영향에도, 그들은 받아들일 수 있는 다른 대안이 없다고 생각한다. 계몽이 아무리 부적절하다 해도, 해방을 위한 유일한 길로 남는다.

『계몽의 변증법』은 진보와 해방에 대한 희망을 정당화할 만한 어떤 여지도 남기지 않는 철저하게 비관적인 책으로 읽을 수 있다.[58] 호르크하이머와 아도르노에 따르면, 현대성은 성격상 실제적으로 획일적으로 되는 경향이 있다. 계몽은 폭력과 전체주의적인 특성을 가지고 있으며 이런 특성은 거의 모든 현실영역에서 급증해왔다. 저자들은 과학과 철학에서 실증주의의 확산 및 단순히 노동의 공급자나 소비자의 존재차원으로 개인이 추락해버린 것과 미디어의 계속적인 공공성 경시 같은 현상을 기초로 그러한 진단을 논증하였다.

그 책의 가장 유명한 장인 '문화산업: 대중기만으로서 계몽'은 바로 이 주제에 주력한다. 호르크하이머와 아도르노는 대중오락의 생산자들은 조작되고, 단일한 그리고 완전히 예측 가능한 상품으로 전환시킴으로써 문화를 왜곡시킨다고 말한다. 재생산메커니즘의 기술적 합리성과 소비의 상업적 논리가 문화산업을 지배하면서 그 규범을 배반하거나 어떤 비판의 여지를 남기지 않는다. 이를 따르지 않는 모든 것은 자동적으로 그 규칙을 확증하는 예외로 왜곡될 정도까지 이런 산업 내에 진부함의 법칙이 우세하다.

그들이 주장하길, 문화산업은 아방가르드 예술작품을 연상시킬 정도로 난해함을 특징으로 한다. 차이는 아방가르드의 예술작품이 진실을 뒷받침하는 반면 문화산업은 상품화의 지배를 받는다는 사실이다. 이것은 동일한 사물을 끊임없이 재생산하는 데서도 볼 수 있다. 겉보기에는 그렇지 않은 듯 하면서도, 진정으로 새로운 것, 예상할 수 없는 것, 뻔뻔하지 않은 것은 고도로 계산된 방법으로 배제된다.

문화산업은 가벼운 예술과 진지한 예술의 범주를 구별 짓는데, 기만적인 거짓이 나다니는 것은 정확히게 이 지점이다. 이런 두 예술 형태를 구별하는 것은 사실상 사회영역에 존재하는 관계들의 결함을 반영하는 것이기 때문이다.

> 삶의 곤궁과 핍박으로 말미암아 진지함이라는 것이 조롱거리로 밖에 느껴지지 않으며 생산라인을 벗어나 시간을 보낼 수만 있어도 기쁜 사람에게 진지한 예술은 낯선 것이다. 또한 가벼운 예술은 자율적인 예술을 그림자처럼 따라다닌다. 사회적으로 볼 때 가벼운 예술은 진지한 예술 속에 숨어있는 비양심 같은 것이다. … 양자의 분리 자체가 진리다. 그러한 분리는 최소한 여러 영역들이 구성

> 하고 있는 문화의 부정성을 말해주고 있다. 가벼운 예술을 진지한 예술 속으로 흡수하든지 또는 반대로 진지한 예술을 가벼운 예술 속으로 흡수한다고 해서 결코 대립이 화해될 수 없다. 그러나 문화산업은 바로 이러한 화해를 시도하고 있다.[59)]

저자에 따르면 문화산업은 개인의 여가시간을 노동시간과 동일한 규칙아래 통제하는 힘에서 유래한다. 생각 없이 반응하는 것과 노력없이 즐거움을 얻는 것—이것은 모든 면에서 완벽히 합리화의 법칙에 지배되는 사회발전의 논리적 결론이다.

문화산업에 대한 이 장에서, 호르크하이머와 아도르노는 세계대전이후 대중문화에 대한 전반적인 논의의 기풍을 확립한 고전을 썼다. 그들이 적용한 다소 엄격한 전제와 경직된 이분법은 오늘날 많은 공감을 받지는 못하지만 그들의 관념들은 급진적-비판적 입장을 대표하는 생생한 역할을 계속한다.

하지만, 『계몽의 변증법』의 관련해서 우리가 전개하려는 논의는 여기에 있지 않다. 오히려 내가 여전히 이 책에서 찾게 되는 매력은 작가들이 현대성에 대해 견지하는 양면적 자세와 관련 있다. 그들은 계몽이 전체주의적이고 획일적이라고 생각하면서도 그 밖에 따를만한 다른 길은 없다고 확신하고 있다.

> 우리는 사회적 해방이 계몽적 사유와 분리될 수 없다는데 대해서 확신—그 점에서 *오류*가 있을 수 있다—을 갖고 있다. 그럼에도, 우리는 실제 역사적 형태 즉 사회 제도와 뒤섞인 이런 사고방식이 이미 오늘날 도처에서 일어나는 퇴행의 씨앗을 품고 있고 있다는 걸 분명히 인식하고 있다고 믿는다.[60)]

그래서 그들은 그 속에 모순된 논리를 알고 있지만, 계몽의 필요성—즉, 모더티니의 계획적 관점—에 계속 집착한다. 그들은 이런 입장의 논리적 구조가 아포리아라는 것을 알고 있다. 아포리아aporia역주 56)는 바로 계몽적 사고에 본질적인 파괴적 경향을 드러내기 위해 계몽적 사고를 수단으로 사용하는 데에 있다. 그들은 이런 악순환에서 도망갈 수도 없고 가려고 하지도 않는다.

여기에서 그들의 입장이 이른바 포스트모더니스트들의 입장과 어떻게 다른가를 볼 수 있다. 호르크하이머와 아도르노는 계몽의 전통에 빚지고 있음을 힘주어 인정하고 있으며 그들은 말하자면 일종의 계몽을 계몽하려 하였다. 료타르Lyotard 같은 작가는 한발 더 나아가 계몽에서 자신이 완전히 떠나 있음을 받아들인다. 료타르가 이성의 혼란을 해명할 이유가 없다고 말한 반면[61] 호르크하이머와 아도르노가 『계몽의 변증법』에서 찾으려는 것은 분명히 이런 '이성적 해명' 이다. 그들이 추구하는 것은 완전히 양립할 수 없는 2가지 관점—한편으로는 계몽에 대한 믿음과 다른 한편으로는 그 속에 본질적인 왜곡의 메커니즘에 대한 거부—을 동시에 가진 입장으로 귀착된다.

양립 불가능한 개념 사이에 동일한 긴장이 아도르노의 새로운 것에 대한 해석에서 되풀이 된다. 『계몽의 변증법』과 거의 같은 시기에 쓰인 『한줌의 도덕Minima Moralia』역주 57)에서, 그는 '호외Late Extra' 라는 제목아래 짧지만 매력적인 생각을 보여준다. 새로운 것은 여기에서 우선 언제나 똑같이 낡은 것 이면에 자신을 숨기는 거짓된 외관으로서 나타난다. "새로움 자체를 추구하며 일종의 노동생산물이자 개념적인 도식으로 굳어져버린 새로운 것은 갑작스럽게 나타나 어쩔 수 없이 낡은 것으로 퇴행한다."[62] 새로운 것으로 알려진 사물은 소비와 생산의 순환에 대한 지배적인 요구에 의해 우리에게 억지로 떠 맡겨진 단지 동일한 낡은 계획의 복제물이다. 사실, 진정으로 새로운 것은 존재하지 않는다. 다른 한편 아도르노에게 "새로운 것의 숭배와 현대성의 이념은 새로운 것은 더 이상 존재하지 않는다는 사실에 대한 저항이다."는 것과 다시 "새로운 것은 태어나지 못한 모든 것의 비밀스런 모습이다."[63]는 것은 명확하다. 다른 말로 하자면, 새로운 것의 형태가 그릇되고 그 주장이 잘못되었다 할지라도 새로운 것에 대한 지속적인 호소와 일시성에 대한 매혹에서—거의 반복되는 매력같이—어떤 참으로 새로운 것이 어느 날 나타나고 일시성의 발화가 해방의 프로젝트의 실현으로 이끌 것이라는 희망이 숨어있다.

그래서 아도르노의 현대성 개념은 모순적인 측면들 사이의 긴장을 되풀이 하는 특징이 있다. 그는 현대성을 한편으로는 개인과 전체적인 사회적 삶을 획일적으로 분명히 지배하려는 경향으로 보면서, 다른 한편으로 *대안의* 미래를 약속하며 이를 성취하기 위한 수단과 잠재력을 제공해 주는 것으로 본다. 현대성의 일시적 측면이 관계되는 한, 아도르노는 새로운 것, 덧없는 것, 지속적인 변화를 낡은 것과 영원한 회귀 이면의 허위적인 환영으로 인식하며, 반면 그 속에 저항과 희망 또한 아로새겨져 있다.

미메시스와 부정성

*미메시스*의 개념은 아도르노의 『미학이론』에서 결정적인 역할을 한다.[64] 그것은 그가

드물게 분명한 용어로 기술하는 개념이지만 자연의 모방으로서 예술의 전통적인 개념이 가지는 것보다 훨씬 더 넓은 함축을 분명히 가지고 있다. 아도르노의 이 개념에 대한 해석은 의심할 수 없이 발터 벤야민과 그의 언어의 모방이론에 빚지고 있다. 벤야민의 영향은 『계몽의 변증법』에서 호르크하이머와 아도르노가 역사의 흐름 속에 언어의 성격이 어떤 급진적인 변화를 겪어왔는가를 설명하는 구절에서 이미 알 수 있다. 본래 기호와 이미지는 상징의 형태아래 언어에서 통일체를 이루었다고 그들은 주장한다. 이집트 상형문자에서 볼 수 있듯이 의미는 기호 속의 추상적 지시체와 이미지 속의 모방이 합쳐진 결과이다. 이런 본래의 통일체는 분해되고 의미의 2가지 양태는 분리되어 발전한다. 기호는 외연으로서—과학과 학문분야에서—언어의 발전에 결정적인 것이 된다. 반면에 이미지의 영역은 예술과 문학의 영역으로 축소되었다.

> 과학에게 말word은 기호다. 다시 말해 말은 소리, 그림, 말 그 자체로 여러 상이한 예술에 분배되는데, 이 때 각 예술에서 첨가되는 무엇이나 공감각 또는 *종합예술*에 의해 말이 복원되지는 않는다. 기호체계로서의 언어language는 자연을 알기 위해 계산의 도구로 전락해야 하며, 자연과 유사해지려는 요구를 포기해야만 하는 것이다. 반면 이미지로서의 언어는 완전한 자연이 되기 위해 거울-상이 되는 데에 만족해야 하며 자연을 알 수 있다는 주장은 버려야 한다.65)

호르크하이머와 아도르노는 기호와 이미지의 분리를 불행한 전개로 보는데, 이성은 말 그대로 순수한 계산으로 환원될 수는 없기 때문이다. 그 경우 따르는 불합리한 결론으로 이성은 순수한 도구적 이성으로 타락하고 만다. 동일한 것이 이미지에도 진행된다. 이미지가 순수한 묘사가 되고 더 이상 합리적인 자극에 지배받지 않을 때, 그것 또한 부적절하게 되고 현실에 대한 진정한 지식을 가져올 수 없다. 그럼에도 "기호와 이미지의 분리는 돌이킬 수 없는 것이다. 무의식의 자기만족은 다시 한 번 실체화되고 2가지 고립된 각 원리는 진리의 파괴로 치닫는다."66) 호르크하이머와 아도르노에 따르면, 예술과 철학 모두 이런 기호와 이미지 사이의 균열에 직면하는 것과 이 틈을 메우려는 시도가 가능하다. 철학은 개념적 수준에서, 즉 기호의 수준에서 작용한다. 반면 예술작품은 미적 외관에서, 즉 이미지의 수준에서 작용한다. 그러나 예술과 철학 모두 진리의 지식을 제공하려 하는 한, 자신의 지식 형태를 절대적인 것으로 실체화할 수는 없다. 철학이 개념만으로 작동할 수는 없으며 예술 또한 순수한 묘사 즉, 존재하는 것의 단순한 재생산 이상의 어떤 것이 되도록 강제된다.

아도르노는 그의 『미학이론』에서 이런 모티브로 돌아간다. 이 책에서 그는 "미메시스"를 사물과 개인 사이의 일종의 유사함을 의미하는 것으로 사용한다. 그것은 합리적 지식에 기반을 두지 않으며 주체와 객체 사이의 단순한 반명제를 넘어선다.67) 인식의 모방적 순간은 합리적-도구적 사고와는 다른 방법으로 세상에 접근할 수 있다. 그에게 미메시스는 예술작품과 예술작품이 재현하는 것 사이의 단순한 시각적 유사함과는 다른 것이다. 아도르노는 그 유사함은 더 깊은 곳에 있다고 말한다. 아도르노에게 추상회화도 미메시스적 방법으로 현실에 대해 어떤 것—예를 들면 현실에 전형적인 소외와 사물화에 대한 것—을 말할 수 있다는 것이다.

아도르노에 따르면, 지각의 순간 즉, 미메시스와 합리성—『계몽의 변증법』에 나오는 용어를 사용하자면 이미지와 기호—사이의 변증법적 관계를 창조하려는 것이 예술의 특징이다. 그러나 합리성과 미메시스는 반명제적이고 역설적인 관계로 서로 대립된다. 즉, 지각의 2가지 순간들은 쉽게 화해될 수 없다. 그래서, 예술작품은 합리성과 미메시스를 단순히 중재함으로써 그 모순을 해결할 수는 없는데, 왜냐하면 어떤 면에서 양립불가능하며 이런 양립불가능성을 거부할 수 없기 때문이다. 예술작품의 가치는, 둘의 화해라고 칭하는 어떤 종류의 통합을 통해 그들의 대립을 소멸하지 않고, 합리성과 미메시스의 대립적 순간을 조명하는데 성공하느냐 하는 점에 달려있다.68) 이것이 아도르노가 긴장과 불협화음 그리고 역설을 현대예술작품의 기본 공로로 간주한 이유다.

아도르노는 예술이 비판의 형태를 따른다고 확신했다. 예술의 비판적 성격은 여러 면에서 그것의 미메시스적 성격과 관련 있다. 첫째로, 예술은 미메시스적 원리가 우세한 사회의 몇 안되는 영역 중 하나이다. 일반적으로 말해서, 사회는 미메시스를 금지하려 하고 사회적 실천은 점점 도구적 합리성에 지배된다. 이런 상황에서 보면, 합리성에 의해 완전히 침투당하지 않은 영역으로서 예술의 존재는 합리성의 지배에 대한 비판을 제공한다. 아도르노는 예술의 무용성— '다른 어떤 것' 이 되는 것을 거부하는 것—은 모든 것이 쓸모있도록 강제된 사회에 대해 비판의 형태를 분명히 나타낸다고 주장한다.69)

사고를 압도적으로 지배하는 양태—동일성 사고, 이질적인 것을 동일한 표제로 지속적으로 포함시킨다. 아도르노의 말로 '교환원리에 길들어진 사고schooled in exchange' 70)

이다—에 대항하여 미메시스의 원리는 비동일적이고 불투명함의 여지를 만드는 '자신에 대한 예술작품의 유사함'71)을 나타낸다. 그래서 예술은 아도르노에게 실제 경험, 즉 비동일자에 대한 경험이 가능한 마지막 도피처 중 하나로 인식된다. 그는 현대성이 개인이 진정한 경험을 할 능력을 개발할 조건을 점점 파괴함으로써 경험의 위기를 촉발했다는 생각에서 벤야민과 일치한다. 그는 말하길, 현대예술은 위기를 다루는 방법을 보여주고 그것을 표현한다.72)

바로 그 예술의 현대성은 이런 위기와 어떻게 관계하느냐에 달려 있다. 예술은 이런 조건을 벗어날 수 없다. 아도르노는 "*절대적으로 현대적이어야 한다.Il faut etre absolument moderne*"라고 랭보Rimbaud의 격언을 반복한다. 그러나 아도르노가 단순하게 그런 주장을 역사적 조건으로 받아들인다는 의미는 아니다. 그것은 또한 역사적 흐름에 저항할 필요를 암시하는 것이다. 아도르노는 랭보의 말을 사회적 현실에 대한 정직한 평가와 그것의 지속에 대해 그만큼 일관된 저항을 결합시키는 절대적인 의무로 해석한다. 만약 억압과 착취에 저항하고자 한다면 그것을 무시하는 것이 아니라 존재의 실제적인 조건으로 인식해야 한다. 그래야만 그것에 저항할 수 있다. 예술적 관점에서 이것은 현대예술이 앞선 기술과 생산방법을 필요로 한다는 것을 의미한다. 또한 동시대 경험을 포함해야 한다는 의미다.73) 동시에 그것이 함축하는 바는 예술이 의미있는 정도의 비판과 기존 체제에 저항을 포함한다는 것이다.

이런 미묘함은 아도르노의 미학이론에 특별한 성격을 부여한다. 아도르노는 현대예술을 비판적인 예술이라고 말한다. 예술작품의 비판적 가치는 그것이 다루는 주제나 소위 예술가들의 '현실 참여' 속에 나타나는 것이 아니라 예술과정 그 자체 속에 있다. 아도르노는 예술의 미메시스적 잠재력을 확신한다. 만약 그것이 올바르게 적용된다면—정치적으로가 아니라 학문으로서 올바른 예술의 자율적인 언어들—예술가의 개인적 의도와는 별개로 그것의 비판적인 성격을 보증하게 된다. 예술작품은 현실에 대한 일종의 지식을 낳는다. 이런 지식은 비판적인데 미메시스적인 순간이 이전에는 인지할 수 없었던 현실의 면들을 조명하는 능력이 있기 때문이다. 미메시스를 통해서 예술은 사회적 현실과 비판적 관계를 설정한다.

아도르노의 관점에서 예술은 저항적 활동을 하기 때문에 마이클 칸Michael Cahn은 아도르노의 미메시스 개념을 '전복적'이라고 부른다. "아도르노에 따르면, 예술은 예술로 남기 위해 사회와 달라져야만 한다. 하지만, 동시에 비판이 되기 위해서는 그것의 대립항과 동일해져야 한다. 왜냐하면 비판과 그 대상이 서로 관련되어야 상충하는 두 명제가 해결되지 않고 서로 대립하는 헤겔적 이중구속을 피할 수 있기 때문이다."74) 진정한 비판을 수행하기 위해, 예술작품은 저항하고자 하는 것과 어느 정도까지 동일화되어야 한다. 이 개념은 예를 들어 아도르노가 예술작품이 어떤 의미에서 죽음의 원리와 연결되어 있다고 말한 구절에서도 볼 수 있다. 삶의 직접성에서 그들이 대상화한 것을 제거하기 때문에 예술작품은 미메시스를 통해 도구적 사고의 사회적 실현으로서의 사물화—사물화가 자신의 죽음의 원리를 구성하지만—에 따르게 된다. 바로 여기에서 아도르노는 진정한 비판을 위한 전제조건을 보고 있다. "독—사실상의 삶의 부정—을 섞지 않고서는 문명의 억압에 대한 예술의 저항은 무기력한 위안에 불과한 것이 되고 만다."75) 쓸모없는 위안으로 전락하지 않기 위해서, 진정한 비판으로 기능하기 위해서는 예술은 예술의 비판을 무디게 하는 것에 대항하여 현실과 유사성의 관계로 돌아가야만 한다. 예술은 'Mimesis an ihr Widerspiel(대립물의 미메시스)' 가 되어야 한다. "예술은 사회적 현실에 따라 이것을 강요받는다. 예술이 사회에 저항하는 까닭에 사회를 벗어난 입장을 견지할 수 없다. 예술은 자신이 저항하는 것과 동일화를 통해서만 저항할 수 있다."76) 이것은 또한 아도르노가 예술작품이 최소한 부분적으로 이런 지배적인 사고를 만드는 까닭에 지배적인 사고에 대한 비판을 실천할 수 있다고 말한 이유다. "예술작품이 지배에 저항하는 것은 지배에 대한 미메시스이다. 그들은 지배의 세계와는 질적으로 다른 어떤 것을 생산하기 위해서 지배 행위 속에 자신을 흡수시켜야만 한다."77) 칸Cahn은 아도르노의 전술을 환자에게 면역을 주기 위해서 조절된 방법으로 그 병에 감염시키는 접종의학원리에 비유한다. 사실 똑같이 예술은 그것과 반대되는 사물화reification역주 58)에 '감염' 되어야 한다. 아도르노에 따르면, 예술 속에 사용되는 조절기관은 이성이다. 예술은 단순한 미메시스가 아니다. 이성을 통하여 미메시스의 조절된 형태가 된다. 예술은 미메시스와 이성간의 이런 상호작용을 거쳐 비판을 실천할 수 있는 위치에 서게 된다. 아도르노에 따르면, 미메시스적 충동은 부정의 몸짓과 관련있다. 예술작품은 현실의 긍정적 이미지나 이상적 현실이 되고자 하는 유토피아적인 긍정적 이미지를 만들지 않는다. 반대로 예술작품이 만들어내는 이미지는 현실이라 불리는 것의 부정적인 측면을 보여주는 철저히 부정적인 것이다. 부정의 몸짓으로 사회적 현실을 미메시스적으로 반영하여, 언제나 숨어있는 현실에 대해 어떤 것을 드러낸다. 이런 숨겨진 현실의 본질은 받아들일 수 없는 어떤 것, 즉 비본질로 드러나고, 동시에 그 밖의 것, 즉 실제 본질에 대한 필요가 제기된다. "예술작품은 은폐되어 있는 본질을 현상으로 나타나게 만들지만 그러한 본질을 비본질이라고 비난한다. 그러나 그러한 부정 속에는 이 부정의 척도로서 현존하지 않는 본질, 혹은 가능성의 본질이 함께 설정된다. 따라서 의미는 의미를 부정하는 경우에도 따라다닌다."[78)]

아도르노는 확실히 부정성에 특권적인 위상을 부여한다. 왜냐면 그는 부정의 몸짓에 의해서만 '타자'와 '공상가utopian'의 마음을 움직일 수 있다고 확신하기 때문이다.[79)] 그에게 현대예술의 목적은 사람들에게 일상 현실의 무시무시한 성격을 일깨워주는 것이다. 이런 환경아래, 부정성은 유토피아적인 삶의 이상을 유지시키는 유일한 길이다. 사실, 유토피아는 긍정적인 형태로 받아들일 수 없는데 왜냐면 유토피아를 긍정적인 형태로 터무니없거나 진부하지 않게 설명할 만큼 유력한 이미지는 있을 수 없기 때문이다.

아도르노의 저술에서 유토피아적 요소는 본질적으로 부정적이다—결국 유토피아는 '어디에도 없음nowhere역주 59)'을 의미한다. 한편, 그것은 '타자'라는 존재 개념에 주목하는데, 이 '타자'는 이름 붙일 수도 붙여서도 안된다. 왜냐하면, 그러면 더 이상 '타자'로 남을 수도 없고 오히려 '동일함'이 될 위험이 있다. 그래서 유토피아는 오직 부정적인 방법으로써 즉, 존재하지 않는 것과 현실을 끊임없이 직면함으로써만 형태를 얻을 수 있다. "우리가 유토피아를 그릴 수 없지만, 우리는 올바른 것이 무엇인지 알 수 없지만, 무엇이 잘못된 것인지는 명확히 알고 있다. 그것이 우리에게 주어진 유토피아 사고 속에 유일한 형태이다."[80)]

예술작품은 부정성의 변증법적 작용을 위한 특권화된 장을 만든다. 이것은 예술작품이 구체적인 형식적 형상을 띠기 때문이다. 그것은 명확하지 않아 설득력이 적은 추상적 부정보다 더 나은 무대로 나아간다는 걸 의미한다. 아도르노는 사무엘 베켓의 작품을 예로 든다. 그 작품의 가치는 그의 텍스트가 의미를 단호하게 부정하는 형식을 취하는 데에 있다. 그것은 여기 의미없음absent of meaning의 사례가 아니다—그렇게 되면 베켓의 텍스트들은 무언가를 밝게 비춰주는 게 아니라 부적절한 것으로 되어버릴 것이다. 의미없음meaninglessness이 의미있음을 구체적으로 부정함으로써 그들 속에 형태가 드러난다. 그 결과 존재에 어떤 의미가 가능한 가에 대한 기억을 보존하는 것이 가능하다. 그의 작품 가치는 바로 여기에서 찾아야 한다.[81)]

미메시스, 부정성, 유토피아의 이런 복합적인 상호작용이 현대예술에 대한 아도르노의 다양한 정의의 밑바닥에 깔려 있다. 예를 들면, 그는 "경직화되고 소외된 것의 미메시스를 통해 예술은 현대적이 된다. 침묵의 현실을 거부함으로써가 아니라 오직 침묵의 미메시스를 통해서만 예술은 웅변을 한다. 이것이 예술이 지루한 것을 더 이상 참을 수 없는 이유이다."82) 현대사회체계는 사물화와 소외에 의해 특징지어지는 반면, 예술은 소외를 자신의 것으로 만드는 미메시스에 의지함으로써 그것에 대항할 수 있다. 그렇게 하는 중에 깨어진 파편의 조합인 현실을 폭로함으로써 명확한 부정의 작용을 실천에 옮긴다. 그 결과 다음과 같이 보통은 보이지 않는 어떤 것이 나타난다. "부정을 명확하게 함으로써, 예술작품은 실재세계의 *파편membra disjecta*을 흡수하고 변형을 통해 반현실적인, 기괴한 현실로 조직한다."83)

동일한 이론적 해석에 따라 아도르노는 현대예술에서 부조화가 조화로운 모델을 대체한다고 주장한다. 오직 부조화만이 조화롭지 않은 현실을 적절히 그려낼 수 있다. 실제로, 부조화 형태를 통해서만 진정으로 조화로운 기억을 일깨울 수 있다.

> 예쁜 것의 매혹은 거절의 힘이 가장 강한 곳에서만 살아남을 수 있다. 부조화에서는 기존의 조화로움이 하는 거짓말을 믿지 않는다. … 이전에는 금욕이 반동적인 방법으로 욕망에 대한 미학적 호소를 억압하였지만 오늘날은 동일한 금욕이 진보적인 예술의 특징이 되었다. … 이런 부정의 방식을 통해서 예술은 행복의 가능성을 나타낸다. 그 가능성은 현재에 대해 순수하게 부분적으로 긍정적인 기대를 통해서는 치명적인 상처를 입으며 좌절되고 말 것이다.84)

예술은 사실 조화와 관련있지만—아도르노는 어떻든 예술은 *행복에 대한 약속a promesse du bonheur*85)이라고 주장한다—그것과 대립되는 것의 미메시스를 통해서만 효과적으로 그것을 지시할 수 있다. 이것이 아도르노가 부조화를 '조화에 대한 진실' 86)이라고 말할 때 의미하는 바이다.

예술의 이중적 성격

아도르노는 예술이 이중적인 성격을 가지고 있다고 보았다. 한편으로 예술은 *사회적 사실fait social*이고 사회적으로 결정된 것이다. 다른 한편으로 예술은 자율적이고 오직 자신의 양식 원리에 충실하다. 예술은 사회적 노동의 산물이기 때문에 *사회적 사실fait social*이다.

예술은 사회적으로 결정되지만 생산력과 생산관계라는 사회적 구조의 어떤 직접적인 영향을 받거나 예술이 다루는 주제에 어떤 사회적 참여가 있기 때문이 아니다. 아도르노의 관점에서, 사회적 요소는 예술작품 속에 제시되는데, 역사는 예술가들이 사용하는 '소재 material' 속에 침전되어 있기 때문이다. 아도르노는 '소재'라는 용어를 매우 넓은 의미로 사용한다. 그것은 작품을 만드는 데 사용하는 구체적인 재료 뿐만 아니라 예술가들의 일처리 기술, 그의 상상과 기억의 창고, 작품에 끼치는 맥락의 영향 등을 포함한다. 이런 소재는 의심할 수 없이 사회적으로 형성된 것이며 이런 사회적인 측면은 작품 전체에 스며있다.

하지만 예술작품은 또한 자율적이다. 이런 소재에 형태를 부여하는 예술적인 과정, 미메시스적-합리적 방법은 전적으로 자율적인 일이다. 아도르노에 따르면, 예술의 자율적인 성격은 예술의 비판적 내용을 방해하지 않는다. 사실, 예술분야의 비판적 잠재력은 그 자율적인 성격 덕분이다. 일류 예술작품은 언제나 비판적이다. 미메시스를 통한 각자의 방법으로 비판적 몸짓에 숨겨져 있는 현실의 측면을 드러낸다. 특정 예술작품 분석에서—그의 특별한 관심은 현대 문학과 순수 음악이었다—그의 글이 의도하는 바는 항상 소재의 자율적인 예술적 가공과 소재에 대한 사회적 결정이 결합되면서, 어떻게 예술가들이 사회적 현실에 대한 비판적 자세를 담지하는 작품을 만들어 내게 하는가를 정확히 보여주는 것이었다.

현실참여 commitment에 대한 에세이에서 그는 자신의 입장을 더 분명히 한다. 참여예술, 즉 대중을 어떤 사고방식으로 설득하려는 예술은 아도르노의 관점에선 잘못된 전제에 기초하고 있다. 예술은 그것을 예술이라고 부를 수 있는 한 자신이 사용하는 매체의 자율적인 형식원리에 종속된다. 이런 짜임관계constellation에서 예술가들의 의도는 전체과정 속에 오직 한 순간에 불과하다. 그리고 그 순간은 마지막 결과로 규정할 수 있는 유일한 것이 될 수 없다. 피카소의 *게르니카* Guernica 같은 작품은 자율적인 예술의 첫째가는 예이다. 그것은 전쟁의 부조리를 비난하는 유일한 목적으로 만들어진 것은 아니다. 오히려, 예술작품으로서 주어진 현실을 비판적으로 반영하기 때문에 전쟁의 부조리에 대한 비판을 효과적으로 행하는 것이다.

> *게르니카* 같이 자율적인 예술작품들은 경험적 현실에 대한 단호한 부정이다. 자율적인 예술작품들은 파괴자를 파괴하며, 단순하게 존재하는 것, 단순한 존재로서 죄를 끝없이 반복하는 것을 파괴한

다. … 예술가들의 상상은 *무에서의 창조 creatio ex nihilo*가 아니다. 단지 딜레탕트나 감각이 아주 예민한 사람들이 이따금 그렇게 상상할 뿐이다. 경험적 현실에 반대함으로써 예술작품은 정신적 구축을 거부하는, 말하자면 스스로를 퇴행시키는 자신의 힘들에 순응한다.[87)]

예술가들의 노골적인 현실 참여가 아니라 현실과의 이런 복잡한 관계 속에 예술의 비판력은 수반된다. 심지어 아도르노는 예술가들의 현실 참여에서 어떤 위험을 본다. "정치적으로 급진적일지라도 '메시지' 즉 예술의 선언이라는 개념에 숨겨진 것은 세상과 화해의 순간이다. 발언 행위는 발언 대상과 비밀스레 연루되어 있다. 이런 연루관계를 없애야만 그 대상의 환상에서 자유로울 수 있다."[88)] 메시지를 전달하고자 한다는 사실은 의사소통과 사물 이해의 규범, 즉 동일성 사고의 규범을 따른다는 것을 의미한다. 이것은 그래서 저항을 통해 비동일자에게 성역을 제공하는 예술의 독자성—예술의 본질은 분명 순응하는 것은 아니다—을 배신하는 것이다. 자신에 대한 신념을 유지함으로써만 예술은 진정으로 비평을 실천할 수 있고 다른 어떤 것의 희망을 유지할 수 있다. "'달라야 한다'는 것은 가장 고상한 예술작품에도 숨어 있다. 만약 예술이 단순하게 그 자신, 즉 순수하게 과학적으로 처리된 구성과 같다면 그것은 이미 타락해 버린 것이고 말 그대로 예술 이전의 것이다. 의도라는 계기는 작품의 형식을 통해 중재되는데 존재해야 하는 타자와의 닮음 속에 구체화되는 것이다."[89)]

아도르노는 아주 오래전부터 이런 견해를 표명해왔다. 그것을 따라가 보면, 벤야민의 예술작품 에세이에 관해 나눈 논쟁에서 등장한다.[90)] 아도르노는 자율적인 예술이 혁명적인 사회발전을 가능케 하는 것으로 기대할 수 없다는 벤야민에 동의하지 않았다. 그는 또한 새로운 재생산기술의 진보적인 성격에 대한 벤야민의 믿음에 동조하지 않았다. 첫번째 점에 관해서 아도르노는 벤야민이 예술작품의 '아우라의 쇠퇴'를 진단하는 데까지는 옳다해도 이런 아우라의 쇠퇴과정이 내적인 예술발전과 관련있고 그래서 복제 가능성의 영향으로만 돌릴 수 없다고 생각하였다. 아도르노는 "*예술을 위한 예술 l'art pour l'art*도 옹호받을 필요가 있다"[91)]고 강조하고 벤야민이 자율적인 예술작품이 반혁명적인 기능을 한다고 보는 잘못을 범했다고 강조한다.

그는 벤야민이 영화라는 새로운 매체에서 인식했던 해방의 잠재력에 대해서도 다르게 보았다. 그는 고급문화의 영역을 가차없이 비난하면서 '하위' 문화에 속하는 모든 것을 무

비판적으로 찬미하는 비변증법적인 접근을 하고 있다고 벤야민을 다음과 같이 비판하였다. "둘 다 자본주의의 낙인을 품고 있고, 둘 다 변화의 요소를 포함하고 있다. … 둘 다 필수불가결한 자유의 찢겨진 반이지만 합칠 수는 없다. 하나가 나머지 하나를 위해 제물이 된다는 것은 낭만적이다."92) 아도르노는 예술가들이 자기 작품에 채택하는 소재와 기술 속에 역사가 침전된다는 믿음을 벤야민과 공유한다. 그에게 예술가들은 분명히 이런 소재와 기술을 사용한다는 사실을 통해 역사의 진실한 얼굴을 밝힐 수 있다. 그것은 아도르노에게 예술작품의 진실 내용은 예술적 의미와 연결된다는 믿음에 기인한 것이다.

아도르노의 『미학이론』은 현대예술의 상태를 결정적인 도피처 없이 자기모순적인 구조와 전망에 지배당한 상황으로 기술한다. 현대예술의 전체적인 목표는 유토피아에 구체적인 형태를 부여하는 것—어떻게든 그것은 *행복에 대한 약속 a promesse de bonheur*으로 남는다—이지만, 예술은 실제로 유토피아가 될 입장에 정확히 있지 않은데 왜냐면, 만약 그렇게 한다면 예술은 그 효력을 잃어버리고 위안의 공허한 형태로 전락할 것이기 때문이다. 현대예술은 사회적 현실에 대해 급진적으로 자율적인 태도를 가지고 있다. 그러나 그럼에도 부정과 비판이라는 자신의 숨겨진 요소를 통해 사회에 묶여 있다. 현대예술은 미메시스와 이성이 결합된 산물이다. 이런 2가지 인식의 계기들은 본질적으로 조화롭게 공존할 수 없고 예술작품은 그들 사이를 중재할 능력이 실제로 없다. 명확한 결론, 진정한 화해, 만족스러운 조화는 아도르노에게 가능성의 경계 내에 있지 않은 것으로 보인다. 동시에, 아도르노는 예술이 특수한 위치에 있다고 보았는데 양 극 중 어느 하나를 손상시키지 않고 이런 부조화에 형태를 부여할 수 있기 때문이다. 이런 최고의 순간에 예술은 유토피아적인 형태를 언급하는 반면 동시에 현재의 사회적 관계에서는 유토피아에 접근 불가능함을 드러내는 데 성공한다.

아도르노에 따르면 모순과 역설은 넓은 의미에서 사회적 현실을 지배한다. 그것은 『계몽의 변증법』이 현대성을 해석하는 방법이다. 계몽은 필경 이성에 기초를 두지만 신화로 변형된다. 새 것을 탐내게 되는데 왜냐하면 그것이 급진적인 대안의 약속을 나타내는 것이지만 동시에 낡은 것의 복귀를 위한 얄팍한 가면에 불과하기 때문이다. 호르크하이머와 아도르노는 무엇보다도 사람들이 일반적으로 자신의 상태를 결정짓는 모순과 부조리를 인식하지 못한다는 사실에 놓인 비극적인 요소로 우리에게 계몽의 비극적인 그림을 제시한다. 아도르노는 *현혹연관 Verblendungszusammenhang*역주 60)—세상은 있는 그대로 존재한다는 생각에 사람들이 눈멀어 있다고 보았다. 결과적으로, 객관적으로 존재하는 실제 변화의 가능성을 이해할 수 없고 이를 이룰 수도 없다. '총체적으로 관리되는 세계' 라는 논제는 사람들이 생산과 소비의 사회적 관계의 네트워크 속에 감금되어 있어 무의식적으로 스스로 조종당하게 둔다고 가정한다. 그 결과 그 체계는 근본적으로 변하지 않고 계속해서 존재할 수 있다. 타푸리와는 달리, 아도르노는 이런 전개에도 저항의 가능성을 보고 있다. 그도 급진적인 정치적 변화가 하루 밤새 일어날 수 없다는 점을 확신하지만 타푸리보다 비판의 여지를 더 참작한다. 예를 들면, 그는 특히 사회적 측면에서 주변부가 되는 예술과 철학분야에서 진정한 비판의 가능성을 보고 있다. 그가 탐구하는 이런 가능성들은 현재의 문제와도 관련된다.

그러나 몇몇 경계해야 할 점들이 있다. 비록 아도르노의 저작이 풍부한 생각과 인식을 자극한다 해도 몇 가지 문제점도 있다. 이 책에서는 이를 2가지 제목으로 요약할 수 있다. 아도르노의 비선형적 역사개념[93]과 그의 자율적 예술[94]에 대해 확고한 선호가 그것이다. 첫번째 점에 관해서 아도르노는 역사가 사물화과정이 심해지고 동일성 사고가 더욱 널리 퍼지는 특징이 있다고 추정하였다. 결과적으로 맹목적 논리에 빠진 사회체계는 점점 더 개인과 집단적인 존재의 전체조직에 증식하고 스며든다. 이런 전개의 맥락에서 그는 '*절대적으로 현대적이어야 한다*' 는 격언을 예술의 의무가 가장 진보된 재료와 기술을 사용하는 것을 뜻하는 것으로 해석하였다. 오직 이 방법으로 예술의 비판적 내용을 유지할 수 있다. 하지만 일방통행로로 보는 아도르노의 역사개념에 동의하지 않는다면, 만약 역사의 전개를 엄밀한 사물화의 논리보다 공시성과 연속성의 결여를 특징으로 하는 서로 다르고 평탄치 않은 모순된 복합적 발전으로 보려한다면 더 이상 이런 격언을 비선형적 방식으로 해석할 의무는 없다. 내가 보기에는 비판과 저항은 의무로 남아있다. 그러나 비판과 저항이 가장 진보된 재료와 기술에 한정될 필요는 없다. 무엇이 진보적인가와 어떤 기술이 가장 진보된 것이라고 부를 수 있는가가 명확하지 않은 상황에서 이 같은 제한 조건은 더 이상 타당하지 않다.

두번째 결함은 자율적인 예술에 대한 아도르노의 강박관념과 관련이 있다. 이는 그가 『미학이론』에서나 다른 곳에서 건축과 같이 타율적인 형태의 예술에 대해서는 전혀 관심이 없다는 뜻이다. 아도르노의 미학적 의미는 음악과 문학에서 가장 두드러진다. 그는 춤과 연극, 건축과 같은 시각예술에 대해선 주의를 기울이지 않았다. 그의 글들은 전체

문화적 산물의 영역이 자율적인 예술(좋고, 비판적인 예술)과 문화산업(나쁘고, 사물화된 예술)이라는 2가지 영역으로 구분된다는 인상을 준다. 물론 현실은 훨씬 복합적이다. 이런 진술은 아도르노 비판가들이 그를 엘리트로 비난하게 하며 어떤 점에선 그런 비판이 옳다. 아도르노는 일상실천에서 대중문화의 산물이 만들어온 창의적이고 비판적인 사용에 대한 안목을 갖지 못하였다. 그러나 이 말이 그런 재료를 단순한 상품화와 그에 따르는 충동 이상의 것을 구성하는 문화적 산물의 형태로 읽을 수 있는 가능성이 그의 저술에 조금도 나타나지 않는다는 뜻은 아니다.95)

자율적인 예술작품에 대한 그의 선호의 또다른 결론은, 페터 뷔르거에 따르면, 그가 견지한 입장이 매우 단순하게 반-아방가르드적이라는 것이다.96) 아도르노 자신은 모더니즘과 아방가르드 사이를 구분하지 않았지만 아방가르드는 '예술' 이라는 제도를 폐지하는 데 관심을 기울였다고 주장하는 뷔르거의 노선을 떠올린다면, 아도르노가 이런 목표에 동조하지 않았다는 것은 의미가 있다. 그에게 실제 사회현실과 자율적인 예술작품에 내재된 다른 미래의 약속 사이의 거리가 너무도 멀기 때문에, 궁극적인 목표 즉, 진정한 해방과 자유를 성취할 수 있는 예술의 폐지는 가능하지 않다. 반대로, 아도르노에게 예술은 자율성을 유지함으로써만 비판을 견지할 수 있다.

내가 보기에는 결국 『미학이론』에 명시된 아도르노의 이중적 목적이야말로 그의 저작을 오늘날에도 유효하게 만드는 것이다. 그 목표는 한편으로 예술작품에 대한 사회적 제약과 사회적 관련성의 시각에서 예술작품을 보는 것(다른 말로 하자면 사회적 현실에 대한 고발을 예술작품의 성격으로 보는 것) 그리고 다른 한편 그들의 자율성을 미학적으로 형성된 대상들로 보는 것을 말한다. 예술작품에 대한 아도르노의 이중적 정의와 이런 2가지 측면들 사이의 상호관계를 기술하는 방식은 나의 마음 속에 특정한 예술작품 또는 건축을 분석하는 매력적인 출발점이다.

건축에서 미메시스역주 61)

건축을 미메시스적 분야로 다룰 수 있다는 것은 결코 자명하지 않다. 미메시스를 글자그대로의 모사copying나 모방imitation으로, 주어진 현실의 묘사depiction나 재현representation으로 생각하는 한, 건축에서 미메시스의 존재를 식별하기란 어렵다. 이것은 또한 하이데거가

『예술작품의 근원The Origin of the Work of Art』에서 그리스 신전의 모델에 의지하여 진술하는 이유이다. 이 글에서 하이데거는 예술의 본질이 무엇인지를 확인하려 한다. 그에 따르면, 예술의 본질은 진리와 관련이 있지만 묘사나 '재현'과는 관련이 없다.

> 이제 우리는 작품과 관련하여 진리에 관한 물음을 던진다. 그러나 그 물음이 묻고자 하는 바를 더 잘 알기 위해서는 그 작품 속에서 진리의 발생을 다시 한 번 명백하게 할 필요가 있다. 이를 위해서 재현적인 예술로 간주할 수 없는 작품을 택해보자.
> 하나의 건물인 그리스 신전은 어떤 것도 묘사하지 않는다.[97]

하이데거에게 그리스 신전은 미메시스가 묘사Darstellung나 재현의 의미로 작용하지 않기 때문에, 예술에 관한 그의 생각들을 분명하게 하기에 적절한 매개물이다.

일단 미메시스의 협소한 개념을 벗어난다면—벤야민이나 아도르노가 한 것처럼—건축이 미메시스적이지 않다는 논제는 정당함을 잃어버린다. 미메시스를 충실한 모사가 아니라 오히려 유사성과 차이의 더 일반적인 형상에, 즉 어떤 유사성이나 상응으로 정의할 때 건축을 미메시스의 영역에서 제외할 하등의 이유가 없다. 건축에서도 상응, 유사성, 차이의 과정을 기초로 하여 형태를 구축하고 건물을 디자인한다. 여기에서 참조점은 요구 프로그램, 물리적 맥락, 유형학적 연속물, 특정 형태언어, 역사적 함축에 따라 매우 다양하다. 이 모든 요소들은 그것들 자체가 모방적으로 다루어지고 게다가 디자인으로 번역되게끔 한다.

하지만, 건축에서 미메시스를 논의할 때 아도르노와 벤야민에 대한 언급만 생산적인 것은 아니다. 프랑스 후기구조주의에서도 미메시스의 범위와 의미에 대한 중요한 논의가 있다. 이 개념은 특히 라쿠-라바르테Lacoue-Labarthe와 데리다Derrida의 저작에서 중대한 역할을 한다.

현대이론에서 미메시스

라쿠-라바르테에게 미메시스에 관한 사고는 그가 현대철학의 주요한 과제로 보는 하이데거와 대면하기 위한 구실이다.[98] 『Mimesis, Désarticulation』[99]라는 책에 기고한 「Typographie」에서 그의 주장은 하이데거에 대한 흥미로운 관찰을 중심으로 하는데, 모든 그리스 철학의 기초 개념을 철저하게 논의했던 하이데거가 결코 미메시스 그 자체를 심사숙고하지 않았다는 것이다. 이 문제를 가장 정밀하게 다루고 있는 하이데거 저서의 해체주의적 독해를 통해, 라쿠-라바르트는 하이데거가 미메시스의 '본질적 논증불가능성' 때문에 미메시스를 무시한다고 주장한다. 그의 사고에 있는 이 결함은 서구 형이상학이 곧 하이데거가 파괴하려고 하는 전통이지만 어느 정도까지 하이데거가 서구 형이상학의 진로를 계속 따르고 있다는 것을 의미한다.

라쿠-라바르트에 따르면 미메시스는 '본질적 논증불가능성'이 특징이다. 그는 플라톤이 미메시스를 다루는 것을 언급함으로써 이것을 설명한다. 플라톤은 『공화국Republic』에서 시인, 작가, 배우, 예술가들은 진리와 선에 조금도 기여할 수 없기 때문에 이상국가에서 추방되어야 한다고 분명히 말한다. 이것은 교육을 다루는 장에서 처음으로 정식화된다. 플라톤에 따르면 어린 아이들의 정신 교육은 이야기 듣기로(통상적인 경우와 같이) 이루어져서는 안된다. 왜냐하면 이야기는 대부분 환상에 기초하고 있고 그러기에 진리가 아니기 때문이다. 따라서 그 국가는 진리에 따르고 고상한 원칙들을 전달하는 글만을 만들도록 감시해야 한다. 이것은 작가가 간접화법으로만 이야기할 수 있다는 뜻인데, 직접화법의 사용은 그가 다른 사람인양 가장한다는 의미로, 결국 그것은 진실의 혼동과 위장을 초래하기 때문이다. 같은 이유로 배우들 또한 플라톤의 공화국에서 환영받지 못하며 음악은 통제되고 감정이 없어야 한다.

음악에 대해서는 예술과 검열에 대한 훨씬 뒷장에서 겨우 배제되는 이유가 나와 있다. 여기에서 플라톤은 그림그리기와 조각하기를 실재가 거울에 반영되는 방법과 비교한다. 거울에 나타나는 이미지는 실재가 아니다. 분명히 그것이 담고 있는 바는 파생적인 형태 즉 진리의 모사이다. 이런 점에서 플라톤은 예술작품은 진리와는 거리가 멀고 따라서 현명한 사람은 그것에 대해 경계해야 한다고 결론짓는다.

라쿠-라바르트는 이 구절에 꽤 흥미로운 것이 있다고 지적한다. 분명히 플라톤은 거울로 비유함으로써만—다른 말로 비유를 통해서 즉, 미메시스적 몸짓으로써—미메시스에 대해 거부하는 자신의 논지를 옹호할 수 있다. 일견, 미메시스 고유의 방법에 호소함으로써만 미메시스를 배제하거나 통제하는 일이 가능한 것처럼 보인다.

플라톤의 논법은 여전히 흔들린다. 그리고 실제로 미메시스를 넘어서기 위해서 그것보다 더 나은 무언가를 찾거나 아니면, 미메시스를 통해(그렇지 않다면, 이것은 무효가 된다) 미메시스를 피하려고 한다면 과연 성공할 수 있을까? 미메시스란 바로 적절한 수단이 아니라는 것이고 바로 그 점을 보여주려고 했던 것이 아닌가? 어떻게 우리는 적절하지 않은 것을 적절하게 만들 수 있는가? 어떻게 우리는 적절하지 않은 것을 더 악화시키지 않으면서 적절하게 만들 수 있는가?[100)]

우리는 여기에서 미메시스의 중대한 차원에 직면한다. 즉, 자아와 타자, 진정성과 비진정성, 고유성과 비고유성 사이의 충돌을 연결하는 것이다. 만약 진리와 미메시스의 범주를 명백하게 구분하지 못한다면 즉, 비유나 은유에 호소하지 않고 진리에 대해 '고유한' 것이 무엇인지 결정하기란 실로 어렵다. 어떤 실체entity의 두드러진 특징을 이해하기 위해서는 그 외의 어떤 것, 다른 어떤 것과 비유를 통해서만(즉 미메시스를 도입해야만) 조명될 수 있다는 사실이다. 그러기에 '고유한' 것(진리)을 파악하는 것은 '비고유한' 것(미메시스)을 통할 수밖에 없다. 그렇게 되면 고유한 것의 개념은 돌이킬 수 없이 복잡해진다.

이러한 사실에서 알 수 있듯이, 미메시스에 관한 하이데거의 신중함은 놀라운 것이 아니다. 하이데거의 사고에서 진정성 즉, 고유한 것의 개념은 결정적인 범주이다. 그리고 이 범주는 미메시스에 대한 사고에 의해 흔들리는 것이 분명하다.

하지만 다른 곳에서, 라쿠-라바르트는 하이데거의 예술 해석이 기본적으로 여전히 모방론mimetology에 머물러 있다고 지적한다.[101)] 하이데거는 확실히 미메시스라는 주제를 철저히 탐구하지 않는다. 그는 분명히 미메시스를 플라톤적 의미로 이해하고 그것을 *사실과 인식의 일치 adequatio*의 의미(진술과 사실 사이의 동일성)로 진리에 종속적인 부차적 형상으로 본다. 그런데도 하이데거는 예술을 세계가 형태를 취하고 진리가 언제나 새로운 방법으로 반복적으로 드러나는 특권적 위치로 주목한다. 예술은 진리에 *형상을 부여하고* 바로 진리는 미메시스적 계기(비록 하이데거 자신이 이 용어를 사용하지 않을지라도)를 발견하는 이 부여된 형상(형태, 활자) 속에 존재한다.

라쿠-라바르트는 이렇게 미메시스가 사실은 하이데거의 *탈은폐 alētheia*로서의 진리 개념의 본질적 형상이라고 주장한다. 하이데거는 진리를 그 자체와 존재의 유사성이 드러나는 게임, 숨김과 드러남의 놀이, 어떤 것은 드러나고 가시화되는 반면에 그 밖의 어떤 것은 물러나거나 은폐되는 놀이로 이해한다. 미메시스는 이 드러남과 숨김 과정의 기초가 된다. 왜냐하면 그것은 유사성과 차이를 해명하는 것과 관계가 있기 때문이다.

미메시스가 진리에 대한 모든 철학적 주장과 불가피하게 연결되어 있다는 사실은 자크 데리다의 저술에서도 되풀이되는 주제다. 1971년에 쓴, 『백색 신화White Mythology』에서 그는 철학적 사고에서 은유의 영역과 영향을 논한다. 아리스토텔레스로 시작하는 철학적 전통에서, 은유는 다른 어떤 것을 의미하는 명사와 명사가 새롭게 적용되는 특별한 질료matter 사이에서 변형을 만드는 수사 어구로 보인다. 은유는 이렇게 미메시스의 영역에서 작용한다. 그것은 다른 영역에 속하는 두 실체 사이에서 관찰될 수 있는 숨겨진 유사성를 드러낸다. 주목할 만한 것은 자세히 살펴보면 모든 '개념들'이 은유적 근원에서 유래하는 듯 보인다는 점이다. 말하자면 그것들은 '사라진' 은유들, 말하자면 더 이상 모방적 근원을 명확하게 읽을 수 없는 말speech의 형상들이다. 이 글에서 데리다는 미메시스적 뿌리를 설명하면서 많은 기본적인 철학 개념들을 추적한다. 라쿠-라바르트와 같이, '고유성'과 '비고유성' 같은 범주의 결정가능성에 대한 질문이 필연적으로 발생한다. 만약 은유가 고유하지 않은(구상적인) 방법으로 질료를 해명하려 하고, 개념들이 결국 흐릿한 은유들로 환원된다는 걸 인정할 수밖에 없다면, 개념의 '고유한' 의미나 어떤 문제의 '본질적인' 고유성을 탐구하는 것이 어떻게 가능한가?

데리다는 철학의 전통에서 이런 어려움을 피하기 위해 어떤 전략이 채택된다고 지적한다. '고유함'과 '비고유함', 본질과 우연을 구분할 수 있다고 *가정하여* 이에 따라 가치론axiology을 설정한다. 이러한 구별은 '증명되지' 않고 다만 은유나 직유에 의해 해명되는데, 그 구별은 사실상 형이상학의 전통에 있는 모든 철학적 담론들을 지탱한다.

마크 위글리Mark Wigley가 보여주듯이 집의 형상이 이러한 짜임관계constellation에서 중요한 역할을 한다. 데리다는 은유에 사용된 말은 남의 집을 빌려서 사는 것과 같다는 은유에 대한 고전적 서술을 언급한다. 이 형상은 "은유에 의해 만들어지는 은유이다. 자신의 거주지를 빼앗겨, 자신의 거주지 바깥에 존재하지만, 이 타인의 거주지가 자신의 거주지인 양, 여기에 있는 스스로에게 다시 돌아와 은유 자신을 인지하고, 자신을 다시 결합하여 모으고, 은유 자신을 닮으면서 지시해야 할 대상을 지시 못함으로써 철저하게 자신이 아닌 타자가 되면서 계속 존재하고 있다. 은유는 은유 바깥에 존재하지만, 은유가 된다."[102] 집의 형상(그리스어로 *oikos*)과 *고유성 문제oikeios* 사이의 연관은 자명하다. 위글리에 따르면, 그것은 집이 내부와 외부 사이를 구별할 수 있게 하는 기본적인 경험을 재현한다는 사실과 밀접한 관련이 있다. 결국 이런 구별은 철학에서 개념의 형성에 근본적이다.

> 집은 우선 언제나 안과 밖을 나누는 금을 긋는 가장 원초적인 드로잉으로 이해되는데 그 금은 길들이기 메커니즘으로 작동한다. 집은, 그 담론이 의존하는 현존이라는 내부와 재현이라는 외부 사이를 구별 짓기 때문에, 내부의 패러다임으로서 철학에 없어서는 안 되는 것이다.[103)]

이렇듯, 기초적 은유로서의 집은 한편으로 현존과 다른 한편으로 재현 사이의, 직접적이고 주요한 현존과 간접적이고 부차적인 재현 사이의, 직접적인 현존으로서의 진리와 간접적인 모방으로서의 미메시스 사이의 위계적 구별을 도모한다는 것은 명백하다.(다시 한번, 이 구별이 미메시스적 몸짓을 거쳐 설명되고 있다는 것을 주목해야 한다.)

이 용어들에 따르는 위계는 철학의 전통에 널리 퍼져 있는 반미메시스적 태도에 책임이 있다. 이 태도는 여성성에서 나온 위협과 밀접한 관계가 있다. 플라톤은 처음으로 미메시스적인 것을 여성들이 어린 아이들에게 들려주는 이야기와 관련시켜 생각한다. 플라톤은 여성이 들려주는 이야기에서 진실과 거짓의 분명한 구별이 희미해지기 때문에 위험하다고 생각한다. 라쿠-라바르트테는, 이 점에서 남성이 어머니의 최초 통제에 대항해서 반항하도록 촉구하는 것이 플라톤 글의 기초가 되고 있다고 주장한다. 아이의 첫번째 주변 환경은 결과적으로 주체가 아직 완전히 발전되지 않은 단계로 이를 돌보는 여성들에 의해 한정된다. 라깡이 보여주었듯이, 아이(라틴어로 *infans*는 말을 못한다는 의미다)는 언어를 사용함으로써, 즉 말을 배움으로써 점점 주체가 된다. 인간의 조건이란 이렇게 자의식의 출현이 신체의 탄생과 일치하지 않는다는 것이다. 아이가 아직 주체가 아닌 중요한 시기가 있다. 아이는 홀로 주체의 지위에 도달할 수 없다. 아이는 라깡이 '거울단계'[104)]라고 부르는 것을 통과해야만 한다. 아이는 자신을 하나의 실체entity로 보고 자신의 환경과는 다르다는 것을 배운다. 그것은 아이가 자신을 자신의 거울 이미지와, 부모가 붙여준 이름과 동일시한다는 사실에 기인한다. 바꾸어 말하면, 주체의 정체성은 완전히 자율적인 방법으로 확립되지 않고, 외부에서 나오고 미메시스적으로 전용된 요소들에 기초하여 형성된다.

라쿠-라바르트테에 따르면, 여기에 철학에서 종종 마주치는 반미메시스적 태도의 토대가 있다. 반미메시스는 철학의 궁극적인 헤겔적 이상, 즉 자신의 개념을 완전히 이해하고 그러기에 또한 그것을 완전히 통제하는 주체의 이상, 곧 절대 지식의 이상과 관련이 있다. 완전한 자율성에 대한 그 이상은 미메시스가 재현하는 혼란스러운 복수성에 끊임없이 위협받는다. 다른 말로 하자면, 그것은 불안정성에 의해, 여성화에 의해 위협받는다.105)

비판의 쟁점

이제 나타나는 질문은 미메시스의 비판적 내용에 관한 질문이다. 우리가 지금까지 본 것처럼, 아도르노에게 예술작품의 비판적 잠재력은 그것의 미메시스적 성격과 밀접하게 관련되어 있다. 그의 관점에서, 예술작품에 특유한 것은 사회적 현실의 어떤 측면에 대한 구체적인 부정을 미메시스적 형태 속에서 실행하는 것이다. 그는 이 저항적 작용이 성공하는 정도를 예술작품의 질을 판단하는 척도로 생각한다.

프랑스 후기구조주의자는 미메시스를 예술 영역 안에서 사회를 비판하기 위한 전략으로서는 그리 강조하지 않는다. 그들 역시 미메시스를 이성중심주의의 지배를 손상시킬 수 있는 대항 수단으로 본다. 그러나 아도르노는 예술을 미메시스에 유효한 몇 안되는 안전한 피난처 중의 하나로 보지만, 프랑스 사상가들은 미메시스를 그외 어디서든지—텍스트에서, 정신분석에서, 행위 패턴들에서, 새로운 사회운동들에서—통상적으로 작용하고 있는 것으로 본다. 게다가 그들은 거의 '비판'이라는 말을 하지 않는다. 아도르노와 후기구조주의자들 사이의 이런 인식의 차이는 비판이론과 최근 프랑스 사상 사이의 좀 더 일반적인 차이와 밀접한 관련이 있다.

예를 들면, 동일성 사고에 대한 아도르노의 반대는 마르크스주의 전통에 뿌리내린 그의 사회정치적 입장에 의해 강력하게 영향을 받는다. 반면에, 데리다의 형이상학의 해체는 언어에 대한 사고를 급진화함으로써 일어난다. 그러기에 아도르노는 교환 원리와 동일성 사고 사이의 연결을 매우 강조하는 반면, 데리다는 이 관계에 거의 주의를 기울이지 않는다. 아도르노의 철학적 · 미학적 분석은 필연적으로 내용상 사회정치적인 결론에 도달한다면, 데리다와 그 밖의 후기 구조주의자들은 거의 그러하지 않다.

둘째로, 프랑크푸르트학파의 대표자로서 아도르노는 여러 차례 수정을 가하고 종종 미심쩍어하는 진술을 하였지만, 합리성과 이데올로기 비판의 근본적인 가능성에 대한 신념을 결코 버리지 않았다. 아도르노에게 총체성을 규정하는 경향들과 발전들을 포착하는 것이 아무리 어려울지라도, 사회의 총체성이 모든 사고 체계의 지평을 형성한다는 데에는 어떤 의심도 없다.106) 후기 구조주의자들은 합리성과 총체성에 대한 이같은 주장을 더이상 하지 않는다. 그들은 사회적 현실에 어떤 *근본적인* 영향을 미치거나 해방의 의미에서 현실을 진정으로 새방향으로 돌릴 수 있다는 가능성을 거부하기 때문에, 의미를 성취하기 위한 순전히 국부적인 전략을 제안하는 것으로 자신들을 한정한다. 그들 중 몇몇은 비판을 위한 모든 가능성을 배제하기까지 한다. 예를 들어, 보드리야르에 따르면, 스펙타클의 사회라는 방어적인 메카니즘은 너무나 면밀해서, 모든 의도된 비판적 반응을 유행이라는 게임을 통하여 그 체제를 지지하는 추진력으로 쉽게 변환할 수 있다.107)

그러나 그들이 비판의 가능성에 다소 비관적일 때조차도, 후기 구조주의자들은 전복적인 태도와 저항 활동을 거듭 주장한다. 이 탄원들은 현대성의 기획 속에 있는 불멸의 신념을 나타내기보다 현재 상황에 대항해서 저항하고 지배체제의 패권을 깨부수려는 욕망을 나타낸다. 예를 들면 료따르에게 이 전략은 '현대성 다시 쓰기' 라는 형태를 띠는데, 이것은 아도르노, 블로흐, 벤야민의 목표와 분명히 관련있다.108) 료타르는 현대성 다시 쓰기는 프로이트가 *극복Durcharbeitung*—즉 근본적으로 은폐된 문제를 반성적인 질문을 통해 해결하는 것—이라 부르는 것의 형태를 취해야 한다고 본다. 정신분석에서 *극복*은 단지 합리성의 문제가 아니라 기억과 연상에 따른 접근에 의지한다. 이것은 정신분석자가 논리적, 윤리적 혹은 미학적 관련과는 상관없이 공평하게 주의를 기울여야 한다. 내가 이해하는 바로는, 여기에 미메시스적 작용이 내포되어 있다. 현대성 다시 쓰기는 단지 대상화하는 합리성의 그것과는 다른 측면에서 현대성을 다시 생각하는 것을 뜻한다.109)

이 모두에서, 미메시스는 *다른 방법*으로 현실을 다루는 실마리를 주고 그러기에 비판의 여지를 발현시킨다고 결론지을 수 있다. 아도르노와 벤야민의 저술과 후기 구조주의 작가들의 보다 최근의 글들은 모두 이 방향을 가리킨다. 어떻게 하면 미메시스가 건축에서도 비판적 역할을 할 수 있는가? 의식적이고 신중하게, 또는 그 반대로 미메시스를 사용함으로써 건축은 비판적 건축이 될 수 있는 전략을 전개할 수 있을까?

이 문제에 부정적으로 답하는 주장들이 확실히 있다. 그 주요한 반대논리는 건축이 자율적인 예술 형태가 아니라는 것이다. 건축은 항상 누군가와 계약의 결과로 지어지며 게다가 사회적 유용성이라는 이유로 지배적인 요구에 따라야만 한다. 실제로 지어지는 것이라면 건축은 돈과 권력이라는 측면에서 거의 벗어날 수 없고 그러기에 보수적이다.

이 주장은 타당하고 대다수 건물에 적용될 수 있다. 하지만 모든 건축에 적용되는 것은 아니다. 예술작품은 사회적으로 규정되면서 동시에 자율적이라는 예술작품의 이중적 성격에 대한 아도르노의 주장에서 유추해 본다면 공간을 디자인하는 분야인 건축에 자율적인 계기가 있다고 주장할 수 있다. 물론 건축이 문학이나 시각 예술보다 사회적 요인에 더 많이 규정된다는 것은 사실이다. 결국 재료와 기술뿐만 아니라 맥락과 프로그램도 일련의 사회적 요인의 최종 결과이다. 그렇다 하더라도 건축은 이러한 요인들의 일종의 종합으로 단순히 환원될 수 없다. 공간을 만드는 것은 기능적이거나 구축적인 필요, 사용자의 심리학적인 요구 혹은 건물이 전달하려고 하는 이미지와 같은 타율적인 원리들에 대한 단순한 순응으로 환원될 수 없다. 건축가가 건축에—공간을 만드는 것에—완전히 전념하는 디자인 과정에는 항상 자율적인 계기가 있다.

아도르노가 건축에 관해 썼던 몇 안되는 텍스트에서[110] 그는 실제로 건축의 비판적 내용을 건축이 이런 자율적, 미메시스적 계기의 진가를 발휘한 정도에 연결시킨다. 예를 들면, 아도르노는 기능주의의 무미건조한 접근은 사회 상황의 올바른 이해를 함축하지만 기능주의의 참된 가치는 기능을 미메시스적으로 다루는 방법에 근본적으로 좌우된다고 진술한다. 이 미메시스적 요소를 잃어버리고 건축이 어떤 비판적 자극도 가질 수 없다는 것은 상상도 못할 위험이다. *기능성의 미메시스* *Mimesis an Funktionalität*가 단순히 *기능성* *Funktionalität*으로 환원될 때, 지배적인 사회적 현실과의 모든 비판적 거리는 사라지고 기능적 건축은 더 이상 긍정적인 역할을 할 수 없다.[111]

기능주의에서 아도르노는 계몽의 변증법이 미치는 영향을 인식한다. 그 운동 역시 진보적인 계기와 퇴보적인 계기들의 얽힘이 특징이다. 신화보다 이성을 우위에 둠으로써 계몽은 자유와 해방을 열망하지만 그 목표를 잊어버리고 이성이 순수한 도구적 합리성으로 환원될 때 바로 이 열망은 신화로 되돌아간다. 동일한 변증법이 기능주의에서 작용한다. 기능주의의 목적이 참된 '객관적' 인 인간의 요구들을 충족시키는 것인 한, 그것을 진보적인 계기로 볼 수 있다. 더구나 결과적으로 이런 참된 요구를 거부하는 사회적 상황에 대한 비판을 담고 있다. 하지만, 기능주의가 그것을 뛰어넘는 어떤 목표에 대한 아무런 언급도 없이, 기능주의 그 자체를 목표로 삼는 사회의 원동력 속에 통합될 때, 그것은 다음과 같이 퇴보적인 입장을 나타낸다. "*즉물성Sachlichkeit*의 이율배반은 진보와 퇴보가 얽혀 있는 계몽의 변증법을 입증한다. 글자 그대로 야만적이다. 자체의 엄격한 법칙에 따라 전체적으로 대상화된 예술 작품은 단순한 사실로 전락하고, 예술의 지위에서 폐기된다. 이 위기에서 열려 있는 대안은 예술을 포기하든지 예술의 개념을 바꾸는 것이다."112) 후자의 대안—예술이 되고자 하는 모든 주장의 폐기—은 정확하게 아도르노가 실천적으로 기능주의에게 퍼붓는 비난이다. 이것은 '오늘날의 기능주의Functionalism Today' 라는 에세이에서 분명히 보이는데, 그는 여기에서 기능주의 건축이 자율적인 계기를 포기한 것을 가차없이 비판했다. 아도르노는 건축이 이렇게 전락해버린 것이 수많은 전후 건축이 단조롭고 천박해진 것에 책임이 있다고 보았다.

오늘날에는 이제 기능주의가 문제가 되지 않는다. 또 건축에서 '자율적인 계기' 의 존재는 논쟁거리가 되지 않는다. 하지만, 건축의 비판적 내용이 자율적인 계기와 일치하는지 어떤지에 대한 물음은 남아 있다. 이 점에 관한 아도르노의 주장을 한정할 필요가 있을 것이다. 건축에서 자율적인 순간은 틀림없이 비판적으로 적용될 수 있지만, 그 비판적 성격이 결코 자율적인 순간에만 있는 것은 아니다. 진정으로 *비판적* 건축의 도전에 응하기 위해서, 그 비판적 내용은 프로그램이나 내용에 어떤 주의도 기울이지 않으면서 단지 건물의 껍데기에만 관심을 갖는 현실을 외면하는 논평으로 단순히 기능할 수는 없다. 다이안 기라도Diane Ghirardo가 지적하듯이, 우리는 건축을 예술로 바라보는 개념과 건축의 예술적 성분을 비판적 성격으로 생각하는 것이 종종 소수 지식인들의 포스트 모던적 혹은 해체주의적 건축과 부동산 개발자들의 천박한 상업적 관심 사이에 존재하는 공모관계를 가리는 이데올로기적 가면으로 봉사해온 사실을 보지 못해서는 안된다.113)

건축에서 자율적인 순간의 인식은 그러기에 필수적이지만 결코 비판적 건축을 위한 충분조건은 아니다. 모든 지어진 건축 작품에서 사회적 이익 또한 중요하다. 사회적 현실을 비판적으로 다룬다는 것은 그러기에 다양한 층위에서 동시에 필연적으로 작동하고, 건물 껍데기를 포장하는 일로 치부될 순 없다. "누가, 누구를 위해서 짓는가?", "건물이 공공 영역에 끼치는 영향은 무엇인가?", "이 개발로 누가 이익을 얻는가?" 와 같은 물음은 이와 관련된 것이고 계속해서 관련될 것이다. 한편, 이 물음은 또한 비판적 영감을 더 중요시하는 디자인에서 미메시스적으로 구체화될 수 있다.

선들 사이

미메시스가 분명히 작용하고 있는 계획안이 베를린 박물관을 확장하여 유대인 박물관을 덧붙인 리베스킨트Libeskind의 디자인이다.114)(그림 85) 그 디자인의 목적은 독일 문화와 유대 문화의 단절된 관계를 형태로 만드는 것이다. 이 관계는 결코 명백하지 않아서, 한 건물에서 이 관계를 나타내기란 그리 쉽지 않다. 리베스킨트의 계획안은 이 관계의 서로 다른 측면을 다음과 같이 잘 표현하고 있다. 은연중에 지속되며 증식하는 상호 관계, 홀로코스트의 불가항력적인 재앙, 새로운 앞날이 전개될 수 있다는 조심스런 희망이 그것이다. 그것은 상이한 부분들 사이의 긴장이 절정으로 치닫는 작품을 만들기 위해 다양한 주제를 원재료로 사용하는 미메시스적 과정의 결과이다.

그림 85. 다니엘 리베스킨트, 베를린박물관의 유태인박물관 확장계획, 베를린, 1993~1997, 모형(설계 경기 시기).

건축가는 이 계획안을 '선들 사이에서'라고 부른다. 그는 두 구조적 선들은 두 생각의 선들이기도 하다고 말한다. 하나는 직선이지만 산산 조각나 있고 다른 하나는 꼬불꼬불하지만 무한히 계속된다.(그림 86) 두 선들은 서로를 분리시키기 위해 대화에 참여한다. 그것들의 상호 관계는 건물의 기본 구조를 그리고 있다. 이것은 다

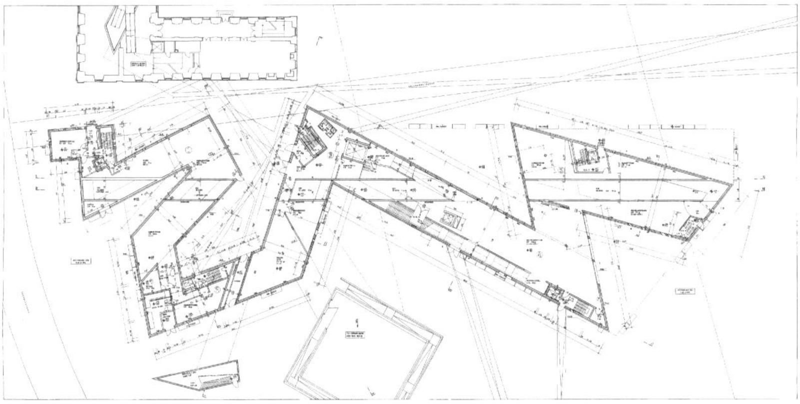

그림 86. 다니엘 리베스킨트, 베를린 박물관의 유태인 박물관 확장계획, 베를린, 지상층 평면도.

그림 87. 다니엘 리베스킨트, 베를린 박물관의 유태인 박물관 확장계획, 베를린, 단면도.

수의 공허부가 횡단하는 지그재그 볼륨을 이룬다. 이 공허부들은 5층 높이이고, 단절된 직선을 형성한다.(그림 87) 방문자들이 박물관의 배치가 지시하는 대로 그 건물을 관통하는 지그재그 패턴을 따라가다 보면, 아무데서도 접근할 수 없고 무의미해 보이는 이 공허부들을 거듭 접하게 된다. 결과적으로 그 여정의 흐르는 움직임은 깨어진다. 공간의 성격은 그 공허부들이 연결되는 장소들에서 바뀐다. 높고 널찍한 회랑들은 여기서 차갑고 음울한 공허부의 깊이를 어렴풋이 볼 수 있는 폭이 좁고 천정이 낮은 다리들로 변한다.

지그재그 모양의 건물은 바깥에서 들어오는 입구가 없다. 그것은 도무지 알아보기 힘든 볼륨의 외관을 하고 있다.(그림 88) 방문자들은 주 건물의 옛 출입구를 통해서 그 건물에 들어가야만 하는데 여기에서 지하층을 통하여 새로운 복합건물과 연결된다. 이 때문에 주 건물에 잘린 지국은 새 복합건물에 공허부 중 하나의 거울 이미지가 된다. 이 거울 관계는 주의 깊은 방문자들 아니면 볼 수 없지만 독일 문화와 유대 문화의 운명적인 상호 관계를 일깨우는 효과적인 존재다.

그림 88. 다니엘 리베스킨트, 베를린 박물관의 유태인 박물관 확장계획, 베를린, 바깥면.(사진: Bitter Bredt.)

그 새로운 건물의 지하층에는 유대인

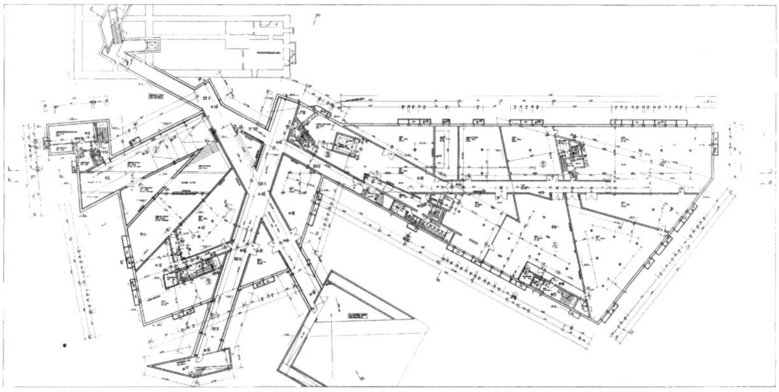

그림 89. 다니엘 리베스킨트, 베를린 박물관의 유태인 박물관 확장계획, 베를린, 지하층 평면도.

소장품을 보관하고 있다.(그림 89) 지하층은 전체적으로 3개의 축으로 조직된다. 한 축은 위층에 있는 전시실로 이끄는 주 계단과의 연결부를 형성한다. 두 번째 축은 주 건물에서의 잘린 자국처럼 그 자체의 독립구조로 서 있는 타워 모양의 건물 쪽으로 향하는데, 그 건물은 '텅빈 공허부' 이며 말하자면, 지그재그 모양의 건물을 가로지르는 직선을 형성하는 그 공허부들의 흔적echoes이다. 첫번째 공허부가 베를린에서 유대인들의 부재, 즉 그 도시의 정체성에 결정적인 부재와 관련이 있는 반면에, 하얗고 하늘로 열린 이 텅 빈 공허부는 수많은 사람들의 죽음과 더불어 끊어졌던 에너지와 창조적 잠재력의 흐름과 관련이 있다. 마지막으로, 'E. T. A 호프만Hoffmann의 정원' 으로 통하는 지하에 있는 세번째 축이 있다. 이 정원은 경사진 바닥에 직각으로 서 있는 콘크리트 기둥의 숲으로 되어 있다. 이 정방형의 정원 둘레를 감싸는 경사로를 통해 바깥 가로로 나갈 수 있다.

배치가 자명하지 않다는 것이 사실이지만, 새 박물관은 기존 도시상황에 아주 효과적인 대응이다(그림90). 린덴스트라세Lindenstrasse 거리에 있는 살짝 내민 파사드는 이 점에서 그 거리의 곡선을 강조한다. 새로운 확장건물의 정면파사드는 여기서 폭이 극히 좁지만, 명확하게 제시된다. 그 건물이 옛 베를린 박물관에 종속적이라는 생각은 새로운 확장 건물의 전체를 조망하게 되면 잘못된 생각임을 알게 된다. 옛 건물과 지그재그 모양의 새 건물 사이에 폴 셀렌 호프the Paul Celen Hof 중정으로 통하는 좁은 골목은 베를린의 전통적인 *골목길 Gassen*과 *뒷뜰 Hinterhöfer*에 적합하게 만들어졌다.(그림 91) 그 건물의 배면을 향하여, 그 지그재그 모양의 마지막 마디를 형성하는 높고 넓은 볼륨들은 전체 복합 건물

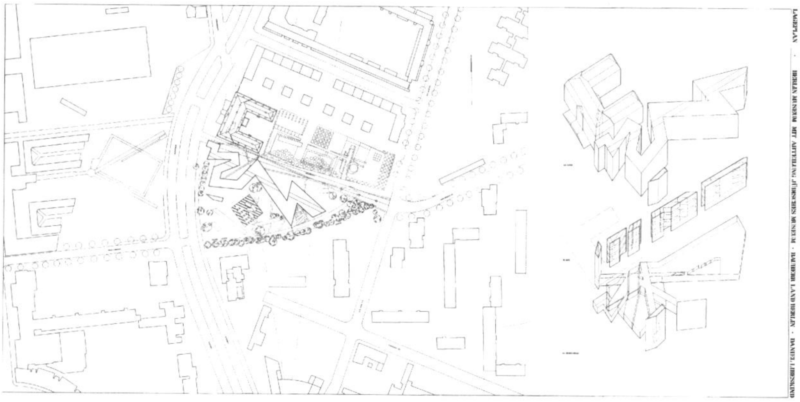

그림 90. 다니엘 리베스킨트, 베를린 박물관의 유태인 박물관 확장계획, 베를린, 대지계획(설계 경기 시기)

의 두 측면에 위치해 있는 공공 정원을 공간적으로 한정하는 요소들로 배열된다. 그 볼륨들은 인접한 건축들과의 풍부한 대조로 훌륭하게 어울리는 효과를 지닌다.115)

리베스킨트에 따르면, 그 디자인은 기본근거가 되는 4가지의 주제가 있다. 첫번째 주제는 그가 베를린의 옛 지도에 거부된 문화의 몇몇 유명인물들(발터 벤야민, 파울 첼란Paul Celan, 미스 반 데어 로에Mies van der Rohe를 비롯한 여러 사람들)의 주소를 적어 넣었을 때 떠올랐다. 그 네트워크—베를린의 표면에 새겨진 관계들의 감추어진 기반—는 다비드의 별 모양으로 만들어졌다.(그림 92) 두번째 주제는 아놀드 쇤베르그Arnold Schoenberg의 음악, 특히 그의 미완성 오페라인 *모세와 아론*과 관련이 있었다. 그 오페라는 모세가 계시를 받은 상상할 수 없는 진리와 아론이 절대적 진리를 쉽게 동화될 수 있는 이미지들로 바꾸었던 방식 사이의 어려운 관계를 다룬다. 세번째 주제는 베를린에서 추방되었던 유대인들의 이름을 새긴 *인명록 Gedenkbuch*이다. 전화번호부만큼이나 두꺼운 이 두권의 책은 노출된 물성에서 홀로코스트의 실

그림 91. 다니엘 리베스킨트, 베를린 박물관의 유태인 박물관 확장계획, 베를린, 폴 셀렌 호프 중정.(사진: Bitter Bredt.)

그림 92. 다니엘 리베스킨트, 베를린 박물관의 유태인 박물관 확장계획, 베를린, 대지—다윗의 별.

제 충격에 대한 극히 강력한 증언—이름들, 탄생일들, 추정된 사망일과 사망장소들의 끝없는 목록—을 형성한다. 마지막으로, 네번째 주제는 벤야민의 *일방통행로* *Einbahnstrasse*이다. 리베스킨트가 '도시의 묵시록'이라 부르는 이 책을 그 박물관 궤도의 60구역—*일방통행로*에 수록된 텍스트들의 수—을 통해 율동적인 요소로 사용한다.

리베스킨트가 자신의 디자인 출발점으로 진술한 다윗의 별은 깊은 뜻이 있는 그림이다. 그것은 매트릭스 형태 속에 이름이 적힌 사람들의 주소 뿐만 아니라 란트베르카날 Landwehrkanal**역주** 62)의 윤곽과 베를린 장벽의 옛 자취이다. 란트베르카날의 윤곽과 베를린 장벽의 옛 자취는 그 그림에 수평으로 그어진 선들이다. 후자의 형상들은 말하자면 그 그림의 수평적인 지지물들을 의미한다. 반면에 그 별의 외곽선은 베를린의 지도에서 잘려진 부분에 의해 형성된다. 이 그래픽 요소들에서 선택한 것을 결합하여 전체적으로 분명하지는 않지만 그럴듯한 새로운 건물의 배치를 만드는 패턴이 생성된다. 혹자는 베를린의 역사가 새로운 확장 건물의 지그재그 형태에서 구체화된다고 인식한다. 거리와 구획이 격자 패턴으로 되어 있는 프리드리히슈타트Friedrichstadt의 고전적 패턴, 운하의 흐르는 선들, 베를린 장벽의 부서지고 파격적인 선들, 이 모두는 새로운 박물관의 구불구불한 모양에서 압축된 방식으로 반복된다. 고전적인 대지 배치계획과는 달리, 여기에는 그 새 건물의 형태유형학적 특성에 기초한 어떤 합리적인 해석도 없다. 대신 오늘날 존재하는 베를린의 다른 측면들이—가시적인 것들과 비가시적인 것들 둘 다—이 유기체 위에 이식되는 새로운 절단체에 어떻게 미메시스적으로 수렴되는지를 보여주는 것이 목적이다. 이 그림은 현존의 구조적 요소들의 성좌와 추가하는 도시형상 사이에 있는 내적 관계—*친화력 Wahlverwandtschaft* 또는 선택친화력—를 표현한다.

리베스킨트는 자신이 쓴 글에서 모세와 아론이라는 주제가 그 건물을 형태짓는 두 선들의 얽힘과 관련이 있다고 주장한다. 쇤베르그의 오페라는 미완성이다. 제 2막은 무대 위에 홀로 있는 모세로 끝나는데 모세는 아론과 그리고 결과적으로 전체 이스라엘 사람과 유대관계가 와해되어 버린데 대해 당혹감을 비치고 있다. 아론은 사람들과 소통하고 그들을 약속된 땅으로 데려가기를 원한다. 반면에 모세는 신이 내린 계시를 사람들을 납득시킬 수 있는 이미지로 전할 수 없다. "아, 말, 말을 잃어버렸구나!" 이것이 그 오페라의 마지막 대사다. 모세는 신이 계시내린 진리를 알고 있지만 그는 이 계시의 내용을 전할 수 없다. 그의 진리는 명확하고 일관되게 정말 존재하지만 번역할 수 없고 의사소통이 불가능하다. 그가 이 진리를 다룰 수 있는 유일한 방법은 침묵, 즉 말의 부재를 통해서, 즉 공허함을 통해서이다. 반대로 그의 형 아론은 역사의 꼬불꼬불한 선을 연상시킨다. 아론은 그 진리 주위를 스스로 헤쳐 나가는데 그러면서 자신이 감히 들어가지 못하는 혼돈에 거듭 직면해 있음을 깨닫는다. 이 미완성 오페라의 음악적 내용은 이렇게 말과 음악, 계율과 성상, 계시와 의사소통 사이의 영원히 해결할 수 없는 모순과 관련이 있다. 이 내용은 그 선들의 상호작용을 통해 그 건물의 건축적 형태에서 미메시스적으로 번역된다.

세번째 주제는 돌에 새겨진 역사속 이름들의 목록과 관련이 있다.(그림 93) 그것들은 추상적인 숫자가 아니라, 이름이나 태어난 장

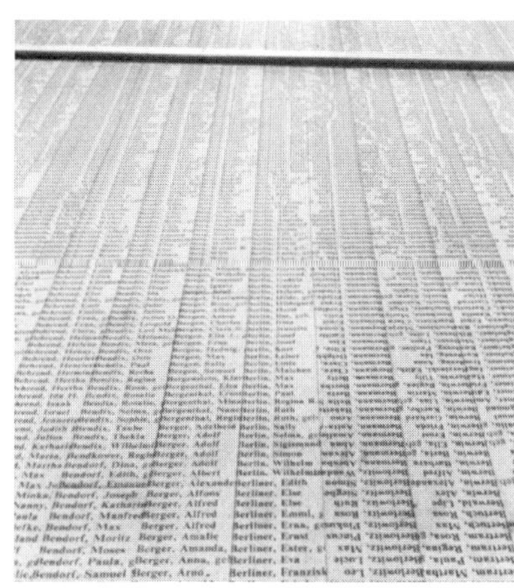

그림 93. 다니엘 리베스킨트, 베를린 박물관의 유태인 박물관 확장계획, 베를린, 이름들.

소와 날짜를 통해서 자취를 찾을 수 있는 개인들이다. 인명록의 근본이 되는 부재한 저들의 모순적인 현존은 그 건물 안에 있는 공허부와 갤러리의 복잡한 상호 작용에 자리잡는다. 여기에서도 역시 내포되는 것은 비가시적인 것을 가시적으로 만드는 것, 즉 억압된 것을 느끼게 하는 것이다. 홀로코스트는 모든 진보적인 수사를 삼켜버리지만 맨눈에는 보이지 않는 역사 속의 블랙홀이다. 이러한 비가시성은 여기서, 이해할 수 없지만 불가피한 경험으로 변형된다. 방문자는 일련의 공간 경험에 직면하여 물리적으로 지배될 것이다. 여기에 감동받지 않는 사람은 거의 없다. 옛 건물과 지하 통로들을 통한 출입구, 복잡한 축을 가진 경사진 지하층, 위층으로 오르는 끝이 없는 계단, 지그재그 모양이 야기하는 방향상실감, 반복되는 공허부들의 교차, 이 강렬한 경험들은 우리 현재 문화의 정체성 속으로 뒤섞여 들어온 상상할 수도 없는 사건들을 상기시킨다.

리베스킨트는 네번째 주제, 벤야민의 *일방통행로 Einbahnstrasse*에 관해서는 정확한 지식을 주지는 않는다. 그가 제공하는 실마리는 여섯 꼭지점을 가진 다윗의 별과 12음계를 사용해 작곡한 쇤베르그의 오페라와 60편으로 구성된 벤야민의 책 사이의 관계를 끌어낼 수 있게 한다. 이 서로 다른 참조점들은 서로를 보충한다. 그것들의 효과는 수많은 에너지 선들이 모이는 점들, 말하자면 의미로 채워진 수렴점—예를 들면 주계단의 끝이나 지하층의 몇 지점들—처럼 박물관에 결정적인 장소들을 구획하는 것이다.

그림 94. 다니엘 리베스킨트, 베를린 박물관의 유태인 박물관 확장계획, 베를린, 공허부와 다리들.(사진: Bitter Bredt.)

리베스킨트의 계획안에 관한 비평에서, 데리다는 이 디자인을 실제로 지음으로써 리베스킨트의 초기 드로잉과 모형에 매우 전형적인 복합적이고 결정불가능한 성격이 손상되는 건 아닌지 묻고있다. 건물에서 명백하고 가시적인 형태를 가진 공허부는 어떤 점에서 마음 속 공허부를 그린 그림보다는 덜 공허하게 느껴진다.(그림 94) 데리다는 리베스킨트의 공허부가 역사와 의미, 경험으로 가득 찼다고 지적하며 따라서 데리다가 '코라chora' 역주 63)라는 단어로 지칭한 완전히 중성적이고 단순히 인지할 수 있는 공허부와는 다르다는 점을 지적한다. 데리다는 이 플라톤의 단어를 어떤 공허부의 존재 이전의 상태로 이해할 수 있는 비인류학적, 비신학적 공간 개념이라고 언급한다.[116] 데리다가 여기서 리베스킨트의 건물이 홀로코스트에 대한 '기념비'— 끊임없이 연이어 일어나는 의미 변화를 유발하기 보다는 오히려 우리의 기억에 망각을 위한 구실을 줄 명확히 규정되고 고정된 의미를 가진 기념비—를 형성하는 건 아닌지 묻고 있다.

리베스킨트 자신은 이러한 해석을 거부하는데, 나는 그의 생각에 동의한다. 여기에 대해 2가지 주장을 제기할 수 있다. 우선, 그 건물에 대한 건축적 경험이 결코 단일하다고 할 수는 없다는 사실이 있다. 빛의 효과, 다수의 상이한 공간 형태들, 기울어진 바닥에 의해 창조된 물리적인 효과, 그리고 그 건물의 지그재그 모양의 궤도가 단 하나의 해석에 지배되지 않는다. 두번째 고려사항은 공허부의 중층 결정적 성격이다. 이것은 살해된 유대인들, 계시의 심오한 진리와 모든 문화의 근거없음에 직면해 있는 베를린의 정체성—베를린 장벽과 홀로크스트—에 근본적인 공허함, 형언하기 힘든 여타 모든 것을 포함하는 침묵을 가리킨다. 이런 중층 결정된 성격은 공허부가 어떤 단순한 규정을 벗어난다는 것을 의미한다. 공허부가 홀로코스트와 어떤 관계가 있다는 것을 깨달았다고 해서 이야기가 끝난 것은 아니다. 추가적인 의미가 계속 울려 퍼지고 이러한 과정이 계속되는 한, 우리는 홀로코스트의 성급한 '기념비화' 라는 어떠한 위험도 초래하지 않을 것이다.

내가 보기에는, 끊임없이 공명하는 이러한 특징은 디자인이 근거로 하는 미메시스 작용에 고유한 것이다. 미메시스는 억압된 측면—그러한 측면은 명쾌한 논리에 포함될 수 없고, 정확한 의미도 가지지 않는다—에 의문을 제기한다. 미메시스는 서로 다른 기록들 사이에 변화를 일ㅇ키며, 이러한 변화는 좀처럼 분명하지 않다. 미메시스가 "작용하는" 정도에 따라 끝이 없는 의미화 과정이 일어난다. 아도르노에 의하면 미메시스적 충동은 어떠한 긍정적인 목표도 가지지 않는 부정성의 몸짓에 근거한다. 이러한 부정성은 끊임없이 연달아 일어나는 의미부여 과정의 이유가 된다. 미메시스는 이상적 현실에서나 가능할 법한 유토피아의 긍정적 이미지는 말할 것도 없이 어떤 긍정적인 현실의 이미지도 만들지 않는다. 오히려, 미메시스는 부정적 이미지를 만드는데, 그런 까닭에 예술은 현실의 부정적 속성을 미메시스적으로 드러내는데 가장 좋은 수단이다.

이것이 리베스킨트의 베를린 박물관 확장 디자인을 이해할 수 있는 방법이다. 여기에는 유토피아의 직접적인 이미지는 제시되지 않지만, 유토피아의 이상은 유지된다. 왜냐하면 우리는 우리의 현실이 조화로운 유토피아적 상태와 얼마나 동떨어져 있는지 명확히 알게 되기 때문이다. 그 디자인의 단절된 선들은 단절된 현실을 증언한다. 현실은 조화롭고 완전한 것으로 받아들일 수 없기 때문에 그것들은 어떤 종합도 성취하지 못한다. 그래서 리베스킨트가 베를린 유태인 박물관의 문제는 "문화" 자체의 문제를 상징하는 것으로 보아야 한다고 주장한다는 점은 올바르다.

바벨탑

> 영국과 대륙 사이의 터널이 개통된 후에 생업을 위해 그 해협을 운행하는 여객 회사는 횡단을 더욱 흥미롭게 할 것을 제안한다. 배들은 떠다니는 오락세계로 바꾸고 터미널도 실용성을 발하며 참신하게 바꾸려 한다. 원래 바벨은 야망과 혼돈 그리고 궁극적으로 실패의 상징이었다. 이 기계는 여행객들을 손쉽게 삼키고 즐기게 하고 처리하는, 일하는 바벨을 선언한다. 그 주제는 유럽의 새로운 야망을 반영한다. 터미널을 이용하는 여러 사람들을 통합된 미래로 실어 나른다.117)

제브루게Zeebrugge에 있는 해양 터미널을 위한 OMA 계획안을 소개하는 렘 콜하스Rem Koolhass의 책 『S M L XL』에 있는 이 구절은 이미 이 디자인에서 미메시스적으로 흡수한 다양한 요소들을 보여준다. 바다와 대륙, 도착과 출발의 시학, 인간의 오만과 신의 격노라는 오래된 도상, 기술에 대한 매혹 그리고 미래에 대한 투자가 그것이다.(그림 96) 그 계획은 벨기에에 있는 제브루게의 새 외항을 위한 다양한 주문에 대응하여 개발되었다. 해협 횡단노선의 주도권을 다투는 치열한 경쟁에서 시작하여 그 항구의 회사와 계약자 협회는, 유럽의 교두보로서 중요한 역할을 할 새롭고 충격적인 건물로 제브루

그림 95. 메트로폴리탄 건축 사무소, 제브루게 해양 터미널 계획, 1989(사진: Hans Werlemann)

게를 풍요롭게 할 계획을 고안했다. 그 다목적 건물은 화물·여객 수송시설들을 사무시설 및 협회센터와 결합하려 하였다. 그 생각은 성공적인 이목을 끄는 광고 그 이상이 되진 못했지만 많은 두드러진 계획안을 만들어 냈고 그 중에 OMA 계획안이 있다.

그림 96. 메트로폴리탄 건축사무소, 제브루게 해양 터미널계획, 바벨 탑을 삽입한 대지계획.

그 프로젝트는 옛날 공상 과학만화에 나오는 엄청나게 큰 우주 헬멧 모양이다. 이 형상에서—콜하스에 의하면, 구와 원뿔의 결합—프로그램의 모든 부분들은 수평적인 층의 분리와 포개진 수직적 분할에 기초하여 통합된다.(그림 97) 아래층은 전적으로 운송수단을 위한 것이다. 두 층은 선적과 하역을 위한 것이고 다른 층은 그 위에 상승 나선형의 2개 주차층으로 보행자 접근을 위해 있다.(그림 98) 이것들은 트럭 운전사들을 위한 편의시설이 있는 층에서 끝난다. 그리고 나서 진입층에서 에스컬레이터로 직접 접근할 수 있는 공공 홀을 가진 2층 높이의 개방형 중 2층 레벨이 나타난다.(그림 99) 어느 곳에서도, 부두의 부산함과 바다의 풍경을 볼 수 있다.(그림100) 중앙 공허부에 트인 높은 천정의 홀 위에는, 유리 돔이 덮인 상반부로 전이공간을 형성하는 편의시설 층이 있다. 이 상반부는 수직 논리에 따라 분할되는데 그 공간은 사다리꼴 모양의 사무소 건물, 그 헬멧 외벽에 대항해 반원형 안에 배치된 호텔과 중간 영역을 차지하는 전시·관측시설 영역들로 나뉜다. 특히 이 영역들은 경사진 바닥, 공허부들, 들여다보는 구멍을 이용하여 건물 안팎 모두에서 볼거리를 제공한다. 사무소 건물들의 옥상에는 수영장이 있는 반면에 프로그램에서 요구된 카지노와 회의실들은 거대한 유리 돔 아래에 위치해 있다.(그림 101) 이 영역들은 끝없는 바다의 파노라마를 향하여 시선이 접하게 되는 방식으로 배치되는(그림 102) 반면에, 반대편 중앙의 공허부는 트럭이나 승용차가 달리거나 멈추고 선적과 하역이 일어나는 레벨의 바로 아래 유리 바닥을 통해 볼거리를 제공한다.

바벨탑은 전통적으로 혼돈과 언어의 혼란을 상징한다.(그림 103) 우리는 성경에서

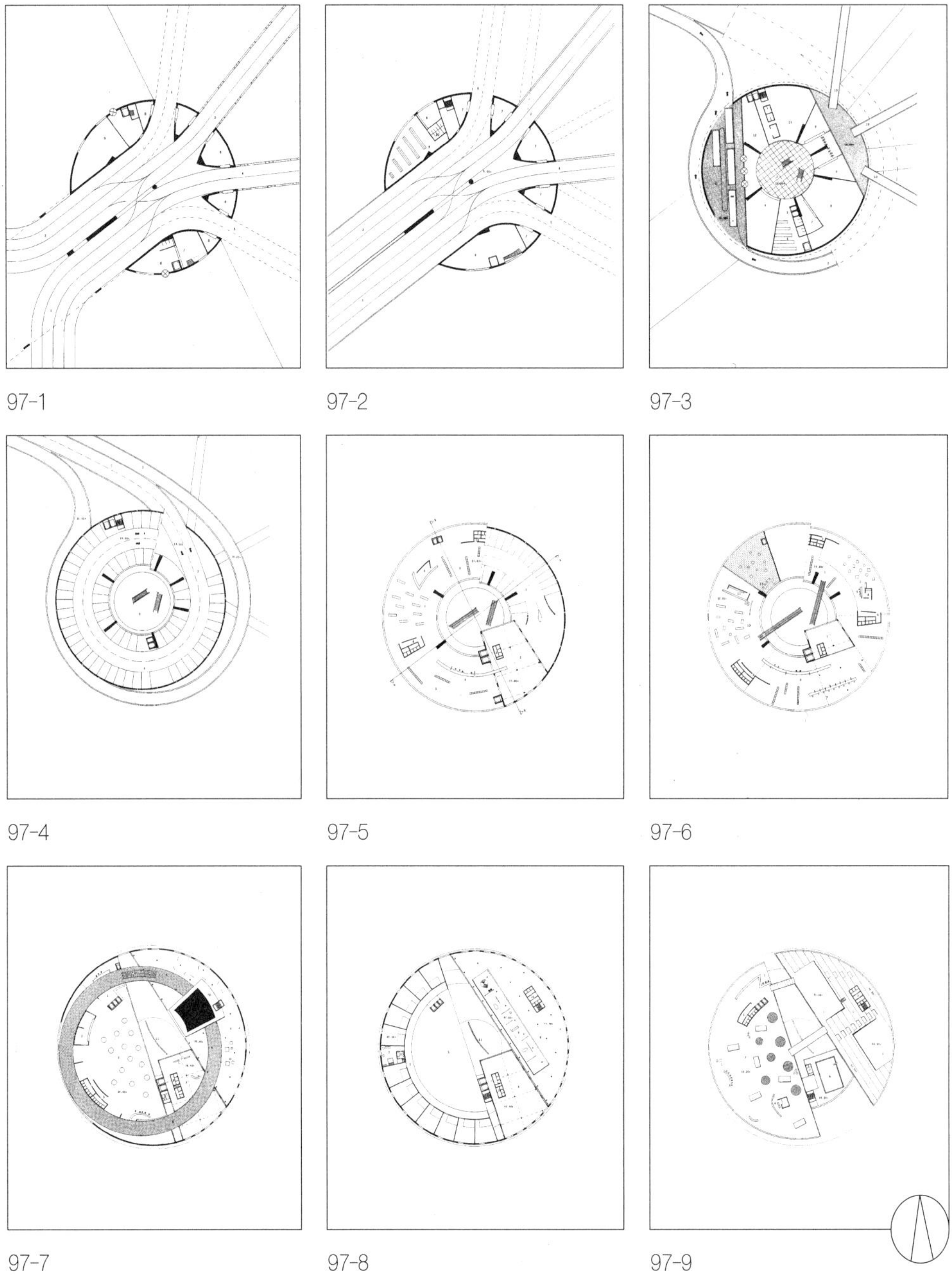

97-1 97-2 97-3 97-4 97-5 97-6 97-7 97-8 97-9

그림 97. 메트로폴리탄 건축 사무소, 제브루게 해양 터미널 계획, 평면도.

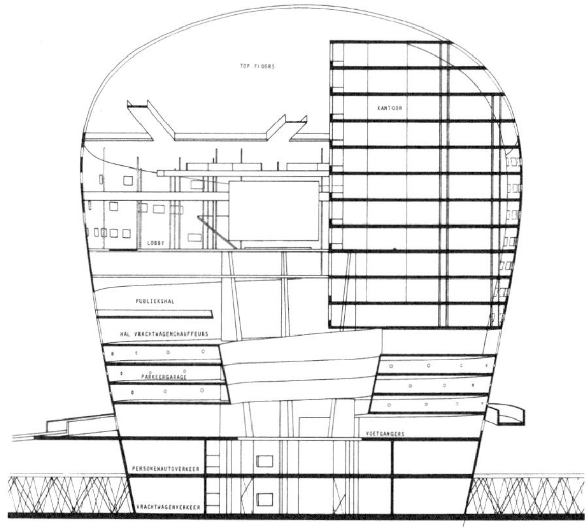

그림 98. 메트로폴리탄 건축 사무소, 제브루게 해양 터미널 계획, 단면도.

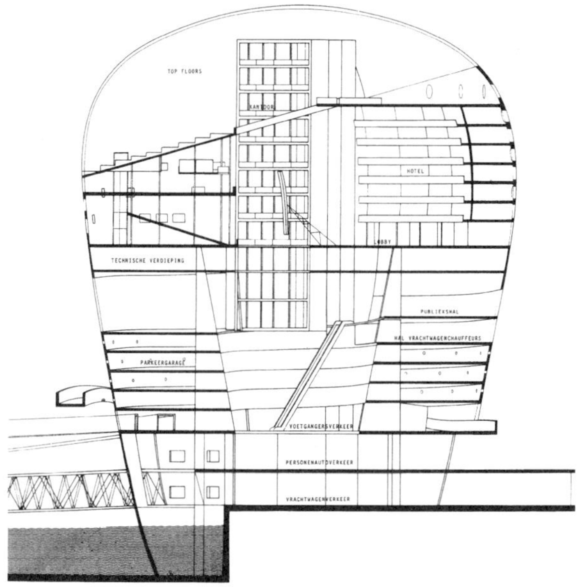

그림 99. 메트로폴리탄 건축 사무소, 제브루게 해양 터미널 계획, 단면도.

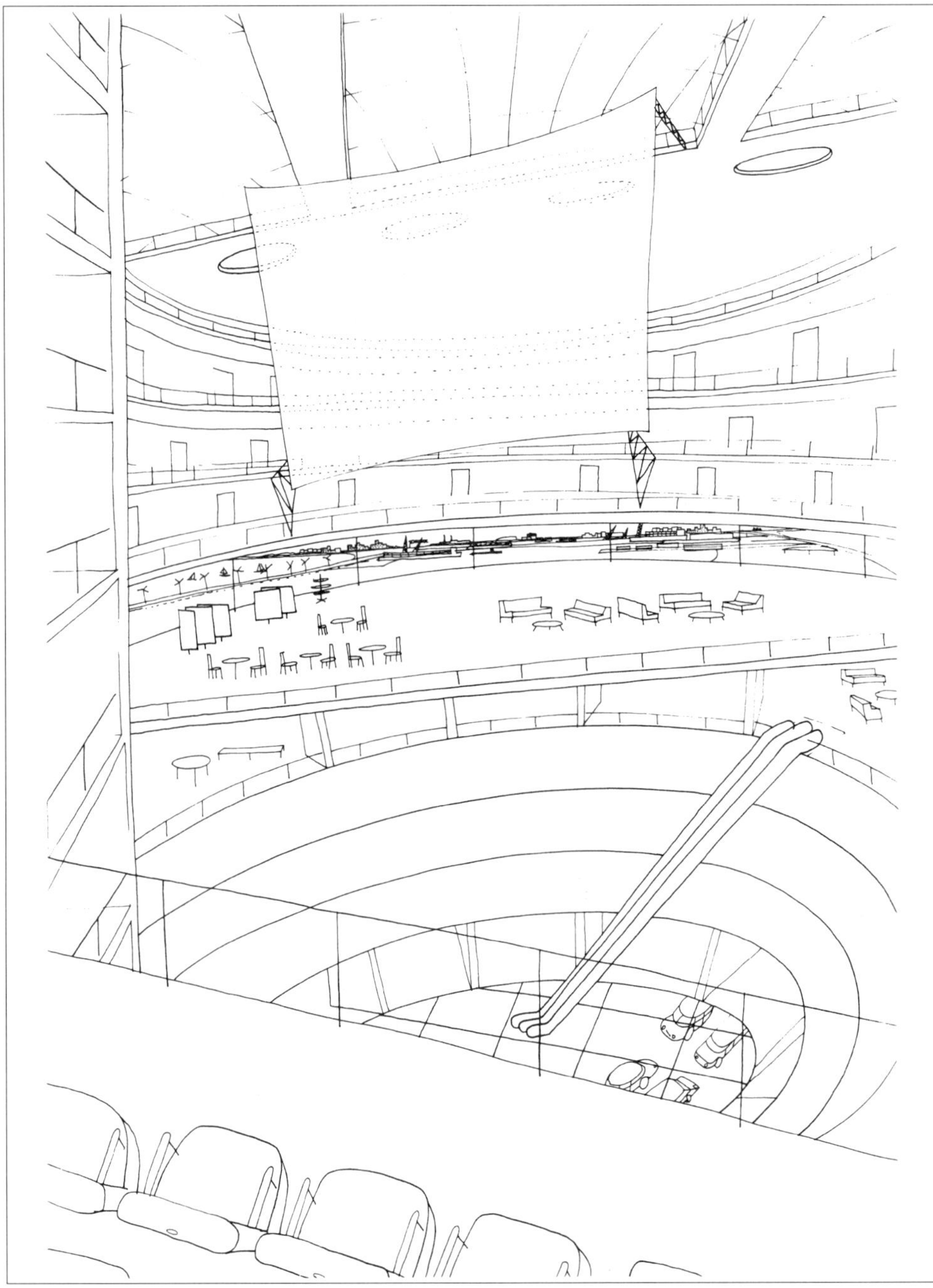

그림 100. 메트로폴리탄 건축 사무소, 제브루게 해양 터미널 계획, 중이층위 공공 홀의 스케치.

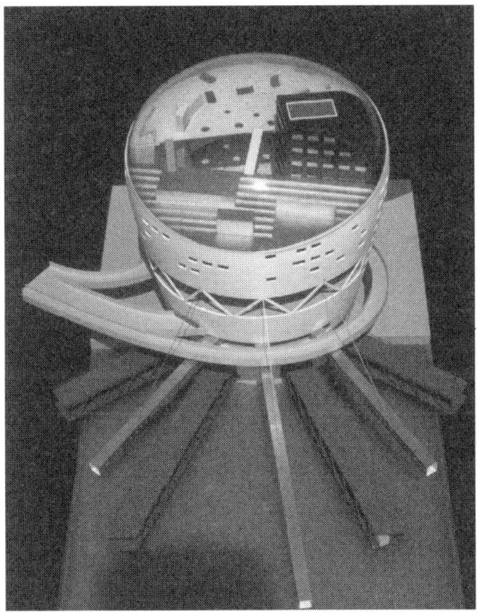

그림 101. 메트로폴리탄 건축 사무소, 제브루게 해양 터미널 계획, 투명 돔을 가진 모형(사진: Hans Werlemann)

그림 102. 메트로폴리탄 건축 사무소, 제브루게 해양 터미널 계획, 콜라주.

그림 103. 피터 브뤼겔Pieter Bruegel the Elder, 바벨탑(Collection Museum Boijmans Van Beuningen, Rotterdam)

신이 천국에 도달하려는 탑을 건설하려 했던 사람들의 오만함을 응징했다고 읽는다. 신은 공통 언어를 서로 이해할 수 없는 방언으로 산산이 부수어서, 그들의 불경스러운 계획은 미완으로 남겨지게 되었다. OMA는 바벨탑을 뒤집는다.(그림 96을 보라) 우리가 디자인 그림에서 볼 수 있는 것처럼, 그 우주 헬멧은 브뤼겔Breughel이 그린 바벨탑의 그림의 미메시스적 재해석이다. 여전히 혼돈과 언어의 혼란이 주제이며, 단지 여기서는 언어의 차이가 전체를 완성하는데 더 이상 장애물로 보이지 않는다. 여기에서 차이들은 뛰어난 융통성을 가진 기능들이 사물들을 조직하고 배열하며 오락을 제공하고, 다시 모든 것을 밖으로 분출하는 기계로 통합된다. 여기에서 인간의 오만은 용납할 수 없는 거만함, 신에 대한 불경과 동의어가 아니라 빛과 볼거리, 움직임의 극적 효과로 차이들을 결집함으로써 종족간의 내분을 극복하는 뛰어난 합리성으로 변형된다.

그 건물은 계약자의 요구에 꼭 들어맞는다. 결국 그것은 상이한 운송체계들 사이에 일어나는 전이를 최대한 부드럽게 하는 잘 맞춰진 도구여서, 압도적으로 다양한 오락과 자극을 통해 불가피한 지연을 최소로 한다. 밀집 문화는 우리에게 주마등같은 광경을 제시하는데 그 속에서 공중은 스스로를 극장으로 만드는 한편 오락거리를 열광적으로 사용하게 한다. 반면에, 이 움직임의 춤 가운데에 고요한 순간도 있다. 우주 헬멧의 실루엣은 정박시키는 기둥의 힘으로 전체 복합건물을 단단히 지탱하는 안정되고 정적인 형상을 이룬다. 70미터 높이의 건물은 벨기에의 해안선을 따라 펼쳐진 선창지역 기반 시설과 평범한 개발지가 지배적인 맥락에 명백한 정점을 형성한다. 그것은 바다와 육지에서 모두 보이는 두드러진 정체성을 가진 유일한 랜드마크다. 물에 씻겨 윤기나는 조약돌같은 형상118)은 바다와 해안의 영원한 상호작용에 꼭 들어맞는다.

그 프로젝트는 다양한 수준에서 볼 수 있는 모호함을 구체화한 것이다. 그것은 교통 합류점으로서의 기능에 적합한 분류기계로서, 점증하는 네트워크의 지배가 낳은 공간의 균질화를 향한 일반적 경향에 기여한다.119) 하지만, 동시에 유일한 장소를 의미한다. 그래서 네트워크 안의 이런 특별한 교차점은 현재 제브루게의 특징없고 종잡을 수 없는 지역에 성격을 부여함으로써 다른 곳과 구별된다. 이 효과는 하우징housing에 도입된 기계의 존재에 의해 성취된다. 도구성과 조절의 논리를 포함하지만 이 논리는 또한 다른 요소들 즉 빛과 구름의 작용, 바람과 바다의 힘, 모든 교차와 함께 희미하게 반짝이는 약속들을 담고 있는 이야기 속에 도입된다.

프레드릭 제임슨이 주장하는 것처럼, 콜하스는 여기에서 덮개 전략을 사용한다.[120] 그것은 계획한 것이든 아니든, 기능적인 것을 고려하지 않은 엄격한 형태로 포장된 상이한 것의 혼합물이다. 이 형태는 특수화와 즉흥이 자유로운 놀이로 주어지는 맥락을 구축하기를 제안한다. 그 결과 고밀화되고 뜻밖의 가능성을 야기할 여지를 만들어 낸다. 제브루게의 해양 터미널에서, 이것은 트럭 운전수에서 카지노 방문자들까지, 그리고 사무소 노동자들에서 해운동맹 관계자들에 이르기까지 다양한 공중을 모두 수용한다는 걸 의미한다. 그들 모두는 같은 맥락에서 수용되기도 하는데, 거기에서 그들은 다른 사람을 만나거나 혹은 혼자 있거나 등을 선택할 수 있다. 그들은 대중이 좋아하는 스낵바나 최신식의 호텔 라운지를 선택할 수 있다. 하나의 공간적 맥락 내에 이러한 차이들을 한데 묶음으로써, 이 터미널은 일종의 '도회지풍urbanity', 즉 차이를 제거하지 않고 사회적 응축기**역주 64)**로 기능할 수 있기에 나아가 유럽의 통합이라는 욕망의 목적을 촉진하는 혼잡의 문화를 성취한다.

합리화되고 완벽한 형태에서, 그 해양 터미널은 콘스탄트의 신바빌론 계획의 모티브—유목적 거주자들이 모험과 매력적인 환경을 찾아서 표류할 수 있는 거대한 스케일의 하부구조의 공급—를 이어받는다. 콘스탄트의 '스페티오보레스' 처럼, 획일적인 네트워크 안에서 이 우주 헬멧은 유일한 예외다. 그러나, 콘스탄트의 작품에서는 유토피아와 현실 사이의 긴장이 공들여 그린 스케치와 드로잉에서 주로 보이는 반면에, OMA의 계획에서는 건축 언어로 주어진다. 그 긴장은 껍질과 내부 건재 사이의 틈caesura으로 변형된다. 이 틈은 건축이 서로 완전히 어울리지 않는 상이한 기록들에 의존한다는 사실의 결과이다. 외부 형태는 통합과 정박의 예상된 이미지를 따르고, 내부 볼륨은 그것 스스로 다른 하부구조와 건물을 위한 선례 역할을 하는 프로그램의 특수한 부분들을 위한 '외부' 를 형성한다. 이것은 교통 흐름의 고도로 숙련된 처리과 수송 경험의 승화 사이의 묘한 만남에 형태가 주어진다는 것을 의미한다. 그 계획안은 스펙타클과 시의 짜임관계constellation를 재현하지만, 하나와 다른 하나 사이에 어떤 명백한 구별도 없다. 전체적인 오락적 가치에서 두드러지게 분리되는 어떤 '진정성' 의 순간도 식별할 수 없다. 이런 측면에서, 콜하스가 『S M L XL』에서 하버마스를 인용하며 진정성에 대해 말한 것과 맞아 떨어진다. "진정한 작품은 그것의 출현 순간에 급진적으로 묶여 있다. 왜냐하면 스스로를 실제로 소멸시키기 때문이다. 평범함의 안정된 흐름을 멈추게 할 수 있고, 정상상태를 깨트릴 수 있고, 미에 대한 영원한 갈망을 한 순간—영원한 것이 실제의 것과 빠르게 지나가며 접촉하는 순간—만족시킬 수 있다."121)

콜하스는 이 '진정성'의 모티프에 깃든 모호함을 더욱 효과적으로 이용한다. 현대성의 노골적인 패러디로 그 프로젝트에 사용했을 법한 두 구축기술을 다음과 같이 서로 대조적으로 위치시킨다.

> 첫번째는 속도의 지배를 받는데 처음 기초를 만들고 조립식 요소들을 빠르게 조합하여, 마지막에는 철망 거푸집에 발포 콘크리트를 뿜어 풍선처럼 덮어 버린다. 두번째 시나리오는 건물을 초-물질적인 것hyper-substantial이 되게 한다. 그 건물은 엄청난 시간을 들여 숙련된 노동자들이 철근콘크리트로 지을 것이다.
> 첫번째 경우 급속 건설조립은 스펙타클이 될 것이다. 두번째 경우 거의 미세한 과정은 서스펜스의 잠재적 원천이 된다. 노동자들은 건설과정동안 눈에 띄게 늙어 갈 것이다. 그 건물이 여전히 미완성인 채로 아이들은 어른이 된다. 더욱 혼란스럽게도 두 대립물들은 표면상 동일한 계획, 단면, 건축에 기초하지만, 그 첫번째 건설은 순식간이지만 비물질적이고, 두번째는 느리게 완성되지만 '진정한' 것이다.122)

여기서 콜하스는 스펙터클과 진정성이라는 2가지 순간을 그들의 필연적인 상호 관련성을 지적하기 위해 신중하게 나누고 있다. 현대성은 계획적인 것과 일시적인 것의 모순적 차원들을 통합한다.—이것은 자유와 해방의 미래를 디자인하는 것과 가속과 사라짐의 경험을 목표로 하는 프로젝트에 모두 관계한다. 그 모순은 속도와 실체, 인공성과 진정성을 맞붙게 하여 극단으로 질주한다. 본질적으로 동일한 디자인이지만 다른 방식으로 물질화된다. 이런 모호함을 효과적으로 사용함으로써, 콜하스는 이런 모순적 차원들의 상호 뒤섞임 속에 분명히 있는 현대의 특정한 성격을 다룬다. 이 프로젝트의 비범함은 그들 사이의 틈은 명백하게 남아 있는 반면 모든 요소들이 단일한 몸짓으로 결합된다는 것이다.

해양 터미널은 운송과 커뮤니케이션의 네트워크에서 기인한 탈영토화의 언어이다. 이 언어는 비구축적이다. 이 디자인은 구축과 어울리지 않는다. 왜냐하면 그 헬멧은 여러 개의 구멍이 뚫려 있고 그것이 가능한 튼튼해야 하는 지점들을 약하게 만들기 때문이다.

그런데도 그것은 그 장소에 독특한 공명을 주는 데 성공한다. 탈영토화가 일반적으로 공간의 균질화와 장소들 사이의 차이를 없애는 것과 관계가 있는 반면, 네트워크에서 이런 특수한 분기점은 이러한 경향의 일부가 아니다. 이것은 *형태*가 여기에서는 형태없음과 동일성을 향하는 경향에 주어지기 때문이다. 라쿠-라바르트의 *typography*의 의미에서의 미메시스적 작용이 포함된다. 형태typos는 그 네트워크의 매우 협소한 교차점 위에 새겨지고, 이식되며 각인된다. 그리고 분명히 이 형태는 인간과 사물의 연속적인 순환에 일시적인 단절을 주는 틈caesura을 창조하게 한다. 이 틈에서 문화는 단순한 오락과 흥밋거리를 넘어서 작용할 수 있다. 이 휴지는 다른 어떤 것이 가능할 여지를 의미한다. 그것이 여기에서 미메시스의 성취이다.

인용구: Theodor W. Adorno, "Functionailsm Today." 『Oppositions』, no. 17(1979), p.41; translated from "funktionalismus heute"(1965), In Adorno, 『Gesammelte Schriften』, vol. 10, pt. 1(Frankfurt: Suhrkamp, 1977), p.395: "Schönheit heute hat kein anderes Mass als die Tiefe, in der die Gebilde die Widersprüche austragen, die sie durchfuhren und die sie bewältigen einzig, Indem sie Ihnen folgen, nicht indem sie sie verdecken."

1) Max Bill, "Education and Design." in Joan Ockman, ed., 『Architecture Culture 1943-1968』(New York: Rizzoli, 1993), pp.159-162.

2) Max Bill, ed., 『Robert Maillart』(Erlenbach and Zurich: Verlag fur Architektur, 1949).

3) 코브라(Cobra: 코펜하겐Copenhagen-브뤼셀Brussels-암스테르담Amsterdam의 약자)는 1948년 아스거 요른Asger Jorn, 크리스티앙 도트레몽Christian Dotremont 그리고 콘스탄트에 의해 설립되었다. 그 운동은 당시에 아방가르드 예술 세계를 지배했던 초현실주의자의 접근에 불만을 가지고 시작하였다. 코브라의 구성원들은 초현실주의자들이 심리적 자율주의(잠재의식에서 충동된 준-자동적 생산물을 포함하는 기법)에 너무 많은 중요성을 둔다고 생각하였다. 반대로, 코브라는 실험적이고 자연발생적인 예술작품에 대해 지지를 보냈다. 오직 이것들만이 진정한 필요와 감각적인 욕구에 접근하는 길을 줄 것이다. 코브라 그룹의 예술과 문학작품들에 전형적인 것은 얽매이지 않는 자유와 모든 수용된 기준들의 거부이다. 그들 작품에는 아이들의 드로잉들, 신화, 민속예술에서 받은 모티브에 대한 환희가 있다. 코브라 예술가들의 회화는 동물들과 상징적인 주제들 그리고 축제의 모습들의 잡다한 조합으로 가득 차 있다. 요른과 콘스탄트에게 이런 몰두는 사회혁명에 대한 그들의 욕구와 밀접한 관련이 있었다. 코브라 시절에 그들 둘은 예술가의 창조성이 사회적 자유를 성취하려는 투쟁과 연결되어야 한다는 주장을 옹호하였다. 이런 '정치적' 자세를 코브라의 모든 구성원들이 공유하지 않았다는 사실이 그 그룹이 몇 년 후에 해산된 하나의 이유였다. 코브라 운동의 역사에 대해선 Willemijn Stokvis의 『Cobra: An International Movement in Art after the Second World War』(New York. Rizzoli, 1988)를 보라

4) Asger Jorn, "Notes on the Formation of an Imaginist Bauhaus." in Ken Knabb, ed., 『Situationist International Anthology』(Berkeley: Bureau of Public Secrets, 1981), pp.16-17.

5) 콘스탄트의 작품에 대해선 Jean-Clarence Lambert의 『Constant. Les trois espaces』(Paris: Cercle d' Art, 1992)를 보라

6) 국제상황주의자들의 역사에 대해선 Elisabeth Sussmann, ed., 『On the Passage of a Few People through a Rather Brief Moment in Time: The Situationist International 1957-1972』(Cambridge: MIT Press, 1991); Sadie Plant, 『The Most Radical Gesture: The Situationist International in a Postmodern Age』(London: Routledge, 1992); R. J. Sanders, 『Beweging tegen de schijn. De situationisten, een avant-garde』(Amsterdam: Huis aan de Drie Grachten, 1989)를 보라. 또한 Simon Sadler, 『The Situationist City』(Cambridge: MIT Press,1998); Libero Andreotti and Xavier Costa, eds., 『situationists: Art, Politics, Urbanism』(Barcelona: ACTAR, 1996)를 보라

7) Constant in an interview with Fanny Kelk, in 『Elsevier』, July 6. 1974, pp.54-55.

8) Gilles Ivain, "Formulay for a New Urbanism." in Knabb, ed., 『situationist International Anthology』, p.2; translated from "Formulaire pour un urbanisme nouveau." in 『Internationale Situationniste』, no. 1(June 1958), pp.15-20: "Le complexe architectural sera modifiable. Son aspect changera en partie ou totalement suivant la volonté de ses habitants. L' entrée de la notion de relativité dans l' esprit moderne permet de soupçonner le côté

EXPERIMENTALE de la prochaine civilisation....Sur les bases de cette civilisation mobile, l' architecture sera-au moins a ses débuts-un moyen d' expérimenter les mille façons de modifier la vie, en vue d' une synthèse qui ne peut être que légendaire."

9) Guy Debord, "Théorie de la derive." in 『Internationale Situationniste』, no. 2(December 1958), pp.19-23; English translation in Knabb, ed., 『Situationist International Anthology』, pp.50-54.

10) Constand and Guy Debord, '암스테르담 선언.' in Ulrich Conrads, ed., 『Programs and Manifestoes on 20th Century Architecture』(Cambridge: MIT Press, 1990), pp.161-162; translated from "La déclaration d' Amsterdam." 『Internationale Situationniste』, no. 2(December 1958), pp.31-32. "L' urbanisme unitaire se définit dans l' activité complexe et permanente qui consciemment recrée l' environment de l' homme selon les conceptions les plus évoluées dans tous les domaines." (* 역주 — 이 책은 이현호 역, 『건축선언문집』, 기문당, 1995년 2월로 국내 번역되었다. 해당 내용은 204쪽이다.)

11) Ibid.

12) Constant, "New Babylon na tien jaren"(lecture at the Technical University of Delft, May 23, 1980): "La création d' ambiances favorables à ce développement est la tâche immédiate des créateurs d' aujourd' hui." (* 역주 — 기 드보르가 국제 상황주의자 창립총회에서 한 이 말은 상황주의자의 중심목적이 바로 상황의 구축에 있음을 분명히 하고 있다. "우리의 중심사상은 상황의 구축, 즉 삶의 계기에 따른 환경ambience을 구체적으로 구축하여 그것을 좀 더 상위의 열정적인 상태로 전환시키는 데 있다." Guy Debord, 「Report On The Construction Of Situations And On The International Situationist Tendency' s Conditions Of Organization And Action」, p.22; 이승우, 「스펙타클 정치에 대한 도전」, 서울대학교 정치학과 석사논문, 2005년 2월, p.30에서 재인용. 또한 '상황의 구축은 근대 스펙터클의 파괴 위에서 시작' 된다고 하여 '상황의 구축' 을 '스펙터클' 에 대한 대항개념으로 설정하고 있다.)

13) Constant, "Une autre ville pour une autre vie." 『Internationale Situationniste』, no. 3(December 1959), pp.37-40, translated as Constant, "A Different City for a Different Life." 『October』, no. 79(Winter 1997), pp.109-112; Constant, "Description de la zone jaune." 『Internationale Situationniste』, no. 4(June 1960), pp.23-26.

14) 『Internationale Situationniste』, no. 5(December 1960), p.10에 있는 콘스탄트 제명에 관한 보고서; 아울러 Constant, "New Babylon na tien jaren." 도 보라

15) "Critique de l' urbanisme." 『Internationale Situationniste』, no. 6(August 1961), pp.5-11, translated as Editorial Notes, "Critique of Urbanism." 『October』, no. 79(Winter 1997), pp.113-119을 보라

16) 국제상황주의자들의 독일 분과의 예술가들인 SPUR 그룹은 이 규칙에 예외였다. 그들이 만든 'SPUR 건물' 은 놀이의 미래세계를 예언하는 것으로 볼 수 있다. See Wolfgang Dressen, Dieter Kunzelmann, and Eckard Stepmann, eds., *Nilpferd des höllischen Urwalds-Spuren in eine unbekannte Stadt-Situationisten, Gruppe SPUR, Kommune I*, catalogue of an exhibition at the Werkbund-Archiv, Berlin(Giessen: Anabas, 1991).

17) Attila Kotanyi and Raoul Vaneigem, "Programme élémentaire du bureau d' urbanisme unitaire." 『Internationale Situationniste』, no. 6(August 1961), pp.16-19: "La participation devenue impossible est compensee sous forme de spectacle. Le spectacle se manifeste dans l' habitat et le déplacement(standing du logement et des véhicules personnels). Car, en fait, on n' habite pas un quartier d' une ville, mais le pouvoir. On habite quelque part dans la hiérarchie. "English translation adapted from Knabb, ed., 『Situationist International Anthology』, pp.65-67.

18) Ibid.: "L' urbanisme unitaire est le contraire d' une activité spécialisée; et reconnaître un domaine urbanistique séparé, c' est déjà reconnaître tout le mensonge urbanistique et le mensonge dans toute la vie."

19) Ibid., "Nous avons inventé l' architecture et l' urbanisme qui ne peuvent pas se réaliser sans la révolution de la vie quotidienne; c' est-à-dire 1' appropriation du conditionnement par tous les hommes, son enrichissement indéfini, son accomplissement."

20) Vaneigem' s report for the Situationist International congress in Göteborg, Sweden, August 28-30, 1961, quoted in Stewart Home, 『The Assault on Culture: Utopian Currents from lettrisme to Class War』(Stirling: A. K. Press, 1991), p.38.

21) 『Internationale Situationniste』, no. 9(August 1964), p.25: "Nous sommes des artistes par cela seulement que nous ne sommes plus des artistes; nous venons realiser l' art." English translation adapted from Knabb, ed., 『Situationist International Anthology』, p.139.

22) Guy Debord, 『Society of the Spectacle』(Detroit: Black & Red, 1983), p.2; translated from 『La société du spectacle』(1967; Paris: Lebovici, 1989), p.9: "Toute la vie des sociétés dans lesquelles règnent les conditions modernes de production s' annonce comme une immense accumulation de *spectacles*. Tout ce qui était directement vécu s' est éloigné dans une représentation." (* 역주 — 번역책 p.10)

23) Henri Lefebvre, 『Critique de la via quotidienne』, 2d ed.(Pairs: L' Arche, 1958).

24) Raoul Vaneigem, 『The Revolution of Everyday Life』(London: Aldgate, 1983), p.183; translated from 『Traité de savoir-vivre à l' usage des jeunes générations』(Paris: Gallimard, 1967), p.245: "La société nouvelle, telle qu' elle s' élabore confusément dans la clandistinité, tend à se définir pratiquement comme une transparence de rapports humains favorisant la participation réelle de tous à la réalisation de chacun.-La passion de la creation, la passion de 1' amour, et la passion du jeu sont à la vie ce que le besoin de se nourrir et le besoin de se protéger sont à la survie."

25) Virginie Mamadouh, 『De stad in eigen hand. Provo' s, kabouters en krakers als stedelijke sociale beweging』(Amsterdam: Sua, 1992)을 보라

26) Alexander Tzonis and Liane Lefaivre, "In de naam van het volk / In the Name of the People." 『Forum』, no. 3(1976), pp.3-33.

27) Constant, "New Babylon, een schets voor een kultuur." in J. L. Locher, ed., 『New Babylon』, exhibition catalogue(The Hague: Gemeentemuseum, 1974), p.60.

28) "Il s' agit d' arriver à l' inconnu par le dérèglement de tous les sens." 이렇게 콘스탄트는 랭보를 인용한다. ibid., p.57

29) Constant, "Opkomst en ondergang van de avant-garde." in Constant, 『Opstand van de homo ludens. Een bundel voordrachten en artikelen』(Bussum: Paul Brand, 1969), pp.11-48.

30) Constant, "Over normen in de cultuur." in 『Opstand van de homo ludens』, pp.111-141.

31) Constant, 『Opstand van de homo ludens』, p.73.

32) 앙리 르페브르Henri Lefebvre, 『Writings on Cities』(Oxford: Blackwell, 1996), p.158. "도시에 대한 권리는 단순히 방문할 권리나 전통적 도시들로 돌아가는 것으로 인식될 수 없다. 그것은 변형되고 새로워진 *도시적 삶에 대한 권리*로 오직 정식화될 수 있다. 도시의 구조fabric가 교외와 농촌 삶의 생존자들을 둘러싸는지 어떤지는 문제가 되지 않는다. 조우의 장소이자 사용가치가 우선하고 모든 자원들 중에 최고 자원의 지위에 오른 시간 사이의 기록으로서, '도시'는 그것의 형태학적 기초와 실천-재료의 현실화를 발견한다." Lefebvre, 『Le droit a 1a ville』(Paris: Anthropos, 1968), p.132: "Le droit à la ville ne peut se concevoir comme un simple droit de visite ou de retour vers les villes traditionelles. Il ne peut se formuler comme droit à la vie urbaine, transformee, renouvelée. Que la tissue urbaine enserre la campagne et ce qui survit de vie paysanne, peu importe, pourvu que 'l' urbain', lieu de rencontre, priorité de la valeur d' usage, inscription dans 1' espace d' un temps promu au rang de bien supréme

parmiles biens, trouve sa base morphologique, sa réalisation pratlco-sensible."를 번역한 것이다. 상황주의자들과 그의 친분에 대한 르페브르의 기억에 대해선(which are not completely reliable as to factual data about Constant and New Babylon) 1983년 Kristin Ross와의 인터뷰 "Lefebvre on the Situationists: An Interview." 『October』, no. 79(Winter 1997), pp.69-84를 보라

33) Mamadouh, 『De stad in eigen hand』, pp.72-73

34) Constant, "Description de la zone jaune."

35) Autodialoog, in the 1974 Hague catalogue 『New Babylon』, pp.71-72

36) "New Babylon na tien jaren." p.3을 보라. "Het bleek dat mijn maquettes meer verwarring teweeg brachten dan begrip kweekten voor mijn streven een wereld te verbeelden die zo hartgrondig verschilde van de wereld waarin we leven of de werelden waarvan we enige historische kennis hebben. Tenslotte greep ik weer naar penseel en palet als het meest doelmatige middel om het onbekende zichtbaar te maken." 나의 모형은 우리가 살고 있거나 우리가 어떤 역사적 지식을 가지고 있는 세상과는 완전히 다른 세상을 그리려는 나의 노력을 더 이해하게 하기 보다는 분명히 혼란의 씨를 뿌렸다. 결국 나는 미지의 것을 가시적으로 채색하는 가장 적절한 수단으로서 한 번 더 붓질하고 파렛트질하는 것에 의지하였다.

37) Jeroen Onstenk, "In het labyrint. Utopie en verlangen in het werk van Constant." 『Krisis』, no. 15(1984), pp.4-21을 보라

38) Debord, 『Society of the Spectacle』, p.178.

39) Bart Verschaffel, " 'Architektuur is (als) een gebaar' . Over het 'echte' als architecturaal criterium." in Hilde Heynen, ed., 『Wonen tussen gemeenplaats en poëzie. Opstellen over stad en architectuur』(Rotterdam: 010 Publishers, 1993), pp.67-80.

40) Theodor W. Adorno, 『Aesthetic Theory』, trans. Robert Hullot-Kentor(Minneapolis: University of Minnesota Press, 1997), p.32; translated from Adorno, 『Ästhetische Theorie』(1970; Frankfurt: Suhrkamp, 1973), p.55: "Zentral unter den gegenwärtigen Antinomien ist, dass Kunst Utopie sein muss und will und zwar desto entschiedener, je mehr der reale Funktionszusammenhang Utopie verbaut; dass sie aber, um nicht Utopie an Schein und Trost zu verraten, nicht Utopie sein darf." (* 역주 — 아도르노의 미학이론은 T. W. 아도르노, 『미학이론』(홍승용 옮김, 문학과 지성사)로 번역되었다. 해당구절은 번역책, p.61이다.)

41) 나는 아도르노의 저술이 현재이론에 화제가 되고 있다는 프레드릭 제임슨의 주장에 전적으로 동의하며 이를 언급하고 있다. Jameson의 『Late Marxism: Adorno, or, The Persistence of the Dialectic』(London: Verso, 1990)를 보라. 특히 『포스트모더니즘과 아도르노』의 pp.227-261(* 역주 — 이 책은 프레드릭 제임슨, 『후기마르크스주의』, 김유동 역, 한길사, 2000으로 번역되었다. 해당 페이지는 pp.427-469이다.)

42) Martin Jay, 『Adorno』(London: Fontana Paperbacks,1984), pp.11-23.(* 역주 — 이 책은 마틴 제인, 『아도르노』, 서장렬 옮김, 시공사, 2000년 6월 국내 번역되었다. 해당 내용은 번역책, pp.17-31에 해당한다. 참조.)

43) 그는 나찌 시절 초기에 이민 갔기 때문에 아도르노에게 홀로코스트의 개인적 중요성은 집단 수용소를 접해야만 했던 사람들의 경험보다 상대적으로 제한적이었다. 그에게 가장 결정적인 요소는 말 그대로 생각할 수 없는 것이 실제로 일어났다는 점이었다. 이것은 '아우슈비츠 이후에' 철학이 여전히 가능한가라는 질문이 제기되어야 하는 이유였다. 아도르노, 『Negative Dialectics』(New York: Continuum, 1983), pp.361-365를 보라.(* 역주 — 이 책은 홍승용 옮김, 『부정변증법』, 한길사, 1999년 9월로 번역되었다. 해당 내용은 홍승용 역, pp.457-462이다.)

44) 1930년대 동안 벤야민이 바타유Bataille와 클로소프스키Klossowski 주위의 서클—그들의 작품은 데리다에게 잘 알려졌다—과 교류했다는 걸 보면 이런 부합은 아마 완전히 일치하는 것은 아니다.

45) 아도르노는 발터 벤야민의 영향을 받았다. 이런 영향은 언어에 대한 그의 생각과 우리가 이 장에서 이후에 보게 될 '미메시스' 개념의 분석에 대해 특히 강력했다. 두 사상가 사이의 관계에 대한 더 자세한 연구는 Susan Buck-Moss, 『The Origins of Negative Dialectics』(Brighten: Harvester, 1978)를 보라

46) Buck-Morss, 『The Origins of Negative Dialectics』, p.58.

47) 예를 들면, Theodor W. Adorno, 『Notes to Literature』, 2 vols.(New York; Columbia Unlversity Press, 1991, 1992)을 보라

48) Adorno, 『Negative Dialectics』, p.xx를 보라. "논리적인 일관성을 통해 통일원칙Einheitsprinzip과 상위개념의 독재를 이 통일성의 속박밖에 위치하는 것의 이념으로 대신하려 한다." Translated from Theodor W. Adorno, 『Negative Dialektik』(1966; Frankfurt: Suhrkamp, 1970), p.8: "Mit konsequenzlogischen Mitteln trachtet sie [die Negative Dialektik], anstelle des Einheitsprinzip und des Allherrschaft der übergeordneten Begriffs die Idee dessen zu rücken, was ausserhalb des Banns solcher Einheit wäre." (* 역주 — 홍승용 옮김, 『부정변증법』, p.52)

49) Adorno, 『Negative Dialectics』, p.161(translation modified); 독일어 원문: "Was ist, ist mehr als es ist. Dies Mehr wird ihm nicht oktroyiert, sondern bleibt, als das aus ihm Verdrängte, ihm immanent. Insofern wäre das Nicht-identische die eigene Identität der Sache, gegen ihre Identifikationen." (『Negative Dialektik』, p.162.)(* 역주 — 홍승용 옮김, 『부정변증법』, p.239)

50) Ibid., p.163; 독일어 원문: "Was am Nichtidentischen nicht in seinem Begriff sich definieren lässt, übersteigt sein Einzeldasein, in das es erst in der Polarität zum Begriff, auf diesen hinstarrend, sich zusammenzieht." (『Negative Dialektik』, p.163.)(* 역주 — 홍승용 옮김, 『부정변증법』, p.241)

51) Ibid., p.162; 독일어 원문: "Sie [die Sprache] bietet kein blosses Zeichensystem für Erkenntnisfunktionen. Wo sie wesentlich als Sprache auftritt, Darstellung wird, definlert sie nicht ihre Begriffe. Ihre Objektivität Verschafft Sie ihnen durch das Verhältnis, In das Sie die Begriffe, zentriert om eine Sache, setzt. Damit dient sie der Intention des Begriffs, das Gemeinte ganz auszudrücken. Konstellationen allein repräsentieren, von aussen, was der Begriff im Innern weggeschnitten hat, das Mehr, das or sein will so sehr, wie er es nicht sein kann." (『Negative Dialektik』, p.162.)(* 역주 — 홍승용 옮김, 『부정변증법』, p.240)

52) Theodor W. Adorno, introduction to Adorno et al., 『The Positivist Dispufe in German Sociology』(London: Heinemann, 1976), p.52; translated from "Einleitung zum Positlvismusstreit in der deutschen Soziologie." in Adorno, 『Gesammelte schriften』, vol. 8(Frankfurt: Suhrkamp, 1972), p.337: "Die Wittgensteinsche Formulierung dichtet ihren Horizont dagegen ab, das vermittelt, komplex, in Konstellationen auszusprechen, was klar, unmittelbar sich nicht aussprechen lässt."

53) Adorno, 『Negative Dialektik』, Dialectics, p.146; 독일어 원문: "Das tauschprinzip, die Reduktion menschlicher Arbeit auf den abstrakten Allgemeinbegriff der durchschnittlichen Arbeitszeit, ist urverwandt mit dem Identifikationsprinzip. Am Tausch hat es sein gesellschafkliche Modell, und es wäre nicht ohne es; durch ihn werden nichtidentische Einzelwesen und Leistungen kommensurabel, identisch. Die Ausbreitung der Prinzip verhat die ganze Welt zum Identischen, zum Totalität." (『Negative Dialektik』, p.147.)(* 역주 — 홍승용 옮김, 『부정변증법』, p.222. 원칙을 원리로, 총체성을 전체성으로 고침)

54) Theodor W. Adorno, "The Essay as Form," in Adorno, 『Notes to Literature』, vol. 1, pp.3-23

55) 아도르노의 산문에 있는 이런 특징들은 몇몇 영어번역에서 고려되지 않았다. 예를 들면, 독일어 원문과는 달리 『미학이론』과 『부정변증법』의 첫번째 번역은(1984) 짧은 절로 쪼개졌다. 이것에 대한 흥미로운 논의는 Robert Hullot-Kentor, "Translator' s Introduction." in Adorno, Aesthetic theory: pp.xi-xxi를 보라

56) Max Horkheimer and Theodor W. Adorno, 『Dialectic of Enlightenment』(New York: Herder and Herder, 1972), p.xi; translated from 『Dialertik der Aufklärung. Philorophische fragmente』, ed. G. Schmid Noerr(1947; Frankfurt: Fischer, 1987), p.16: "Was wir uns vorge-setzt hatten, war tatsächlich nicht weniger als die Erkenntnis, warum die Menschheit anstatt in einer wahrhaft menschlichen Zustand einzutreten, in eine neue Art von Barbarel versinkt."

57) 호르크하이머와 아도르노는 오디세우스 신화에 대한 흥미로운 해석을 통해 이런 모습을 그리고 있다.

58) 이런 독해는 예를 들어 위르겐 하버마스Jürgen Habermas의 해석의 특징이다. "The Entwinement of Myth and Enlightenment: Horkheimer and Adorno." in Habermas, 『The Philosophical Difcourse of Modernity: Twelve Lectures』(Cambridge: Polity Press, 1987), pp.106-130를 보라(* 역주 — 이 책은 위르겐 하버마스, 『현대성의 철학적 담론』, 이진우 역, 문예출판사, 1994로 번역되었다. 해당 절은 pp.136-162이다.)

59) Horkheimer and Adorno, 『Dialectic of Enlightenment』, p.135; 독일어 원문: "Ernste Kunst hat jenen sich verweigert, denen Not und Druck des Daseins den Ernst zum Hohn macht und die froh sein müssen, wenn sie die Zeit, die sie nicht am Triebrad stehen, dazu benutzen können, sich treiben zu lassen. Leichte Kunst hat die autonome als Schatten begleitet. Sie ist das gesellschaftlich schlechte Gewissen der ernsten.... Die Spaltung selbst ist die Wahrheit: sie spricht zumindest die Negativität der Kultur aus, zu der die Sphären sich addieren. Der Gegensatz lässt am wenigsten sich versöhnen, indem man die leichte in die ernste aufnimmt oder umgekehrt. Das aber versucht die Kulturindustrie." (『Dialektik der Aufklärurg』, p.160.)(* 역주 — p.189)

60) Ibid., p.xiii; 독일어 원문: "Wir hegen keinen Zweifel-und darln liegt unsere petitio principii-, dass die Freiheit in der Gesellschaft vom aufklärenden Denken unabtrennbar ist. Jedoch glauben wir, genauso deutilch erkannt zu haben, dass der Begriff eben dieses Denkens, nicht weniger als die konkreten historischen Formen, die Institutionen der Gesellschaft in die es verilochten ist, schon der Keim zu jenem Rückschritt enthält, der heute überall sich ereignet." (『Dialektik Aufklärung』, p.18.)

61) Jean-françois Lyotard. 『The Postmodern Explained: Correspondence 1982-1985』(Minneapolis: University of Minnesota Press, 1992), p.65; translated from 『Le postmoderne expliqué aux enfants. Correspondance 1982-1985』(Paris: Galilée, 1986), p.103.

62) Adorno, 『Minima Moralia: Reflections from Damaged Life』(London: Verso, 1991), p.236; translated from 『Minima Moralia: Reflections aus dem beschädigten Leben』(Frankfurt: Suhrkamp, 1987), p.318: "Das Neue, um seiner selbst willen gesucht, gewissermassen im Laboratorium hergestellt, zum begrifflichen Schema verhärtet, wird im jähen Erscheinen zur zwangshaften Rückkehr des Alten." (* 역주 — 해당구절은 최문규 옮김, 『한줌의 도덕』, p.332-333이다.)

63) Ibid., pp.233, 238; 독일어 원문: "Im Kultus des Neuen und damit in der Idee der Moderne wird dagegen rebelliert, dass es nichts Neues mehr gebe ... das Neue ist die heimliche Figur aller Ungeborenen." (『Minima Moralia』, p.316.)(* 역주 — 해당구절은 최문규 옮김, 『한줌의 도덕』, p.335이다.)

64) 아도르노의 미메시스 개념에 대한 상세한 분석은 Josef Früchtl, 『Mimesis. Konstellation eines Zentrallbegriffs bei Adorno』(Würzburg: Königshausn & Neumann, 1986)를 보라

65) Horkheimer and Adorno, 『Dialectic of Enlightenment』, pp.17-18; 독일어 원문: "Als Zeichen kommt das Wort an die Wissenschaft; als Ton, als Bild. als eigentliches Wort wird es unter die verschiedenen Kunste aufgeteilt, ohne dass es sich durch deren Addition, durch Synästhesie oder Gesamtkunst je wiederherstellen liesse. Als Zeichen soll Sprache zur Kalkulation resignieren, um Natur zu erkennen, den Anspruch ablegen, ihr ähnlich zu sein. Als Bild soll sie zum Abbild resignieren, um ganz Natur zu sein, den Anspruch ablegen,

sie zu erkennen."(『Dialektik der Aufklärung』, p.40.)(* 역주 — 해당내용은 김유동 외 옮김, 『계몽의 변증법』, pp.43-44)

66) Ibid., p.18; 독일어 원문: "Die Trennung von Zeichen und Bild ist unabwendbar. Wird sie jedoch ahnungslos selbstzufrieden nochmals hypostasiert, so treibt jedes der beiden isolierten Prinzipien zur Zerstörung der Wahrheit hin."(『Dialektik der Aufklärung』, p.40.)

67) Adorno, 『Aesthetic Theory』, p.54; 『Ästhetische Theorie』, pp.86-87(* 역주 — 해당내용은 홍승용 역, 『미학이론』, p.95)

68) Ibid., pp.54-55; 『Ästhetische Theorie』, p.87(* 역주 — 해당내용은 홍승용 역, 『미학이론』, p.95)

69) Ibid., pp.227; 『Ästhetische Theorie』, p.336-337(* 역주 — 해당내용은 홍승용 역, 『미학이론』, p.350)

70) Adorno. 『The Jargon of Authenticity』(Evanston: Northwestern University Press, 1973), p.107; translated from 『Jargon der Eigentlichkeit. Zur deutschen Ideologie』(Frankfurt: Suhrkamp, 1964), p.91: "am Tausch geschulten Denken."

71) Adorno, 『Aesthetic Theory』, p.104: "The mimesis of artworks is their resemblance to themselves." 독일어 원문: "Die Mimesis der Kunstwerke ist Ähnlichkeit mit sich selbst"(『Ästhetische Theorie』, p.159)

72) Ibid., p.34; 『Ästhetische Theorie』, p.57(* 역주 — 해당내용은 홍승용 역, 『미학이론』, p.63)

73) Ibid(* 역주 — 해당내용은 홍승용 역, 『미학이론』, p.63)

74) Michael Cahn, "Subversive Mimesis: T. W. Adorno and the Modern Impasse of Critique." in Mihai Spariosu, ed., 『Mimesis in Contemporary Theory』, vol. 1(Philadelphia: J. Benjamins, 1984), p.49.

75) Adorno, 『Aesthetic Theory』, p.133; 독일어 원문: "Ohne Beimischung des Giftstoffs, virtuell die Negation des Lebendigen. wäre der Einspruch der Kunst gegen die zivilisatorische Unterdrückung, tröstlich-hilflos."(『Ästhetische Theorie』, p.201.)(* 역주 — 홍승용 역, 『미학이론』, p.214)

76) Ibid. p.133; 독일어 원문: "so zediert sich darin ... die Mimesis der Kunst an ihr Widerspiel. Genötigt wird Kunst dazu durch die soziale Realität. Wahrend sie der Gesellschaft opponiert, vermag sie doch keinen ihr jenseitigen Standpunkt zu beziehen; Opposition gelingt ihr einzig durch Identifikation mit dem, wogegen sie aufbegehrt."(『Ästhetische Theorie』, p.201.)(* 역주 — 홍승용 역, 『미학이론』, p.214)

77) Ibid., p.289; 독일어 원문: "Die Opposition der Kunstwerke gegen die Herrschaft ist Mimesis an diese. Sie müssen dem herrschaflichen Verhalten sich angleichen, um etwas von der Welt der Herrschaft qualitativ Verschiedenes zu produzieren."(『Ästhetische Theorie』, p.430.)

78) Ibid., p.105; 독일어 원문: "Noch indem Kunst das verborgene Wesen, das sie zur Erscheinung verhält, als Unwesen verklagt, ist mit solcher Negation als deren Mass ein nicht gegenwärtiges Wesen, das der Möglichkeit, mitgesetzt; Sinn inhäriert noch die Leugnung des Sinns."(『Ästhetische Theorie』, p.161.)(* 역주 — 해당 내용은 홍승용 역, 『미학이론』, p.171)

79) 저작에서 성상금지라는 유태인의 전통과 관련된다. Gertrud Koch, "Mimesis und Bilderverbot in Adornos Ästhetik. Ästhetische Dauer als Revolte gegen den Tod." 『Babylon. Beiträge zur jüdischen Gegenwart』, no. 6(October 1989), pp.36-45를 보라

80) Adorno, 블로흐와 에른스트 블로흐 속의 아도르노 사이의 논쟁, 『The Utopian Function of Art and Literature: Selected Essays』(Cambridge: MIT Press, 1987), p.12.

81) Adorno, 『Aesthetic Theory』, p.154. "가장 높은 수준의 형태를 가진 예술작품들은 의미의 부정을 통해 그들의 *내용*을 그들이 얻기 때문에 단순히 의미 없는 것 이상으로 덜 의미있거나 의미에 소외된 의미들이다." 독일어 원문: "Die sinnlosen oder sinnfremden Werke des obersten Formniveaus sind darum mehr als bloss sinnlos, weil ihnen Gehalt in der Negation des Sinns zuwächst."(『Ästhetische Theorie』, p.231.)

82) 『Aesthetic Theory』, p.21; 독일어 원문: "Moderne ist Kunst durch Mimesis ans Verhärtete und Entfremdete; dadurch, nicht durch Verleugnung des Stummen wird sie beredt; dass sie kein Harmloses mehr duldet, entspringt darin." (『Ästhetische Theorie』, p.39.)(* 역주 — 해당내용은 홍승용 역, 『미학이론』, p.44)

83) 『Äesthetic Theory』, p.321; 독일어 원문: "In bestimmter Negation rezipiert sie 'die Kunst' die membra disiecta der Empirie, in der sie ihre Stätte hat, und versammelt sie durch ihre Transformation zu dem Wesen, welches das Unwesen ist." (『Ästhetische Theorie』, p.475.)

84) Adorno, "Über den Fetischcharakter in der Musik." in Adorno, 『Gesammelte Schriften』, vol. 14(Frankfurt: Suhrkamp, 1973), pp.18-19: "Die Verführungskraft des Reizes überlebt dort bloss, wo die Kräfte der Versagung am Stärksten sind: in der Dissonanz, die dem Trug der bestehenden Harmonie den Glauben verweigert... Schlug ehedem Askese den ästhetischen Anspruch reaktionär nieder, so ist sie heute zum Siegel der avancierten Kunst geworden... Kunst verzeichnet negativ eben jene Glücksmöglichkeit, welcher die blosspartielle positive Vorwegnahme des Glucks heute verderblich entgegensteht."

85) Adorno, 『Aesthetic Theory』, p.12; 『Ästhetische Theorie』, p.26(* 역주 — 해당내용은 홍승용 역, 『미학이론』, p.29)

86) Ibid., p.110; 『Ästhetische Theorie』, p.168(* 역주 — 해당내용은 홍승용 역, 『미학이론』, p.178)

87) Theodor W. Adorno, "Commitment." in Adorno, 『Notes to Literature』, vol. 2, p.89(* 역주 — 이 글은 김주연 옮김, 테오도르 아도르노 저, 『아도르노의 문학이론』, 민음사, 1989년 중 「앙가쥬망」으로 번역되었다. 해당 쪽수는 pp.63-64이다.)

88) Ibid., p.93

89) Ibid

90) 벤야민과 아도르노 사이의 논쟁은 에른스트 블로흐에 의해 기록되었다. 『Aesthetics and Politics』(London: Verso, 1977), pp.100-141.

91) Ibid., p.122; translated from Theodor W. Adorno, 『Über Walter Benjamin』(Frankfurt: Suhrkamp, 1970), p.128: "das l' art pour l' art [ist] der Rettung bedürftig."

92) Bloch et al., 『Aesthetics and Politics』, p.123; 독일어 원문: "Beide tragen die Wundmale des Kapitalismus, beide enthalten Elemente der Veränderung ... beide sind die auseinandergerissenen Hälften der ganzen Freiheit, die doch aus ihnen nicht sich zusammenaddieren lässt." (Adorno, 『Über Walter Benjamin』, p.129.)

93) Peter Osborne, "Adorno and the Metaphysics of Modernism: The Problem of a 'Postmodern' Art." in Andrew Benjamin, ed., 『The Problems of Modernity: Adorno and Benjamin』(London: Routledge, 1991), pp.23-48을 보라

94) Lambert Zuidervaart, 『Adorno' s Aesthetic Theory: The Redemption of Illusion』(Cambridge: MIT Press, 1991), pp.225-236도 참고하시오

95) Miriam Hansen, "Mass Culture as Hieroglyphic Writing: Adorno, Derrida, Kracauer," 『New German Critique』, no. 56(Spring-Summer 1992), pp.43-75

96) Peter Bürger, "Adorno' s Anti-Avant-Gardism," 『Telos』, no. 86(Winter 1990-1991), pp.49-60

97) Martin Heidegger, "The Origin of the Work of Art." in Heidegger, 『Poetry, Language, Thought』(New York: Harper and Row, 19751, p.41; translated from 『Der Ursprung des Kunstwerkes』(1960; Stuttgart: Reclam, 19781, pp.40-41: "Wir fragen jetzet die Wahrheitsfrage im Blick auf das Werk. Damit wir jedoch mit dem, was in der Frage steht, vertrauter werden, ist es nötig, das Geschehnis der Wahrheit im Werk sichtbar zu machen. Für diesen Versuch sei mit Absicht ein werk gewählt, das nicht zur darstellenden Kunst gerechnet wird. Ein Bauwerk, ein Griechischer Tempel, bildet nichts ab." (* 역주 — 해당 내용 국내 번역은 오병남 외 역, 『예술작품의 근원』, 예전사, 1996, 48쪽[번역 수정하였음])

98) Philippe Lacoue-Labarthe, 『L' imitation des Modernes(Typographies 2)』(Paris: Galilée, 1986), p.10.

99) Philippe Lacoue-Labarthe, "Typographie." in Sylviane Agacinski et al., 『Mimesis. Désarticulation』(Paris: Flammarion, 1975), pp.165-270; English translation: "Typography," in Lacoue-Labarthe, 『Typography: Mimesis, Philosophy, Politics』(Cambridge: Harvard University Press, 1989), pp.43-138.

100) Lacoue-Labarthe, "Typography." p.95; French text: "Cela reste fragile. Et de fait, si toute l' opération consiste à surenchir sur la mimesis pour la maîtriser, s' il s' agit de contoumer la mimesis, mais avec ses propres moyens(sans quoi, bien entendu, ce serait nul et nonavenu), comment serait-il possible d' avoir la moindre chance de reussir, puisque la mimesis est précisément l' absence de moyens appropriés-et que c' est même ce qu' il s' agit de *montrer*? Comment (s')approprier l' impropre? Comment (s')approprier l' impropre sans aggraver encore l' impropre?" ("Typographie." p.224.)

101) Lacoue-Labarthe, 『Limitation des Modernes』, p.191.

102) Jacques Derrida, "White Mythology: Metaphor in the Text of Philosophy." in Derrida, 『Margins of Philosophy』(Chicago: University of Chicago Press, 1982), p.253; translated from "La mythologie blanche. La métaphore dans le texte philosophique." in Derrida, 『Marges de la philosophie』(Paris: Minuit, 1972), p.302: "C' est une métaphore de la métaphore; expropriation, être-hors-de-chez-soi, mais encore dans une demeure, hors de chez soi mais dans un chez-soi où l' on se retrouve, se reconnaît, se rassemble ou se ressemble, hors de soi en soi." (* 역주 — 자크 데리다, 『해체』, 「백색신화」, 김보현 편역, 문예출판사, 1996년, p.232)

103) Mark Wigley, 『The Architecture of Deconstruction: Derrida' s Haunt』(Cambridge: MIT Press, 1993), p.104.

104) Jacques Lacan, "Le stade du miroir comme formateur de la fonction du Je." in Lacan, 『Ecrits 1』(Paris: Seuil, 1966), pp.89-97.

105) Lacoue-Labarthe, "Typography," pp.126-129; "Typographie," pp.257-260.

106) Frederic Jameson, 『Late Marxism: Adorno, or, the Persistence of the Dialectic』(London: Verso, 1990), pp.242-245(* 역주 — 김유동 옮김, 『후기 마르크스주의』, 한길사, 2000. pp.433-435)

107) Jean Baudrillard, 『The Ecstasy of Communication』(New York: Semiotext(e), 1988); Jean Baudrillard, 『Fatal Strategies』(New York: Semiotextle), 1990).을 보라

108) Jean-François Lyotard, "Rewriting Modernity." in Lyotard, 『The Inhuman: Reflections on Time』(Cambridge: Polity Press, 1988), pp.24-35; translated from "Réécrire la modernité." in Lyotard, 『L' inhumain. Causeries sur le temps』(Paris: Galilée, 1988), pp.33-44

109) 료타르 자신은 '미메시스' 라는 용어를 이러한 의미에서 사용하지 않는다. 『Heidegger and "the Jews"』(Minneapolis: University of Minnesota Press, 1990)에서, 그는 극복*Durcharbeitung*을 끊임없이 다시 새로워지는 해석 행위에 기초를 둔 유대 사고와 관련시켜 생각하면서, 하이데거의 사고 속에서 나타나는 "그리스적" 요소를 언급하기 위해 그 용어를 사용한다.

110) 건축과 분명히 관련된 에세이는 단 한편 뿐이다. 그것은 아도르노가 *Bildung durch Gestalt*라는 주제에 관해 1965년에 공작연맹 모임에서 했던 강의이다. 『Gesammelte Schriften』, vol. 10, pt. 1, pp.375-395; translated as "Functionalism Today." 『Oppositions』, no. 17(1979), pp.31-41. 또한 『미학이론』에 기능주의의 변증법에 관한 구절이 있다.

111) 나는 이전에 바젤*Basel*에 있는 한네스 마이어의 페테르 학교 디자인에서 *기능성Funktionalität*과 *기능성의 미메시스Mimesis an Funktionalität* 사이의 차이를 명백하게 하였다. Hilde Heynen, "Architecture between Modernity and Dwelling: Reflections on Adorno' s 『Aesthetic Theory』." 『Assemblage』, no. 17(1992), pp.78-91.(* 역주 — 이글은 정만영 옮김, 『근대성과 거주하기 사이의 건축』, PLUS 9509. p.210-222쪽으로 국내 번역되었다.)을 보라

112) Adorno, 『Aesthetic Theory』, p.61.(* 역주 — 『미학이론』. p.105) "즉물성의 이율배반은 진보와 퇴행이 맞물려 있는 저 계몽의 변증법의 일단을 증언한다. 야만적인 것은 말 그대로 야만적인 것이다. 예술작품은 자신의 완전한 합법칙성 때문에 전체적으로 즉물화되어 단순한 사실이 되어버리고 예술로서의 지위를 상실하게 된다. 그러한 위기에서 주어지는 양자택일의 길은 예술에서 탈락하느냐 아니면 예술 자체의 개념을 변경시키느냐 하는 것이다." 『Ästhetiche Theorie』, p.97(* 역주 — 『미적이론』 1권, p.135)

113) Diane Ghirardo, introduction to Ghirardo, ed., 『Out of Site: A Social Criticism of Architecture』(Seattle: Bay Press, 1991), pp.9-17

114) Daniel Libeskind, 『Erweiterung des Berlin Museums mit Abteilung Jüdisches Museum』, ed. Kristin Feireiss(Berlin: Ernst & Sohn, 1992)

115) Bernhard Schneider, "Daniel Libeskinds Architektur im Stadtraum." in Alois Martin Müller, ed., 『Daniel Libeskind. Radix-Matrix』(Munich: Prestel, 1994), pp.128-135

116) "Jacques Derrida zu 'Between the Lines.' " in ibid., pp.115-117

117) Office for Metropolitan Architecture, 『S M L XL』(Rotterdam: 010 Publishers, 1995), p.581

118) Geert Bekaert, "Lessen in architectuur." in Bekaert, ed., 『Sea Trade Center Zeebrugge』(Antwerp: Standaard Uitgeverij, 1990), p.21

119) 거주와 도시에 미친 네트워크의 영향에 대한 명료한 분석으로는, Bart Verschaffel, "De kring en het netwerk." in Verschaffel, 『Figuren / Essays』(Leuven: Van Halewijck, 1995), pp.105-120을 보라

120) Fredric Jameson, 『Assemblage』, no. 17(1992), pp.30-37에 있는 Michael Speaks와의 인터뷰

121) Jürgen Habermas, "Modernity' s Consciousness of lime." in Habermas, 『The Philosophical Discourse of Modernity』(Cambridge: MIT Press, 1990); Office for Metropolitan Architecture, 『S M L XL』, p.xxviii.에서 인용

122) Office for Metropolitan Architecture, 『S M L XL』, p.601. 초기 국면에 아직 프로젝트가 실현가능성이 있었을 때, 건설기술에 대한 이야기는 사뭇 달랐다. 1990년에는 돔을 만드는 두가지 가능한 방법이 있었다. 철골과 유리로 시공하는 고전적인 방법과 보다 혁신적인 공기막 구조가 그것이다. 공기막 구조는 투명한 섬유강화코팅으로 이루어져 건물 안쪽에서 발생되는 경미한 압력을 통하여 오목한 모양을 유지할 수 있다. Bekaert, ed., 『Sea Trade Center Zeebrugge』, p.32를 보라

41) 이 부분에서 저자는 아방가르드와 모더니즘의 구별을 이야기하고 있다. 부연설명 하자면, 칼리네스쿠도 분명히 이야기하듯이 영미의 작가들은 모더니즘과 아방가르드를 혼용해서 쓰는 경향이 있다. 이것은 유럽의 저자들이 보기에는 받아들일 수 없는 것이다. 모더니즘은 세계를 예술적으로 재구성하려 한 반면 아방가르드는 모더니즘의 예술을 위한 예술과 유미주의에 의해 예술이 삶의 영역에서 자율적으로 떨어져 나오게 된 것에 반발해 예술을 삶의 영역으로 지양하려 했다. "모더니즘과 아방가르드를 구별하는 일이 필요하다. '그 자신에 반대하는 전통' 으로 정의된 모더니티가 아방가르드를 가능하게 했다는 것은 참이지만, 후자의 부정적 급진주의와 체계적인 반유미주의가 위대한 모더니스트들에 의해 시도된 세계의 예술적 재구성에 어떤 여지도 남기지 않는다는 것도 마찬가지로 참이다."칼리네스쿠, 『모더니티의 다섯 얼굴』, 이영욱외 공역, 시각과 언어, p.171 참조. 아울러 페터 뷔르거는 다다이즘, 초기의 초현실주의, 10월 혁명 이후 러시아 아방가르드를 포함하여 이를 역사적 아방가르드라고 부른다. 이 역사적 아방가르드의 가장 큰 특징으로 삶과 예술의 통합, 제도예술에 대한 저항을 들고 있다. "아방가르디스트들은 예술의 지양을 의도하게 된다. 이때의 지양은 헤겔이 말한 의미에서다." 여기서 지양은 실제 생활과 동떨어진 제도예술을 지양하는 것이다. "아방가르디스트들이 유미주의자와 다른 점은, 그들은 예술로부터 새로운 실제생활을 조직하려고 시도한다는 점이다."고 명백히 밝히고 있다. 페터 뷔르거, 『전위예술의 새로운 이해』, 최성만 역, 심설당, 1986년 pp.83-84 참조

42) 통합된 도시계획이란 통합적인 환경의 구성을 위해 그 수단으로서 예술과 기술의 종합을 통해 집이 아닌 건축 복합체architectural complex를 만드는 것이다. 상황주의자들의 도시계획이 통합적인 까닭은 그 기획 속에서 두가지 다른 기획들 즉, 사회적 기획과 예술적 기획을 통합하고 있기 때문이다. 이승우, 『스펙타클 정치에 대한 도전』, 서울대학교 대학원 정치학과 석사논문, 2005년 2월, p.33 참조

43) 상황주의자들은 도시공간에 대한 지배적인 관점을 거부하는 새로운 인식을 마련하기 위해 심리지리라는 방식을 도입하는데, 심리지리는 도시의 단조롭고 반복되는 기능적 일과들 속에 은폐되어 있지만 일상적 경험 속에서 내재한 혁명적 가능성의 새로운 실험 토대가 될 수 있는 곳들을 기존의 도시에서 발견해 내는 연구이다. 표류는 이런 심리지리적 연구를 위한 기본적 수단이었다. 표류는 단순히 의미없는 보행이 아닌 보행자가 특정한 기간 동안 자신들이 우연히 마주치게 되는 거리와 지형에 자신을 맡긴 채, 특정한 지역, 거리, 건물들이 자신의 의식 상태, 생각, 욕구와 공명할 수 있는 길을 인식하는 것이며, 이 과정에서 디자인된 환경에 의해서 발생한 움직임을 넘어서서, 왜 자신이 그러한 보행 혹은 움직임을 하게 되었는지 원인을 밝혀내는 작업이다. 그 결과 보행자는 스펙터클한 공간이 제공하는 공간 인식에서 벗어나 도시 공간의 잠재성이라는 비판적 인식을 개발하고 그런 인식을 통해 새로운 공간 구성의 발판을 마련하게 된다. 이승우, 「스펙타클 정치에 대한 도전」, 서울대학교 대학원 정치학과 석사논문, 2005년 2월, p.34 참조

44) 스펙터클이라는 말은 기 드보르 이론의 핵심적 단어다. 이 말은 유명한 구절, "스펙터클은 하나의 이미지가 될 정도로 축적된 자본이다"라는 말로 정식화 되었다. 스펙터클 개념을 잘 정리해 놓은 박노영의 연구를 통해 살펴 보면, 일반적인 의미에서 '스펙터클' 이라는 용어는 주로 시각적 경험의 영역에 통용된다. 특히 우리에게 가장 친숙한 시각문화인 영화에서 이 말은 최신 시각테크놀러지의 발전을 내포하는 '구경거리', 특히 보는 이를 압도하는 이미지로 구성된 '거대한 장관' 의 의미로 쓰인다. 원래 라틴어 spectaculum에서 유래한 이 말은 특히 "프랑스어

에서는 '연극적 재현'을 지칭해온 역사를 지녔다." 여기서 주목해야 할 점은 영화에서든 연극에서든 스펙터클을 지각-소비하는 주체인 '구경꾼spectator'에게 특정한 '보기seeing의 방식'이 요구된다는 사실이다. 즉, 구경꾼은 눈앞에 펼쳐지는 이미지에 시선을 고정하게 되며, 스펙터클과 자신과의 '분리'라는 물질적 한계와 더불어 이러한 관조의 보기는 스펙터클에 대한 참여 혹은 개입을 애초부터 불가능하게 만든다. 최근 스펙터클은 여러 비판적 담론을 통해 전자매체, 광고, 텔레비전, 기타 문화산업들이 일상적 경험에 미치는 양상을 서술하는 데 사용되곤 한다. 그래서 '스펙터클의 사회'라는 말은 흔히 텔레비전을 비롯한 다른 커뮤니케이션 수단의 지배를 지칭하는 데 흔히 사용되곤 한다. 하지만 드보르는 "스펙터클은 단순히 이미지들의 집합이 아니라 이미지들에 의해 매개된 사람들간의 사회적 관계이다."(스펙터클의 사회, 테제 4)고 말함으로써 스펙터클이 단순히 대중매체 이미지가 아님을 분명히 한다. 스펙터클의 원 의미에서 본 것처럼 드보르의 스펙터클 비판의 출발에는 '분리'에 대한 비판이 있다. 마르크스의 소외개념에서 출발해 드보르는 노동자가 생산뿐 아니라 소비자일 경우에도 소외된다고 보았다. 스펙터클은 "상품이 사회적 삶을 총체적으로 점령하기에 이른 계기이다. 스펙터클과 상품의 관계는 가시적일 뿐만 아니라 사람들이 보는 모든 것이기도 하다. 즉, 사람들이 눈으로 보는 세계는 바로 상품의 세계이다." 자본주의는 상품을 이미지로 만들어버린다. 이는 추상으로 향하는 경향의 가장 고도로 발달된 형태다. "현대적 생산조건이 지배하는 사회에서 삶 전체는 스펙터클들의 거대한 축적물로 나타난다. 직접적으로 삶에 속했던 모든 것은 표상으로 물러난다."(테제 1) 즉, 스펙터클의 사회에서는 개인이 주체가 되어 자신의 삶과 사회를 구성하는 것이 아니라 이미지화된 세상을 그저 관조할 뿐이다. 드보르는 실제 삶의 파편화를 은폐하는 '사회'에 대한 일원적 표상이 바로 스펙터클이라고 본다. 즉, 스펙터클은 이 분리된 모든 측면을 이미지의 차원에서 '소비에 의해 행복하게 통합되어 있는 사회'(테제 69)로 재통합한다. 따라서 스펙터클은 "이같은 분리를 지칭하는 공용어에 불과하다"(테제 29) 자세한 내용은 박노영, 「기 드보르의 스펙터클 이론 연구」, 홍익대학교 대학원 미학과 미학전공 석사논문, 2002년 6월, pp.22-43 참조. 이상 살펴본 바와 같이 스펙터클은 자본주의 사회의 지배가 고도화되어 개인이 자신의 삶에 주체가 아닌 수동적 관조자로 만들어 버리는 이미지가 지배하는 사회로 볼 수 있다.

45) '전용(轉用)'으로 번역할 수 있는 이 말은 기존의 문화적 산물을 이용해 새로운 관념들과 의미들을 산출하기 위해 원래의 맥락을 제거하거나 '재맥락화'하는 실천을 지칭한다. 이 실천은 흔히 콜라주나 아상블라주 같은 예술 행위에서 얻어지는 것과 유사한 의미론적 전환을 생산하지만, 결코 미적인 조화가 아니라 기존의 것에 대한 전복이나 프로퍼갠더를 정교하게 하는데 이용된다. 어떤 이미지나 텍스트를 원래의 맥락에서 추출해 다른 맥락 속에 병치시킴으로써, 원재료에서 새로운 의미를 이끌어 낼 뿐만 아니라 원래 의미의 그림자 역시 존재하게 된다. 상황주의자들은 전용이 필연적으로 표절을 수반한다고 보았다. 상황주의자들은 자본주의의 프로퍼갠더나 상품화된 이미지들을 전용을 통해 재전유re-appropriate하여 그것들 자체에 반하는 전복적 효과를 낳을 수 있다고 보았다. 물론 이 새로운 이미지는 공허한 미적 효과를 노린 것이 아니다. 정치적으로 기능하기 위해, 예술은 현대적 삶의 여러 파편을 그리고 현대의 여러 생산물과 관념들의 잉여와 폐기물을 활용해야만 한다. 국제상황주의자의 전용이라는 실천은 그들의 모든 이론적 및 예술적 성과물의 기본 원칙이었으며, 정치적 투쟁의 영역으로까지 확대한다. 박노영, 「기 드보르의 스펙터클 이론 연구」, p.7을 참고하였다.

46) 상황주의자들은 역사적 아방가르드의 기획, 즉 삶에서 유리된 예술을 지양하려한다. 1962년 콘스탄트를 위시한 전위 예술가들을 축출한 이후 국제 상황주의자 그룹이 문화영역에서의 활동은 도외시한 채, 정치투쟁만을 한 것처럼 오인해서는 안된다. 이승우의 연구에 따르면, 드보르

의 『스펙터클의 사회』 중 테제 191의 내용을 잘못 번역하는 데서 이런 오해가 생긴다고 한다. 드보르는 역사적 아방가르드와의 관계를 다음과 같이 논하고 있다. "현대예술의 종언을 나타내는 양대 조류는 다다이즘과 초현실주의이다. ... 다다이즘은 예술을 실현하지 않고, 그것을 폐지하려 했으며, 초현실주의는 예술을 폐지하지 않고, 그것을 실현하고자 하였다. 이후 상황주의자가 이끌어낸 비판적 입장은 다음과 같은 사실을 논증했다. 즉 예술의 폐지supression와 예술의 실현rélization은 예술의 초월dépassement이라는 하나의 사태에서 분리해낼 수 없는 측면들이다." 이승우의 연구에 따르면, 프랑스어 폐지supression, 실현réalization, 초월dépassement에 해당되는 말을 1977년 영역본에서 Freddy Ferlman은 supression, realization, supresession으로 번역하고 있다. 이 판본을 원본으로 삼아 번역한 한국어판 이경숙 옮김, 『스펙터클의 사회』는 억압, 실현, 폐지로 옮기고 있다. 즉, 초월이 아닌 폐지로 옮길 경우 위와 같은 오해가 생길 수 있다는 것이다. 이승우, 「스펙타클 정치에 대한 도전: 상황주의자 인터내셔널 1957-1972」, 서울대학교 대학원 정치학과 석사논문, 2005년, p.42 각주 241)참조. 본 역자가 보기엔 '초월'이라는 개념을 역사적 아방가르드를 설명할 때 사용한 헤겔의 '지양' 개념으로 보아야 한다고 생각한다. 즉 그들은 삶을 변화시키는 과정에서 예술의 진정한 실현은 혁명적 운동의 승리와 결부될 때에만 의미를 가진다고 보았다. 이런 점에서 앙리 르페브르는 자서전에서 "초현실주의 이후로 더 이상의 아방가르드는 존재하지 않는다. 상황주의자들을 제외하고."라고 말한바 있다.

47) 이 책은 이경숙 옮김, 『스펙터클의 사회』, 현실문화연구, 1996년으로 국내 번역되었다.

48) 이 책은 『일상생활의 혁명』, 주형일 옮김, 도서출판 시울, 2006년 10월 국내 번역되었다.

49) '프로보Provos' 란 원래 65년에 네덜란드의 암스테르담에서 창립됐던 '프로보 그룹'의 구성원들을 지칭하는 말이었다. 현재는 통상 유럽의 과격파 청년들을 지칭한다. '도발provocation' 이라는 뜻의 네덜란드어 'provocatie' 에서 그룹의 명칭을 따온 이들은, 네덜란드의 화가이자 건축가였던 콘스탄트를 사상적 지주로 삼아, 현대화가 가져온 삶의 피폐화에 발본적인 도발을 감행했다. 이들이 행한 도발의 사례에는 '백색 자전거 플랜The White Bicycle Plan' 이 있는데, 이 플랜은 현대화와 도시화의 상징인 자동차를 2만대의 자전거로 대치하는 걸 목적으로 삼았다. 이상의 '프로보'에 대한 설명은 조지 카치아피카스, 『신좌파의 상상력-세계적 차원에서 본 1968』, 이재원, 이종태 옮김, 도서출판 이후, 1999년, p.82 주석55)에 역자가 설명을 단 것을 그대로 따왔다.

50) 네덜란드의 혁명적 그룹으로 프로보의 후신격

51) 호모 루덴스는 '유희적 인간' 또는 '놀이하는 인간'으로 번역할 수 있다. 이말은 네델란드 문화 이론가 J.호이징하가 제안한 개념을 상황주의자들이 전용하고 있다. 안드레오띠Andreotti는 상황주의자들의 표류라든가 통합된 도시계획, 전용과 같은 개념들이 즐기면서 행하는 놀이로서의 특성을 가진다고 논증한다. 즉 상황주의자들의 전술은 호이징하의 놀이 이론을 급진적인 방식으로 전용하여 이 과정에서 놀이와 진지함 혹은 예술과 일상생활 간의 어떠한 구분도 없애 버리려 했다. Libero Andreotti, 「Play-tactics of the Internationale Situationniste」, October 91, 2000, pp.37-58; 이승우, 위의 논문, p.35에서 재인용. 한편, 호이징하는 인간이나 동물에게 다같이 적용할 수 있으면서도, 생각하는 것이나 만드는 것만큼 중요한 제3의 기능이 '노는 것'이라고 말한다. '호모 파베르(만드는 인간)과 이웃하지만' 호모 사피엔스(생각하는 인간)와는 같은 차원에 속하는 술어로 취급해야 할 것이 호모 루덴스(노는 인간)라고 말한다. J.호이징하, 『호모 루덴스-놀이와 문화에 관한 한 연구』, 김윤수 옮김, 도서출판 까치, 1981년 5월, p.9 참조. 또한 문화 그 자체가 놀이의 성격을 띠고 있으며 '문명은 놀이 속에서 놀이로서 생겨나며 놀이를 떠나는 법이 전혀 없다'는 것이 그의 주장이다. 국내 번역은 위 인용문헌 참고

52) 르페브르는 철학과 예술을 통해 도시의 삶을 고민할 수 있는 권리를 '도시의 권리'라고 말한다. 르페브르는 요즘도시가 삶의 맥락과 가치를 거세하고 있다고 보았다. 생산 · 소비라는 경제

적 관점과 성장 · 복지라는 정치적 · 행정적 관점에 따라 도시를 만들고 운영하다 보니 도시에서 삶은 부수적인 것이 되고 말았다. 그래서 도시는 삶에 치명적이다. 르페브르는 삶의 총체성으로 도시를 성찰할 수 있는 철학과 삶을 아름답게 만드는 예술을 도시의 권리로 강조했다.

53) 이책은 김유동 외 옮김, 문예출판사, 1995년 9월 국내 번역되었다. 이후 절판되었다가 김유동 옮김, 문학과 지성사, 2001년 8월로 다시 번역되어 나왔다.

54) Mandarin: 마틴 제이는, 『변증법적 상상력』이라는 책에서 만다린은 "그륀베르그에 의하면, 그들은 현상을 유지하기 위하여 그들의 능력을 사용하는 기술적인 지식인이며, 링거에 의하면 막스 베버가 다음과 같이 말한 중국의 지식층과 유사한 사람들이다. 즉, 그들은 '조상에게 물려받은 권력이나 재산보다는 배운 학문적 능력에 의하여 지위를 얻은 사회적 및 문화적 엘리트'이다."고 밝히고 있다. 자세한 것은 마틴 제이, 『변증법적 상상력』, 황재우 외 역, 돌베개, pp.437-440 참조

55) 아도르노를 해석하는 데 해체주의와의 연관 속에서 아도르노를 해석하는 사람들과 아닌 사람들로 나눌 수 있는데 마틴 제이는 해체주의와의 연관 속에서 아도르노를 해석하고 있다. 반면에 기존의 프랑크푸르트학파의 후계자들이 해석하는 것은 이와는 또 다르다. 도구적 이성의 잘못을 지적하고 있음에도 아도르노는 여전히 이성에 대한 믿음을 견지하고 있다는 점에서 데리다와 같은 해체주의 철학자와 일정한 차이가 있다는 입장이다.

56) 여기서 아포리아는 해결해야 될 문제 또는 해결에 필요한 문제 내부에 모순이 내재되어 있어서 해결이 불가능한 상태를 뜻하는 말이다.

57) 이 책은 최문규 옮김, 『한줌의 도덕』, 도서출판 솔, 1995년 10월 국내 처음 출판되었고 최근 김유동 옮김, 『미니마 모랄리아』, 도서출판 길, 2005년 3월로도 출간되었다.

58) 아도르노의 사물화 이론은 마르크스의 상품적 성격에 대한 이론을 발전시킨 루카치의 사물화 이론에서 나온 것이다. 마르크스는 『자본Das Kapital』에서 상품의 신비적 성격은 그 사용가치에서 나오는 것이 아니라 상품을 생산하는 노동 특유의 사회적 성격에서 생겨난다고 밝히고 있다. 이런 상품의 신비적 성격을 그는 '물신숭배Fetischismus' 라고 불렀다. 마르크스의 상품의 물신적 성격에 대한 분석은 루카치에 이르면 인간의식의 '사물화' 라는 보편적 현상으로 이해된다. 루카치는 『역사와 계급의식』에서 상품관계가 인간의 전체 의식에 영향을 미치며 인간이 유기적인 개체에 머무는 것이 아니라 사물들 간의 관계로 전락해 버린다고 말하고 있다. 아도르노는 자본주의적 전개과정에서 나타난 인간의식의 이런 사물화 현상을 더욱 정교하게 하고 있다.

59) 유토피아는 u(no) + topia(place)의 합성어다. 즉, 유토피아는 어원에서 볼 수 있듯이 '어디에도 없음' 을 뜻한다는 말이다.

60) '현혹연관', '현혹연관관계' 또는 '맹목화 연관' 으로 번역한다. 아도르노는 현대사회를 '보편적 현혹연관(allgemeine Verblendungszusammenhang)' 에 빠져 있다고 보았다. 계몽에 지배된 현대사회는 체계 안에서 생존은 보상하지만 체계를 넘어서려는 모든 시도를 원천적으로 봉쇄하여 체계에 맹목적으로 순응하게 만든다. 이를 그는 '현혹연관' 이라는 말로 표현하고 있다.

61) 그리스어 Mimesis는 영어로 imitation(모방)으로 번역되지만 비어슬리에 따르면 미메시스의 포괄적인 의미를 이렇게 번역하는 것은 오해의 소지가 있다. representation(재현)이 그나마 합당하다고 한다. 예를 들면 상원의원은 자신의 선거구민을 대표한다, 그림은 대상을 재현한다, 상표는 제품을 표시한다로 쓰인다.. '미메시스' 는 여기에다 복사한다, 본뜬다는 의미가 좀 더 강화된 것이지만 이것은 'representation' 에서도 나타난다. 먼로 C. 비어슬리, 『미학사』, 미성훈, 안원현 옮김, 이론과 실천, 1987년, p.28 참고. 하지만 이 책의 저자는 재현이란 의미를 넘어서는 것으로 사용하고 있다. 그래서 여기에서는 미메시스를 그대로 음역하였고 문맥에 따라 모방 또는 재현으로도 번역하였음을 밝혀둔다.

62) 독일 베를린에 있는 운하 이름

63) 코라chora라는 단어는 플라톤의 『티마이오스Timaeus』에 등장하는 개념으로서, 데리다에 따르면 "코라는 플라톤이 이야기한 코스모스의 탄생과 깊은 연관을 가진다. 조물주는 우리 눈에 보이는 이 세계를 탄생시키면서 영원한 존재로서 이데아를 바라보았다. 그것은 이 세계에 앞서 이미 존재했다. 그것을 보고서 감각적인 기입이 이루어지도록 하는데, 바로 여기에서 일시적이고 감각적인 세계가 탄생하게 된다. 이것은 영원한 세계의 표상이고 복사물이다. 그래서 우리는 두가지 종류의 존재를 갖게 된다. 하나는 불변적이고 영원한 에이도스eidos이고, 또 다른 하나는 변화하는 세계, 즉 감각적인 세계이다." 그렇지만 데리다가 보기에 이런 2가지 존재 외에 또 다른 복사물이 존재한다. "그것은 영원한 에이도스도 가시적인 복사물도 아니다. 바로 모든 유형들이 기입된 장소로서의 코라이다. 그것은 플라톤의 존재론과 잘 맞지 않는 것으로, 모든 것이 자리를 잡으면서 동시에 모든 것들이 기입되는 조건인 일종의 생성공간spacing이다." 이상의 내용은 정인하, 『현대건축과 비표상』, 아카넷, 2006년, p.89에서 재인용하였다. 원 데리다 글은 Jacques Derrida, "Why Peter Eisenman writes such good books", Chora L Works (The Monacelli Press, 1997), p.97이다.

64) '사회적 응축기'란 원래 1920년대 러시아 구성주의자들이 사용한 단어다. 긴주부르크는 당시 "우리가 하려는 작업의 본질적 목표는 우리 시대를 위한 사회적 응축기의 창조이다. 이것이 건축에서 구성주의의 본질적인 목적이다."라고 밝힌바 있다. 구성주의 건축에 대해 탁월한 연구자로 유명한 아나톨 콥에 따르면, '사회적 응축기'란 "생활방식을 변형시키는 일종의 기계, 즉 자본주의 체제의 산물인 예전의 인간을 그 시대에 모든 정치적이고 혁명적인 문학에서 묘사하고 있는 '새로운 인간'으로 변형시키는 기계장치로 볼 수 있다. 이런 건축과 도시 계획은 사회변혁의 힘을 응축하는 것이고 그것들을 일반 대중에게 발산하는 것이다." 또한 "간단히 말해서, 사회적 응축기는 지금까지 개별적으로 수행된 행동을 집단화로 이끄는 모든 하부구조를 포함한다."고 말한다. 즉, 궁극적인 사회와 인간성의 변혁을 위한 모든 건축물을 의미한다고 볼 수 있다. 이상의 내용은 아나톨 콥, 『소비에트 건축: 러시아 구성주의 건축』, 건축운동연구회 역, 도서출판 발언, 1993년, pp.108-109 참조. 김원갑의 글, 「렘 콜하스 작품에서의 사회적 응축기의 의미」를 살펴보면 러시아 구성주의 건축가들은 "사회주의 체제 내에서의 집합적인 육체적 문화의 고양을 통해 사회주의적 개조를 향하려는 사회적 응축기였다면, 렘 콜하스는 이것을 밀집문화 속의 군중의 쾌락 추구의 시스템으로 재해석을 한다." 게다가 렘 콜하스에게 사회적 응축기는 기계적 욕망을 내포하며 이런 기계적 욕망만이 군중의 욕구를 충족시킬 수 있다고 보았다. "메트로폴리스의 진정한 야망은 인간에 의해 완전히 만들어진 세계를 창조하는 것이며... 기계는 수많은 과잉의 인간 소비자들에 의해 고갈되는 자연에 대한 우월한 대체"라고 주장한 것도 이 때문이다. 이상의 내용은 김원갑, 「렘 콜하스 작품에서의 사회적 응축기의 의미」, 『밀집문화의 건축』, 김원갑 편저, 세진사, 2001년, pp.47-54를 참조하였다.

오직 거주불가능하다고 선언하는 한에서 우리는 메가로폴리스에 거주한다. 그렇지 않으면 우리는 단지 거기에 속할 뿐이다.

장 프랑소와 료타르

후기: 거주, 미메시스, 문화

'문화'란 더이상 현재, 과거, 미래 사이의 명확히 규정된 관계를 뜻하는 일관된 실재entity가 아니다. 어떤 하나의 실재가 늘 존재한다고 가정한다면—'전통'이라는 용어 속에 고유한 개념—현대성은 과거와의 관계를 깸으로써 생기는 최초의 틈에서 비롯된 것이다. '아우슈비츠'는 과거와의 단절된 관계를 나타내는 두 번째 균열의 이름이다. 왜냐하면 '아우슈비츠'는 현대성의 목표인 새로운 *고향Heimat*에 대한 약속이 침해당했음을 의미하기 때문이다.

벤야민은 *쇼아Shoah*역주 65)시대가 오기 이전에 이미 모든 문명의 기록은 야만의 기록이었다고 말했다.1) 그것은 과거의 유산 뿐 아니라 오늘날의 기록에서도 진실이다. 문화는 결백하지 않으며 그것이 부정과 억압을 기초로 사회적인 짜임관계의 한 부분을 형성하는 한, 결백할 수 없다. 그래서 오늘날 문화는 풀리지 않는 긴장으로 점철된다.

거주에 대한 사고는 동일한 결론으로 이끈다. '아우슈비츠'를 결코 접해본 적 없는 2) 철학자 하이데거에 따르면, 거주는 사위일체와의 관계를 나타내는데 이는 현대적 조건 하에서는 불가능한 것이다. 그러나 아도르노에겐 하이데거가 거주의 문제를 다루는 방법은 그의 철학과 함께 그릇된 것이다. 하이데거는 거주의 이상을 본래의 본질로 환원시키려 하지만 이런 존재론적 접근은 구체적인 사람들을 위한 구체적인 거주의 문제를 간과하며 사회적 조건에 의해 유발된 평범하지만 매우 실제적인 하우징 수요에 대한 문제를 무시한다. 아도르노가 보기에 하이데거와 같은 접근은 변화를 위한 어떤 자극도 줄 수 없다. 오히려 그들이 '영원히 인간' 인양 역사적으로 결정된 조건의 수용을 암시한다. "인간을 고귀하게 보는 것은 기능의 다발 속으로 실질적으로 타락해버린 지금 어떤 힘도 가질 수 없다. 유일한 구원은 이 지경에 이르게 한 조건—조건은 끊임없이 자신을 거대 규모를 재생산 한다—을 변화시키는 데 있다."[3)]

많은 유보 조항을 두었지만 계몽의 프로젝트를 결코 포기하지 않았던 아도르노는 여기서 너무 쉽게 신의 신화적인 기원 속으로 타락하는 모든 반현대적인 사고 양태의 위험을 언급한다. 그에게 철학은 언제나 해방과 자유를 가져온다는 의미에서 사회의 변화를 위한 투쟁과 관련이 있다. 철학적 사고는 사회적 문제와 해악을 감추는 데 사용되어서는 안된다. 그럼에도 아도르노 역시 세상이 거주할 수 없게 되어버렸다는 문제에 봉착하였다. 그에게 이것은 '아우슈비츠' 와 밀접한 관련이 있다. 이 이름은 계몽의 합리성이 가스실의 효율성으로 타락함으로써 촉발된 절망과 공명한다. 이런 현실은 돌이킬 수 없으며 현대성을 다시 쓸 것을 요구하고 있다.

하지만 현대성을 다시 쓰기 위해서는 인간적인 가치에 호소하는 것으로는 충분하지 못하다. 아도르노는 예술이 비인간성을 통해 인간성에 충실할 수 있다고 쓴다.[4)] 휴머니즘—미래를 창조하기 위해서는 합리성과 모든이의 선한 의지에 호소해야 한다고 믿는 사람들의 선량한 마음—은 미래를 계획하기에 전체적으로 불충분한 기초이다. '인간적 가치' 에 대한 케케묵은 호소는 가장 잔인한 행위를 막을 수 없었다는 것이 증명되었다. 료타르에 따르면, 그래서 휴머니즘의 개념이 사실은 실제로 체제가 비인간적이라는 것을 가리는 이상적인 위장이 아닌지 의심스럽다. 그 자리에 다른 종류의 사고, 즉 자신을 합리성과 선한 의지에 국한시키지 않는 사고방식은 제시될 수 없는가? 료타르는 인간은 비인간에 의해 존재한다고 지적한다. 인간 개인에게는 개인이 되기 전의 어떤 존재가 항상 존재한다. 2가지 종류의 비인간성—체제의 비인간성과 개인 속에 존재하는 비인간성—은 휴머니즘이 상상할 수 없는 것이다. 이 2가지는 선한 의지를 넘어서는 사고, 문화의 심연을 탐구하는 사고를 요구한다. 료타르는 이런 측면에서 해석학적으로나 변증법적 작용을 통해 모든 것을 빠르게 질서정연한 체계에 동화시키는 것이 아니라 회상의 느림을 통해 형성되는 사고방식을 염원한다.5)

그런 회상적 사고는 그의 에세이 『도무스와 메가로폴리스Domus and the Megalopolis』에서 시도된다. 료타르는 *도무스*의 상태—봉사하고자 하는 욕망과 공동체와의 관계가 진행되는 공유장소commonplace로서의 거주—를 이제는 불가능하게 된 것으로 기술한다. 이런 가정 공동체는 지나가 버린 옛 것인데 왜냐면 인간세상은 메가로폴리스가 되었기 때문이다. "버질(로마의 시인)의 죽음 이후, 집들의 종말 이후, 부덴부로크 가문Buddenbrooks역주66)의 몰락에서." 교환원리에 의해 조직된 지배체제는 습관, 이야기 또는 리듬과 전혀 관계없다. 그것의 기억은 전통을 발아래 짓밟는 합리성의 원리에 지배된다. 하지만 이런 체제 뒤에 숨겨진 도무스는 자신의 몇몇 자취를 남긴다. 이런 체제는 도무스를 *신기루*로 만든다. 즉, 우리를 거주 불가능하게 만든다. 메가로폴리스에 의한 통합에 저항하려는 생각는 이런 불가능한 거주의 육필(肉筆)로 나타난다. "보들레르, 벤야민, 아도르노. 어떻게 메가로폴리스에 거주하는가? 불가능한 작업을 증언함으로써, 잃어버린 도무스를 예증함으로써. 오직 고통의 짙은 증언에 의지한다. 물론 언어에 기인한 고통을 포함하여. 우리는 거주 불가능함을 선언하는 한에서 메가로폴리스에 거주한다. 그렇지 않으면 단지 거기에 속할 뿐이다."6) 이런 불가능한 개념은 료타르에게 위태로운 사고 속에, 글쓰기에, 그리고 예술작품에 있는 것이다. 나의 견해로는 그것은 또한 건축에 위태로움을 형성한다. 베를린의 유태인 박물관은 건축에서 '아우슈비츠 이후' 현대성의 의미를 다시 쓸 수 있다는 점에서 그 길의 한 예이다. '아우슈비츠'는 현대성의 궁극적인 거주불가능성을 나타낸다. 거주의 불가능성, 새로운 *고향 Heimat*에 대한 현대성의 약속이 파산난 것은 리베스킨트의 공허부가 가진 차갑고 침울한 깊이를 건축술적architectonic 형태로 표현되었다. 두 선의 서로 얽힘과 공간, 빛, 질감의 작용에서 전망과 비탄 뿐 아니라 현재의 희망없음에 대한 명석한 인식을 통해 형성될 수 있는 미래에 대한 희망이 나타난다. 이것이 리베스킨트의 계몽의 유산에 대한 비판적 재작업이다. 현대성을 다시 쓴다는 것은 그것의 실패와 사악함과 직접 직면한다는 것을 의미한다. 과거의 회상은 미래로 걸음을 내딛기 위한 전제조건이다.

콜하스는 과거의 재작업에 그리 절박하게 관심을 가지지 않는다. 그럼에도 해양 터미널의 미메시스적 전략은 료타르가 그랬듯이 그것이 '문화상품으로 불가피하게 변형' 되는 것이 '작업의 불가능성'에 대한 목격이라는 점을 제시해 준다.7) 이 프로젝트는 진부한 상업적 논리와 예술의 영감 사이를 선택하길 거부한다. 둘 다 여기에선 문제이고 둘 다 동일하게 타당하다. 그들은 불가분하게 전체적으로 융합되지 않고 얽혀 있다. 그들 사이의 틈에 존재하는 '여백'은 디자인의 긴장을 형성한다. 체계와의 공모와 그 속에 내재된 평탄화 경향에 대한 저항이 서로 얽혀 현대성 다시 쓰기라는 프로젝트는 형성된다.

'거주 불가능함을 선언함으로써 메가로폴리스에 거주하기.' 이것이 새로운 종류의 거주 즉 현재의 '급속한 현실성'에 적합한 거주라고 부른 벤야민의 정식을 다시 쓰는 방법이다. 안전과 은둔이라는 오랜 의미에 덧붙여 거주는 다공성과 투명성, 적용가능성과 유연성에 관련된 새로운 수준의 의미를 가진다. *dwelling*(거주하기)는 타동사로 보이지만 자신의 환경을 만들고 모든 곳을 자신의 집에 있는 것처럼 편하게 만든다는 좀 더 능동적인 의미를 가진다. '거주'는 '자신을 에워쌈'과 관련있지만 현대적 조건에서 이것은 끊임없이 새로워지는 몸짓에 어울린다. 거주는 언제나 새로운 울타리를 영원히 추구한다는 것을 의미한다. 왜냐하면 거주가 현재보다 더 순간적일 수는 없기 때문이다. 거주는 지속적으로 그 대립물의 영향을 받는다. 그래서 거주는 사람이 속해있는 고향*Heimat*의 목가적 이미지를 잘 나타내는 것이자, 현대적 조건에서는 이런 귀속을 불가피하게 나타내는 일시적인 것으로 이해된다.

'자신을 에워쌈'의 미메시스적 몸짓은 현대성의 기본적 성격을 형성하는 정체성과 자기실현에 대한 추구와 필적한다. 현대성은 그 속에 본질적인 모순과 부조화라는 점에 비춰 끊임없이 다시 정의되고 다시 쓰여야만 한다. 동일한 방법으로 거주는 단순하고 고정적인 것이 아니라 영구적으로 적절한 새로움이어야 한다. 하이데거나 노버그-슐츠같은 작가가 제안하듯이 현대성과 거주를 대극으로 생각해서는 안 된다는 뜻이다. 다양한 층들과 이런 개념들의 양면성을 연구함으로써 나는 현대성과 거주가 복합적인 방법으로 상호 연관되어 있다는 걸 명확히 밝혔기를 희망한다. 만약 건축이 현대성의 경험과 거주에 대한 욕망을 받아들이는 걸 자신의 임무로 보았다면 첫째로 주목할 것은 이런 양자 사이에 존재하는 복잡하게 엉킨 실타래이다.

프로이트가 섬뜩함uncanny**역주 67)**에 대한 사고에서 사용한 핵심적인 은유가 거주인 것은 이유가 없지 않다.8) 프로이트에 따르면 가장 섬뜩한 경험은 우리에게 가장 익숙한 환경에서 일어난다. 섬뜩함의 경험은 *heimlich*(집에 있는 것 그러나 숨겨진 것)와

unheimlich(집에 있지 않은 것, 그래서 이상한 방식으로 노출되어 있으면서도 은폐된 것)의 뒤섞임과 관계있다. 실제로 프로이트는 섬뜩함은 굉장히 무서운 것이라고 말한다. 왜냐면 자신이 '소유' 한 것을 나타내지만 그럼에도 여전히 숨겨진 것이기 때문이다. 그래서 억압된 것과 관련 있다. 이것은 완전히 포기할 수도 완전히 회복할 수도 없는 거주의 타자로서 거주에 속하는 억압의 형상을 의미한다.

미메시스와 작은 변화, 왜곡을 통해 건축은 우리에게 상식과 예상을 넘어 존재하는 억압된 어떤 것을 느끼게 할 수 있다. 이런 방법으로 건축은 직접적으로 거주의 의미를 드러내지 않고—하이데거가 그랬지만[9]—오히려 현대성 속에 그것을 구축함으로써 거주에 대한 영구적인 추구를 위한 안내자로서 기여할 수 있다. 이런 구축은 어느 것보다도 건축이 일생생활의 맥락을 제공하는 방식과 밀접한 관련이 있다. 이런 이해는 나에게 건축에서 (종종 무시된다 해도) 아방가르드의 자극이 미친 가장 의미있는 공로 중의 하나이다. 건축은 유명한 건물을 짓는 지식인의 학문이 아니라 근본적으로 건축의 열망은 일상 환경을 구축하는 것과 관련되어야 한다는 점이다.

그래서 그것을 가장 넓은 의미에서 삶의 작업틀을 구축하는 일이 건축에 주어진 것으로 받아들여야 한다. 이것을 출발점으로 받아들인다면 더 많은 것이 있을 수 있다는 걸 또한 인식하게 된다. 일상생활에 대한 편안과 만족을 제공하는 것은 로스가 우리를 믿게 했듯이 건축의 하나의 그리고 유일한 목표는 아니다. 건축은 예술과 관계없다는 그의 판단은 받아들일 수 없다. 그 문제는 다소 복잡하다. 예술과 문학처럼 건축은 평범함의 연속을 멈추게 하고 자기 확신을 파괴하는 강렬한 순간을 발생시킬 수 있다. 확실히, 건축에 특유한 것은 일상생활과의 관련이고 이것은 영구적인 불안을 유발시키는 것과 일치될 순 없다. 하지만 이곳이 미메시스가 들어가는 곳이다. 왜냐하면 미메시스는 평범한 예상에 완전히 대응하는 디자인 프로젝트를 가능하지만, 동시에 그 외의 어떤 것을 제공한다. 미메시스는 프로그램과 맥락 그리고 형태 사이의 투명한 관계를 다양한 층들 속으로 뒤얽히게 만든다. 이 층들은 한 방향의 해석을 허용하지 않고 일상의 요구에 완벽한 맞춤으로 보이는 것 이면에 파열된 어떤 것을 감추고 있다. 그래서 미메시스는 적절하고 편안한 사물에 의지함으로써 *섬뜩함의*unheimlich 경험을 가져올 수 있다.[10]

미메시스는 그래서 맥락이나 공공의 기대와 직접적으로 분리되지 않은 프로젝트에 가장 효과적으로 작용할 수 있다. 말하자면 이중의 요구를 포함하는 사용자와 방문객에게 오직 서서히 영향을 준다. 이런 이중의 요구와 모순은 오늘날 미의 복합적 본성을 만들어 낸다.

사실 건축프로젝트의 비판적 영향은 국제적 잡지에 잘 실리는 것과는 상관없다는 것은 인정해야 한다. 환경과 상호 작용하는 방식, 맥락 및 프로그램과 비판적인 대화에 미메시스적으로 형태를 부여하는 방식이 이런 측면에 더 결정적이다. 어쨌든 나에게는 다음과 같은 아도르노의 말이 타당한 것으로 보인다. "오늘날 미는 모순을 해결하는 작품의 깊이를 제외하고는 이를 가늠할 다른 기준을 가질 수 없다. 작품은 모순을 덮어 버리는 것이 아니라 이를 추적함으로써 모순을 헤쳐 나가고 극복해야만 한다." 모순의 해석과 이해관계에 맞서는 것이 각각의 건축 실현에 결정적인 작용을 한다. 디자인 프로젝트의 비판적 의미는 그들 사이에 존재하는 긴장을 단순히 무시하거나 완화시킴으로써 그들의 영향을 중성화하지 않고 프로젝트의 미메시스적 형태를 통해 이런 모순을 중재하는 데 성공하는 수준에 의해서만 측정될 수 있다.

인용구: Jean-Francois Lyotard, "Domus and the Megalopolis." in Lyotard, 『The Inhuman: Reflections on Time』 (Cambridge: Polity Press, 1988), p.200; translated from "Domus et la mégalopole." in 『L' inhumain. Causeries sur le temps』(Paris: Galilee, 1988), p.212: "On n' habite la mégapole qu' on la désigne inhabitable. Sinon, on y est seulement domicilié."

1) Walter Benjamin, "Theses on the Philosophy of History" l(1940), in Benjamin, 『Illuminations』(New York: Schocken, 1968), p.256; translated from "Über den Begriff der Geschichte." in Benjamin, 『Illuminationen』 (Frankfurt: Surhrkamp, 1977), p.254: "Es ist niemals ein Dokument der Kultur, ohne zugleich ein solches der Barbarei zu sein."

2) 하이데거는 나치 정권에 대한 그의 지원을 결코 의심하지 않았다. 그는 1933년에서 1945년까지 나치 당원이었고 1933년에서 1934년까지 Freiburg 대학교의 총장이었다. 많은 사람들에서 반복되는 압력에도—소수만 거명한다면, Karl Löwith, Paul Celan, Herbert Marcuse—그는 홀로코스트를 공공적으로 거론하는 걸 항상 거부하였다. 이 문제에 개관을 명확히 서술하는 것으로 Richard Wolin, Richard Wolin, ed., 『The Heidegger Controversy: A Critical Reader』(Cambridge: MIT Press, 1993)을 보라. 프랑스에서 출판으로 고양이는 실제로 비둘기 사이에 놓여있었다. 『하이데거와 나치즘』 (Paris: Verdier, Lagrasse, 1987)으로 번역된 Victor Farias, translated as 『Heidegger and Nazism』 (Philadelphia: Temple University Press, 1989).

3) Theodor W. Adorno, 『The Jargon of Authenticity』(Evanston: Northwestern University Press, 1973), p.68; translated from 『Jargon der Eigentlichkeit』(Frankfurt: Suhrkamp, 1964), p.59: "Keine Erhöhung des Begriffs vom Menschen vermöchte etwas gegen seine tatsähliche Erniedrigung zum Funktionsbündel, sondern bloss die Änderung der Bedingungen, die es dahin brachten and die unablässig erweitert sich reproduzieren."

4) Theodor W. Adorno, 『Aesthetic Theory』, trans. Robert Hullot-Kentor(Minneapolis: University of Minnesota Press, 1997), p.197; translated from Adorno, 『Ästhetische Theorie』(1970; Frankfurt: Suhrkamp, 1973), p.293.

5) Jean-François Lyotard, "Introduction: About the Human." in Lyotard, 『The Inhuman』("Avant-propos: de l' humain." in 『L' inhumain』).

6) Lyotard, "Domus and the Megalopolis." p.200; French text: "Baudelaire, Benjamin, Adorno. Comment habiter la mégapole? En témoignant de l' oeuvre impossible, en alléguant la domus perdue. Seule la qualité de la souffrance vaut témoignage. Y compris, bien sûr, la souffrance due à la langue. On n' habite la mégapole qu' autant qu' on la désigne inhabitable. Sinon, on y est seulement domicilié." (『L' inhumain』, p.212.)

7) Lyotard, ibid., 아도르노를 언급하는 부분.

8) Sigmund Freud, "The Uncanny"(1919), in Freud, 『Art and Literature, The Pelican Freud Library』, vol. 14(Harmondsworth: Penguin, 1985), pp.335-376; translated from "Das unheimliche." in Freud, 『Gesammelte Werke』, vol. 12(Frankfurt: Fischer, 1947), pp.229-268. See also Anthony Vidler, introduction to 『The Architectural Uncanny: Essays in the Modern Unhomely』(Cambridge: MIT Press, 1992), pp.3-14(* 역주 — 프로이트의 이 글은 「두려운 낯설음」, 정장진 옮김, 『프로이트 전집 18권 창조적인 작가와 몽상』, 열린책들, pp.97~150에 번역되었다.)

9) Christian Norberg-Schulz, 『The Concept of Dwelling』(New York: Electa / Rizzoli, 1985).

10) 건축이 신중하게 *unheimlich*를 자신의 주제로 가정하는 것이 올바르지 않는 한 로스는 올바를 것이다. 나는 분명히 두려운 낯설음uncanny 효과를 발생시키기 시작하는 건축이 종종 그것의 표시를 지나치는 것이 두렵다. 건축가의 독창성의 결과로 선언함으로써 그리고 가능한 혼란 효

과를 무시함으로써 일상생활은 그러 효과를 중성화시키는 경향이 있다. 그런 몸짓은 그런 의도된 해체적 건축을 인식된 예술의 유보로 떨어뜨린다. 그리고 어떤 진지한 사회적 영향을 빼앗는다. 그것이 예를 들면, 리베스킨트의 박물관의 운명이 될 수 있다. 만약, 그 박물관의 프로그램과 형태 사이에 존재하는 조화때문이 아니라도, 박물관이기 때문에 일상의 반영이 약해지고 방문객은 새롭고 미지의 경험에 열려 있다는 것을 예상할 수 있다.

11) Theodor W. Adorno, "Functionalism Today."『Oppositions』, no. 17(1979), p.41; translated from "Funktionalismus heute." in Adorno,『Gesammelte Schriften』, vol. 10, pt. 1(Frankfurt: Suhrkamp, 1977), p.395: "Schönheit heute hat kein anderes Mass als die Tefe in der die Gebilde die Widersprüche austragen, die sie durchfuhren and die sie bewältigen einzig, in dem sie ihnen folgen, nicht, indem sie sie verdecken."

65) 쇼아는 제2차 세계대전 기간에 유대인, 집시, 폴란드인, 슬라브인 등에 대한 나치의 대량 살인, 즉 대학살을 일컫는 히브리어 표현이다.

66) 독일의 작가 토마스 만의 대하소설로 작가의 고향인 뤼베크를 무대로 어느 가족의 발자취를 4세대에 걸쳐 이야기하고 있다. 작가는 문화적, 경제적 그리고 사회적으로 19세기 후반기를 규정하는 시민계급이 정신 문화적 내지 경제적인 변화와 해체과정을 겪으면서 삶의 건실함과 모든 도덕적 지주를 상실하는 과정을 묘사하고 있다. 자세한 내용은 한복희, 「세기전환기의 한 경우: 부덴부로크 집안의 몰락의 단계, 원인, 결과」, 『독일문학』 Vol.75, 한국독어독문학회, 2000년, pp.115~137 참조

67) 「두려운 낯설음」, 정장진 옮김, 『프로이트 전집 18권 창조적인 작가와 몽상』, 열린책들, p.100 각주2)를 살펴보면 정장진은 다음과 같이 이 단어를 설명하고 있다. "독어 원문에는 〈집과 같지 않은〉, 〈편안하지 않은〉이라는 뜻을 가진 unheimlich라는 낱말로 표현되어 있다. 영역본에서는 uncanny, 즉 〈기괴한〉, 〈기분 나쁜〉의 뜻으로 표현된다. 우리말로 이 의미를 옮겨 보면 〈두려운 낯설음〉, 〈두려운 이상함〉정도가 될 것이다." 이 책에서는 2음절인 〈두려운 낯설음〉보다 〈섬뜩함〉으로 번역하였다.

역자 후기

현대성은 오늘을 살아가는 우리들 삶의 모습

현대성은 사회발전과정을 의미하는 현대화가 초래한 변화(기술의 진보, 산업화, 도시화, 인구증가, 관료주의의 등장, 단일 민족국가의 등장, 대중매체시스템의 확장, 민주화, 자본주의 세계 시장의 확장 등)에 따른 개인 삶의 자세를 의미한다. 간단히 말해서 현대를 살아가는 우리 삶의 모습을 현대성이라고 말할 수 있다. 흔히 건축은 삶을 담는 그릇이라고 말한다. 건축의 기초는 바로 삶 읽기라고 말할 수 있다. 여기서 삶을 현대성이라는 말로 치환할 수 있다면 현대 건축이란 현대성 읽기라고 말할 수 있다. 현대성 읽기란 무엇이며 건축과 어떤 관계에 있는가? 이 책의 주제는 바로 여기에 있다.

현대를 살아가는 우리 삶의 자세가 다양한 것처럼 현대성을 어떻게 볼 것이냐에 따라 여러 관점으로 나눌 수 있는데, 힐데 하이넨은 두 단계로 분류하고 있다. 첫 번째는 현대성의 일시적 개념과 계획적 개념을 나누고, 두 번째는 마샬 버만의 생각을 수용하여 목가적 관점과 반목가적 관점으로 나눈다. 이 두 단계의 네가지 측면은 각각 서로 대응되는 현대성의 서로 다른 측면으로 현대를 살아가는 우리의 삶의 관점이 이에 대응된다고 볼 수 있다.(1장 참조) 이것을 가장 잘 정식화한 것이 보들레르의 말이다. '현대성은 일시성, 덧없음, 우연함이다. 나머지 절반은 영원함과 불변이다.' 여전히 전통의 흐름 속에서 살고 있지만 한편으로는 이와 단절된 삶을 살고 있는 것으로 여긴다.

여기서 어떤 입장이 옳은지, 어떤 입장을 선택해야 하는가는 중요하지 않다. 우리는 여전히 현대속에 살고 있으며, 그렇다고 해도 그저 이에 순종하며 노예같이 살아가는 것도 정답은 아니기 때문이다. 우리가 가져야할 자세는 이 양극단을 경계하며 여러 사유의 흐름을 읽는 것이다. 이는 저자의 말대로 어느 하나의 정답을 찾는 것이 아니라 항상 되짚어 비판적으로 사유하는 방식에 있다. 힐데 하이넨은 "현대와 의미 있는 관계를 맺고자 한다면 비판과 참여 사이의 긴장이 핵심적"이라고 말한다.

이런 비판적 사유를 잘 보여주는 예로 아도르노와 벤야민, 블로흐 같은 프랑크푸르트학파의 철학자를 들 수 있다. 이 책의 저자가 얘기하듯이 이 책은 프랑크푸르트학파의 철학을 쉽게 접할 수 있는 개론서로도 충실하다. 특히 인문학 교육에 목마른 건축학도들에게 유용한 안내서가 될 수 있을 것이다.

거주를 통한 건축과 현대성의 만남

그럼 건축은 어떻게 현대성을 만나는가. 현대화로 인한 경험은 우리를 전통적 삶의 관계에서 뿌리 뽑히게 만들었으며 진정한 거주가 현재에도 가능한가를 의심하게 한다. 하지만 건축은 거주를 다루는 분야임에 틀림없다. 힐데 하이넨은 이것이 바로 건축이 직면하게 되는 딜레마라고 말한다. 전통적인 거주 개념으로 돌아가고자 하는 생각은 현대성에 깃든 균열의 순간을 무시한 것이다. 현대성은 개인과 공동체의 삶에 깊숙이 침투해 있어 진정한 거주가 가능한지 의심스러울 지경이다. 한편 이런 균열의 순간에만 집착하는 건축은 건축이 다루어야 할 거주에 대한 요구를 거부하는 것이 된다.

힐데 하이넨은 이런 딜레마는 근본적인 것이고 무시할 수 없기 때문에 거주를 다루는 건축은 현대성의 독특한 긴장을 인식해야 한다고 말한다. 이런 긴장과 모호함을 분명히 인식하고 "그 딜레마를 거부하지 않으면서 변증법적으로 움직이는 사고방식"이 필요하다고 주장한다. 이 책은 건축과 현대성에 관해 어떤 정답을 제시하려고 하지 않는다. 건축과 현대성, 거주의 관계에 대해 다양한 측면을 부각시켜 다층화된 이해를 제시하려는 것이 목적이고 이것은 "현대성 다시쓰기"라는 말로 압축될 수 있다. 현대성이 가져온 부정적 영향을 극복하고 긍정적 요인은 새롭게 되살리려는 것이 바로 "현대성 다시쓰기"이다.

우리의 현대성은 식민성 문제와 맞닿아 있다

이제 이런 의문을 제기해 볼 수 있다. 옥타비오 파츠의 말처럼 "현대성이란 배타적 서양의 개념"이 아닌가.(1장 참조) 거칠게 표현하자면 서양인들의 삶에 대한 체험과 맞닿은 이론이 우리에게 무슨 상관이란 말인가?

비서양, 제3세계에 속하는 우리의 현대화는 서양의 현대화와는 다르게 진행되었다. 우리에게 현대화는 서양화의 다른 이름이고 식민화와 같이 진행되었다. 정치 · 사회적 예속화는 많이 해결되었다고는 하지만 문화적 영역에선 여전히 숙제로 남아있다. 우리에게 "현대성 다시쓰기"는 탈식민화 과정을 담아야 하는 것이 이런 이유이다. 조혜정은『탈식민 시대 지식인의 글 읽기와 삶읽기』에서 "자신의 문제를 풀어갈 언어를 가지지 못한 사회, 자신의 사회를 보는 이론을 자생적으로 만들어 가지 못하는 사회를 식민지적"이라 부른다. 식민지성이란 정치 사회적 현상이기도 하지만 지식과 언어의 문제이기도 하다. 따라서 이 책은 현대성에 관한 서양의 담론이지만 이를 우리의 구체적 삶의 문제와 맞대어 우리의 언어로 소화할 수 있어야 한다. 그래서 역자는 우리의 건축적 현실을 이야기하지 않을 수 없다.

우리의 현실 이야기

이미 많은 대학이 4년제에서 5년제로 건축교육 학제를 바꾸었고 건축사제도도 이에 맞춰 변화할 것으로 보이지만 설계보조원의 현실은 여전하다. 졸업하고 취직한 사무실에서 처음 담당한 일이 공무원에게 봉투 갖다 주는 일이었다는 후배의 이야기, 야근수당조차 제대로 받지 못하고 매일같이 이어지는 야근 · 철야. 도면공장 노동자로서 그들의 현실은 4년제 대학 졸업자중 최저 임금, 최고 근무시간을 기록할 듯싶다. 설계보조원이 처한 현실에 우리 건축이 상품으로 전락할 수밖에 없는 이유가 담겨있다.

설계시장은 점점 대기업설계사무실로 일, 자본, 사람이 점점 몰리는 형국이다. 신자유주의 하에 경쟁력이라는 이름으로 건설자본과 대규모 설계 사무소간의 합작이 이루어진다. 큰 설계경기는 턴키 형태로만 참여가능하게 바뀌었다. 아뜰리에 설계사무소는 점점 대규모 설계사무실의 하청업체로 전락하고 있다. 한 중견 건설업체 소장은 설계경기 심사예정자 리스트를 천 명 정도 그 회사에서 관리하고 있다고 말한다. 최상위권의 더 큰 회사는 이보다 몇 배는 된다 하니 요즘 뉴스에 자주 나오듯 삼성그룹이 비자금관리하며 검사의 몇%를 관리했다는 소리는 헛소리가 아닐 듯하다.(아니나 다를까, 며칠 전 서울 동남권 유통단지 입찰과정에서 심사위원을 대상으로 한 뇌물비리가 터졌다.) IMF 이후 몰아닥친 신자유주의 바람에 건축은 더욱 자본에 종속된 활동으로 머물고 있다. 타푸리가 말하듯 건축이 '숭고한 무용성' (3장 참조)으로 타락해버리는 모습을 이 땅에서 여전히 목격하게 된다.

건축 작품이 양적으로 늘어났고 질적으로도 다양해졌지만 우리의 일상을 둘러싼 건축은 여전히 부동산시장의 상품으로 이해되고 있으며 예술을 주장하는 다른 한 쪽은 점점 형태 관심에 매몰되어 간다. 이런 열광은 이미 건축이 최신 유행의 소비 상품으로 되어 간다는 것을 보여준다. 유명 작가들의 작품이 한 기업의 기업이미지로 재생산되고 있다. 특히 최근 해외 유명건축가들이 국내에서 행한 작품 활동을 보면 우려스러운 지경이다. 동대문운동장의 50여 년의 역사, 현재의 삶을 담고 있는 수많은 포장마차를 모조리 집어삼킨, 그야말로 영화 괴물을 형상화한 것 같은 자하 하디드의 작품, 교보문고의 기업이미지로 굳어버린 마리오 보타의 작품, 세 작가의 이름이 간판처럼 굳어버린 리움, 그리고 삼성동 아이파크의 껍데기에는 유태인박물관에서 보여준 리베스킨트의 비판적 정신은 도무지 찾아볼 수 없다.

비판적 건축의 가능성

이 모든 것이 우리의 현대성이 잉태한 문제라고 보면 과장된 것일까. 아도르노의 말을 빌자면 총체화된 사회는 건축마저도 '사물화' 시키고 만다.(4장 참조) 우리의 일상에서 건축은 집장사의 집으로, 건축설계는 건축주의 최대 이윤을 위해 법규를 교묘히 벗어날 수 있는 방법을 일러주는 일로 전락했다. 건축을 예술로 바라보는 다른 한쪽은 최신 유행을 쫓는 고급 상품이 되어 간다. 어떻게 건축이 이런 사물화의 단계를 벗어날 수 있을까? 이 책에서 벤야민이 말한 "미학의 정치화"(3장 참조)의 의미를 깨닫게 되는 건 이 지점이 아닌가 싶다. 어떻게 생산관계속에 뛰어들어 현실을 변화시킬 수 있을까. 어떻게 자본의 미학화에 맞서 미학을 정치화할 수 있을까. 이 시대 '생산자로서의 작가'는 어떻게 가능한가?

힐데 하이넨이 이야기하듯이, 건축이 사회적 현실을 비판적으로 다룬다는 것은 건축외적인 문제들, 사회적 · 정치적 의미까지 물어야 한다. 그러면서도 힐데 하이넨은 건축 디자인에서 이런 비판적 영감을 구체화할 수 있다고 본다. 힐데 하이넨은 아도르노의 예술관을 확장시켜 비판적 건축의 가능성을 탐구한다.(4장 결론 참고) 건축은 자본에 묶여 있는 타율적 존재임에도 자율적 계기가 있는 예술이다. 여기에 건축이 갖고 있는 또 다른 딜레마가 있다. 가장 자본에 의존적인 존재이면서 어떻게 자본을 비판할 수 있는가. 건축이 사회의 총체성에서 벗어나는 길은 자율적인 계기가 있는 예술이기 때문이다. 힐데 하이넨은 아도르노의 미메시스론을 건축에 적용시키는 동시에 이를 후기구조주의 철학에 연결시켜 확장하고 있다. 물론 여기에는 논란이 될 수 있는 아슬아슬한 비약이 있지만 이를 세밀히 읽어나가는 것도 흥미롭다. 무엇보다 아도르노의 다음과 같은 말은 새삼 음미할 만하다.

"오늘날 미는 모순을 해결하는 작품의 깊이를 제외하고는 이를 가늠할 다른 기준을 가질 수 없다. 작품은 모순을 덮어버리는 것이 아니라 이를 추적함으로써 모순을 헤쳐 나가고 극복해야만 한다."

번역에 대하여

이상이 본 역자가 이 책을 읽는 독서법이다. 번역은 제2의 창작이라 말한다. 그렇게 거창하진 않아도 원저자와 역자의 대화라고 보았다. 그 대화의 기록을 남기는 것이 번역이다. 원작에 대한 역자의 시선과 생각이 번역에 녹아나는 것이 참된 번역일 것이다. 우리는 이 책을 통해 현대성에 대해 고민했고 또 여기에 언급된 여러 철학자들, 이론가들의 책을 읽어나갔다. 그런 점에서 이 책은 우리에게 스승과 같다. 인문학, 철학에 문외한인 우리에게 이 책은 건축을 보는 눈, 철학의 길잡이 역할을 한 소중한 스승이었다. 그리고 대학시절 소중한 꿈이었던 비판적 건축의 가능성을 다시 고민하게 만들어 주었다. 그래서 이 책의 번역은 배움의 기록이다. 우리가 공부한 기록을 남과 같이 공유하는 것이 번역가의 최소한 도리라고 보았다. 번역가는 역주를 통해 독자와 소통하는 것이다. 국내에 번역된 책을 최대한 찾아서 해당 내용을 비교, 검토했으며 심화학습을 할 분들을 위해 번역서를 명기하였다. 이를 참조하여 이 책을 읽는 독자가 각자만의 독서법을 만들어낼 수 있길 바란다. 물론 역자의 역주가 독자들의 책읽기를 방해할 수도 있을 것이다. 또 지극히 번역자의 주관적 독서임을 고백하지 않을 수 없다. 중요한 것은 자신만의 독서법이므로 지혜롭게 가려 읽기를 권한다.

여러 번역 서적을 읽어보면 어색한 표현, 잘못된 표현을 보게 된다. 난해하고 이해 안 되는 구절을 원서로 다시 찾아 읽으면 더 쉽고 이해가 편했던 경험이 많다. 잘못된 번역 탓도 있고 번역자가 해당 개념을 잘못 이해한 경우도 볼 수 있다. 그런 점에서 이 책은 더 나은가 자문해보게 된다. 직역에 가까운 번역투의 어투는 숙제로 남겨둘 수밖에 없었으며 최대한 정확해야 된다는 점에서도 찾지 못한 오류가 있을 수 있다. 영어보다 아직도 우리말을 맛깔나게 잘 쓰지 못하기 때문일 것이다. 어쩌면 번역의 과정은 우리말 실력을 확인하는 고통스런 과정이었다. 출판사에 원고를 넘기고도 4번의 수정 검토를 거치면서 역자의 역량이 닿는 한 최대한 검토했지만 이 말은 변명으로 남을 수밖에 없을 것이다. 그래서 이 책을 읽는 독자들의 지적을 받아들일 자세가 되어 있다. 많은 지적을 감히 부탁드린다. 메일이나 기타 방법으로 지적해준다면 혹시 다음 개정판에 반영할 것이다. 개정판이 나오지 못한다 해도 큰 온라인 서점 게시판을 통해서라도 게시할 생각이다.

감사의 글

많은 인내와 희생으로 여태 아들 뒷바라지를 해주신 사랑하는 부모님께 감사드리고 싶다. 보답이라는 말을 하기엔 턱없이 부족하지만 작은 성과로 생각해주셨으면 하는 바람이다.

다음으로 지도교수님이신 김경수 교수님께 감사의 말씀을 드려야 한다. 제자의 부족함을 너그러이 감싸주시는 정이 많은 분이시다. 번역문을 꼼꼼히 읽고 검토해 주셨으며 많은 부분을 직접 수정도 해주셨다. 교수님의 가르침이 없었다면 감히 이 책은 나올 수 없었을 것이다.

같이 생활하며 많은 조언을 해준 연구실 사람들, 상훈이형, 시효에게도 고마움을 전하고 싶다. 그 외 일일이 거명하기엔 너무나 많은 연구실 선후배 동기분들에게도 감사를 전한다

동아대학교 건축동아리 "민중건축연구 · 터" 선후배 동기분들에게도 감사를 전하고 싶다. 사람사는 세상, 참다운 건축에 대한 고민을 나에게 제시해주고 삶으로 보여준 사람들이다. 여전히 후배들도 그 길을 같이 가고 있다고 믿고 있다. 이 책이 그들에게 믿음과 연대의 손짓이 되길 바란다면 너무 큰 욕심일까. 많은 분들의 이름을 적을 수 없음이 미안하다.

그리고 허락된다면 이 두 사람의 이름은 꼭 적어야 될 것 같다. 5년전 이 책 번역을 시작하며 옆에서 지켜봐주고 응원해 준 두 후배 윤경이와 경미에게 고마움을 전하고 싶다.

5년 전 역자 두 사람이 한 구절 한 구절 읽고 공부하며 토론했던 이 책이 이제 세상에 나오게 되었다. 여러 차례 수정을 거듭했음에도 꼼꼼히 수정해주시고 좋은 책으로 만들어 주신 시공문화사 사장님을 비롯한 편집부 직원분들의 노고에 감사의 말씀을 전하고 싶다.

그동안 철학 쪽에서는 이 책의 참고목록이 될 수 있는 프랑크푸르트 학파와 관련된 많은 책이 번역되었다. 벤야민의 『아케이드 프로젝트』와 블로흐의 『희망의 원리』, 아도르노의 『프리즘』 등 좋은 책이 최근에 번역되어 나왔다. 특히 최근 번역 원고를 탈고하는 과정에 『벤야민 선집』이 3권으로 번역되었다는 소식을 들었다. 즐거운 비명이 나오려 한다.

2008년 1월 28일 번역자

이경찬 sesang99@cricmail.net
김동현 kdhyuny@hanmail.net

찾아보기

힐데 하이넨Hilde Heynen
· 벨기에 루뱅에 있는 가톨릭 대학교 건축학부 교수로 재직 중

이경창 sesang99@cricmail.net
· 1972년생
· 1992년 동아대학교 건축공학과 입학
· 민중건축연구 터 활동
· 1998년 졸업
· 1999년 명지대학교 건축공학과 역사 및 이론전공 석사과정 입학
· 2001년 석사학위 취득
· 명지대학교 건축공학과 박사과정 수료

김동현 kdhyuny@hanmail.net
· 1975년생
· 1994년 동아대학교 건축공학과 입학
· 민중건축연구 터 활동
· 1998년 졸업
· 1999년 명지대학교 건축공학과 역사 및 이론전공 석사과정 입학
· 2002년 석사학위 취득
· 현재 설계사무소 재직중

건축과 모더니티
Architecture and Modernity

:: 2013년 8월 20일 발행
:: 힐데 하이넨 저 | 이경창 · 김동현 공역
:: 발행인 | 김기현 | 발행처 **Spacetime** · 시공문화사
:: 등록 | 1993.3.12 제 1-1493
:: 표지 · 편집디자인 | 스페이스
:: 인쇄 | 예림인쇄사
:: 제본 | 세진문화사
:: 용지 | (주) 대림지업사

:: 120-796 서울시 서대문구 현저동 200 극동빌딩 5층
:: 전화 02-3147-1212 · 2323 | 팩스 02-3147-2626
:: spacetime@korea.com | www.spacetime.co.kr
:: ISBN 89-5592-268-X

정가 18,000원